高等学校建筑环境与能源应用工程专业规划教材

建筑设备自动化

Building Automation and Control

董春桥　袁昌立
傅海军　王江江　编著
余　庄　主审

中国建筑工业出版社

图书在版编目（CIP）数据

建筑设备自动化/董春桥等编著．—北京：中国建筑工业出版社，2006
高等学校建筑环境与能源应用工程专业规划教材
ISBN 978-7-112-08573-6

Ⅰ．建… Ⅱ．董… Ⅲ．智能建筑－房屋建筑设备－自动化系统－高等学校－教材 Ⅳ．TU855

中国版本图书馆 CIP 数据核字（2006）第 085048 号

高等学校建筑环境与能源应用工程专业规划教材

建筑设备自动化

Building Automation and Control

董春桥 袁昌立
傅海军 王江江 编著
余 庄 主审

*

中国建筑工业出版社出版、发行（北京西郊百万庄）
各地新华书店、建筑书店经销
北京密云红光制版公司制版
廊坊市海涛印刷有限公司印刷

*

开本：787×1092 毫米 1/16 印张：22 字数：529 千字
2006 年 9 月第一版 2017 年 8 月第五次印刷
定价：**30.00** 元
ISBN 978-7-112-08573-6
（15237）

建筑设备自动化是智能建筑的主要功能之一。本书通过对建筑设备自动化理论和技术体系的梳理，全面介绍和分析了建筑设备自动化的基本原理、基本构成和主要功能。其中系统、完整和准确地阐述了建筑设备自动化所特有的三大核心技术：计算机自动控制技术、建筑设备自控网络和系统集成技术，以及现代信息技术在建筑设备自动化中的最新应用动向。同时本书还系统地介绍了建筑设备自动化系统工程项目的设计与施工、运行与维护管理以及工程实例等方面的内容。

本书体系完整，理论突出，实用为主，内容涉及建筑设备自动化的理论与技术、工程设计与施工以及运行与维护管理等各个方面，可作为高等学校建筑环境与能源应用工程、建筑电气与智能化工程、给水排水工程等专业的必修教材，也可作为建筑学、城市规划、建筑施工与管理、房地产经营管理等其他专业的选修教材，还可作为相关专业技术人员、管理人员的进修教材或参考书。

* * *

责任编辑：齐庆梅
责任设计：赵　力
责任校对：张景秋　张　虹

前　言

建筑设备自动化系统（Building Automation and Control System，BACS）是智能建筑（Intelligent Building，IB）的三大基本系统之一，是当今智能建筑的实施重点和难点。因此研究建筑设备自动化理论及其技术，并合理应用先进技术构建建筑设备化系统是正确实施智能建筑的基础。

从实施智能建筑的核心技术来看，建筑设备自动化技术主要表现为以计算机技术为基础的现代 IT 技术在面向建筑领域中的具体应用，因而建筑设备自动化技术具有多学科交叉的特点，不仅涉及现代计算机技术、现代网络数据通信技术和现代自动控制技术，而且涉及建筑技术、建筑环境技术、建筑设备技术等诸多技术，是多学科技术的典型结合。在一本书中要完整地介绍上述多个学科的理论体系和基本内容不仅是没有必要的，而且也是不太现实的。但如果只是简单地罗列和堆砌人云亦云的空泛概念或名词解释，不系统地阐述建筑设备自动化的理论体系和技术及其内在联系，不完整地介绍和分析建筑设备自动化的根本和灵魂，就会耽误读者的宝贵时间，读之有如隔靴搔痒，不得要领，最终得到的仍是零散的概念，如入云雾，辨别不清继续努力的方向。本书根据建筑设备自动化的课程特点，通过对建筑设备自动化理论体系的梳理，力求从如下两个方面对这个交叉学科进行系统介绍和分析，突出建筑设备自动化的基本内容和重点，注重理论，结合实用，让读者在有限的时间内掌握建筑设备自动化的主要内容和基本特征。

1. 建筑设备自动化作为一门交叉学科，必然有以多个学科为基础而形成的独特理论和技术内容，介绍和研究这些特有的理论和技术内容则应是学习和掌握这门交叉学科的最有效途径。从智能建筑二十余年的发展过程和未来趋势来看，“计算机自动控制”、“建筑设备自控网络”和“系统集成”则是建筑设备自动化具有自身特点和规律且密不可分的三个核心基础理论和技术。对这三个核心基础理论与技术的系统介绍和分析就形成了本书的重点内容，其中，对建筑设备自动化的根本和灵魂——“建筑设备自控网络”的介绍和分析又是本书重中之重。

2. 建筑设备自动化系统作为工程技术的产物，必然有其固有的“寿命周期和成本”。介绍和分析建筑设备自动化系统工程的设计与实施、运行与维护管理也是本书的一个重要内容。学习和掌握这些基本的工程概念和方法是学以致用的基础。

本书内容和组织就是基于上述两个出发点而形成的。这些内容以介绍和分析基本概念、基本原理、基本方法和系统基本组成为主，目的是让读者从整体上掌握建筑设备自动化的主要内容和基本构成，掌握建筑设备自动化的核心技术及其发展规律和趋势，掌握建筑设备自动化系统的设计与施工、运行与维护管理的基本方法。同时也让读者在细节上尽可能多地了解建筑设备自动化的详细内容，为深入学习、研究和具体应用奠定基础和指明方向。

本书是在教学、科研和参考近年来建筑设备自动化领域大量文献的基础上重新编著而成的，力求内容全面，视角新颖；理论突出，实用为主；系统完整，主体简洁；论据正确，推陈出新。全书共10章，第4章由华北电力大学王江江编写，第7章由江苏大学傅海军编写，第8、10章由武汉科技学院袁昌立编著，其余内容均由华中科技大学董春桥编著。全书由董春桥统稿，并由华中科技大学智能建筑研究所博士生导师余庄教授主审。另外，华中科技大学建鑫楼宇数字化实验室的袁博、李凯、张亚男和桑杭武也付出了辛勤的工作。在此，我们四位编著者衷心感谢所有参考文献的作者和默默在此领域辛勤工作并奠定基础的人们。

随着科学技术的快速发展，建筑设备自动化的理论与技术、原理与方法日新月异，由于编者水平和能力有限，书中难免有不足或不妥之处；同时，在编写与校订过程中，虽力求严谨，但仍不免疏漏之处，诚盼各界不吝斧正（电子邮件：to_dong@163.com）。

分享知识，充实人生，永恒之道也。因此，一本好书，需要大家的支持与鼓励，更需要大家的积极参与和匠心指导，共同做出精品，并共同促进该课程的发展。

目　录

第1章　绪论 …… 1

1.1　智能建筑概论 …… 3

1.2　建筑设备自动化概述 …… 8

1.3　小结 …… 13

思考题 …… 14

第2章　建筑设备自动化基础 …… 15

2.1　计算机自控技术 …… 15

2.2　常用检测装置 …… 26

2.3　常用检测装置选用原则 …… 45

2.4　常用执行机构 …… 51

2.5　电动执行装置选择与计算 …… 54

2.6　小结 …… 63

思考题 …… 64

第3章　建筑设备监控系统 …… 65

3.1　建筑环境设备监控系统 …… 65

3.2　给水排水监控系统 …… 76

3.3　供配电与照明监控系统 …… 77

3.4　电梯监控系统 …… 81

3.5　停车场监控与管理系统 …… 82

3.6　消防自动化系统 …… 85

3.7　小结 …… 98

思考题 …… 98

第4章　住宅小区自动化系统 …… 99

4.1　基本组成与功能 …… 99

4.2　安全防范自动化系统 …… 102

4.3　物业管理自动化系统 …… 113

4.4　小结 …… 121

思考题 …… 121

第5章　建筑设备自控网络 …… 122

5.1　基础知识 …… 122

5.2　BACnet 标准 …… 141

5.3　LonWorks 技术 …… 167

5.4　XML/Web Services 技术 …… 189

5.5 小结 …… 192
思考题 …… 193
第6章 系统集成 …… 194
6.1 系统集成概述及原则 …… 194
6.2 面向协议的集成模式 …… 196
6.3 面向平台的集成模式 …… 197
6.4 面向XML/Web Services的集成模式 …… 204
6.5 小结 …… 220
思考题 …… 220
第7章 综合布线系统 …… 221
7.1 综合布线系统概述 …… 221
7.2 综合布线系统设计 …… 224
7.3 综合布线系统的电气保护与接地设计 …… 251
7.4 小结 …… 258
思考题 …… 258
第8章 施工与管理 …… 259
8.1 相关设计、验收规范及标准 …… 259
8.2 建筑设备自动化系统施工安装过程 …… 261
8.3 建筑设备自动化系统设备安装 …… 263
8.4 建筑设备自动化系统的调试与验收 …… 276
8.5 建筑设备自动化系统的项目管理 …… 295
8.6 小结 …… 302
思考题 …… 302
第9章 运行与维护管理 …… 303
9.1 物业管理概述 …… 303
9.2 现代维护理论概述 …… 309
9.3 运行与维护管理特点和基本方法 …… 316
9.4 小结 …… 320
思考题 …… 320
第10章 工程实例 …… 321
10.1 ××会展中心建筑设备自动化系统工程 …… 321
10.2 ××智能小区 …… 335
10.3 小结 …… 339
思考题 …… 339
参考文献 …… 340

第1章 绪 论

在人类几千年的文明史中，建筑形式由最初遮阳避热和防风御寒的“茅草小屋”发展到具有艺术性、观赏性和多功能性的“堂阁楼榭”，直到近代的“摩天大楼”，乃至今天的“智能建筑（Intelligent Building）”和“智能小区”，都是时代赋予建筑的烙印，是不同时代艺术成就和科技水平的反映。

人类发展的历史表明，科技是建筑发展的推动力。回顾上个世纪的科技，在过去的百年中人类创造了高度的物质文明和精神文明，建筑科技也发生了根本的变化和质变的飞跃。建筑的发展也大致走过了从“外延规模扩张”到“内涵品质深化”的过程，并随着科技的进步，未来的建筑也必将发生更大的变化。

20世纪初，社会生产处于手工业时代，建筑科技以“石结构”和“木结构”为特征，建筑功能比较简单，建筑类型和形式非常有限。但重视装饰和形式处理，像对待雕刻一样，每个构件精雕细刻，建筑整体追求和谐和多样性的统一，因而出现了“建筑是凝固的乐章”的古典美学思想。在历史上占有突出地位的古典建筑主要是教堂和寺院，还有一些府邸建筑。在西方，有人将当时的石结构古典建筑称为“石头的史书”。

工业革命之后，西方许多国家很快便进入了工业化时代，社会生产和生活方式都发生了巨大变化。此时，建筑功能也日趋复杂，新的建筑类型也不断增多，再也不能把它容纳到古典建筑简单的空间形式之中。于是在科技的推动下引发了一场革命性的变化——新建筑运动，建筑技术也得到了前所未有的发展。随着新建筑运动的发展，最终便形成了具有国际化风格的现代建筑。此外，钢铁、玻璃和混凝土等新型材料逐渐取代了石头和木材，不仅改变了建筑的结构方式，同时也极大地改变了建筑的内外形式。与之相适应的是，人们的审美观念也发生了深刻变化，出现了所谓的“技术美学”。建筑不再追求繁琐的装饰，而是巧妙地组合空间、精巧的工艺和合理地使用材料，注重建筑功能。20世纪著名的建筑大师勒·柯布西耶（Le Corbusier）认为“房屋是住人的机器（A house is a machine for living in)”。至此，古典建筑形式被彻底否定，取而代之的则是被喻为玻璃盒子的现代建筑。尽管后来出现了后现代主义建筑，出现了形形色色离经叛道的后现代建筑思潮。但工业革命对建筑科技所产生的影响是没有变化的，新技术、新材料和新工艺的不断应用使建筑形式灵活多变、建筑规模日益庞大，建筑功能更加丰富。

在工业时代，科技对建筑的影响突出地表现在两个方面，一是建筑结构由原来的“石头建筑”和“木建筑”发展成为以“钢铁、玻璃和混凝土”为主要材料的现代建筑，这是科技对建筑结构发生“质变”的影响；二是科技对建筑的影响表现为建筑规模“量变”的巨大变化。新技术、新材料和新工艺的应用使建筑犹如雨后春笋拔地而起，此时最为突出的表现是建筑规模的增大和构造技艺的精湛，即所谓的“外延规模扩张”。“摩天大楼(Skyscraper)”就是大工业时代科技带给建筑最显著的特征，代表了当代工业文明和科学技术的骄人成就。高耸入云的“摩天大楼”不仅给人以美的享受和心灵的震撼，而且也给人以“人定胜天”的启示。

经过一个多世纪的实践和发展，现代建筑最终成为建筑学发展的主流，并形成了自己的建筑理论体系。现代建筑理论体系不仅从理论和实践上将建筑的功能作为设计与评价优劣的出发点，坚持应用科技进步成果，提高建筑设计的科学性，而且要求充分发挥现代建筑材料与建筑结构的技术与艺术性质，注意两者的统一，同时现代建筑也将设计重点放在空间组合和建筑环境的创造上，并且重视建筑的社会属性、大众性与经济性。

20世纪80年代，人类社会开始进入信息时代，信息技术（IT）在社会的各个领域迅速得到了广泛的应用，极大地改变了人类的生存模式。其中，信息技术在建筑中的应用就形成了所谓的“智能建筑（Intelligent Building)”。智能建筑是信息技术在建筑领域中应用的必然结果，是利用现代信息技术对建筑基本功能的扩展和延伸。自1984年在美国出现第一栋智能建筑以来，智能建筑就受到了世界各国的广泛关注和大力提倡，并在世界各地建造了大量的智能建筑。

在信息化时代，科技对建筑的影响是建筑功能的“质变”飞跃，是建筑“内涵品质的深化”。现代IT技术对建筑最为突出的影响特征是赋予建筑以“灵魂”，实现的是具有高产出、高效能和生态平衡能力的可持续性建筑（Sustainable Building)。建筑发展至今，已凝集着人类发展过程中的巨大精神财富。今天我们不仅要继承这份宝贵的财富，更要利用先进的信息技术挖掘和发展这份财富，使建筑具有“灵性和智能”，充分发挥建筑的功能，实现人与建筑、建筑与环境的和谐，并最优化地利用各种资源，达到“天人合一”的可持续发展境界和实现“以人为本”的最高目标，这就是“智能建筑”所体现的人文特征和追求的可持续性发展境界。因此现代信息技术赋予建筑以“灵魂”，实现的是具有高产出、高效能和生态平衡能力的智能建筑。从这个意义来看，智能建筑是建立在信息技术基础之上、具有与人和自然高度和谐、平衡共生的绿色建筑（Green Building)，是注重经济效益、安全、环保和人文关怀的、且具有时代特征的“高技派”建筑或“智慧型”建筑。

目前，智能建筑不仅已成为一个国家综合经济国力的具体表现和各大跨国集团国际竞争实力的形象标志，而且也是未来“数字城市”、“数字国家”，甚至“数字地球”的主要节点。因此，智能建筑已是一个迅速成长的产业，兴建智能建筑已成为当今经济开发的热点。北美、欧洲、亚太等许多发达国家和地区已把智能建筑纳入可持续发展战略来考虑，并制定出了相应的发展规划、方针、政策和策略。在我国，尽管智能建筑起源于“七五”计划初期，但发展态势一直是迅猛的。2000年10月1日开始实施的《智能建筑设计标准》（GB/T 50314—2000）标志着我国智能建筑进入了一个新的发展时期。如今在北京、上海、广州、深圳等已建成了许多具有标志性的智能建筑。

纵观当今建筑发展的趋势，建筑技术创新已迈入一个跨学科合作研究与实践的新阶段，建筑学科逐渐在原有专业知识和技术领域的基础上有所新的开拓，并呈现出研究视野从局部地域走向日益全球化的世界，在重视本土化建筑及技术特色的同时，日益从单一学科走向复合学科，从单纯技术领域走向人文社会与技术科学并举的趋向。这种趋向已在当前世界一些重大的地区标志性或地位特殊建筑上得到了充分的展现，例如，北京的一些奥运场馆等，虽然尚有争议，但其科技含量之高是有目共睹的，是多学科合作的典范。因此，在传统的建筑领域中开展IT技术的研究和应用是符合当今时代建筑发展规律的，利用现代高新IT技术研究和建造具有智能特征的智能建筑也是时代发展的必然结果。

1.1 智能建筑概论

建筑由最初用于遮阳避雨和防风御寒的场所，发展到具有艺术性和多功能性的建筑，直到近代的摩天大楼和今天的智能建筑，都是时代赋予建筑的烙印，是不同时代科技水平的反映，并代表着人类文明进步的足迹和科学技术发展的成就。第一幢智能建筑出现以来，智能建筑就受到了世界各国的广泛关注和大力提倡，并在世界各地建造了大量的智能建筑。那么，什么是智能建筑呢?

1.1.1 智能建筑定义

智能建筑经过20余年的实践，其功能不断发展和完善，实现技术也不断成熟和更新。随着科学技术的发展，智能建筑仍将不断地采用高新技术，并不断发展。这种不断发展的特性使智能建筑在不同的时期具有不同的内涵和外延，至今仍没有统一的定义。

尽管如此，探索智能建筑的本质仍然有助于我们正确认识智能建筑的发展规律和指导实践。下面是几个具有较大影响的定义。虽然这些定义具有不同的侧重点，但这些定义是从不同的视角对智能建筑形成的“视图”。如果综合这些“视图”，就可以领悟智能建筑的基本功能和特点、基本组成和要素。

欧洲智能建筑组织（The European Intelligent Building Group）把智能建筑定义为：“使其用户发挥最高效率，同时又以最低的维护成本，最有效管理本身资源的建筑”。智能建筑应提供“反应快，效率高和有支持力的环境，使用户能达到其业务目标”。这个定义从智能建筑的运行角度，抽象地概括了智能建筑的功能和特点，但没有涉及任何实现技术。

美国智能研究所（AIBI）把智能建筑定义为：“智能建筑通过对建筑物的四个基本要素，即结构、系统、服务和管理以及它们之间内在关联的最优化设计，来提供一个投资合理且高效率、舒适、温馨、便利环境的建筑，并帮助建筑业主、物业管理人员和租用人员意识到在费用、舒适、便利和安全等方面的目标，当然还要考虑长远的系统灵活性及市场能力”。该定义将智能建筑的功能和特点具体化，强调了智能建筑“以人为本”的思想，给出了实现智能建筑的方法，即系统最优化，但这种实现方法过于抽象化。同上述定义一样，没有涉及任何实现技术。

新加坡把智能建筑定义为至少具备三个条件的建筑，一是具有保安、消防及环境控制等先进的自动化控制系统，以及自动调节建筑内温度、湿度、灯光等参数的各种设施，以制造舒适安全的环境；二是具有良好的通信网络设施，使信息能在建筑物内传输和共享；三是能提供足够的对外通信设施与能力。这个定义的优点是对智能建筑的功能进行了细化和总结，在某种意义上，给出了智能建筑的基本组成和要素。但在智能建筑的构成中忽略了最终实现其“智能”的基础。

我国《智能建筑设计标准》（GB/T 50314—2000）把智能建筑定义为：“以建筑为平台，兼备建筑设备、办公自动化及通信网络系统，集结构、系统、服务、管理及它们之间的最优化组合，向人们提供一个安全、高效、舒适、便利的建筑环境”。该定义基本上是上述三个定义的综合，既给出了智能建筑的基本组成和要素，也给出了智能建筑的基本功能和特点。

上述四个定义虽然强调了智能建筑的最终目标和基本功能，但均非常抽象，不宜于指导智能建筑的具体实践。为了将智能建筑的功能具体化和满足技术评价的需要，亚洲智能建筑学会（AIIB）将智能建筑的功能模块化，归纳为如下10个功能模块，并用“M+序号”表示，每个功能模块称为“QEM（Quality Environment Module）”。其中，M10是在SARS爆发后加入的。

（1）M1：环境模块——健康、节能

（2）M2：空间模块——利用率高、分隔组合灵活

（3）M3：费用模块——运行、维护费用低

（4）M4：舒适模块——人员舒适

（5）M5：工作模块——工作效率高

（6）M6：安全模块——有效避免和减少由于火灾、地震、灾害和结构破坏等突发事件的损失

（7）M7：文化模块——营造先进、优秀文化环境

（8）M8：高新技术模块——及时利用高新技术成果

（9）M9：结构模块——布局先进、结构优化

（10）M10：健康和卫生模块——有效防止流行病的传播

从QEM的内容来看，QEM也可以称为智能建筑的“基本功能模块”。不同智能建筑由于使用功能上的差异，可以选择不同的QEM模块组合进行设计和实施。不难看出，上述模块化定义不仅具有实际指导意义，而且还具有一定的灵活性。但这个定义与前面的几个定义一样，只是从功能的角度进行的定义，相当于“多功能建筑”的定义，忽视了智能建筑应具有的基本特征和具体实现技术等内容。

智能建筑区别于其他建筑的根本特征是智能建筑的“智能（intelligence）”，以及在此基础上所表现出的与人和谐、与自然环境生态和谐的友好特性。普遍认为，智能研究是现代科学中最复杂和最困难的领域。至今，人们对智能本质的认识依然是莫衷一是。但“智能是人类所具有区别其他动物的本质特性，是人类所特有的生理活动过程”的观点得到普遍认可。目前，智能领域的应用主要是“人工智能（Artificial Intelligence）”，而“人工智能”的实现技术是计算机技术和以计算机技术为基础的现代高新技术。从智能建筑的发展过程中可以看出，智能建筑正是“人工智能”在建筑领域的应用。如果从智能建筑目前实现其“人工智能”的技术构成和时代要求来定义，智能建筑可以定义如下。

智能建筑是指这样一类可持续的“绿色建筑”：（1）具有控制网络和信息网络基础设施；（2）在控制网络和信息网络集成系统的基础上，具有获取、处理、理解、再生和运用建筑内外信息的“人工智能”；（3）提供一个投资合理、高效率、舒适、温馨、便利和安全的生活、娱乐和工作环境；（4）具有可持续发展和生态平衡的能力。

上述定义正确地反映了技术手段与功能目标之间的辩证关系，纠正了片面强调技术重要性的观点，不仅将智能建筑的概念约束在建筑领域之中，而且还扩大了建筑领域的研究范畴。这一点正如美国著名建筑师赖特（Frank Lloyd Wright）所倡导的一样：建筑不只局限于精确，它们是真正的有机体，是心灵的产物，是利用最好的技术完成的艺术品。

面对21世纪信息时代的大潮汹涌而来，我们这个有着数千年历史的传统行业——建筑业面临着强烈的挑战和发展的机遇。这就是我们这个古老的行业如何适应信息时代的要

求，为自己来一番脱胎换骨的改造。而在这场改造之中，建筑的“智能化”将扮演着先锋的角色。

1.1.2 智能建筑基本功能和组成

智能建筑作为一种建筑形式，应包含建筑学的所有内容，例如风格与流派、空间与结构，社会与人文等。但本书只对智能建筑及其实现技术进行必要的“透视和扫描”，因此如果从建筑功能主义的观点出发，智能建筑可以较为准确地用现代建筑大师勒·柯布西耶的“A house is a machine for living in（房屋是居住的机器）”的机械比拟主义思想来进行定义和扩展。如果根据当今的科技水平将大师的话进行引伸和扩展，就可以将智能建筑更形象地定义为“An intelligent Building is an information processor for living in，working in，entertaining in，…（智能建筑是居住、工作和娱乐等的信息处理机）”，并如图 1-1 所示。这个形象的定义可以很好地描述智能建筑所具有的各种功能及其实现技术的内在关系，也可以很好理解现代高新技术在智能建筑中的应用，尤其是现代信息技术在智能建筑中所发挥的作用，更可以直观地预测智能建筑的技术发展趋势，从而可以清晰地勾画出智能建筑基本技术的组成及其互相关系，也可以更好理解智能建筑基本原理和方法。

从智能建筑的多种定义可以看出，智能建筑是一个复杂的巨系统，它不仅与现代自然科学密切相关，而且还涉及到社会、人文、经济和环境等各个方面，也就是说，智能建筑是一个学科交叉的工程领域。但单纯地从智能建筑的基本组成和功能来看，智能建筑主要是现代建筑技术与现代信息技术相结合的产物，并随着现代科学技术的进步不断得到发展和充实。

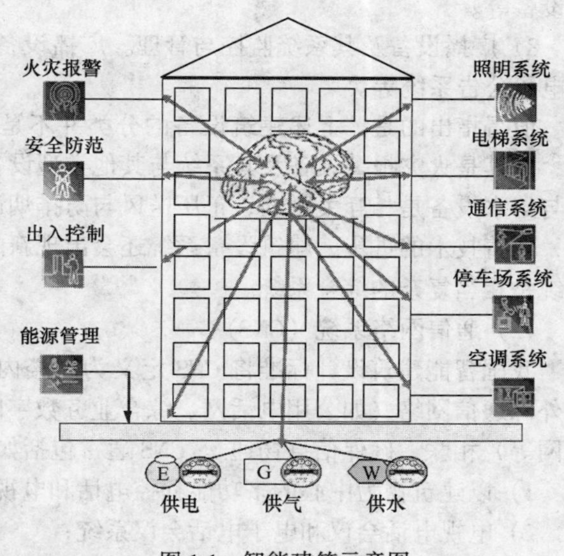

图 1-1 智能建筑示意图

根据信息技术在智能建筑中的应用来看，智能建筑可以由如下几个系统组成。这种系统划分在我国《智能建筑设计标准》中得到了应用，是普遍认同的。

(1) 建筑设备自动化系统（Building Automation and Control System，BACS）

我国智能建筑设计标准将建筑设备自动化系统定义为“将建筑物或建筑群的电力、照明、空调、给排水、防火、保安、车库管理等设备或系统，以集中监视、控制和管理为目的，构成综合系统”。由此可见，建筑设备自动化系统是一个对建筑物内所有机电设施进行自动控制和管理的综合系统，从其结构来看，建筑设备自动化系统是通过建筑设备自控网络（Building Automation and Control Networks）将众多具有网络通信功能的建筑设备监控系统（一般为 Direct Digital Control，DDC）连接而形成具有数据共享（Data-Sharing）和互操作（interoperability）功能的分布式控制（Distributed Control System，DCS）系统。具体地说，BACS 监视、控制和管理的具体内容可以包括如下几个方面的内容，以实现建筑设备运行、维护与资料档案管理以及经济分析等管理功能。

1）环境设备及其系统监控与管理。建筑环境设备主要包括空调冷热源、空调处理机组、通风系统等。

2）给排水设备及其系统监控与管理。给水排水设备主要包括生活给水设备系统、生活排水设备系统及污水处理设备系统。

3）电力设备及其系统监控与管理。电力设备主要包括高低压配电设施、变电设施、蓄电和应急发电设备等。

4）照明设备及其系统监控与管理。照明设备主要包括工作照明设备、事故照明设备、景观照明设备、高层建筑屋顶航标设备及事故与特殊照明设备等。

5）安全防范设备及其系统监控与管理。安全防范设备主要包括出入口控制、入侵报警设备、视频监控设备以及电子巡更设备等。

6）火灾报警设备及其系统监控与管理。火灾报警设备主要包括自动报警设备、手动报警设备、自动灭火设备、正压送风设备、防排烟设备、紧急广播设备、指示照明设备以及联动控制设备等。

7）交通运输设备及其系统监控与管理。交通运输设备主要包括各种电梯设备和停车场设备等。

8）广播设备及其系统监控与管理。广播设备主要包括背景音乐设备、紧急广播设备和电子公告系统等。

值得指出的是，上述建筑设备的分类并不是完全独立的，有些建筑设备具有多重功能，尤其是火灾报警设备及其系统与其他类型设备及其系统的联系最为紧密。如，灭火设备与给水设备是相互关联的，正压送风与防排烟设备有时与空调或通风设备是共用的。另外，随着技术的进步，建筑设备系统还会出现新的设备及其系统。这说明建筑设备自动化系统是相当复杂的综合系统。

（2）通信网络系统（CNS）

我国智能建筑设计标准将 CNS 定义为“楼内的语音、数据、图像传输的基础，同时与外部通信网络（如公用电话网、综合业务数字网、计算机互联网、数据通信网及卫星通信网等）相联，确保信息畅通”。CNS 通常包括如下几个系统。

1）以建筑物为中心的多功能程控电话和电视电话系统；

2）电视电话会议和电子电话会议系统；

3）电子邮政系统（包括电子邮件、高速传真邮件和原稿传真邮件等）；

4）电传打字和数据传输系统；

5）传真、电视和闭路电视系统；

6）卫星通信和专用无线电通信系统。

（3）办公自动化系统（OAS）

我国智能建筑设计标准将 OAS 定义为“应用计算机技术、通信技术、多媒体技术和行为科学等先进技术，是人们的部分办公业务借助于各种办公设备，并由这些办公设备与办公人员构成服务于某个办公目标的人机信息系统”。OAS 提供先进的信息处理功能，并可提供各种为办公事务的决策支持系统，极大地方便了办公事务的处理。该系统主要包括如下四个子系统。

1）事务型办公系统：包括文字处理、邮件管理、电子报表、日程安排等办公系统。

2）管理型办公系统：包括计划、统计、财政、公文、人事、外事等办公系统。

3）决策型办公系统：包括决策模型、计划模型、评估模型、决策方法、案例等系统。

4）服务管理系统：包括客户管理、财务管理、房产管理、综合信息服务、智能卡管理及计算机网络管理等系统。

随着科技的发展，OAS 的内容愈来愈丰富，不仅包括了上述信息系统，尤其是国家信息化及数字城市的发展，而且还包括了电子商务、电子政务、远程电子教育、远程网上医疗、网上图书馆，以及各种专业的业务信息应用系统。因此 OAS 的概念已远远不能概括上述内容，目前许多专家提出应把 OAS 改为“信息管理系统”将更加全面、科学。相应地，建筑设备自动化系统系统和 CNS 系统也应进行研究和商榷以适应数字城市的发展。如智能卡（smart card）技术应用所形成的“一卡通”系统，既可以用于智能建筑的建筑设备自动化系统（保安门禁、巡更、停车场出入控制），也可以用于 OAS 系统（物业管理、停车场收费、商业消费、电子钱包，人事与考勤管理等）。而在我国智能卡主要用于智能住宅小区、智能大厦的停车场、门禁、巡更消费、宾馆房间门锁等。因此，上述三大系统的划分并不是绝对的，应根据实际应用，尤其是新技术的应用，不断地进行调整。

综上所述，智能建筑是上述三大系统的集成系统，在目前技术水平基础上，智能建筑的基本组成如图 1-2 所示。智能建筑只有在系统集成的基础上消除各系统之间的“信息孤岛”，智能建筑才会综合协调发挥其作用和功能，因此智能建筑的系统集成应包括设备的集成、系统软件的集成、应用软件的集成、人员的集成、管理机构的集成和管理方法的集成等。随着科技的进步，不仅会有新型智能化子系统（如智能卡系统）加入到智能建筑之中，而且智能建筑的基本组成也会在技术和内容上发生深刻变化，即技术会更加先进，内容会更加丰富。

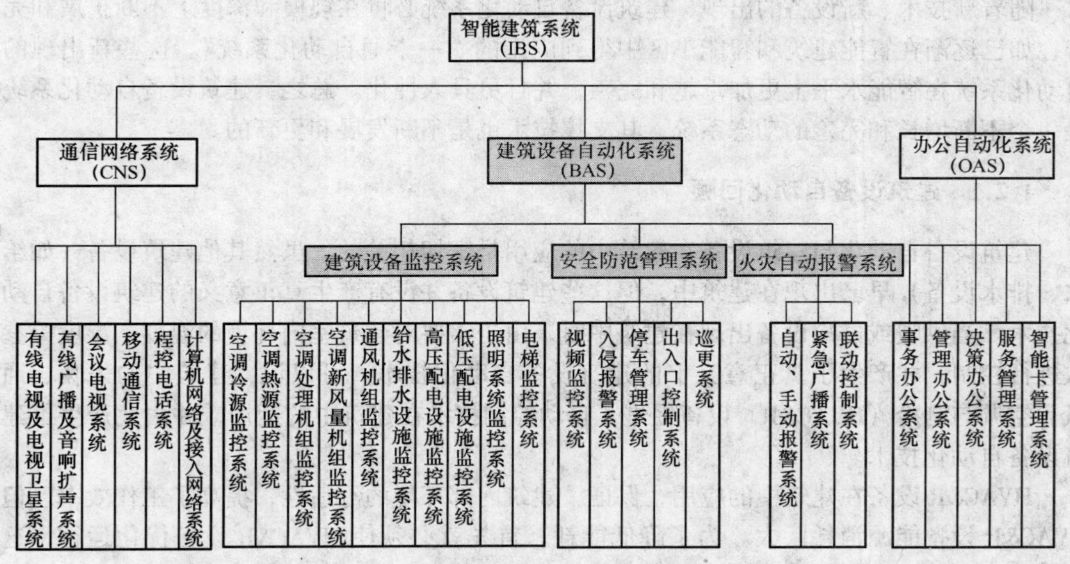

图 1-2 智能建筑基本组成方框图

智能建筑经过 20 余年的发展，在实现“人性化、智能化和生态化”的道路上已树立了一座座里程碑，并在信息技术的推动下向更深远的方向发展。智能建筑由早期的自动监控功能发展到自动监控、分级管理和应用智能化的集成功能，其目标从设备优化控制、建筑节能、提高用户生产效率到综合安全防范。这种发展过程反映了智能建筑已是相当复杂的“智能机器”，揭示了智能建筑具有多学科交叉的特点，不仅涉及建筑技术、建筑环境技术、建筑设备技术，而且涉及现代计算机技术、现代网络通信技术、现代自动控制技术和人工智能技术等诸多技术，是多学科技术的典型结合。

根据智能建筑的发展过程和未来趋势来看，智能建筑在不断引用其他学科的理论和技术时已形成了特有的理论和技术，并构成了智能建筑的理论体系基础。在早期的智能建筑中，所有理论和技术均来源于相关领域，例如，对建筑设备的监控来源于工业过程自控（Process Control）领域，数据通信来源于其他现场总线（Fieldbus）领域，等等。当今的智能建筑除计算机自动控制技术与其他领域仍具有共性外，建筑设备自控网络数据通信技术、系统集成技术和人工智能应用技术则是智能建筑所特有的理论基础和技术。因此，智能建筑相关技术除计算机自动控制技术外，还包括具有自身特点的建筑设备自控网络数据通信技术、系统集成技术和人工智能应用技术等所特有的技术。

1.2 建筑设备自动化概述

在智能建筑中，以信息技术为基础的建筑设备自动化系统是智能建筑各项功能和可持续发展的主体。根据当前的技术水平和已运行的大多数智能建筑来看，建筑设备自动化系统主要包括建筑环境设备自动化系统（如空调自动化系统、热源自动化系统、给水排水自动化系统等）、供配电自动化系统、照明自动化系统、消防自动化系统、安全防范自动化系统、交通运输自动化系统以及广播自动化系统等。

随着新技术、新设备的出现，建筑设备自动化系统必将在规模和深度上不断扩展和完善，如已逐渐在智能建筑和智能小区中得到应用的“一卡通自动化系统”。这些新出现的自动化系统在智能水平上更加卓越和完善，并且更具人性化。总之，建筑设备自动化系统是一个不断增长和完善的动态系统，其支撑技术也是不断发展和更新的。

1.2.1 建筑设备自动化回顾

建筑设备自动化与建筑设备在建筑中的应用是密切相关的。虽然其他建筑设备（如给水、排水设备）早已出现在建筑中，但这些建筑设备并没有产生真正意义的建筑设备自动化技术。当供暖或供冷设备出现在建筑中时，由于需要对建筑室内环境的温度、湿度等参数进行控制，才产生了真正意义上的建筑设备自动化技术。可以说，建筑中的采暖、通风、空调与制冷（HVAC&R）设备促进了自动控制技术在建筑中的运用，并由此产生了建筑设备自动化技术。

HVAC&R 设备在建筑中的应用，保证了建筑内部环境的舒适性，提高了工作效率。但 HVAC&R 设备能源消耗巨大。为了降低能耗，首先就必须使 HVAC&R 设备优化运行，这就需要引入自动控制技术，对 HVAC&R 设备进行自动控制。随着建筑设备自动化的产生以及自动控制技术在 HVAC&R 设备中的成功应用和推广，其他建筑设备也逐渐引入了自动控制技术。从而使现代建筑设备自动化系统集成了所有建筑设备自动化子系统，并成为一个复杂的大系统。

建筑设备自动化技术的发展与其他自控领域的发展是相似的。最早的建筑设备自动化系统是气动（pneumatic）控制系统，气动控制系统的能源和介质是压缩空气，主要用于控制供热、供冷管道上的调节阀和空气调节系统空气输配管道的调节阀。当时由于市场的竞争和用户的需求，这种控制技术也进行了标准化，标准化的主要内容是统一压缩空气的压力和有关气动部件的几何结构。在标准的作用下，许多控制设备生产厂商生产的气动控制设备可以互换，这样不仅可以满足用户的需求，更重要的是标准有利于市场竞争，促进了建筑设备自动化技术的发展。

随后，以各种电气仪表、信号灯、继电器及操作按键的电气控制系统逐渐代替了气动控制系统，并成为建筑设备控制系统的主要控制形式。当计算机出现后，建筑设备自动化技术引入了计算机控制系统。起初计算机系统只是简单地接入气动控制系统或电气控制系统之中，形成所谓的“操作指导控制系统”。在操作指导控制系统中，计算机系统的作用只是对控制对象或过程的参数进行采集和处理，处理的结果并不直接用于控制过程，而是操作者利用这个处理结果来调整原来控制系统的参数，控制过程仍由原来的控制系统完成。操作指导控制系统虽然是计算机系统在控制领域中最简单的应用方式，但在建筑设备自控系统中起到了显著的作用，节能效果显著。计算机系统在建筑设备自动化系统中的应用由此得到了迅速的发展。

20 世纪 80 年代早期，计算机技术和微处理器有了突破性的发展，产生了直接数字控制（DDC）技术。DDC 技术在建筑设备自控系统的应用极大地提高了建筑设备的效率，并优化了建筑设备的运行和维护。随后，为了提高计算机控制系统的性能和合理利用不同配置的计算机资源，又出现了以 DDC 技术为基础的“监督计算机控制系统（Supervisory Computer Control，SCC)”。随着网络通信技术的发展，在现场总线（Fieldbus）技术和计算机网络技术的带动下，产生了各种以 DDC 技术为基础的分布式控制系统（DCS)。这种 DCS 系统便是当今建筑设备自动化系统的基础。

今天，信息技术的飞速发展给建筑设备自动化系统带来了深刻的革命。在以往的智能建筑中，建筑设备自动化系统通常与 IT 系统是分离的。随着企业级管理（enterprise-level management）的日益流行、开放系统技术（open systems technology）以及 Internet 技术的发展，专有（proprietary）通信协议的自控系统终将被开放性通信协议的自控系统所取代，并在整个智能建筑内实现真正意义上的互操作。这些发展趋势必将导致建筑设备自动化系统从自动监控向企业综合信息管理发展，从而使建筑设备自动化系统建立在企业级的基础设施之上，并与 IT 系统无缝集成，形成网络化的建筑设备系统（networked building systems，NBS)，真正成为企业级信息管理系统的一个子系统。

1.2.2 建筑设备自动化基本内容和体系

建筑设备自动化系统是通过建筑设备自控网络将众多具有网络通信功能的建筑设备监控系统连接而形成具有数据共享和互操作功能的分布式控制系统，从其发展过程来看，建筑设备自动化起源于其他自控领域（尤其是工业过程控制领域)，经过 20 余年的发展，已形成了较为完整的理论和内容体系。从学科交叉的特性来看，建筑设备自动化的理论和内容体系可以分为“基础理论”、“特有理论”和“工程技术”三大部分。其中，基础理论是针对建筑设备自动化领域从多学科中吸取的理论部分；特有理论是面向建筑设备自动化领域在基础理论之上发展而形成的具有本领域特色的专有理论；工程技术则是面向建筑设备自动化领域工程项目全寿命周期内的支撑技术，具体内容包括建筑设备自动化系统的工程设计、实施和运行维护管理等技术。基础理论是多学科交叉而形成的“交集”理论；特有理论是建筑设备自动化具有自身特色的创新理论，是基础理论在本领域的延伸和扩展，是建筑设备自动化区别于其他学科或领域的根本和灵魂；工程技术是上述理论的实际应用，具有理论与实践相结合的功能，是学以致用的基础。

从智能建筑的发展过程和未来趋势来看，“计算机自动控制理论与技术”、“计算机网络理论与技术”“建筑设备自控网络理论与技术”和“系统集成理论与技术”是实施建筑设备自动化工程系统的核心内容。在这些核心内容中，“计算机自动控制理论与技术”和“计算机网络理论与技术”是建筑设备自动化的基础理论，而“建筑设备自控网络理论与技术”和“系统集成理论与技术”则是建筑设备自动化的特有理论和技术。考虑到工程技术的内容，则建筑设备自动化的基本内容和体系如图 1-3 所示。

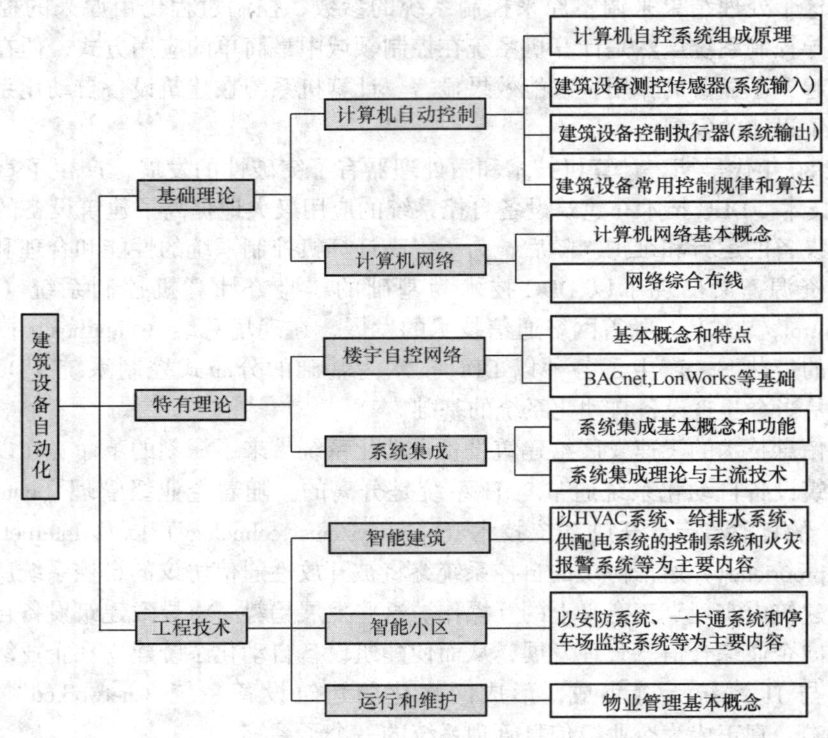

图 1-3　建筑设备自动化基本内容和体系图

实际上，上述对建筑设备自动化基本内容和体系的划分体现了理论与技术、工程设计与施工、运行维护与管理的分类原则。在图 1-3 中，“基础理论”和“特有理论”属于建筑设备自动化理论与技术的范畴，而“工程技术”则包含建筑设备自动化系统工程的设计、实施和运行维护与管理等方面的内容。在建筑设备自动化工程技术中，由于智能建筑和智能小区在建筑设备自动化系统的侧重点不同，其设计、实施、运行和维护也略有所不同，因而“工程技术”内容则按建筑设备自动化工程项目的类型及其运行和维护进行分类较为合理。建筑设备自动化是一个处于不断发展的领域，上述划分也只具有相对意义，实际上它们之间是相互交叉和相互渗透的，同时也是相辅相成、互为促进的关系。另外，随着建筑设备自动化和相关领域的发展，上述各部分内容也会不断增加新内容。但上述框架的基本结构是不会有太大的变化，因此，正确认识和掌握建筑设备自动化基本内容和体系的相对分类以及理解它们之间的相互关系是非常重要的。

1.2.3 建筑设备自动化基本特点和分类

建筑设备自动化系统是智能建筑中最基本的系统，是由多个不同建筑设备监控子系统组成的集成系统，并随技术的发展和应用的深入，建筑设备自动化系统毫无疑问在广度和深度上还会更加复杂。不论建筑设备自动化系统如何发展，建筑设备自动化系统均有如下的基本特点。

(1) 从建筑设备自动化系统的自控设备组成上来看，同一建筑设备自动化系统的自控设备通常来自不同的厂家。这个特点要求不同厂商的设备必须遵循一定的标准和应用方式，才能实现自控设备间的互操作（interoperability）。事实上，实现不同厂商自控设备之间的互操作是包括建筑设备自动化在内的所有自控领域一直追求的最高目标，也是自控领域重点研究的方向之一。

(2) 从建筑设备自动化系统的功能来看，建筑设备自动化系统是一个分布式的网络系统。这就决定建筑设备自动化系统是一个分布式网络控制系统，并在不同的情况下具有不同级别的实时操作和访问功能。

(3) 从建筑设备自动化系统的网络组成来看，建筑自动化系统是多种局域网并存的网络控制系统。这就要求建筑自动化系统必须根据性能价格比合理选择不同的局域网络，以实现“结构、系统、服务、管理及它们之间的最优化组合”。

(4) 从建筑设备自动化系统的时间响应来看，建筑设备自动化系统是一个“强实时”与“弱实时”的混合系统，有些建筑设备的控制必须是强实时的，如火灾检测与报警系统，而有些建筑设备的控制是非实时的，如空气过滤器失效报警系统。从总体上来看，建筑设备自动化系统是一个弱实时自控系统。

(5) 从建筑设备自动化系统执行标准来看，建筑设备自动化系统不是国家强制执行标准的范围，应根据建筑业主的需要、项目投资及投资回收状况等实际需求，确定建筑设备自动化系统的规模、范围和相应的设计等级。

从上面的特点可以看出，现代建筑设备自动化系统是集成各厂商设备并实现互操作的网络自控系统。从目前实现建筑设备自动化系统的技术来看，实现建筑设备自动化系统可以有许多技术，但从实现技术的特点来分类，建筑自动化系统可以分为两大类：专有（proprietary）系统和开放（open）系统。

专有建筑设备自动化系统是采用专有协议（proprietary protocol）的自控系统。其中，协议可以暂时认为是自动化系统集成的“解决方法或方案”。专有协议通常是一家公司开发的协议，其系统集成方法或方案的制定和升级是不开放的，具有垄断性质。专有建筑设备自控系统虽然可以与其他系统进行系统集成和实现互操作，但这种集成和互操作的代价通常是巨大的。开放性建筑设备自控系统是采用开放性协议（open protocol）的系统。开放性协议通常由专业学会或标准组织制定和升级，代表该领域的最新技术和发展方向，并在制定和升级时采用公开的方式。因此开放性协议不具有垄断性，它得到了绝大多数厂商的支持。用开放性协议开发的建筑设备自控产品不仅价格合理，而且不同厂商的产品在一定范围内还可以相互备用和互换，因此基于开放性协议的建筑设备自动化系统得到了广泛的应用。

随着建筑设备自动化从自动监控向企业综合信息管理的发展，建筑设备自动化系统选择开放和标准化的通信协议是其必然的发展趋势。

1.2.4 建筑设备自动化发展动向

由于用户的需要和市场的竞争，自建筑设备自动化系统诞生以来，建筑自控设备的互操作（interoperability）和互换（interchangeability）一直是其追求的目标。正是这种动力推动了建筑设备自动化系统不断向前发展，也正是这种动力推动了建筑设备自动化系统标准的产生和发展。

早在气动控制系统时期，建筑设备自动化系统就制定了气动控制系统的标准。标准的主要内容规定了压缩空气的压力信号大小和关键部件的加工及其精度。该标准虽然简单，但非常直观，对推进气动控制系统的发展做出了贡献，从而也使人们认识到标准在建筑设备自动化系统中的重要性，其指导思想仍是现代控制网络数据通信协议标准化的基础。

进入 DDC 阶段，建筑自控设备的互操作特性日益重要。随着建筑设备自动化系统的发展和应用分工的深化，就迫切要求不同厂商的产品具有“互操作能力”。尤其在进入控制系统网络化的时代，自控设备间的互操作能力则是自控设备的基本要求。当人们认识到这种需求和这种需求所产生的巨大经济效益时，不同厂商就根据自己的技术力量和产品特点开发了各自的技术，于是就形成所谓的“现场总线（Fieldbus）”或“自控网络”技术，出现了多种基于自控网络的自动化系统解决方法或方案——“现场总线协议”或“通信协议”，如 BACnet、CAN、LonTalk、PROFIBUS、EIB 等，并大力推向市场，力图以市场份额使其成为“事实标准”，并由此进入了建筑设备自动化领域的“战国时代”。多标准的出现推动了建筑设备自动化系统的发展，但又严重地影响了建筑设备自动化系统的进一步发展。这种状况更加促使人们认识到统一建筑设备自动化系统标准的重要性。通信标准是建筑自动化系统的集成和互操作的基础，只有通信标准“相对统一”，建筑设备自动化才可能得到稳健的发展。

经过技术和市场的双重作用，目前建筑设备自动化系统公认的主流标准只有 BACnet 国际标准（ISO 16484-5）和 LonWorks 技术标准。有关这两个标准的内容详见“第 5 章　建筑设备自控网络”。

随着 IT 技术的发展，尤其是微电子技术的发展，信息处理成本、传输成本和存储成本得到了大幅度的降低，以 XML（eXtensible Markup Language：可扩展标记语言）为基础的 Web Services 技术在建筑设备自动化和其他自控领域得到了越来越多的应用。XML 作为一种新的 Internet 数据交换标准，其应用已从早先的 Web 信息描述发展成为数据交换的开放性标准，并成为开放环境下描述数据的标准技术。目前 Web Services 技术主要在建筑设备自动化系统集成层面上得到了成功的应用。由于 XML/Web Services 技术具有“平台无关、协议无关和语言无关”的特点，并且应用部署灵活、应用程序间耦合性弱的优点，因此，从理论上这种技术可以延伸至建筑设备自动化系统的最低层，从而有可能成为真正的“统一标准”。

在这个“统一标准”的基础之上，不仅所有的建筑设备自动化子系统可以无缝集成，而且还可以将智能建筑中的三大系统无缝集成，形成真正意义上的“智能建筑”，并由此形成“数字小区”、“数字城市”、“数字国家”，甚至可以形成“数字地球”。

综上所述，建筑设备自动化系统的发展是向着标准更加统一，更加开放的方向发展。随着现代IT技术的发展，建筑设备自动化系统在不断应用现代IT最新技术的同时，也不断与IT系统进行融合，并逐渐演变成为IT系统的一个部分。这说明建筑设备自动化技术不仅起源于IT技术，发展得益于IT技术，而且最终融合于IT技术。

随着科技的进步和生活水平的提高，人们对住宅和住宅小区的要求也越来越高，于是建筑设备自动化系统的应用也延伸至住宅及住宅小区，形成所谓的“智能住宅”或“智能住宅小区”。由于住宅和住宅小区具有自身的特点和要求，从而使建筑设备自动化系统的内容得到了进一步的丰富和发展。因而住宅小区自动化也是建筑设备自动化不可缺少的内容。

创造良好人居环境的最终目标对建筑科技的发展提出了更高的要求，不论是在设计手段、材料、建筑设备及其自动化，还是施工工艺、运行与维护管理等，都必须着眼于节能、环保、安全的根本出发点。只有首先满足这个基本要求，建筑科技的发展和在建筑领域中的应用才有更深远的意义。因此，只有正确利用最新技术构筑合理先进的建筑设备自动化系统，才能在建筑全寿命周期成本（Life Cycle Costs）中占主要份额的运行与维护管理阶段发挥决定的作用，才能实现绿色建筑所体现的意义。

1.3 小　结

作为一个具有几千年的传统产业，建筑业至今仍是充满活力的淘金产业。在这个经久不衰的产业中，除不断发展的社会所产生的巨大需求外，不同时代的科技起着举足轻重的作用，功不可没，并随着科技的进步，建筑仍将焕发出蓬勃朝气。

建筑在不同的时代具有不同的内涵和表现形式，这既是时代发展对建筑的要求，也是当代科技进步对建筑的贡献。智能建筑是本世纪初建筑业的发展方向，它是人类生态文明时代可持续发展战略在建筑领域的具体表现形式，其实现基础就是现代科学技术。

建筑设备自动化系统是智能建筑和智能住宅小区的一个不可缺少组成部分，是“向人们提供一个安全、高效、舒适、便利建筑环境”的基础。随着现代IT技术的进步，建筑设备自动化技术已逐渐成熟和完善，标准趋向于开放和统一，建筑设备自动化系统也更加完备，并逐渐与IT系统融合。从这个意义上看，智能建筑和智能住宅小区是建立在以计算机技术为基础的现代信息技术之上，并且具有与人和自然高度和谐、平衡共生的现代绿色建筑。

从建筑设备自动化的发展过程和未来趋势来看，计算机自动控制技术是其产生的基础，建筑设备自控网络通信技术是其发展的基础，系统集成技术是其应用的基础。没有计算机自动控制技术在建筑设备自控中的应用，就不可能产生建筑设备自动化；没有建筑设备自控网络通信技术，建筑设备自动化技术就不可能稳健发展，建筑设备自动化系统就不可能包罗千差万别的建筑设备监控系统；没有系统集成技术，建筑设备自动化系统就不可能得到实际应用，所有建筑设备自动化技术终将成为过眼烟云而消失。因此计算机自动控制技术、建筑设备自控网络通信技术和系统集成技术是建筑设备自动化特有的三个核心基础技术。

思 考 题

1. 简述科技进步对建筑技术的影响和作用。

2. 什么是智能建筑？并简述智能建筑与绿色建筑的关系。

3. 论述建筑设备自动化的基本体系及其主要内容，并说明建筑设备自动化在智能建筑中的作用和地位。

4. 简述建筑设备自动化的基本特点、发展方向及技术趋势。

5. 简述标准化在建筑设备自动化的作用和意义。

第2章 建筑设备自动化基础

建筑设备自动化系统是一个复杂的分布式控制系统（DCS），其中，基于直接数字控制（DDC）的建筑设备监控系统是其基本组成单元和“细胞”。因而学习和掌握DDC系统的基本结构及其各组成部分的功能和特点是学习建筑设备自动化的基础。

本章首先介绍计算机自控技术基础知识，然后介绍建筑设备自动化系统的常用检测装置和执行机构。前者是DDC系统的基础，后者是DDC系统面向建筑设备自动化系统的输入（Input）和输出（Output）组成部分。这些内容是建筑设备自动化的基础理论和技术。

2.1 计算机自控技术

自动控制技术发展至今，已经历了许多变革。从信号处理的角度来看，一是20世纪50~60年代从机械或电气式传动处理转变为电子模拟信号处理；二是20世纪70~80年代从模拟信号处理转变为数字信号处理。从自动控制系统的结构来看，控制系统从集中控制系统（Central Control System）转变为基于现场总线（Fieldbus）或控制网络（Automation and Control Networks）的集散控制系统（Distributed Control System，DCS）。计算机自动控制技术就是利用数字信号处理技术的控制技术，是集散控制系统的基础技术。

计算机自动控制系统是计算机技术与自动控制技术相结合而形成的先进自动控制技术，这种先进的自动控制技术以其数字计算机的强大数字计算能力、逻辑处理能力、大容量信息存储能力和自控网络数据通信能力远远超越了以模拟电气仪表为主的模拟控制技术，并可轻松解决模拟控制技术难以解决的技术难题。计算机自动控制技术最早应用于某些关键工业生产过程及航空航天等重要领域，并取得了巨大的成功。随着微电子技术的进步，计算机自动控制技术得到了广泛的应用。当计算机自动控制技术在建筑设备自动化领域得到应用后，建筑设备自动化技术得到了飞速的发展，并且这种控制技术也成为建筑设备自动化的核心基础技术之一。

与常规模拟自动控制技术相比，计算机自动控制技术具有如下优点：1）具有一般性和通用型的结构体系，这就可以在计算机硬件结构不变的情况下，一方面能够采用先进的控制算法或智能控制策略，保证控制系统的高精度和高性能，另一方面能够在线修改和更新控制方案，从而具有极高的性能价格比；2）便于实现控制与管理相结合，使自动化程度进一步提高，实现运行维护和故障诊断等智能功能；3）能够与通信技术相结合，易于实现建筑设备自动化系统集成和远程监控功能；4）随着现代IT技术的发展，可以将建筑设备自动化系统与企业管理信息系统（MIS）集成，从而使建筑设备自动化系统成为企业管理信息系统和决策系统的一个不可缺少的部分。正是由于这些优点，以计算机自动控制技术为基础的建筑设备自动化系统就可以为智能建筑提供一个安全、节能、高效而又便利的建筑环境。

2.1.1 基本组成

自动控制的功能是使受控制的参数按指定的规律变化或限定在某一要求范围内。实现这种功能的自动控制系统必须包含一定数量的检测仪表和执行机构以及具体的控制算法或控制策略。通常，按检测仪表和执行机构在自动控制系统中的组合结构或信息处理方式，自动控制系统可以分为“开环控制系统”和“闭环控制系统”两大基本类型。所有控制系统均可分解为这两种基本类型的组合。在建筑设备自动化系统中，因开环控制系统的控制精度和性能较差而极少应用，从而闭环控制系统得到了大量应用。图 2-1 是闭环控制系统的方框图。

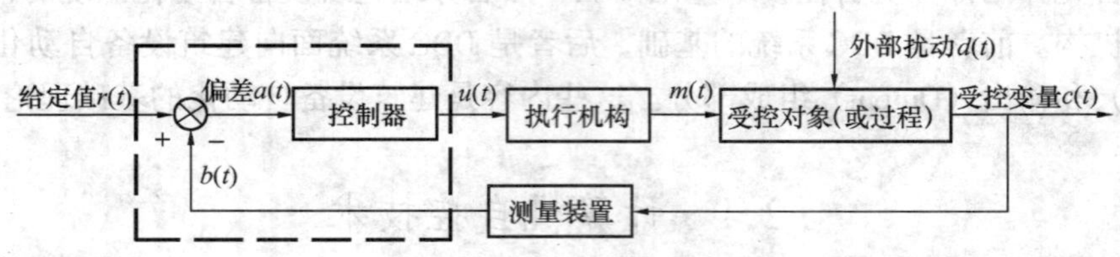

图 2-1 闭环控制系统的方框图

闭环控制系统又称“反馈控制系统”。在闭环控制系统中，既存在由输入端到输出端的信号前向通路，也存在从输出端到输入端的信号反馈通道，两者组成一个闭合回路。在图 2-1 中，测量装置对受控对象的受控参数进行测量，并反馈给控制器，控制器根据反馈的参数值与给定值进行比较，如有偏差，控制器根据预先存储的控制算法或控制策略进行信息处理，并产生控制信息，进而驱动执行机构工作。通过执行机构的动作使受控制对象的状态发生改变，从而改变受控制参数的值，使受控参数按指定的规律变化或限定在一定的要求范围内。因此，一个基本的闭环系统通常由以下几个部分或环节组成：

(1) 受控对象（或过程）。是指需要对它的某个或多个特定的参数进行控制的设备（或过程）。受控对象的输出变量是受控变量，常记作 $c(t)$ 或 $y(t)$，其中，t 为控制过程的时域变量。受控对象除受到控制作用外，还受外部扰动作用，外部扰动常记作 $d(t)$。受控对象是控制系统的关键组成部分，其动态过程特性决定控制器控制算法或控制策略的选用，从而对控制系统的精度和性能具有重要影响。

(2) 测量装置。测量装置感受或测量受控变量的值并把它转换成可以进行比较的信号，这个信号就是反馈信号，常记作 $b(t)$。测量装置是控制系统的输入（Input）组成部分，如各种传感器和测量仪表等。

(3) 比较装置。其作用是将给定值 $r(t)$ 与反馈信号 $b(t)$ 进行比较，比较的结果称为“偏差信号”，常记作 $a(t)$。偏差信号作为控制器的输入，以产生校正误差的作用。由于偏差信号 $a(t) = r(t) - b(t)$，因而闭环控制系统是一个负反馈系统。

(4) 控制器。其作用是对偏差信号 $a(t)$ 按预定的控制算法或控制策略进行处理，产生控制信号 $u(t)$，并作为执行机构的输入信号。预定的控制算法或控制策略在控制器中执行，并且是控制系统的一个重要组成部分。控制算法或控制策略的好坏直接影响整个控制系统的控制精度和性能。

有关控制算法或控制策略的分析与设计是自动控制专业的主要理论内容。自动控制理论是关于控制系统分析和设计的理论，主要内容包括以传递函数为数学模型或工具，以根轨迹法和频率响应法作为设计方法的经典理论，和以状态空间法、动态规划、极大值原理等为基础的现代理论。这些内容超出了本书的范围，本书不作介绍。

实际上，控制器通常还包含设定给定值 $r(t)$ 和进行偏差信号 $a(t)$ 计算的功能，即实际应用的控制器通常由图 2-1 中虚线框所包含的两部分组成。另外，根据控制器的信号处理方式，还可以对控制系统进行模拟和数字系统分类。当控制器以模拟方式对控制信息（模拟信号）进行处理时，则称为模拟控制系统。当控制器以数字方式对控制信息（数字信号）进行处理时，则称为数字控制系统或计算机控制系统。

（5）执行机构。是控制系统的输出（Output）组成部分，其作用是接收控制器的输出信息，并根据该输出信息改变受控对象或过程的状态或参数，以消除外部扰动 $d(t)$ 的影响。如电动调节阀、伺服电动机等。执行机构接收控制器的控制信号 $u(t)$，产生改变受控对象的操纵变量 $m(t)$。为了改变受控对象的状态或参数，执行机构通常将控制信号 $u(t)$ 转换成具有一定功率（能量）或流量（物质）的操纵变量 $m(t)$。值得注意的是，有些执行机构本身也是一个非常复杂的封闭控制系统。

如果图 2-1 中的控制器采用数字信息处理器，并由数字信息处理器执行控制算法或控制策略时，就形成了所谓的“数字自动控制系统”，即“计算机自动控制系统”，如图 2-2 所示。

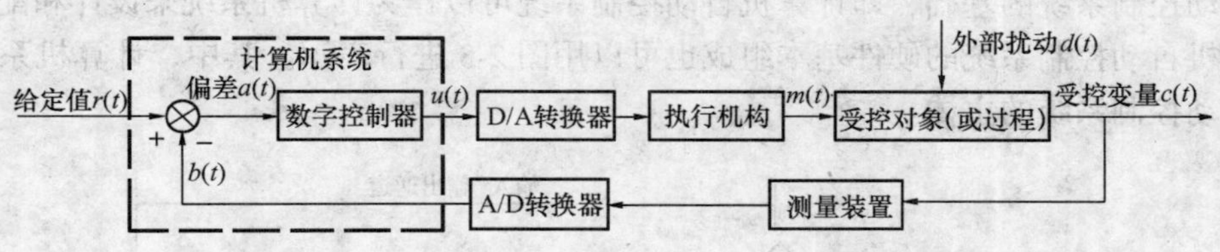

图 2-2　计算机控制系统方框图

计算机自动控制系统的信息处理过程与上述过程相同，只不过数字计算机是以数字方式处理控制信息的，因而在这种控制系统中必须增加将模拟（Analog）信号转换成数字（Digital）信号的 A/D 转换器和数字信号转换成模拟信号的 D/A 转换器。值得指出的是，计算机自动控制系统由于存在对模拟量进行离散和量化的 A/D 过程以及相反的 D/A 过程，对其设计和分析的过程虽然与模拟控制系统有相同之处，但仍有较大的区别。计算机自动控制系统的分析与设计也超出了本书的内容，本书亦不作介绍。

A/D 转换器是将模拟量转换成数字量的电子器件，是模拟系统与数字系统之间的接口。在建筑设备自动化中，通常对转换时间要求不太高（与其他高速测量相比），故常用的 A/D 转换方式有逐次逼近式和双斜积分式，前者转换时间短（几微秒～几百微秒），分辨率高，但抗干扰能力较差；后者转换时间长（几十毫秒～几百毫秒），抗干扰能力较强。在信号变化缓慢，现场干扰严重的场合，宜采用后者。

A/D 转换器的主要技术指标有：1）转换时间。指完成一次模拟量到数字量转换的时间，一般为毫秒级或微秒级。2）分辨率。衡量微小输入量变化的敏感程度，通常用数字量的位数（n）来表示，如 8 位、12 位、16 位等。3）线性误差。指在满量程范围内，实际转换特性与理想转换特性（线性）的最大误差。4）量程。指所能转换的标准输入信号范围，由于几乎所有A/D转换器的输入信号均为电压型信号，因此通常用标准电压信号表示，如0～10V。5）对基准电源的要求。基准电源对A/D转换器的精度会产生较大的影响，故在设计时，应考虑是否外接基准电源及基准电源的精度。

D/A转换器是将数字量转换成模拟量的电子器件，是数字系统与模拟系统之间的接口。相对A/D转换而言，D/A转换较易实现，通常由参考电源、数字接口、数字开关控制、模拟转换和放大器等组成。

D/A转换器的技术指标主要有：1）分辨率。分辨率通常用数字接口的数位长度（n）来表示，如8位、12位、16位等。分辨率越高，则表示输出模拟量的精度越高。2）稳定时间。输出稳定时间越短，则其转换效率越高。3）输出电平。不同的D/A转换器具有不同的输出信号，但一般均为标准输出，如0～10V、0～10mA等。4）输入编码。指D/A转换器接受数字信号的编码模式，如BCD码、二进制码等。

综上所述，计算机自动控制系统除增加了A/D转换器和D/A转换器外，其他组成与模拟控制系统基本相同。但计算机自动控制系统的优点主要来源于其中的数字信号处理器——计算机系统，因而计算机系统是计算自动控制系统中最具特色和最为重要的组成部分。如果从计算机系统的角度来设计和分析计算机自动控制系统，则计算机自动控制系统的组成应包括硬件（Hardware）和软件（Software）两大部分。这种划分系统组成的方法不仅说明计算机自动控制技术是自控技术与计算机技术的组合，而且还说明计算机技术是计算机自动控制系统的基础，即计算机自动控制系统可以作为计算机系统来设计和配置。因此计算机自动控制系统的硬件基本组成也可以用图2-3进行表示。其中，计算机系统是计算机自动控制系统的主体。

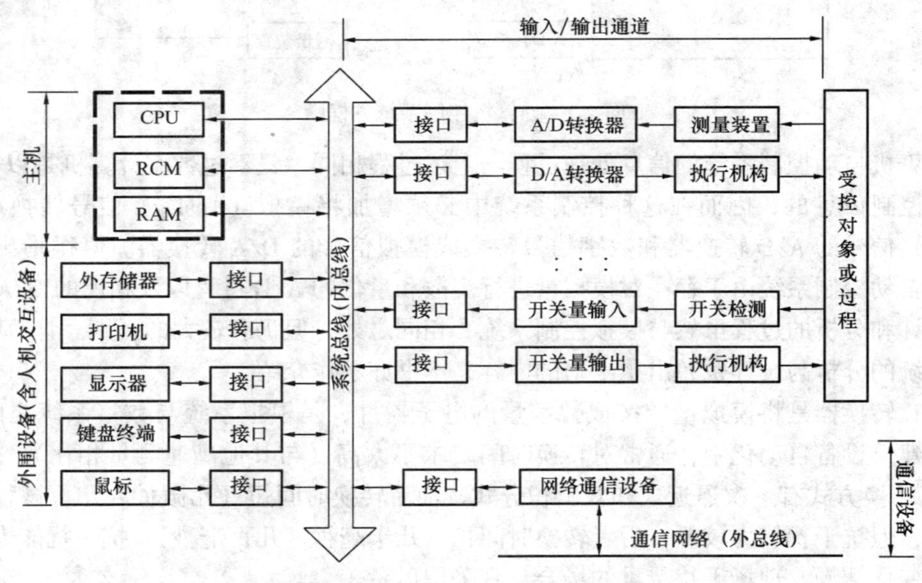

图2-3　计算机自动控制系统方框图

（1）硬件部分。硬件主要包括计算机主机、外围设备、过程输入/输出设备、人机交互设备和通信设备等。

1）主机。主机是计算机自动控制系统的核心，由中央处理器（CPU）和存储器（RAM、ROM）组成。其功能是按照存储器中的控制算法或控制策略（即软件）进行受控参数的采集、处理和产生控制信息输出。计算机自动控制系统的所有软件均由主机调度和运行，也可以说，主机是计算机自动控制系统的“大脑”。

2）外围设备。常用外围设备按功能可分为输入设备、输出设备和外存储设备。输入设备用于输入程序、数据和操作命令，如终端键盘；输出设备如显示设备、打印机等，用于反映控制信息和过程状态；外存储设备有磁盘、磁带等，这种设备具有输入和输出的功能，用于存储程序和数据，通常作为内存储器的后备存储设备，可以用于存储大量的历史数据。

3）过程输入/输出（I/O）设备。过程输入设备包括模拟量输入（Analogy Input）通道（也称为“连续量输入通道”，简称“AI 通道”）和数字量输入（Digital Input）通道（也称为“开关量输入通道”，简称“DI 通道”）。AI 通道先通过 A/D 转换器将模拟量信号（如温度、压力、流量等）转换成数字信号，再通过计算机的总线接口输入到主机；DI 通道可将开/关量信号（或具有稳态的数字量）直接通过总线接口输入到主机。过程输出通道同样包括模拟量输出（Analog Output）通道（也称为“连续量输出通道”，简称“AO 通道”）和数字量输出（Digital Output）通道（也称为“开关量输出通道”，简称“DO 通道”）。AO 通道将主机输出的数字控制信息转换成模拟信号，用于驱动具有连续动作的执行机构；DO 通道将主机输出的开关量进行转换和放大后用于驱动具有开/关状态（或具有多种稳定态）的执行机构。过程输入/输出通道是配置较为复杂的通道，应根据实际情况进行合理配置。如有些信号的输入/输出通道还需要设置信号调理器、线性转换器以及各种隔离装置等。

4）人机交互设备。这部分设备是外围设备的一部分，用于人与计算机之间交换信息，是人与计算机系统之间交互的界面，主要包括键盘、显示器、鼠标和各种专用显示面板、操作台等。其作用一是显示受控对象或过程的状态，二是供操作人员进行设置、查询和修改等操作，三是显示操作结果。值得说明的是，现场级自控设备通常不具备人机交互设备。

5）通信设备。通信设备可以分为两大类，一是计算机系统内部的通信设备，如 ISA、PCI 等，这类通信设备通常称为内总线通信设备，主要用于计算机系统内部各器件之间的通信。二是计算机系统之间的通信设备，如串口通信设备、Ethernet 接口卡等，这类通信设备通常称为外总线通信设备或网络通信设备，主要用于计算机自动控制系统之间的通信。外总线通信设备也是计算机内总线与外总线通信的桥梁，利用外总线通信设备可以实现不同地理位置、不同功能的计算机或设备之间的信息交换，进而可以实现信息系统集成。外总线通信设备必须符合某种开放的自控网络数据通信协议或标准，这也说明自控网络数据通信协议或标准是建筑设备自动化技术的一个重要内容。

连接外总线通信设备的接口（简称“通信接口”）也是基于自控网络控制系统的 I/O 部分，是上述四种类型通道的扩展和补充。通信接口是基于自控网络控制系统中智能化检测设备和智能化执行器的惟一 I/O 接口，并且是现代建筑设备自动化的主要内容，因而其具体内容也是本书的主要内容之一，详见“第 5 章　建筑设备自控网络”。

（2）软件部分。软件是计算机自动控制系统的“灵魂”。在分布式自控系统中，计算机自动控制系统的协调运行和控制过程中的控制算法或控制策略均是由软件来完成的。软件可以分为系统软件和应用软件两大类。

1）系统软件一般包括操作系统（Operation System，OS）、汇编语言、高级语言、数据库、通信软件和诊断工具软件等。这部分软件是一个完整计算机系统所必备的，但对大多数嵌入式计算机系统来说，有可能将通用操作系统（OS）改为专用的监控系统，或通过交叉编译的方法将其他部分省去。另外，在没有操作系统的计算机自控系统中，系统软件通常为专用的系统监控程序，或根本就不设置系统软件。

2）应用软件。一般分为过程输入程序、过程输出程序、过程控制、人机交互程序、打印程序、数据库程序，以及控制系统组态、显示界面生成和测试等工具性支撑软件。这部分软件可以根据控制功能和计算机资源进行合理配置。例如，在嵌入式计算机系统中，可以只实现与控制过程直接有关的软件和简单的人机交互程序即可。

值得说明的是，图 2-1 和图 2-2 不仅反映了大多数闭环控制系统在“硬件”上的物理组合方式，而且更重要的是反映了所有闭环控制系统的信息处理流程或逻辑结构。在独立的控制系统中，所有测控设备在物理结构上必须按上述组合方式进行闭环设置，其信息处理流程理所当然是闭环的。但在以自控网络为基础的网络型控制系统中，当所有基于计算机技术的测控设备均支持自控网络通信时，网络型控制系统在硬件组合上一般不具有闭环的物理结构。这种网络型控制系统的结构有很多种，但可以抽象为如图 2-4 所示的结构。在网络型控制系统中，如果信息处理过程符合闭环信息处理流程，则这种网络型控制系统的逻辑结构是闭环的，并仍称闭环控制系统。在以自控网络为基础设施的建筑设备自动化系统中，网络型控制系统是一种通用型的控制系统结构，并被普遍采用。

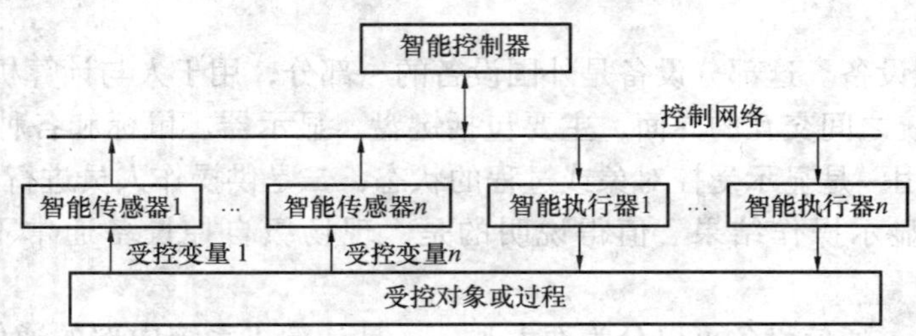

图 2-4　网络型控制系统方框图

在图 2-4 所示的网络型控制系统中，控制信息的闭环处理过程可归纳为下述三个过程。

(1) 数据采集。控制器按设定的时间间隔巡回对测量装置的测量参数进行采集，或者智能传感器按预定条件将测量参数主动发送给控制器。

(2) 信息处理与输出。控制器一旦获得采集的数据，就将采集的数据与设定值进行比较或计算偏差值，然后按预定控制算法或控制策略进行信息处理，并输出控制信息。

(3) 控制过程。控制信息经执行机构转换成具有一定功率（能量）或流量（质量）的操纵量后对受控对象或过程进行控制，以消除外部扰动所产生的影响，从而实现控制目标，即使受控变量按指定规律变化或限定在某一要求的范围内。

上述三个过程不断循环重复，从而形成控制信息的闭环处理过程。这种控制信息的处理过程是所有闭环控制系统最基本的处理过程。但在网络型控制系统中，控制器与传感装置之间的“数据采集”以及控制器与执行机构之间的“控制信息输出”是根据控制网络通信协议（protocol）规定以网络报文（或包）的形式传递的，或者说，是以“分组包”的形式进行传递的。因而网络型控制系统具有通用型的系统结构，不仅组态灵活，而且易于扩展和多系统集成，但其控制信息的传递及处理过程是较为复杂的。而在非网络型控制系统中，“数据采集”和“控制信息输出”均是以“直接数据”形式进行的，虽然控制信息的传递及处理过程较为直接、简单，但系统结构固定，系统扩展和集成非常困难。

2.1.2 分类与特点

尽管计算机自动控制系统的结构体系具有一般性和通用性的特点，但根据不同预定控制算法或控制策略可以具有多种多样的功能和特性，因而计算机自动控制系统具有多种分类方法。例如，按数学模型特性可以分为线性系统和非线性系统、时变系统和非时变系统；按系统功能可以分为温度控制系统、压力控制系统、流量控制系统等。不论采用哪种方法进行分类，都是从不同的视角对计算机自动控制系统的认识，因此只有综合多种分类方法，才能对计算机自动控制系统有一个较全面的认识。但本书不详细介绍各种分类方法及特点，只从计算机自动控制系统的基本功能和系统组成两个方面进行分类和特点介绍。这些是全面认识计算机自动控制系统的基础。

作为一个控制系统，计算机自动控制系统的基本功能仍是使受控变量与设定值（即参考输入）保持一致，也就是说，参考输入反映了对受控变量的控制要求，也是计算机自动控制系统要实现的控制目标。因而按参考输入或其目标的特征来分，计算机自动控制系统可以分为如下三类。

(1) 恒值控制系统。这类控制系统的参考输入为零或为某一常数，当受控对象或过程受到外部扰动作用时，该系统能使受控变量与参考输入保持一致。常见到的有恒温、恒压、定水位等建筑设备控制系统均属于这一类控制系统。在建筑设备自动化系统中，这类控制系统得到了大量的应用。

(2) 程序控制系统。这类控制系统的参考输入按照预定的时间变化，即参考输入是时间函数。例如，具有节能功能的照明控制系统、蓄冰冷水机组的运行控制系统等属于这一类的控制系统。

(3) 随动控制系统。这类控制系统的参考输入按事先不知道的时间函数变化，要求受控变量以一定的精度和实时跟踪参考输入变化。有时这种控制系统也称跟踪系统或伺服系统。这类控制系统主要用于船舶的自动驾驶、火炮控制和指挥仪中，而在建筑设备自动化系统中应用较少。

从自动控制技术采用计算机技术以来，随着科学技术的进步，尤其是微电子技术和网络通信技术的进步，计算机技术在计算机自动控制中的作用越来越重要，相应地，计算机系统在计算机自动控制系统结构中的地位也在不断提升。因而根据系统组成，计算机自动控制系统可以分为如下四类。这四种分类系统也基本上按时间坐标反映了计算机技术在控制领域应用的发展过程，是计算机自控技术在不同发展时期的应用形式。

(1) 操作指导控制系统

操作指导控制系统的构成如图 2-5 所示。其中 AI 通道主要由信号变换器、多路切换开关、A/D 转换器和系统总线接口等组成。用来采集模拟量信号；DI 通道主要由信号隔

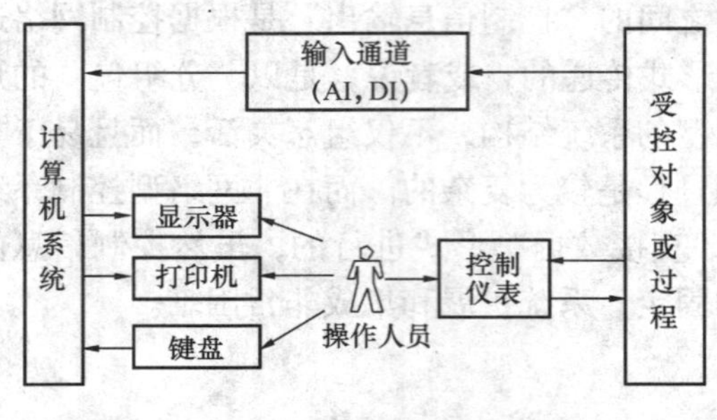

图 2-5　操作指导控制系统方框图

离装置和数字量输入单元所组成，用来采集开关量信号。

在这种系统中，计算机的输出通道或输出设备没有直接作用于受控对象或过程，对受控对象或过程的作用是由操作人员根据计算机的指示去调整原有的控制仪表系统完成的。计算机通过 AI 和 DI 通道自动采集受控对象或过程的实时信息，根据预定的控制算法或控制策略对实时信息进行处理，并在人机交互设备（如显示器、打印机等）上输出，操作人员根据计算机的输出信息调整控制仪表系统的控制参数，从而由控制仪表系统实现对受控对象或过程的控制。

这种系统在硬件结构上虽然是一个开环系统，但在信息处理流程中，通过操作人员的介入而形成一个闭环的处理过程，因此这种控制系统在逻辑上仍是一个闭环系统。由于有操作人员的直接参与，这种系统具有较大的时间延迟，因而这种系统不适应于对时间响应有较高实时性要求的控制系统。

(2) 直接数字控制（DDC）系统

DDC 系统的构成如图 2-6 所示。计算机通过 AI 和 DI 通道自动采集受控对象或过程的实时信息，按设定的控制算法或策略进行信息处理，并输出控制信息，控制信息通过 AO 和 DO 通道直接作用于受控对象或过程。

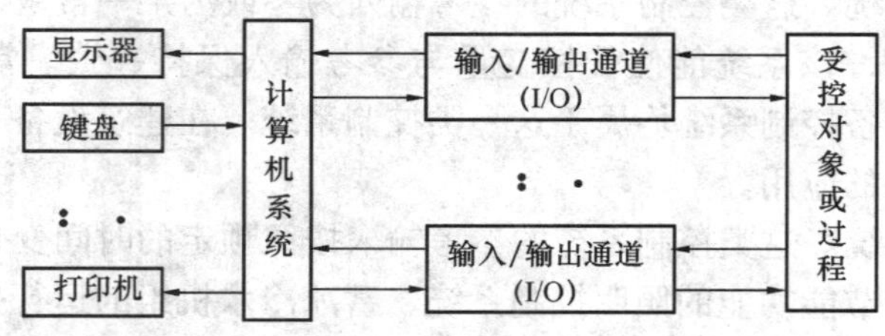

图 2-6　DDC 系统方框图

从这种控制系统的硬件结构和信息处理的逻辑结构来看，DDC 系统是一个真正的闭环控制系统。由于没有操作人员的直接参与，因而这种系统实时性好，可靠性和适应性较强，并且这种结构组成是计算机自动控制系统的最基本结构形式，在控制系统中得到了普遍的应用。

从 DDC 的广泛应用来看，DDC 是计算机自控技术发展过程中具有里程碑意义的标志，既可以是独立的自控应用系统，也可以通过自控网络由多个 DDC 互连构成复杂的 DCS 系统。前者一般不要求 DDC 具备通信功能，而后者则必须要求 DDC 具备网络通信功能。

(3) 监督计算机控制系统

监督计算机控制（Supervisory Computer Control，SCC）系统的构成如图 2-7 所示。SCC 系统通常采用两级计算，其中，DDC 级计算机系统完成上述直接数字控制功能，SCC 级计算机系统根据整个控制系统的状态和信息在一定的管理目标约束下进行必要的全局性计算，给DDC级计算机提供各种控制信息，如重新设定DDC的给定值，调整有关控制信息等，从而使整个控制系统的总体性能达到最优。

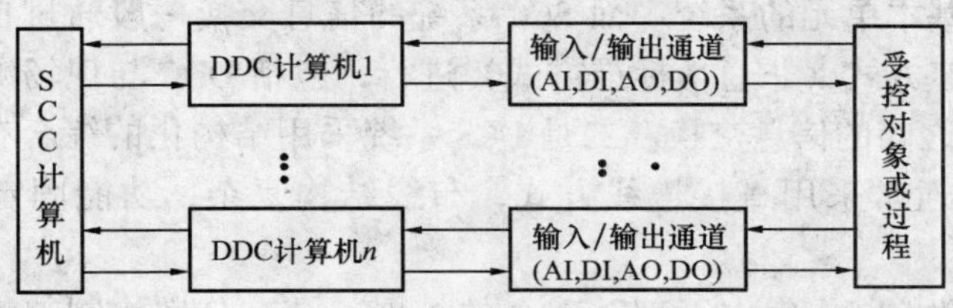

图2-7 SCC系统方框图

这种控制系统充分利用了不同计算机系统的配置资源，实现“分散控制”和“集中管理”的功能。DDC级计算机直接承担控制任务，要求可靠性、抗干扰能力强，能独立工作，但功能较为单一，因而可以选用资源配置较少、适用并且较为稳定的工控机。SCC级计算机承担高级控制与管理任务，信息处理量大，计算任务重，但所处环境较好，因而可以选用配置较为全面的高档微型机。这种控制系统所实现“分散控制、集中管理”的理念是现代控制系统和建筑设备自动化系统的基础。这种控制理念具有将系统故障风险分散和集中信息管理的优点，是现代分布式控制的基础。

(4) 分布式控制系统

分布式控制系统（Distributed Control System，DCS）的构成如图2-8所示。这种控制系统建立在现场总线（Fieldbus）或数据通信网络（Networks）的基础之上，一般分为三级：第一级为现场级，主要由智能传感器和智能执行器等组成，承担现场参数的测量和控制任务。第二级为监控级，由数字控制器（通常为DDC）组成，每个控制器执行预定的控制算法或控制策略，形成自控子系统。自控子系统通常为相互独立的控制系统，如火灾报警消防控制系统、安全防范控制系统等。第三级为系统管理级，通常由管理工作站组成。管理工作站由相关集成管理软件及工具软件等组成，其作用是把系统内各个独立的监控系统进行系统集成，以形成功能强大的集成控制与管理系统。

与SCC系统相比，DCS系统具有如下两个显著的优点，一是所有自控节点或设备（包

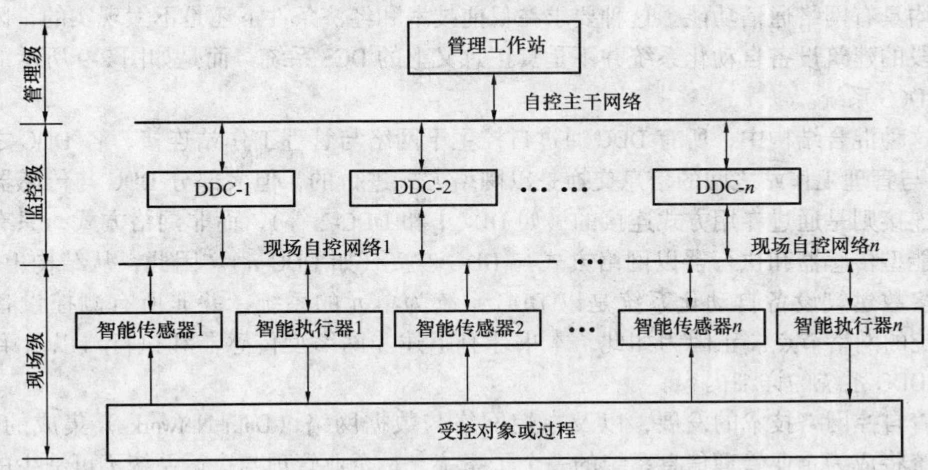

图2-8 DCS方框图

括传感器和执行器）均具有网络通信功能，并且通过通信网络接口以网络通信方式进行交换控制和管理信息，这种自控节点或设备也称为“网络节点或设备”。因而DCS系统是以网络设备或节点为基本单元的系统。而SCC系统的信息交换一般通过自控节点或设备的专用I/O接口以特定方式（非通信标准方式）进行，包括DDC与现场测控设备之间以及DDC与SCC计算级之间的信息交换。二是DCS系统采用结构化的综合布线，非常灵活和实用。而SCC系统通常采用直接连线方式，布线结构复杂，功能固定，扩展和升级代价高。

DCS是对“分散控制、集中管理”理念的扩展，具有分散控制、集中操作、分级管理、组态灵活、稳定可靠和综合协调的特点。自20世纪70年代第一代基于现场总线技术的DCS问世以来，这种控制系统已日益成熟，逐渐形成了以各种“网络为基础、系统集成技术为核心”的先进DCS结构，并在各个控制领域得到了广泛的应用。建筑设备自动化系统就是基于建筑设备自控网络的建筑设备控制和管理系统。

基于现场总线和控制网络的DCS强调控制和智能的全分散化，各个现场设备（包括各种现场传感器和执行器）是具有自治（autonomous）功能的智能主体，且相互之间高内聚、松耦合，从而上层主机可以进行大范围的协调、控制和管理等高级功能。虽然这种系统结构在层次上是纵向递阶结构，但随着控制过程的分散化，控制功能也出现了前端化、局部集中化和全局分散化的趋势，从而获得可靠的控制能力。据统计，DCS的平均无故障时间（Mean Time Between Failure，NTBF）可达5×10^4h，平均故障修复时间（Mean Time to Repair，MTTR）一般只有5min。

建筑设备自动化系统就是这种系统结构在智能建筑中的具体应用，是通过建筑设备自控网络将众多分布在智能建筑中具有网络通信功能的建筑设备监控DDC系统互连而形成具有数据共享和互操作功能的DCS系统，即建筑设备自动化系统是建立在建筑设备自控网络之上，并利用系统集成软件将智能建筑内各个独立的监控系统进行系统集成而形成的综合监控和管理系统。因此，从DCS的基本组成中可以看出，计算机自动控制技术、建筑设备自控网络数据通信技术和系统集成技术是建筑设备自动化的核心基础技术。

从图2-8可以看出，真正意义上的DCS要求系统中所有设备或节点（包括传感器和执行器）均具有网络通信功能。这种要求在目前技术和经济条件下还是不太现实的，因此处于现阶段的建筑设备自动化系统并不是真正意义上的DCS系统，而是如图2-9所示的混合结构的DCS系统。

在这种混合结构中，所有DDC通过自控主干网络与管理工作站连接，各DDC之间以及DDC与管理工作站之间的信息交换是以网络方式进行的，但大部分DDC与传感器和执行器的连接则是通过专用方式连接的（如DDC-1和DDC-2等），而非网络方式，只有极少部分智能型传感器和执行器以网络方式与DDC连接（如DDC-n）。因此，从结构上来看，目前大多数建筑设备自动化系统是以DDC系统为单元的系统，并非所有测控设备都是DCS系统的网络节点。正因为如此，本书才有下述非网络型传感器和执行器以及第3、4章有关DDC系统的详细内容。

随着自控网络技术的发展，以及自控网络与数据网络（Data Networks）集成的需求，自控系统将成为企业管理信息系统的一个子系统，是企业管理与决策系统不可缺少的组成部分。这就促使自控网络和数据网络逐渐向统一的方向发展，并形成两者共用的理论和

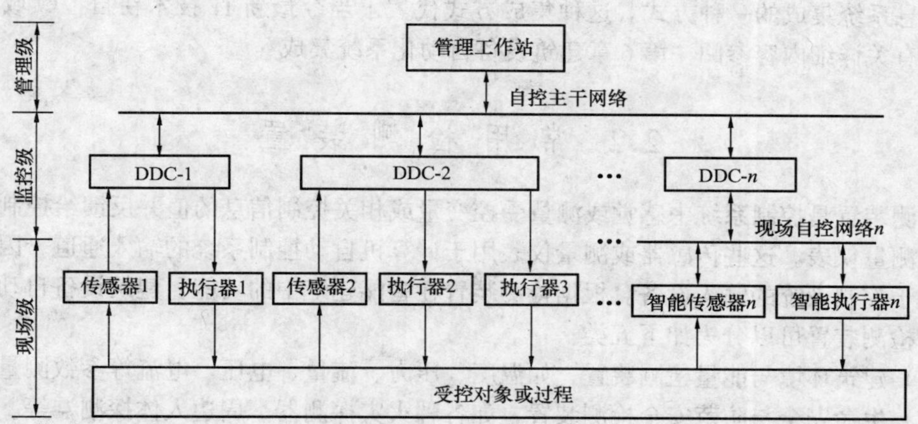

图 2-9 混合 DCS 方框图

技术。

从当前发展趋势来看，以 XML（eXtensible Markup Language）为基础的 Web Services 技术将成为自控网络与数据网络共用理论和技术的基础。XML/Web Services 不仅可以集成多种自控网络系统，而且还是数据网络系统集成的基础。当自控网络与数据网络在 Internet 上“交融”时，则形成如图 2-10 所示的集成系统结构。

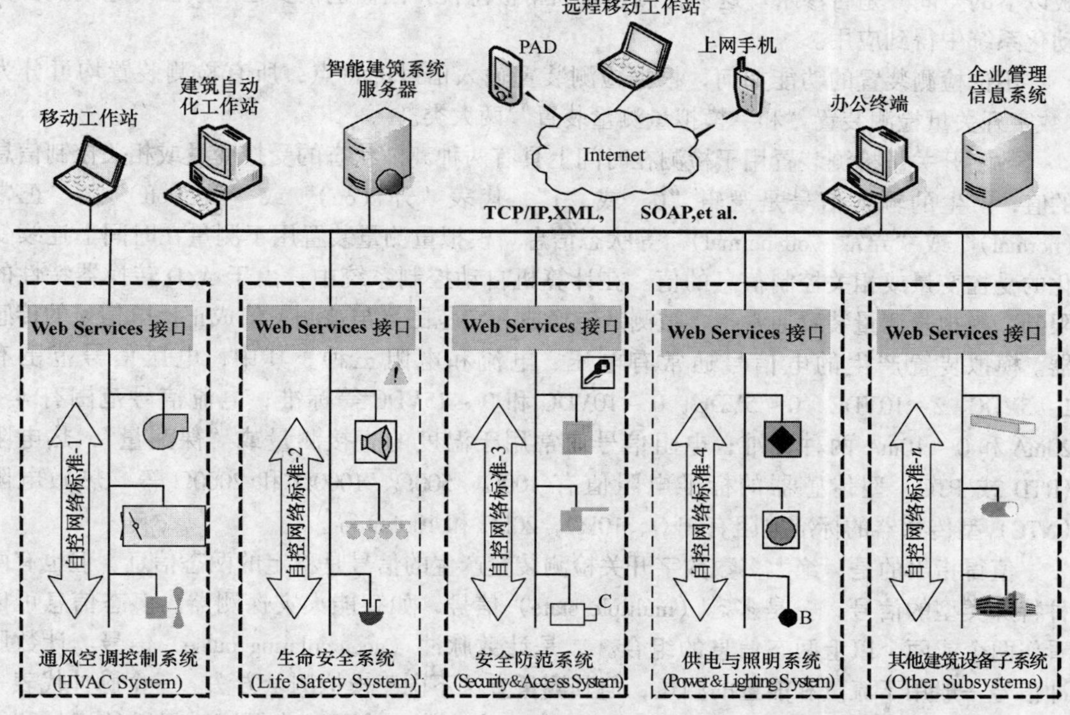

图 2-10 基于 XML/Web Services 集成系统结构图

图 2-10 是建筑设备自动化 DCS 系统向 Internet 的发展，是建筑设备自动化系统与企业

管理信息系统集成的一种方式。这种集成方式代表了当今最新 IT 技术在自控领域的应用方向，有关详细内容参阅“第 6 章建筑设备自动化系统集成”。

2.2 常用检测装置

检测装置是控制系统中感觉或测量受控变量或相关控制信息的值并反馈给控制器的传感器或测量仪表。这些传感器或测量仪表用于计算机自动控制系统的输入通道，因而检测装置属于控制系统的输入设备。根据检测装置在智能建筑中的功能，建筑设备自动化系统常用的检测装置可以分为如下五类：

（1）建筑环境与能量检测装置，如温度、压力、流量、电压、电流等参数测量仪表。

（2）生命安全与防范安全检测装置，如各种火灾探测器、周边人体探测器等。

（3）交通运输检测装置，如电梯系统的计重器、轿厢运行速度测量器等。

（4）建筑结构安全检测装置，主要用于测量建筑结构关键构件（如柱、梁）的振动、内部应力以及含湿量等，以监测建筑的结构安全。这类检测装置目前在一般性的建筑设备自动化系统中极少应用，故本书不进行介绍。

（5）运行维护与物业管理检测装置。这类检测装置通常不直接用于建筑设备自控，如大型机械设备的振动检测装置、隐蔽空间的水渍检测装置等。前者探测的信息主要用于该机械设备的运行维护和管理，后者主要用于检测电气设备夹层（如大型计算机房防静电地板以下的空间）是否渗水。这类检测装置通常被忽视，因而也很少在一般性的建筑设备自动化系统中得到应用。

不论检测装置的功能如何，根据检测装置输入信号的特点，所有检测装置均可分为“数字开关量检测装置“和”模拟量测量装置”两大类。

数字开关量检测装置用于检测在时间上具有两种离散状态的受控变量或相关控制信息的值，产生的输入信号是逻辑“0”或“1”，代表“开（on)”或“关（off)”、“正常(normal)”或“异常（off-normal)”等状态信息。模拟量测量装置用于测量在时间上连续变化的受控变量或相关控制信息的值。在计算机自动控制系统中，由于 A/D 转换器特性的限制，模拟量测量装置通常指将被测量转换成一定范围且与被测量值成正比电信号的传感器。模拟装置产生的电信号通常有电压、电流和电阻三种。其中，电压信号范围有 1 ~ 5VDC、2 ~ 10VDC、0 ~ 5VDC、0 ~ 10VDC 和 0 ~ 15VDC 等标准；电流信号范围有 4 ~ 20mA 和 0 ~ 10mA 两种标准；电阻信号通常用于温度的直接测量或“裸测量”，热电阻(RTD 或 PTC）型传感器的标准电阻值有 100Ω、500Ω、1000Ω 和 2000Ω 等，热敏电阻(NTC）型传感器的标准电阻有 3kΩ、10kΩ、20kΩ 和 100kΩ 等。

值得指出的是，绝大多数数字开关检测装置产生的信号是稳定的两态信息，但也有两种特殊类型的信号，一是多态（multiple state）信号，如智能火灾探测器。多态信息可以看作两个或两个以上两态信息的组合。二是计数脉冲（accumulating pulse）信号。计数脉冲信号一般用于流量和能量的测量，但其测量方法不同于模拟测量方法。一个脉冲代表一定数量的流量和能量，通过累计一段时间内的脉冲数，就可以获得该时间段的流量和能量，通过计算单位时间内的脉冲数就可以获得流量率和功率。这说明基于 CPU 的控制器除 DI 和 AI 两种最为常见的输入信号类型外，还可以接收上述两种特殊类型的输入信号。

另外，对于测量装置，不论其内部是否进行模拟量测量，只要产生的外部信息是状态信息，则均可以称为数字开关量检测装置，因而有些同类型变量的数字开关量检测装置和模拟量测量装置在检测原理和方法上是没有区别的，只是输出信息有所不同。

2.2.1 数字开关量检测装置

数字开关量只有两种逻辑状态，因而只要能产生两种稳定状态的装置，均可以用作数字开关量检测装置。在自动控制系统中，数字开关量检测装置通常称为“开关（switch)”。数字开关量检测装置在自动控制系统中一般用于状态切换、系统保护及参数检测和调节。

数字开关量检测装置种类繁多，结构和外形多种多样，但根据产生开关量信号的机理，开关分为机械型开关和电子型开关两类；根据产生开关量信号的阈值是否可调，分为可调开关和非可调开关两类。机械型开关利用触点的机械运动（如位置变化、热胀冷缩等）产生开关量信号，如按钮、刀开关等。电子型开关利用半导体中载流子的“通”或“断”产生开关量信号，如可控硅开关。阈值可调节的数字开关量检测装置可以根据不同的场合对其灵敏度进行调整，以适应不同要求的应用。在建筑设备自动化系统中，常用的数字开关量检测装置有如下几种。

(1) 手动开关

手动开关通常用于产生“开始”或“停止”类型的输入信号，或两种模式切换类型的开关量。手动开关各种各样，如旋钮式、按钮式、拨动式等等，其中有些开关带有保护装置，防止随意操作，如手动火灾报警按钮。

(2) 行程开关

行程开关利用其机械运动位置产生开关量信号，有时称为“限位开关”或“位置开关”。在建筑设备自动化系统中，行程开关通常用于检测各种阀门的“开启/关闭”状态，物体的运动位置等信息，如垂直电梯轿厢门的开/闭状态，并反馈给相关的控制器。

(3) 温度开关

温度开关用于检测受控对象或过程的温度是否超过或低于某一设定值。建筑设备自动化系统通常使用温度开关进行系统保护和调节温度变量。例如，防冻温度开关可以防止水（盘）管在严寒季节冻裂，房间温度开关可以根据设定的温度值进行室温调节，以保证房间温度在设定值的范围内。用于房间温度调节的温度开关有时也称为“调温器”或“恒温器”。

在建筑设备自动化系统中，常用的温度开关有双金属型、热力型、冷凝型和电子型四种。其中，双金属型温度开关是利用不同金属具有不同热膨胀系数的特性来产生开关量信号的；热力型温度开关是利用液体蒸发产生热动力使开关触点运动而产生开关量信号的，这种温度开关可以利用毛细管使开关触点与感温包分离，具有较灵活的安装方式；冷凝型温度开关是利用液体饱和蒸气压力与温度有关的原理来产生开关量信号的，当温度低于液体的饱和蒸气温度时，感温包内的压力迅速下降，从而使开关触点运动而产生开关量信号；电子型温度开关完全利用了温度模拟量测量的原理，只不过产生的信号是开关量信号而已。有关温度模拟测量原理参见“2.2.2 模拟量测量装置”中的相关内容。

(4) 湿度开关

在空调系统中，空气相对湿度（φ）是一个很重要的参数，但又是一个较难控制的参数，其测量误差也较大，因而一般性舒适空调控制系统大多采用湿度开关对湿度进行控制。湿度开关有机械型湿度开关和电子型湿度开关两种。利用物质吸收（或失去）水分膨胀（或收缩）原理制成的湿度开关为机械型湿度开关，如毛发式湿度开关。电子型湿度开关采用了湿度模拟测量的方法，有关测量原理参见“2.2.2 模拟量测量装置”中的相关内容。由于电子型湿度开关具有极好的性能，电子型湿度开关在空调控制系统已替代了机械型湿度开关。

(5) 流量开关

流量开关在建筑设备自动化系统中的主要作用是设备保护和火灾报警。例如，在电加热器和电加湿器中，流量开关用于对空气流量和水流量的互锁；空调冷水机组冷冻水和冷却水的流量开关用于保护冷水机组的安全运行；在自动喷水灭火系统中，水流指示开关用于火灾自动报警，且一般每个防火分区至少设置一个水流指示开关。常用的流量开关有动压式和差压式两种。

动压式流量开关利用液体流动时所具有的动能使开关的触点运动而产生开关量信号。差压式流量开关利用液体流动时存在总压（P_z）与静压（P_j）之差（$\Delta P = P_z - P_j$）的原理而产生开关量信号。差压原理也是流量模拟测量的基础。

(6) 液位开关

液位是指液体液面的位置或高度。在建筑设备自动化系统中，液位开关主要用于液面高度的控制，例如，空调冷冻水系统的膨胀水箱、冷却塔储水盘、蒸汽冷凝水箱、锅炉、消防水池以及排污水池等的液面高度。液位开关所采用的原理有许多种，机械型物位开关有静压法、浮力法等；电子型物位开关有电气法、声学（超声波）法、射线（放射性同位素）法、以及微波法、光学法等。液位开关有时也称为“物位开关”，显然，液位开关是物位开关的一种形式。

(7) 压力开关

压力开关在建筑设备自动化系统中的作用，一是保护流体机电设备，如风机、水泵等进出口的压力开关；二是监测设备的运行状态，如空气过滤器的压力开关可以监测过滤器的过滤状况；三是用于火灾报警，如某些喷水灭火系统的湿式报警阀的压力开关。压力开关分微压力（10～5kPa）开关和高压力（5kPa～500kPa）开关两种。其中，微压力开关技术要求较高。

(8) 振动开关

振动开关用于检测机电设备的动平衡状况，对设备的运行维护和管理起保护作用。在建筑设备自动化系统中，振动开关通常用于大型空调冷却塔、大功率风机和空气处理机组。

(9) 电流开关

电流开关用于检测电气设备的运行状况。电流开关的阈值几乎均是可调的。建筑设备自动化系统通常用电流开关检测各种电动机的运行状况，例如，适当调节电流开关的阈值可以检测电气设备是否空运行（如风机运行中皮带断裂）。电流开关还可以对动力电源的相电源进行检测，以保护三相电机的正常运行。

(10) 火灾报警开关

这类开关也称火灾探测器，根据警戒的范围，可分为点型火灾探测器、线型火灾探测器和区域型火灾探测器。点型火灾探测器是对警戒范围为空间某一点周围附近的火灾所产生的物理和化学参量变化进行响应的探测器，如离子感烟探测器。线型火灾探测器是对警戒范围为空间某一连线周围附近的火灾所产生的物理和化学参量变化进行响应的探测器，如红外光束探测器。区域型火灾探测器是利用吸气风机通过空气取样管道和取样孔从保护区域中提取空气样品，经过一个高灵敏度的探测器对其进行分析，对保护区域火灾产生的物理和化学参量变化进行响应的探测器，如吸气式可燃气体探测器，这种可燃气体探测器有时也称为“空气采样探测器”，具有极高的分析精度，用于非常重要关键业务场所的火灾探测。

根据对不同火灾参量变化的响应以及不同的响应方法，火灾探测器又可分为感烟式、感温式、感光式、复合式和可燃气体探测器。不同类型的探测器适用于不同的场合和不同的环境条件。感烟式火灾探测器对警戒范围内火灾烟雾浓度进行响应，用于火灾过程早期和阴燃阶段的探测，是火灾早期报警的主要探测工具。感温型火灾探测器对警戒范围内的火灾热量（温度）变量进行响应，即对火灾环境中气流的异常高温或（和）升温速率进行响应。感温型火灾探测器结构较为简单，可靠性高，误报率低，特别适用于对易燃物质的火灾监测。感光式火灾控制器对警戒范围内的火灾火焰光谱中的紫外或红外辐射进行响应，这种火灾探测器又称为火焰探测器，响应速度极快，故可对快速发生火灾（特别是可燃液体火灾）或爆炸引起的火灾能及时响应，适应于突然起火而又无烟雾的易燃易爆场所，如汽油库。火焰探测器通常与快速灭火系统或抑爆系统联动，组成快速自动报警灭火系统和自动报警抑爆系统。可燃气体火灾探测器对警戒范围内火灾早期阶段由于预热和气化作用所产生的可燃气体或存放可燃气体场所泄露的可燃气体进行响应。由于可燃气体火灾探测器对可燃气体的探测在早期报警的效果比其他火灾探测器好，因而可燃气体火灾探测器特别适用于火灾安全要求较高的重要场所。如吸气式可燃气体探测器可用于大型关键业务电信机房的火灾报警系统。复合式火灾探测器是同时具有上述两种或以上功能的探测器，通常有复合感温感烟探测器、红外光束感烟感温探测器、感烟感光探测器及感温感光探测器等。复合式火灾探测器具有准确、快速的优点。

按照测控范围，火灾探测器又可分为点型火灾探测器和线型火灾探测器两大类。点型火灾探测器只能对警戒范围中某一点周围的温度、烟等参数进行控制，如点型离子感烟探测器、点型紫光火焰火灾探测器、点型感温火灾探测器等；线型火灾探测器则可以对警戒范围中某一线路周围烟雾、温度进行探测，如红外光束线型火灾探测器、激光线型火灾探测器、缆式线型感温火灾探测器等。

1）感烟火灾探测器

（a）离子感烟探测器　离子感烟火灾探测器是采用空气离子化火灾探测方法构成和工作的，通常只适用于点型火灾探测。离子感烟探测器电路原理如图 2-11 所示。

离子感烟探测器是由内含镅放射源的内电离室（补偿室）和外电离室（检测室）、场效应管和开关电路组成。内电离室是密封的，烟不易进入，外电离室是开孔的，烟能够很方便地进入。

当有火灾发生时，烟雾粒子进入外电离室后，被电离部分的正离子和负离子被吸附到烟雾粒子上，使正、负离子相互中和的几率加大，减小了电离电流，则外电离室空气的等效电阻增加，而内电离室因为没有烟雾进入，所以其阻抗不变，其结果加在内、外电离室

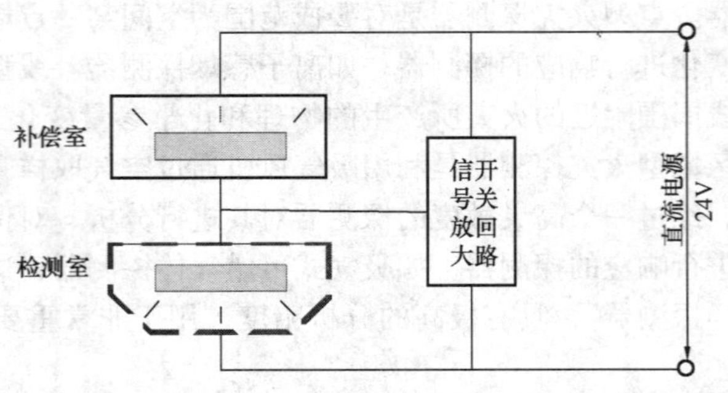

图 2-11　离子感烟探测器电路原理图

两端的分压比发生变化，外电离室的端电压增加，其增加到一定阈值时，使开关电路动作，发出报警信号。

(b) 光电感烟探测器　根据烟雾离子对光的吸收和散射作用，光电感烟探测器可分为减光式和散射式两种。在火灾消防系统中，散射式感烟探测器使用较为广泛，其结构如图 2-12 所示。

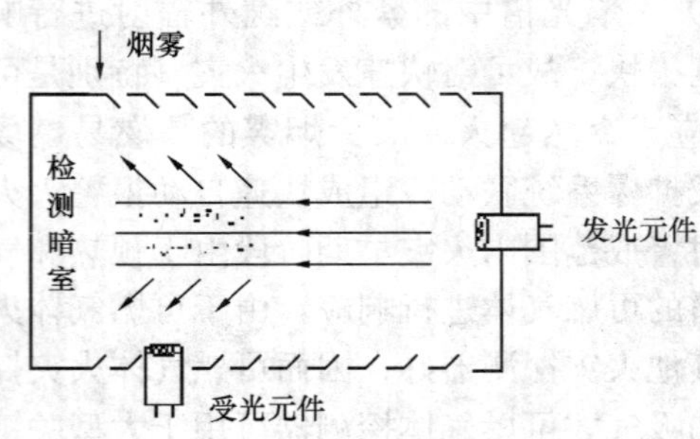

图 2-12　散射式光电感烟探测原理图

进入暗室的烟雾粒子对发光元件（光源）发出的一定波长的光产生散射，使处于一定夹角位置的受光元件（光敏元件）的阻抗发生变化，产生光电流，此光电流的大小与散射光强弱有关，并且由烟粒子的浓度和粒径大小及着色与否来决定。根据受光元件的光电流大小（无烟雾离子时，光电流大小均为暗电流），即当烟离子浓度达到一定值时，散射光的能量就足以产生一定大小的激励光电流，可用于激励外电路发出火灾报警信号。

2）感温火灾探测器　感温探测器根据其作用原理可分为以下三种：

(a) 定温探测器　定温探测器是在规定时间内，火灾引起的温度上升超过某一阈值时启动报警的火灾探测器。它有线型和点型两种结构，其中线型是当局部环境温度上升达到某一规定值时，可熔绝缘物熔化使两导线短路，从而产生火灾报警信号；点型探测器是利用双金属片、易熔金属、热敏半导体电阻等元件，在规定的温度值上产生火灾报警信号。

(b) 差温探测器　差温探测器是在规定时间内，火灾引起的温度上升速度超过某一阈值时启动报警的火灾探测器。它有线型和点型两种结构，线型差温探测器是根据广泛的热效应而动作的，点型差温探测器是根据局部的热效应而动作的。另外，差温探测器还可分为机械式和电子式两种，国内目前使用较多的是一种膜盒式机械差温探测器。

(c) 差定温探测器　差定温探测器兼有定温探测器和差温探测器的功能，两者既可共同起作用，又可互为备用，大大增加了系统报警的可靠性。

3）感光火灾探测器　又称为火焰探测器或光辐射探测器。它主要适用于探测易燃物质区域火灾，工程上适于火灾形成初期较短，或者无引燃阶段的场合。目前广泛使用紫外式和红外式两种类型。紫外火焰探测器是应用紫外光电管来探测 0.2～0.3μm 以下的由火灾引起的紫外辐射；红外火焰探测器是利用红外光敏元件的光电导或光伏效应来敏感地探测低温产生的红外辐射，光波范围一般大于 0.76μm。

4）复合式火灾探测器　复合式火灾探测器是对两种或两种以上火灾参数变化响应的火灾探测器，烟温复合式探测器是一个典型例子。

在选用探测器的时候，应根据火灾形成和发展的特点、房间的高度以及环境条件来选用。常用火灾探测器的特点及性能如表 2-1 所示。

常用火灾探测器性能特点比较　　**表 2-1**

<table>
<tr><th colspan="2">探测器类型与名称</th><th>性能特点</th><th>备注</th></tr>
<tr><td rowspan="3">感烟探测器</td><td>点型离子感烟探测器</td><td>灵敏度高，历史悠久，技术成熟，性能稳定，对阴燃火灾的反应最灵敏</td><td></td></tr>
<tr><td>点型光电感烟探测器</td><td>灵敏度高，对湿热气流扰动大的场所适应性好</td><td>易受电磁干扰，散射光型黑烟不灵敏</td></tr>
<tr><td>红外光束（激光）线型感烟探测器</td><td>探测范围大，可靠性、环境适应性好</td><td>易受红外、紫外光干扰；探测视线易被遮挡</td></tr>
<tr><td rowspan="2">感温探测器</td><td>点型感温探测器</td><td>性能稳定，可靠性、环境适应性好</td><td>造价较高，安装维护不便</td></tr>
<tr><td>缆式线型感温探测器</td><td>（同上）</td><td>造价较高，安装维护不便</td></tr>
<tr><td colspan="2">感光火焰探测器</td><td>对明火反应迅速，探测范围宽广</td><td>易受阳光和其他光源干扰；探测被遮挡，镜头易被污染</td></tr>
<tr><td colspan="2">复合探测器</td><td>综合探测火灾时的烟雾温度信号，探测准确，可靠性高</td><td>价格贵，成本高</td></tr>
</table>

早期火灾探测器产品的阈值是固定的，即火灾探测灵敏度固定，安装后不易调整。这种阈值固定的火灾探测器均存在致命的缺点，原因有两个：一是不同的场所或环境对火灾探测的灵敏度要求是不一样的，在某个场所或环境中灵敏度最佳的产品在另一个场所或环境中可能显得灵敏度过高或过低，灵敏度过高时会产生大量的误报，使人失去耐心，从而产生麻痹大意的意识，而灵敏度过低时则会漏报或不报，失去自动报警的功能。二是由于受环境温度、湿度、灰尘等影响，火灾探测器灵敏元件的性能在长期使用过程中会发生变化，改变火灾探测器预设的阈值，从而出现误报或漏报现象。

随着科技的进步，以及人们对火灾自动报警系统的重视，出现了基于微处理器的火灾探测器，即智能火灾探测器。智能火灾探测器利用内嵌的微处理器对火灾变量进行处理和判断，使探测器具有类比的智能功能，自动根据环境条件变化调整阈值大小、过滤干扰信息、确定自身老化程度以及故障诊断等。这些智能功能使探测器具有极好的稳定性、极大的可靠性和最佳的响应灵敏度。具体地说，智能火灾探测器利用微处理器可以实现下列功能。

1）阈值补偿功能。图 2-13 是火灾探测器报警示意图。正常工作时，探测器运行在故障阈值和阈值补偿之间，当发生火灾时，探测器输出参数超过报警信号值，发出报警信号。随着使用时间的增加，探测器内部积累了灰尘，使输出参数上移，并靠近阈值补偿上限，为保证探测器灵敏度不变，预报警值和报警值相应上升，曲线进入Ⅰ-Ⅱ区。但阈值的补偿不是无限的，而探测器的积尘是不可避免的，当报警器的积尘影响超过Ⅱ区后，报警器输出达到阈值的最大值时，探测器发出故障信号，控制器显示更换或清洗该探测器。

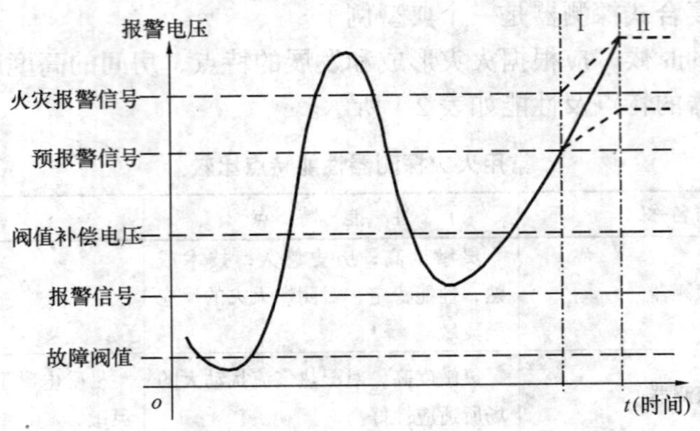

图 2-13　智能火灾探测器报警示意图

2）延时功能。为了防止由于人吸烟或昆虫的飞入而产生的误报，智能火灾探测器通常通过延时确认的方式来确认和判断误报，即在相当的时间间隔内连续进行判断，根据时间宽度对出现的事件进行确认，以防止误报。

3）灵敏度自动调整。在同一报警系统中，由于安装场所的环境条件不同或要求不同，同一型号的产品就不可能设定一个相同的灵敏度。智能火灾探测器可以通过火灾报警系统的控制器对其灵敏度进行现场设置。

近年来，随着视频技术的发展，火灾探测也越来越多地应用视频监控技术，通过电视摄像机对监控火灾区域的烟、热量、火焰进行实时监视。由于视频技术可数字化、监控范围大、灵敏度高、实时图像清晰、误报率低、便于存储和查询，因而视频技术可广泛地用于各类火灾的监控场所，尤其在风速大、多灰尘和潮湿的恶劣环境中使用更显其优势。

在火灾自动报警系统中，除上述火灾报警开关，还有其他类型的火灾报警开关，如手动火灾报警按钮、喷淋灭火系统中的水流指示器、消防栓按钮、防烟排烟系统的防火阀（熔断温度 280℃）、送风系统的防火阀（熔断温度 70℃）以及各种灭火系统中的压力开关、流量开关等。

（11）水渍报警开关

水渍报警开关用于防止可能发生水泄漏的场所，以保护设备安全。在智能建筑中，由于各种管道（给排水管、空调冷凝水管、空调冷却水管、消防水管等）可能泄漏，会引起地面或楼面浸水，对供电线缆和用电设备造成严重破坏，因而就必须对需要保护的场所安装水渍报警开关。在智能建筑中，水渍报警开关通常安装在计算机房、电信机房等地板层内，对可能发生水泄漏而形成的浸水进行监测。水渍报警开关也可以用于监测室外洪水水灾。

水渍报警开关可以分为浮球式和导电式两种，可以根据不同的要求和灵敏度进行选用。水渍报警开关与液位开关的基本原理相同，只是用途不同。值得提出的是，水渍报警开关不太常用，但在某些关键性业务场所是必须采用的，如大型中央计算机房、电信机房等。

(12) 入侵报警开关

入侵报警开关用于对智能建筑或智能小区内主要场所和敏感区域进行监控的人体探测器，这种探测器有很多种，采用的探测原理也各不相同。常用的入侵报警开关有振动探测器、开关探测器、声控探测器、红外线探测器、微波探测器、超声波探测器、激光报警器以及复合型入侵探测器等。与火灾报警开关相同，随着视频技术的发展，视频技术也广泛应用于入侵报警系统之中。其中，数字视频技术具有监控范围大、灵敏度高、实时图像清晰、误报率低并且便于存储和查询的优点。

根据入侵防范的范围，入侵报警开关可以分为点型、线型、面型和空间型入侵报警器。入侵报警开关探测器通常由传感器和信号处理器组成，其中，入侵探测器的传感器是探测器的核心，是一种物理量的转化装置，通常把压力、振动、声响、光强等物理量转换成易于处理的电量（电压、电流、电阻等)。信号处理器的作用是把传感器转化的电量进行放大、滤波、整形处理，使它能成为一种能够在系统传输信道中顺利转送的信号。

1）振动探测器　振动探测器是以探测入侵者走动或破坏活动时产生的振动信号来触发报警的探测器。振动传感器是振动探测器的核心部件。常用的振动探测器有位移式传感器（机械式)、速度传感器（电动式)、加速度传感器（压电晶体式）等，振动探测器基本上属于面控制型探测器。

常见的位移式传感器有水银式、重锤式、钢球式。当直接或间接受到机械冲击振动时，水银珠、钢珠、重锤都会离开原来的位置而发出报警。这种传感器灵敏度低、控制范围小，只适合小范围控制，如门窗、保险柜、局部的墙体。

速度传感器一般选用电动式传感器，由永久磁铁、线圈、弹簧、阻尼器和壳体组成。这种传感器灵敏度高，探测范围大，稳定性好，但加工工艺较难，价格较高。

加速度传感器一般是压电式加速度计，是利用压电材料因振动产生的机械形变而产生电荷，由此电荷的大小来判断振动的幅度，同时发出报警。

振动探测器应该与探测面安装牢固，否则不易感受到振动，应该远离振动干扰源。

2）开关探测器　开关式探测器是通过各种类型开关的闭合和断开来控制电路产生通断，从而触发报警。常见的开关有磁控开关、微动开关、压力垫，或用金属丝、金属条、金属箔等来代用的多种类型开关。

现在最为常用的是磁控开关，又称磁控管或磁簧开关，由永久磁铁及干簧管组成，如图 2-14 所示。将干簧管安装在固定的门框窗框上，磁铁安装在活动的门窗上。通常干簧管两端金属片在磁铁作用下吸合，电路接通，当门或窗打开时，磁场发生变化，使干簧管断开，从而发出报警信号。

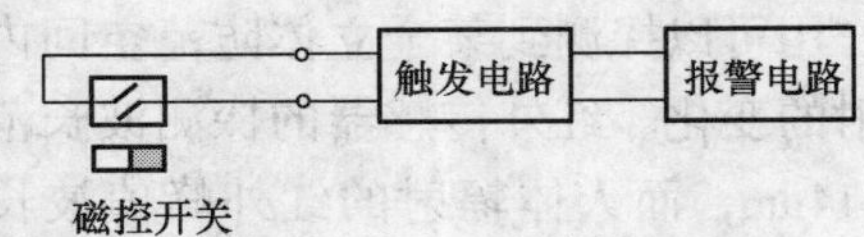

图 2-14　磁控开关防盗报警组成框图

3）玻璃破碎探测器　玻璃破碎探测器是利用压电式微音器，装于面对玻璃的位置，由于只对高频的玻璃破碎声音进行有效的检测，因此不会受到玻璃本身的振动而引起反应。利用压电陶瓷片的压电效应（压电陶瓷片在外力作用下产生扭曲、变形时将会在其表面产生电荷)，可以制成玻璃破碎入侵探测器。对高频的玻璃破碎声音（10k ~ 15kHz）进行有效检测，而对 10kHz 以下的声音信号（如说话、走路声）有较强的抑制作用。

玻璃破碎探测器按照工作原理的不同大致分为两大类：一类是声控型的单技术玻璃破碎探测器，它实际上是一种具有选频作用（带宽 10~15kHz）的具有特殊用途（可将玻璃破碎时产生的高频信号驱除）的声控报警探测器。另一类是双技术玻璃破碎探测器，其中包括声控－振动型和次声波－玻璃破碎高频声响型。

声控-振动型是将声控与振动探测两种技术组合在一起，只有同时探测到玻璃破碎时发出的高频声音信号和敲击玻璃引起的振动，才输出报警信号。

次声波-玻璃破碎高频声响双技术探测器是将次声波探测技术和玻璃破碎高频声响探测技术组合到一起，只有同时探测敲击玻璃和玻璃破碎时发出的高频声响信号和引起的次声波信号才触发报警。

玻璃破碎探测器要尽量靠近所要保护的玻璃，尽量远离噪声干扰源，如尖锐的金属撞击声、铃声、汽笛的啸叫声等，以减少误报警。

4）红外防盗报警探测器　凡是温度超过绝对 0K 的物体都能产生热辐射，而温度低于 1725℃的物体产生的热辐射光谱集中在红外光区域，因此自然界的所有物体都能向外辐射红外热。而任何物体由于本身的物理和化学性质的不同、本身温度不同所产生的红外辐射的波长和距离也不尽相同，通常分为三个波段：

近红外：波长范围 0.75~3μm

中红外：波长范围 3~25μm

远红外：波长范围 25~1000μm

人体辐射的红外光波长为 3~50μm，其中 8~14μm 占 46%，峰值波长在 9.5μm。

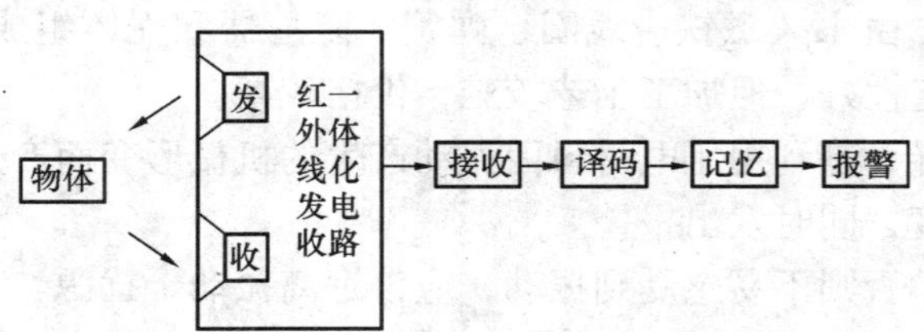

图 2-15　反射式主动红外探测器组成框图

（a）主动式红外探测器　主动式红外探测报警器是由红外发射机、红外接收机和报警控制器组成，如图 2-15 所示。发射机与接收机相对布置成一道道红外警戒线，当有人挡住不可见的红外线时，接收机的输出电信号强度发生变化，从而启动报警控制器发出报警。主动式探测器所探测的是点到点，而不是一个面的范围。其特点是探测可靠性非常高。但若对一个空间进行布防，则需有多个主动式探测器，价格昂贵。

（b）被动式红外探测器　被动式红外探测器主要由光学系统、热传感器、红外传感器及报警控制器等部分组成，如图 2-16 所示。被动式红外探测报警器采用对人体辐射红外线非常敏感的红外传感器，与光学系统的配合作用可以探测到某个立体防范空间内的热辐射的变化。红外传感器的探测波长范围是 8~14μm，而人体辐射的红外峰值波长约为 10μm，正好在范围以内。

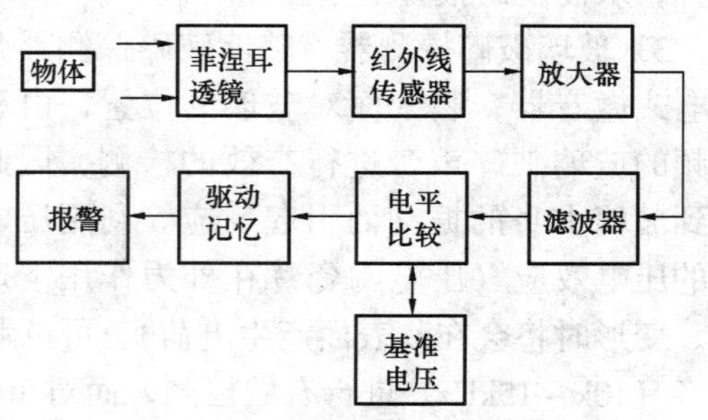

图 2-16　被动式红外探测器组成框图

被动式报警探测器由于探测性能好、易于布防、价格便宜而被广泛应用。其缺点是相对于主动式探测误报率较高。

5）微波探测器　微波探测器的工作原

理基于微波的多普勒效应，当发射微波碰撞入侵者等能动的物体时，微波探测器会根据反射波长变化而启动报警。微波报警器是微波收、发设备合置的报警器，微波报警器发出无线电波，同时接收反射波，当有物体在防范区域移动时，反射波的频率与发射波的频率有差异，两者的频差为多普勒频率。也就是说只要检测出多普勒频率就可发现在防范区域内移动的物体，即可完成报警传感功能。

6）超声波探测器　超声波探测器是利用人耳听不到的超声波（20000Hz 以上）作为探测源的报警探测器，它是用来探测移动物体的空间探测器。

按照其结构和安装方法不同分为两种类型，一种是将两个超声波换能器安装在同一个壳体内，即收、发合置型，其工作原理是基于声波的多普勒效应，也称为多普勒型。其发射的超声波的能场分布具有一定的方向性，一般为面向方向区域呈椭圆形能场分布。另一种是将两个换能器分别放置在不同的位置，即收、发分置型，称为声场型探测器，它的发射机与接收机多采用非定向型（即全向型）换能器或半向型换能器。非定向型换能器产生半球型的能场分布模式，半向型产生锥形能场分布模式。

安装超声波探测器的空间密封性要求高，不应有大容量的空气流动，不能有过多的门窗且需紧闭。应该避开通风设备及气体的流动。用超声波探测器保护的空间隔声性能要好，以减少外界噪声引起的误报。超声波对物体没有穿透性，因此使用时应避免物体的遮挡，玻璃、隔板、房门等对超声波的反射能力较差，因此不应正对安装。超声波是以空气作为传输介质的，因此空气的温度和相对湿度会影响其探测灵敏度。当温度为 21℃、相对湿度为 38%时，超声波的衰减最为严重，探测范围也最小。

根据以上介绍可知，每种类型的入侵报警器均有优缺点，应用场所和要求也有所不同，应综合选用，达到既及时报警，又减少误报或漏报。表 2-2 是部分入侵探测器特性的比较表。

主要入侵探测器工作特性表　　**表 2-2**

探测器名称		探测区域	安装场所	主要特点	适用环境与条件	不适用环境与条件
微波	多普勒	空间	室内	隐蔽，穿透力强	有热源、光源、流动空气的环境	机械振动、抖动、摆动、电磁干扰的环境
	主动	点、线	室外	与运动速度无关	全天候，远距离直线周边防范	收发视线内不得有障碍物或运动、摆动物体
红外	被动式	空间、线	室内	隐蔽，全天可用	静态背景	背景有红外辐射变化及有热源、振动、冷热气流、阳光直射，背景与目标温度相近，有强电磁干扰
	主动	点、线	室内、外	隐蔽，易于伪装	在室外与围栏配合使用	收发视线内不得有障碍物、地形起伏、周边不规则，大雾、大雪恶劣气候
超声波		空间	室内	无死角，不受电磁干扰	隔声性能好的密闭房间	振动、热源、噪声源、多门窗的房间，温湿度及气流变化大的场所

续表

探测器名称	探测区域	安装场所	主要特点	适用环境与条件	不适用环境与条件
激光	线	室内、外	隐蔽性，但价格较高，调整较困难	长距离直线周边警戒	收发视线内不得有障碍物、地形起伏、周边不规则，大雾、大雪恶劣气候
声控	空间	室内	有自我复核能力	无噪声干扰的安静场所，一般与其他类型报警器配合使用	有噪声干扰的热闹场所
监控电视	空间、面	室内、外	报警与复核相结合	静态景物及照明缓慢变化	背景有动态景物及照度快速变化的场所
红外-微波复合式	空间	室内	相互鉴证，误报率低	其他类型探测器不适用的环境	强电磁干扰

根据入侵报警系统的特点，所有入侵报警开关均必须安装在入侵者不易到达或隐蔽的位置，连接线必须暗埋，并且具有防拆卸功能。入侵报警开关也可以用于室内人体探测，此时可以称为“人体探测器（occupancy sensor）”。人体探测器可用于室内空调和照明等系统的控制，当室内无人时，人体探测器可以通知自动控制系统关停或减小空调和照明系统的输出，以实现节能的目的。

2.2.2 模拟量测量装置

在计算机控制系统中，模拟量的测量通常采用电学测量方式、利用电气或电子仪表装置进行测量，测量仪表装置输出的信号只有电流信号和电压信号两种。经过测量仪表装置处理后所有输出信号范围必须符合 A/D 转换器输入的要求，并且最好与被测量参数值呈线性关系。当模拟测量装置输出信号的大小与被测量参数值为非线性关系时，计算机控制系统必须具有相应的软件对实际测量参数值进行计算。如果模拟量测量装置输出的信号为电阻信号，且计算机控制系统的主机可直接输入电阻信号时，则可以取消外部 A/D 转换器，由主机中的相关软件对实际测量值进行转换计算。例如，许多场合的温度测量就常用这种测量方式进行测量。在建筑设备自动化系统中，有各种各样的模拟量测量装置，通常按被测量参数的性质可以分为温度、湿度、露点、压力、流量、液位、照度、电力、热能、位置、气体浓度及可燃气体成分等模拟量测量装置。

(1) 温度测量装置

温度是一个最基本的物理量，自然界中的一切过程无不与温度密切相关。温度传感器是最早开发和应用最广的一类传感器。根据美国仪器学会的调查，温度传感器的市场份额大大超过了其他参数的传感器。从 17 世纪初伽利略发明温度计以来，人们开始利用温度计进行测量。但真正把温度信号变成电信号的传感器是 1821 年由德国物理学家赛贝发明的，这就是后来的热电偶传感器。50 年以后，另一位德国人西门子发明了铂电阻温度计。在半导体技术的支持下，20 世纪相继开发出了半导体热电偶传感器、PN 结温度传感器和集成 IC 温度传感器。与之相应，根据波与物质的相互作用规律，也相继开发了声学温度传感器、红外传感器和微波传感器。由于温度是一个非常普遍的物理量，各行各业几乎对温度都有要求，因而温度测量技术多种多样，并已非常成熟。

在建筑环境中，温度影响人的舒适感觉以及建筑内各种机电设备的正常运行，因而温度测量也是非常重要的。但在建筑设备自动化系统中，常用的温度测量装置主要有热电阻（Resistance Temperature Detector，RTD）式、半导体热敏电阻（thermistor）式、热电偶（thermocouple）式仪表和固态（solid-state）温度计，其中固态温度计也称为集成电路（IC）温度计。因此以下只对这三种温度测量的基本原理和特点进行介绍。

1）热电阻、热敏电阻测温装置　众所周知，金属电阻体的电阻值随温度变化而改变，这就是热电阻和热敏电阻测温仪表的基本原理。温度对电阻体阻值的影响主要有两个方面的原因，一是利用热胀冷缩效应对电阻体几何形状的改变而引起电阻体阻值的变化，二是利用温度变化改变电阻体的电阻率（ρ），从而改变电阻体的电阻值。前者改变电阻体的几何参数，后者改变电阻体的物性参数。金属热电阻温度计可以分别或综合利用这两种效应进行温度测量，而热敏电阻测温则主要是利用电阻率随温度改变而变化的关系来测量温度的，并且其灵敏度通常远高于金属热电阻体。金属热电阻和热敏电阻测温仪表的输出信号可以为电阻信号，可以直接输入接收电阻信号的计算机控制系统，也可以通过线性变换电路转换成标准的电流或电压信号。

根据金属热电阻测温原理，金属热电阻体通常为细丝状和各种膜状结构，以提高灵敏度。在一定温度范围内，金属热电阻的电阻值与温度之间的函数关系为：

$$R(T) = R_0[1 + \alpha(T - T_0) \tag{2-1}$$

式中　$R(T)$——温度为 T 时的电阻值，Ω；

T_0——参考温度，℃，通常为 0℃；

R_0——参考温度为 T_0 时的电阻值，Ω，通常称为电阻体的基准电阻；

α——电阻温度系数，单位为 1/℃，是用于衡量电阻体灵敏度的参数，α 通常用百度电阻比表示，即 $\alpha = R(100)/R(0)$。

金属热电阻的基准电阻值 $R_0 = 10 \sim 2000\Omega$，测温精度可达 $\pm 0.2\% \sim \pm 0.01\%$。在建筑设备自动化系统中常采用 R_0 为 100Ω、500Ω 和 1000Ω 的铂、铜、镍电阻体。热电阻的测量引线通常为二线式，为了提高测量精度，减小电阻体测量引线电阻的影响，也可采用三线式或四线式，尤其是基准电阻值较小的电阻体（如 Pt100）在精确测量时更是如此。

热电阻根据电阻温度系数 α，可以分为“正温度系数（Positive Temperature Coefficient，PTC）”和“负温度系数（Negative Temperature Coefficient，NTC）”两种。金属热电阻通常为 PTC 型热电阻，半导体热敏电阻通常为 NTC 型热电阻。

半导体热敏电阻的温度系数与温度成下式的反比函数关系，即

$$\alpha = -(\beta/T^2) \tag{2-2}$$

由于半导体热敏电阻的电阻值高，通常比金属热电阻高 1~4 个数量级，并且与温度的关系为非线性的，因而半导体热敏电阻体的电阻值与温度间的函数关系可用如下经验公式进行表示：

$$R(T) = R_0\exp[\beta(1/T - 1/T_0)] \tag{2-3}$$

式中　T_0——参考温度，单位为 K，通常为 298.15K；

β——常数，取决于半导体的组成；

T——电阻体温度，K；

其余符号同前。

从式（2-3）可以看出，半导体热敏电阻的电阻与温度之间为非线性关系，并且与半导体组成有关，因而热敏电阻的电阻与温度之间的函数关系通常由生产厂家用曲线图、表格或多项式方式进行表示。随着现代半导体加工工艺的进步，出现了工业标准化的半导体热敏电阻。由于热敏电阻值基数较大，可以忽略测量引线的影响，因而其电阻值测量通常为二线式。

在使用热电阻体时，可以先用模拟电路对其输出信号进行线性转换，使其输入信号符合 A/D 转换器的要求，然后由 A/D 转换器得到其测量值，或直接输入可以接收电阻信号的计算机控制系统，由计算机控制系统的相关软件进行计算而得到温度测量值。电阻测温软件要么利用上述函数关系运行运算而得出温度测量值，要么通过查表法和线性插值法获得温度测量值。标准热电阻均有相对应的电阻与温度对照表，即分度表。例如，表 2-3 是 Pt100 传感器的电阻与温度对照表（仅列出 -50 ~ 145℃范围内的对照值）。

Pt100 电阻与温度对照表 **表 2-3**

t(℃)	$R(t)$ (Ω)	t(℃)	$R(t)$ (Ω)	t(℃)	$R(t)$ (Ω)	t(℃)	$R(t)$ (Ω)
-50	80.25	0	100.00	50	119.40	100	138.50
-45	82.23	5	101.95	55	121.32	105	140.39
-40	84.21	10	103.90	60	123.24	110	142.28
-35	86.19	15	105.85	65	125.16	115	144.18
-30	88.17	20	107.79	70	127.07	120	146.06
-25	90.15	25	109.73	75	128.98	125	147.94
-20	92.13	30	111.67	80	130.89	130	149.82
-15	94.10	35	113.61	85	132.80	135	151.70
-10	96.07	40	115.54	90	134.70	140	153.57
-5	98.01	45	117.47	95	136.60	145	155.45

2）热电偶测温仪表　热电偶是目前温度测量中应用最广泛的温度传感器之一。热电偶一般用于高温测量，其结构简单，准确度高，热惯性小，其输出信号为电压信号，便于测量信号的远距离传输和变换。热电偶的热电势与温度之间的关系为：

$$E_{AB}(T,T_0)=\int_{T_0}^{T}\ln\frac{N_A}{N_B}\mathrm{d}t \tag{2-4}$$

式中　E_{AB}（T，T_0）——AB 型热电偶在测量端温度为 T 和参考端温度为 T_0 时所产生的热电势，mV；

T——测量端的温度，K；

T_0——参考端温度，K，通常取 T_0 = 298.15K（25℃）；

N_{At}，N_{Bt}——分别为导体 A、导体 B 在温度为 t 时的电子密度。

为了利用上述热电效应进行温度测量，业界将常用热电偶进行了标准化工作。常用标准型热电偶及其热电特性如表 2-4 所示。

常用标准热电偶特性表　　　　　　　　　　　**表 2-4**

名称及分度号	测量上限（长期/短期，℃）	灵敏度（μV/℃）	特　点
铂铑 10-铂（S）	1300/1600	10	精度高，性能稳定，但价格贵
铂铑 30-铂铑 6（B）	1600/1800	10	（同上）
镍铬-镍硅（K）	1000/1300	40	线性好，性能稳定，价格便宜
镍铬-康铜（E）	600/800	80	热电势大，体格便宜
铜-康铜（T）	350/450	50	最便宜，易氧化

3）固态温度计　固态温度计是利用集成电路工艺制造的半导体测温仪器，因而也可称为 IC 温度计。这种温度计将温度传感元件、信号转换、线性处理及自动补偿甚至 A/D 转换器件等集成在一块集成电路（IC）上，不仅测量精度高，而且外围电路非常简单，有的 IC 温度计可直接与主机相连，使用极为方便。固态温度计的输出信号有二线配置的电压信号，有三线配置的电流信号，也有串行的数字信号。

上述四种温度测量装置是建筑设备自动化系统中常用的测温装置，这些测温装置各有优缺点和相应的应用场所。表 2-5 是这四种测温装置主要特性的比较。在温度测量时，应根据测温范围、要求测量精度、被测介质的性质和测量环境条件综合来考虑。

常用测温装置特性比较表　　　　　　　　　　　**表 2-5**

名　称	输出信号	优　点	缺　点
热电阻（RTD）	电阻	线性好，线性转换电路简单； 稳定性好； 测温范围大； 互换性好	灵敏度较小； 需要外电源； 易受自身加热温度影响； 基准电阻较小，引线电阻影响较大； 振动时易断裂； 响应较慢
热敏电阻（NTC）	电阻	灵敏度高； 响应特性好； 基准电阻大，引线电阻可忽略； 稳定性好，价格便宜	非线性； 测温范围较小； 互换性差； 易受自身加热温度影响； 需要外电源
热电偶	电压	测温范围大； 结构简单，价格便宜； 不需外电源	非线性； 稳定性相对较差； 参考端需要补偿； 易受电磁干扰
固态（IC）温度计	电流、电压或数字	线性最好； 价格便宜； 外围电路简单	测温范围小； 需要外电源； 易受自身加热温度影响； 无行业标准

（2）湿度测量装置

在空气调节系统中，湿度通常指空气的相对湿度，其值（φ）为空气中水蒸气的实际分压力（P）与相同空气温度的饱和水蒸气压力（P_b）之比，即 $\varphi = P/P_b \times 100\%$。空气的相对湿度是衡量湿空气继续吸收水分能力的参数：φ 越小，则表示空气继续吸收水分的能力就越大，即可以再吸收更多的水分；反之，φ 越大，空气中的水分已接近饱和状态，再吸收外部水分的能力就小。这表明相对湿度（φ）是描述影响人的舒适感觉及生产工艺过程的主要湿度参数，而其他湿度参数（如绝对湿度和含湿量）则不能很好地进行描述。因而空气的相对湿度 φ 是建筑设备自动化主要测量的湿度参数。

常用的相对湿度测量装置有薄膜电容式、高分子电阻式和集成电路测量装置。其中，集成电路湿度测量装置是将其他湿度敏感元件（一般为薄膜电容式敏感元件）与信号转换电路集成在一起而形成的固态相对湿度测量装置。

薄膜电容式湿度测量装置的电极是很薄的金属多微孔蒸发膜，蒸发膜可以根据空气的相对湿度大小吸附或释放水分。当蒸发膜吸附或释放水分时，蒸发膜的介电常数发生改变，从而使薄膜电容发生变化。因此通过测量薄膜电容值就可以测量出相应的空气相对湿度。

薄膜电容式温度测量装置测量范围大，测量精度较高（可达 ±1%），互换性较好，不经过校验时，互换误差可小于 ±3%，长期使用飘移误差可小于 ±1%/年。但易受油垢污染的影响，当测量温度偏离标定温度时，其测量精度也会受到影响。

高分子电阻式湿度测量装置的电阻值随高分子吸附或释放水分发生变化，高分子吸收或释放水分的过程与空气的相对湿度有关，因而通过测量分子电阻体的电阻值就可以测量空气的相对湿度。这种测量装置测量精度高，可长期使用。与电容式测量装置相比，电阻式测量装置易于将测量信号转换成电压或电流信号，转换电路相对简单。但高分子电阻式测量装置互换性较差，测量精度亦受温度变化影响。

(3) 露点温度测量装置

露点温度是指空气在压力不变时开始结露（即开始析出水分）的温度。空气的露点温度与空气的干球温度和相对湿度（φ）有关。在空气处理过程中，露点温度是一个非常重要的参数。在某些严格要求不结露的生产工艺过程，也必须对空气的露点温度进行测量和控制。

通常，空气露点温度的准确测量比较困难，一般采用如下两种方法测量：一是通过测量空气的干球温度和相对湿度后利用经验公式或图表进行计算，二是利用具有制冷功能的光电式露点测量装置（Chilled Mirror Hydrometer）进行测量。

第一种方法是在测量空气湿度的基础上同时测量空气的干球温度，利用计算机自动控制系统中的主机根据经验公式进行计算。这种方法的测量精度取决于湿度和温度测量装置的精度。

第二种方法的基本原理是利用半导体制冷装置（也称为"Peltier 装置"）将装置上的一个镜面进行冷却，直到镜面开始结露，镜面开始结露时的温度即为空气的露点温度。这种装置利用光反射原理对镜面开始结露进行检测。其具体原理是，当镜面开始结露时，入射光就会发生散射，通过检测入射光是否发生散射来判断是否开始结露。

光电式露点测量装置的测量原理自 20 世纪 50 年代以来，一直用于各种露点测量设备中。露点测量范围可达 −40 ~ 100℃，测量精度可达 ±0.2℃。当这种装置嵌入微处理器时，不仅可以测量空气的露点温度，而且可以测量空气的相对湿度、湿球温度等空气的参数。

(4) 压力测量装置

在建筑设备自动化系统中，压力测量主要用于监控风机、水泵等流体机械设备的运行。某些特殊应用（如洁净空调、生物安全实验室等）也必须对空气的压力梯度等级进行严格控制。同时，压力测量也是流速、流量测量的基础。

压力测量与温度测量一样，测量技术多种多样，并已非常成熟。在计算机自动控制系统中，常用的压力测量方法有电容式和变阻式（如压阻式和应变式）两种。

电容式压力传感器的结构如图 2-17 所示。这种传感器的敏感元件是一个很薄的弹性膜片，安装在一个硬度极高的隔离器中。当压力介质引入膜片时，膜片产生变形，从而改变电容的电容值。这种电容式压力传感器的测量范围可为 0～100Pa，当采用微处理器时，这种压力测量装置的满量程测量精度可达 ±0.1%，并可自动标定和校验，也可以进行数据的远程传输。

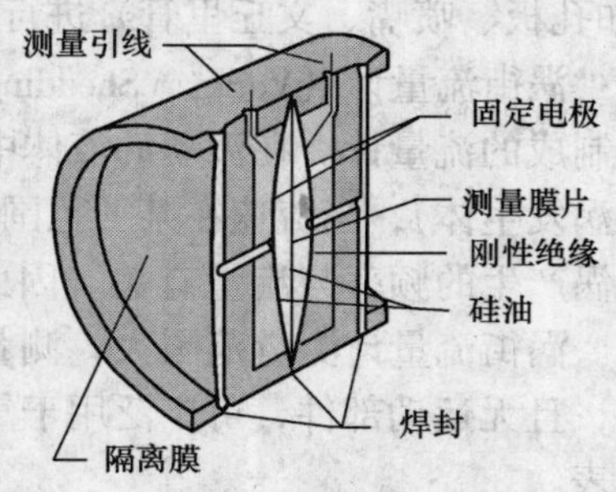

图 2-17 电容式压力传感器结构示意图

传统的应变式电阻压力测量装置通常为丝状结构，电阻改变与压力传感元件内的应力成正比。利用惠斯通（Wheatstone）电桥可直接进行测量，也可以经转换电路转换成电压或电流信号。压阻式压力传感器是一种较新型的压力传感器，也称为固态应变式压力传感器，它是采用集成电路工艺在单晶硅膜片上扩散一组等值应变电阻，而膜片置于接收压力的腔体内，当压力发生变化时，硅膜片产生应变，使直接扩散的应变电阻产生与压力成比例的变化。这种压力传感器灵敏度高，测量精度可达 ±0.1%，输出信号通常有电压信号和频率信号。

(5) 流量测量装置

在建筑设备自动化系统中，流量测量装置分气体流量测量装置和液体流量测量装置两类。通常，气体流量测量用于监测和控制风机、风阀及变风量（Variable Air Volume, VAV）末端的流量；液体流量测量用于监测和控制水泵、锅炉、冷水机组、热交换器的流量。与温度测量配合，流量测量也可用于能（热）量的测量。

流量测量原理比较多，有些原理适用于气体流量测量和液体流量测量，是通用的，而有些原理则是不通用的。在计算机控制系统中，常用的测量装置有热线风速仪、差压式流量测量装置、涡街流量计、涡轮流量计、电磁流量计和超声波流量计等。

热线风速仪是根据电加热导体的散热速率与流过气体的流速有关的原理测量流速的。这种测量装置通过测量电加热导体的温度或流经导体的加热电流来测量流速，然后通过计算得到测量的流量。热线风速仪具有较好的灵敏度，热惯性小，特别适用于测量低速流体的流速，下限流速可达 0.04m/s。带有温度补偿的热线风速仪满量程测量精度可达 ±0.1%。

差压式流量测量装置历史悠久，经验数据完整，测量原理为伯努利方程式。流量计算公式如下：

$$Q = \alpha\varepsilon F\sqrt{2\rho\Delta P} \tag{2-5}$$

式中 Q——测量流量；

α——流量系数，通常用实验方法确定；

ε——膨胀系数，不可压缩流体 $\varepsilon=1$，可压缩流体 $\varepsilon<1$；

F——管道计算截面面积；

ρ——节流元件上流液体密度；

ΔP——测量压力差。

气体流量测量常采用皮托（Pitot）管测量流体的动压力；液体流量测量常用节流装置（如孔板、喷嘴、文丘里管）进行压差测量。

涡街流量计（Vortex Shedding Sensors）是根据“冯·卡门（Von Karman）涡街”原理制成的流量计。在流动的液体中放一根与流向垂直且外形对称的非流线形状的柱体（称旋涡发生体），当流速在某一范围内时，旋涡发生体下游两侧产生两列有规律的旋涡，且旋涡产生的频率与流量有关。因此涡街流量计可以通过测量旋涡产生的频率即可测量流量。涡街流量计测量范围大，测量精度较高（可达 ±0.1%）。另外，该流量计的结构简单，且无运动部件，可广泛用于气体、液体和蒸汽流量的测量，是 20 世纪 80 年代的新型仪表。

超声波流量计是利用多普勒效应而制成的流量测量装置。根据多普勒效应，超声波的顺流传播速度大于逆流传播速度，当同时测量超声波在流体中两点间的顺流传播时间与逆流传播时间之差，就可以测算出流体的流量。这种流量计最大的优点是不接触测量介质，不干扰流场。但易受流体中悬浮颗粒和气泡、不规则旋涡以及管道污垢和锈蚀块的影响。

涡轮流量计、电磁流量计等的原理比较易于理解，本书不再介绍。

(6) 液位测量装置

在建筑设备自动化系统中，需要控制液体液面高度的场所主要有冷却塔吸水盘、空调冷冻水膨胀水箱、消防水池等。主要的测量原理有静压式、超声波式、电容式等。

静压式液位测量装置的原理是流体静压力学原理，这种装置通过测量液柱的静压力来测量液位。对于与大气相通的容器，可直接测量其底部的静压力来测量液位；对于液面有压力的容器，则必须测量底部与顶部的压力差来测量实际的液位。静压式测量装置一般用于测量位置比较高的容器中的液位，测量装置的压力敏感元件安装在容器的下部。当容器位于地面以下，且不宜在其下部安装压力敏感元件时，如果容器与大气相通，则可采用“吹泡型”静压力液位测量装置或其他类型的测量装置进行测量。例如，地下室排污池的液位测量。“吹泡型”静压力液位测量装置是利用测量管将压缩空气或气体引入液体的底部，压缩气体从液体中冒出而形成“吹泡”现象。通过调整压缩气体的流量，使测量管内的气体压力损失可以忽略，则测量测量管内的压力，就可以确定液体的液位高度或位置。值得注意的是，静压式液位测量装置不宜用于测量高压锅炉容器中的液位。

超声波式液位测量装置的原理是，超声波在液体表面反射，通过测量超声波发射与返回的时间就可计算出液面的位置。这种技术最大的优点是测量设备可以与液体不接触，不需将传感器放入液体中，安装灵活。超声波式液位测量装置的测量精度可达 ±0.25%，分辨率可至 10^{-3}m。

电容式液位测量装置的原理与其他参数的电容式测量装置基本相同，并且电容式测量装置的信号处理和转换非常适宜于 DDC 系统，因此电容式液位测量装置在计算机控制系统中应用较为广泛。

(7) 照度测量装置

照度测量装置用于照明控制系统。目前大多数照度测量装置的输出信号通常为开关量信号，用于控制照明设施（如荧光灯）的开或关，也有些照度测量装置用于具有调光要求的特殊场所，如舞台。目前大多数模拟照度测量装置的精度可达±1%。

(8) 电力测量装置

电力测量装置用于保护电力设施、计量电功率以及能量管理等。现在测量电力的设备或仪表有很多。但在 DDC 系统中，最常用的电力测量装置有电流变换器和电力计量装置两种。

电流变换器的作用是通过检测流经电机、电加热器、电力配电系统的电流实现保护作用。电流变换器利用电磁互感原理将大电流信息转换成相应的小电流或小电压信号，以符合 A/D 转换器的要求。电流变换器通常由电磁线圈和电路组成，线圈将负载上的大电流感应为高电压的小电流，电路则将高电压转换成测量所要求的低电压。电流变换器的精度可达±0.5%。

电力计量装置通常有电压（V）、电流（A）、功率（kW）、频率（Hz）、功率因数及无功功率（kVar）等参数测量仪表。这些电力参数本身就是电学参数，因而电力计量装置基本上就是电学参数转换的纯电路仪表。电力计量技术非常成熟，常用的计量精度可达±0.2%，有的甚至可达±0.04%。其中，电功率一般是通过测量电流和电压后进行计算确定的。

(9) 热能计量装置

除电功率测量外，在建筑设备自动化系统中，还有热能功率的测量。热能计量是通过测量流体进、出口温度差（Δt）和流量后计算确定的，但由于气体和液体流量测量的某些原理有所不同，因而热能计量也可以分为空气热能计量和水热能计量两大类，相应地，热能计量装置也有空气热能计量装置和水热能计量装置。当热能计量装置嵌入微处理器时，计算过程可在装置内部进行，反之，热能计量功能由控制系统的主机完成。

(10) 位置测量装置

在建筑设备自动化系统中，位置测量常用于测量某些执行机构（如阀门）的运动位置，以实现受控对象或过程的精密控制。位置测量方法可分为模拟法和编码法两种。模拟法中最普遍采用的器件是滑线电阻或旋转电位计，通过测量这些模拟器件上的模拟信号进行位置测量。编码法是通过分析相对移动的两物体所产生的编码信息进行相对位置测量，其工作原理如图 2-18 所示。图中编码为正交（quadrature）编码，即两信号之间的相位差为 90°，并且相邻序列编码有一位是不同的。值得指出的是，用于测位的编码不一定要求是正交的，只要相邻编码不同即可，但这种编码的解码器比较复杂。

在图 2-18 中，A、B 分别表示相对移动物体产生的二进制编码，AB 表示两相对移动物体产生的组合编码。通过测定组合编码 AB 的变化位，可以判定相对运动方向，通过统计 AB 编码的变化总数可以测量相对位移量，同时通过计算单位时间内的 AB 编码变化数也可以测量相对移动的速率。其测量精度取决于单位位移的编码个数（如某旋转编码器的精度可用“16 个编码/周”表示），单位位移编码个数越多，则测量精度越高。

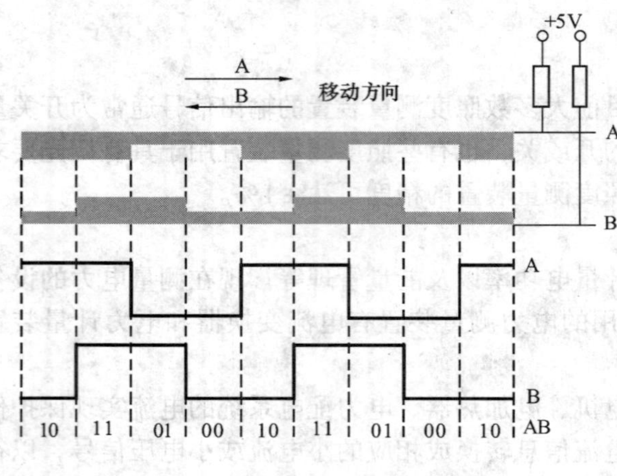

图 2-18 编码法测位原理示意图

图 2-18 为线性位置测量示意图，如果将线性编码两端连接起来，就形成旋转位置测量。当两物体作相对旋转时，就会产生一系列编码，通过解码器接收和分析编码的转化规律，同样可以实现角位移和角速度的测量。

（11）气体浓度测量装置

随着人们对室内空气品质和对危险气体监测的要求，已经出现了许多气体浓度测量装置。在建筑设备自动化系统中，需要测量的气体通常有CO、CO_2、可燃气体和制冷剂气体（HFC和HCFC）。其中，制冷剂气体测量在我国建筑设备自动化系统中较少采用，故不作介绍。

CO是有毒的气体。在现代建筑中，CO主要由汽车排气所形成，因而CO浓度测量装置主要用于汽车库通风系统的控制。CO浓度测量装置也可以用于CO报警系统。

室内CO_2主要来源于生物体（主要是人）的呼吸和有机物的完全燃烧，CO_2虽然没有毒性，但也会影响室内空气品质。因此CO_2测量装置在空调系统中用于对室外新风量的控制，在通风系统中用于对通风量或通风开启频率的控制。气体浓度测量装置也可以用于检测早期火灾所产生的可燃气体，是及时发现火情的最有效探测工具。

在计算机自控系统中，常用的CO和CO_2测量装置为不分光吸收式红外线（Non-Dispersive Infra-Red，NDIR）气体分析器。这种分析器是利用被测气体对红外光的吸收特征来定量测定浓度的，其关键敏感元件为薄膜电容微器，因而这种装置是通过测量电容变化量来测定浓度的。

（12）可燃气体测量装置

可燃气体测量装置是用来探测保护区内可燃气体的浓度，并发出报警信号的测量装置。可燃气体测量装置广泛应用于可燃气体可能发生泄漏的危险场所（如厨房、燃气储藏室、油库、易挥发并易燃的化学品储藏室等）和早期火灾隐患探测，杜绝重大火灾事故，保护生命和财产安全。其中，可燃气体测量装置通过探测火灾早期阶段产生的少量可燃气体可以及时发现火灾隐患，将火灾消灭在萌芽状态，具有比其他类型火灾探测器（如感烟式火灾探测器、感温式火灾探测器等）更早发现火灾的优点。

在关键性业务场所，如大型计算机房、电信枢纽等，用于探测早期火情的火灾探测器也称为“空气采样探测器”。这种火灾探测器是通过测量早期火灾所产生的少量可燃气体浓度值，及时发现火情。在火灾早期，可燃物质通常会产生一些不可见的可燃气体和微小颗粒烟雾。空气采样探测器通过一个高效抽气泵连续抽取空气样品进行检测，首先对取样空气进行过滤，将灰尘颗粒过虑，消除空气本身灰尘的影响，然后用高强度和宽频谱的光源（如激光）进行照射。可燃气体和微小颗粒烟雾会吸收其中特定频率的光波，通过测定吸收的光谱判断检测气体的成分和浓度，并根据预定烟雾浓度阈值判断是否发生了预燃。如果检测到了预燃现象，就及时发出火灾报警信息，从而在真正燃烧之前扑灭火灾。

在民用场所，如厨房，空气中可燃气体的浓度值达到了灵敏值时就自动产生报警信号。在工业场所，可燃气体测量装置主要用于火灾探测，只有当空气中可燃气体浓度达到或超过爆炸下限时，可燃气体测量装置才自动发生报警信号。所以可燃气体测量装置在火灾探测方面主要用于易爆、易燃的工业场所。最常用可燃气体测量装置主要分半导体型和催化型两种。

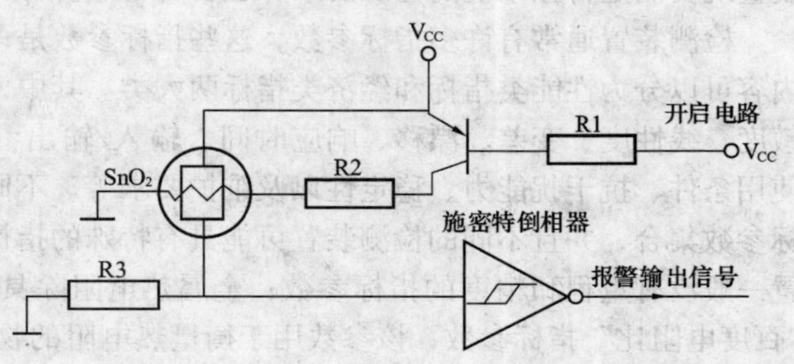

图 2-19 半导体可燃气体检测电路原理图

1）半导体可燃气体探测器 这是由一种对可燃气体（如氢气、一氧化碳、天然气、液化石油气等）非常敏感的半导体气敏元件作为敏感元件的检测装置。这种半导体气敏元件在 250～300℃温度下，遇到可燃气体时电阻减小，并且与可燃气体浓度成正比。图 2-19 是这种测量装置的工作原理图。

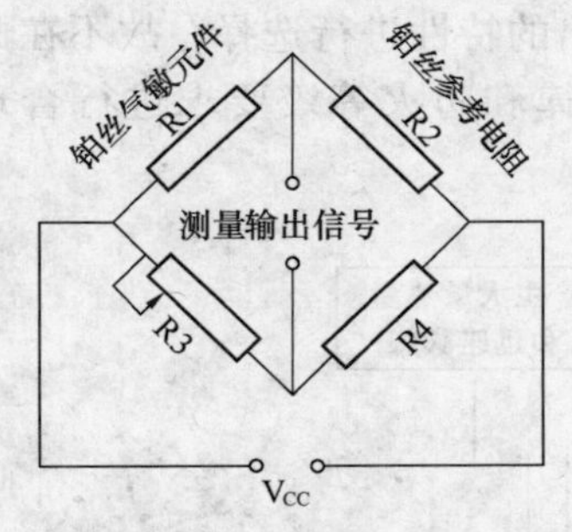

图 2-20 催化型可燃气体检测电路原理图

在半导体可燃气体测量装置中，测量元件由半导体气敏元件（SnO_2）和电热丝组成。由电热丝将半导体气敏元件预热到工作温度，当可燃气体进入测量元件后，气敏元件电阻减小，导致施密特倒相器输入电压上升，当升到设定时，施密特倒相器产生一个负跳变信号，由该信号去触发报警电路，从而产生报警。

半导体可燃气体测量装置电路比较简单，对可燃气体的敏感性好，在工程上得到了广泛的应用。但不能分辨混合气体的成分，不适用于可燃气体成分测量。

2）催化型可燃气体探测器 催化型可燃气体探测器选用贵金属铂丝作为可燃气体敏感元件，当铂丝加热到工作温度后，如果接触到可燃气体时，其表面发生强烈的氧化反应而产生大量的热量，从而使铂丝温度升高，电阻增大。通过测量电阻变化的电路可以相应地测量出可燃气体浓度。图 2-20 是采用惠斯通（Wheatstone）电桥进行检测的电路原理图。

在图 2-20 中，R1 和 R2 均为铂丝电阻，R1 为气敏电阻，暴露在检测环境中，R2 为参考电阻，通过密封与检测环境隔离。当环境中无可燃气体时，电桥处于平衡状态无输出；当 R1 遇到可燃气体时，由于铂丝的催化作用，导致可燃气体在铂丝表面无焰燃烧而温度升高，从而导致 R1 电阻增加，电桥失去平衡。通过测量电桥不平衡电压就可以测量可燃气体浓度，当可燃气体浓度达到或超过设定值时，通过触发电路就可以产生报警。

2.3 常用检测装置选用原则

在建筑设备自动化系统中，科学合理地选择恰当的检测装置是非常重要的。选择检测装置既要满足自控系统的性能要求，也要符合经济可行的原则。

检测装置通常有许多指标参数，这些指标参数是评定和选择检测装置的重要依据，其内容可以分为性能类指标和经济类指标两大类。其中，性能指标参数包括精度、量程、灵敏度、线性度、变差、漂移、响应时间、输入/输出参数等，经济类指标参数包括价格、使用条件、抗干扰能力、稳定性以及维护要求等。不同类型的检测装置一般具有不同的指标参数集合，并且不同的检测装置可能具有特殊的指标参数。例如，数据开关量类检测装置一般没有量程和精度的指标参数；金属热电阻除具有上述指标参数外，还具有特殊的“百度电阻比”指标参数，该参数用于衡量热电阻的物质纯度和稳定性。因而在进行选择时，检测装置的各项指标参数就是不可缺少的评定因素。

2.3.1 数据开关量检测装置选择原则

在选择数据开关量检测装置时，其性能参数指标不是主要的评定因素，这类检测装置一般只根据现场使用条件和价格等经济类指标进行选择。

在建筑设备自动化系统所有数据开关量检测装置中，入侵报警开关和火灾报警开关是需要强调的数据开关量检测装置。这两类数量开关量种类繁多，必须根据各种开关量装置的特点进行合理选择。其中，入侵报警开关可以按表 2-2 列出的特性进行选择，故不在此复述。而火灾报警开关的选择则必须按照火灾发展过程规律和防火等级要求进行合理选择。

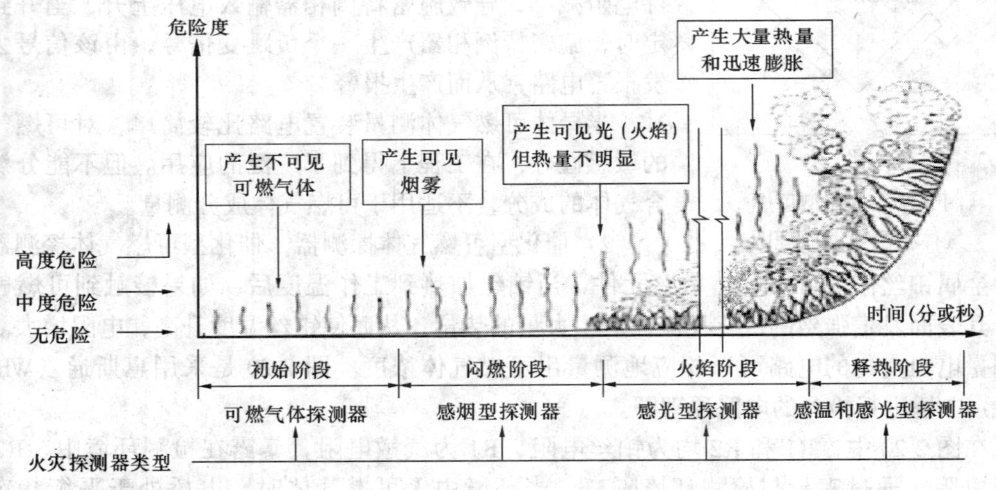

图 2-21　火灾产生过程规律图

图 2-21 是以危险程度为特征的火灾产生过程一般规律图。火灾产生过程可以分为四个具有明显特征的阶段：第一阶段为“初始阶段（incipient stage）”，明显特征是产生不可见的微小可燃颗粒，其数量随火势发展而增加，但没有产生可见的烟雾和可感觉的热量。第二阶段为“闷燃阶段（smoldering stage）”，明显特征是产生较大可燃颗粒，出现可见烟雾，但散发的热量仍然较小。第三阶段为“火焰阶段（flame stage）”，明显特征是猛烈燃烧，虽然不会感觉到燃烧释放热量，但很快就会产生大量的热量。第四

阶段为“释热阶段（heat stage）”，明显特征是除继续燃烧外，还迅速释放大量的热量和产生大量的热空气。火灾产生后，还要经过“衰减阶段”和“持续阶段”，直至最后熄灭。

从火灾产生过程四个阶段的特征来看，由于每个阶段具有不同的火灾特征，因而火灾报警系统在不同阶段就必须选用不同类型的火灾探测器。第一阶段应选择可燃气体探测器进行报警，第二阶段应选择感烟型火灾探测器进行报警，第三阶段应选择感光型火灾探测器进行报警，第四阶段应选择感温和感光型火灾探测器进行报警。因此，在防火等级要求高的场所，就必须在火灾发生的早期阶段进行探测和报警，真正做到“防患于未然”。这就是某些关键性业务场所选择灵敏度极高的吸气式可燃气体探测器的原因。

值得指出的是，图 2-21 所示火灾产生过程规律是绝大多数场所火灾产生的规律，并不是所有火灾的产生过程均符合这个规律，如汽油、燃气等易燃易爆物品产生的火灾。另外，四个阶段的划分在时间上也没有明确的界线，每个阶段只不过说明了火灾产生过程中具有明显火灾特征的过程。因而火灾产生的过程阶段是有重叠的。这也说明在某些重要场所需同时采用多种火灾探测器的原因，表 2-6 是不同场所火灾探测器类型推荐表。

火灾探测器类型推荐表　　表 2-6

序号	应用场所或情形	感烟		感温				感光		说明
		离子	光电	定温	差温	差定	缆式	红外	紫外	
1	饭店、旅馆、教学楼、办公楼的厅堂、卧室、办公室	√	√							厅堂、办公室、会议室、值班室、娱乐室、接待室等，灵敏度为中档或低档，可延时；卧室、病房、休息厅、衣帽室和展览厅等，灵敏度为高档
2	电子计算机房、通信机房、电影电视放映厅等	√	√							灵敏度高，或高、中档联合使用
3	楼梯、走道、电梯、机房等	√	√							灵敏度为高档或中档
4	书库、档案库等	√	√							灵敏度为高档
5	有电器火灾危险	√	√							早期热解气溶胶微粒较小时宜选用离子型，较大时可选用光电型
6	气流速度＞5m/s	×		√	√					可选用定温型或差温型
7	相对湿度经常＞95%	×				√				
8	有大量粉尘、木屑滞留	×	×	√	√	√				
9	无烟场所	×	×	√	√					
10	有烟和蒸气场所	×	×	√	√	√				

续表

序号	应用场所或情形	感烟		感温				感光		说明
		离子	光电	定温	差温	差定	缆式	红外	紫外	
11	产生蒸气和油雾		×							
12	厨房、锅炉房、发电机房、茶炉房、烘干车间等			✓		✓				在正常高温下，感温探测器的动作温度可设置高些，或选用高温型感温探测器
13	吸烟室、小会议室				✓	✓				若选用感温型探测器，应选灵敏度为低档的探测器
14	汽车库				✓	✓				
15	不宜安装感烟型探测器的厅堂和公共场所	×	×	✓	✓	✓				
16	可能发生阴燃，或要求早期报警的场所	✓	✓	×	×	×				
17	温度在0℃以下			×						
18	平时温度变化较大的场所				×					
19	可能产生腐蚀气体的场所	×								
20	产生醇类、醚类、酮类等有机物	×								
21	可能产生黑烟		×							
22	存在高频电磁干扰		×							
23	银行、百货商店、商场、仓库	✓	✓							
24	火灾时有强烈的火焰辐射（如汽油库、易燃品间等）							✓	✓	这些场所无阴燃阶段
25	需要对火灾快速反应的场所（如金属粉末间、大型仓库等）							✓	✓	这些场所无阴燃阶段
26	博物馆、美术馆、图书馆	✓	✓					✓	✓	
27	电站、变压器间、配电室	✓	✓					✓	✓	
28	可能发生无火焰的场所、或火焰出现前有大量浓烟扩散、或有易污染探测镜头物质挥发等场所							×	×	

续表

序号	应用场所或情形	感烟		感温				感光		说明
		离子	光电	定温	差温	差定	缆式	红外	紫外	
29	探测器"视线"易遮挡，或易受阳光或其他光源直射或间接照射的场所							×	×	这些场所还包括正常时有明火、X射线和弧光等场所
30	电缆隧道、电缆竖井、电缆夹层						√			
31	配电装置、开关设备、变压器、电控中心等						√			包括这些场所的闷顶和地板下空间，以及重要设备存放处
32	纸浆厂、造纸厂、卷烟厂及其他工业易燃堆垛						√			包括粮食、棉花及其他易燃堆垛
33	地铁、名胜古迹、市政设施等						√			
34	皮带运输机、生产流水线和滑道的易燃部位						√			
35	耐碱、防潮、耐低温等恶劣场所						√			
36	其他环境恶劣且不适合点型感烟或感温探测器						√			

注：√——应优先选择，×——不应选择，空白——表示谨慎选择。

表2-6适用于绝大多数火灾控制场所，但针对特殊场所应进行具体分析和选择。以下几点应特别注意：（1）在散发可燃气体和可燃蒸气的场所，宜选择可燃气体探测器，实现早期火灾报警。在可能产生CO等有毒气体的场所，宜选择专用的气体探测器。如制冷机房或存储制冷剂的场所，可以选择专用的CFC、HFC、HCFC及NH_3气体的探测器。（2）对于重要的、可靠性要求高、危险大或装有自动灭火装置的场所，以及单一探测器不易早期探测火灾的场所，宜采用感烟、感温火灾探测器（同类型或不同类型）的组合。（3）火焰探测器易受外部干扰，必要时应加遮外光板或护板等措施。（4）下列场所不宜设置火灾探测器：厕所、浴室，不能有效探测火灾的场所，以及不便维修和使用的场所（除特别要求的重点场所），以免出现故障或增加误报率，从而提高火灾报警系统的功能。

2.3.2 模拟量检测装置选择原则

模拟量检测装置除考虑其经济类指标外，其性能参数指标是非常关键的评定因素。在模拟检测装置性能指标中，精度和量程指标往往是决定性选择条件。针对常见建筑设备自动化系统，表2-7列出了模拟检测装置的推荐精度和量程。

模拟检测装置推荐精度和量程表 **表 2-7**

模拟参数量	精 度	量 程
室内温度	±0.5℃	0～+50℃
风管温度	±0.5℃	0～+50℃
新风温度	±1.0℃	-30～+50℃
露点温度	±1.5℃	
冷冻水温度	±0.5℃	-5～+20℃
低温热水温度	±0.5℃	0～+100℃
高温热水温度	±1.0℃	+100～+260℃
水温差	±0.05℃	
相对湿度	±5%	20%～80%
水流量	±5%（全量程）	
空调末端设备空气流量	±10%（全量程）	
VAV 总风管空气流量	±5%（全量程）	
保持压力梯度的空气流量	±3%（全量程）	
风管空气压力（较高空气压力）	±25Pa	0～1.25kPa
具有压力要求房间的空气压力（低压空气压力）	±2.5Pa	-50～+50Pa
水压力	±2%（全量程）	
电气参数（如电压、电流、功率等）	±5%（读数）	
CO 浓度	±5%（读数）	$0～1000\times10^{-6}$
CO_2 浓度	$\pm50\times10^{-6}$	$0～1000\times10^{-6}$

事实上，实际测量精度除测量仪表本身的精度外，还与测量仪表的量程有关。测量同一参数，如果选用两种精度相同而量程不同的测量仪表，则实际测量精度是不同的。只有根据实际情况，合理选择仪表的精度和量程，才能获得准确的测量。具体地说，除表 2-7 推荐的仪表精度外，应特别注意以下参数测量仪表的量程选择。

（1）测量温度时，正常工作温度应处于所选仪表量程的 2/3 处。

（2）测量压力时，对于较为稳定的压力，正常压力应处于所选仪表的 1/2～2/3 处；对脉动压力，其平均压力应处于所选仪表的 1/3～1/2 处；对高压压力，正常操作压力应处于量程的 3/5 处。

（3）测量流量时，正常流量宜处于量程的 1/2～4/5 处，最大流量不应大于满量程的 90%，最小流量不应小于满量程的 10%。

建筑设备自动化系统的性能除与检测装置的精度和量程等主要因素有关外，还应处理好许多其他次要因素。一旦忽视了次要因素的影响，次要因素也会对建筑设备自动化系统的性能和稳定运行产生严重的影响。检测装置不仅必须安装在正确反映检测参数的恰当位置，而且还必须根据测量参数的具体特点进行正确安装。例如，空调室内温度的测量仪表通常安装在空调系统的回风区域，而不能安装在空调系统送风口附近的区域；测量流体动压力时，压力测量仪表的取压口轴线必须对准流线方向，与流线平行。而测量流体静压力时，压力测量仪表的取压口轴线必须与流线垂直。再如，温度测量装置保护套管的选择在考虑其良好导热性能外，还必须根据温度场介质的化学特性进行选择。通常，测量冷冻水和热水温度时，选用铜质保护套管；测量蒸汽温度时选用普通不锈钢保护套管，但在测量盐水介质温度时，则必须选择防盐水不锈钢保护套管。以上均说明检测装置的选择和安装对建筑设备自动化系统的性能和运行维护管理均具有重要的影响，在实际工程项目中应予以充分重视。

2.4 常用执行机构

执行机构是根据控制器的控制信息，通过调节进入或离开受控对象或过程的能量或物质来实现控制要求的。根据执行机构调节进入或离开受控对象或过程的能量或物质的方式，可以分为“开关量执行机构”和“模拟量执行机构”两大类。开关量执行机构接收控制器的数量输出（DO）信号，对进入或离开受控对象或过程的能量或物质进行双位控制。模拟量执行机构接收控制器的模拟输出（AO）信号，对进入或离开受控对象或过程的能量或物质进行连续控制。根据执行机构使用能源的不同，又可以分为电动（electric）和气动（pneumatic）两大类。其中，电动执行机构接收的控制信号有电压型（0~5VDC、0~10VDC、0~15VDC、1-5VDC 和 2~10VDC 五种）、电流型（4~20mA 和 0~20mA 两种）和电阻型（0~500Ω、0~1000Ω、0~2kΩ、0~5kΩ、0~20kΩ、0~30kΩ、0~40kΩ 等多种）三种，气动执行机构接收的控制信号为压缩空气的压力信号，标准压力信号为 0~20psi 和 0~15psi 两种（注：1psi=6894.76Pa）。由于气动执行机构在现代建筑设备自动化系统中很少使用，故本书按照开关量执行机构和模拟量执行机构的分类方式进行介绍和分析。

值得一提的是，数字控制器的输出信号除 DO 和 AO 两种最为常见的信号外，还有一种称为“脉冲宽度调制（Pulse Width Modulated，PWM）”的输出信号。该输出信号的脉冲宽度在其时钟周期内可连续调节，其大小用脉冲宽度占时钟周期的百分比表示。相应地，任意模拟量在其值域范围内均正比于脉冲宽度调制信号的百分比。常用脉冲宽度调制信号的时钟周期为 2.85、5.2、12.85 和 25.6s 四种。脉冲宽度调制信号常用于变速器（VSD）和可控硅整流器（SCR）的控制信号。

2.4.1 开关量执行机构

开关量执行机构只有“开（on）”或“关（off）”两种操作状态，因而对受控对象或过程的作用也是间断的。在建筑设备自动化系统中，主要的开关量执行机构包括各种继电器、接触器、启动器和电动两位阀。其中，继电器、接触器和启动器是调节能量（电能）的开关量执行机构，电动两位阀用于调节流体的流量，同时也具有调节能量（热能）的作用，因此电动两位阀既可以用于控制与流体质量密切有关的参数（如液位参数）和与能量密切有关的参数（如温度参数），也可以控制与物质和能量同时有关的参数（如气体的压力参数）。

（1）继电器、接触器和启动器

这类开关量执行机构有众多的种类，主要用于控制各种电机、照明设备和报警与指示设备（如报警铃、紧急指示灯等）的开启或关停。其中，继电器通常用于较小功率设备的控制，接触器和启动器通常用于较大功率和荷载的设备。由于接触器和启动器用于大功率设备的控制，通常带有过载保护装置。

继电器有机电型和固态电子型两种，外形与结构多种多样，最小的继电器可以安装在印制电路板。根据继电器的动作特征，继电器又可以分为即时型、延时型、锁扣型等。现在已开发出具有智能功能的固态电子型继电器。这种固态电子型继电器利用数字化技术检测电流，并自动对运行状态进行监控。

(2) 电动两位阀

电动两位阀的开关动作通常有两种方式：直线运动和旋转运动。直线运动的两位阀称为电磁阀（solenoid valve），旋转运动的双位阀称为旋转阀（rotary valve or damper）。

电磁阀由线圈、阀芯和阀体组成，如图 2-22（*a*）所示。当线圈通电时，线圈吸引阀芯使阀门开启。电磁阀根据阀门口径大小有两种工作方式。第一种通常用于小口径阀门（<100mm），由通电线圈直接开启阀门的阀芯。第二种用于大口径阀门，这种大口径阀门由主阀和先导阀组成，如图 2-22（*b*）所示。线圈用于控制小口径先导阀的开关，通电时，线圈先开启先导阀，使主阀阀芯上方的流体流动，从而在主阀阀芯上下产生压力差，然后主阀在这个压力差的作用下缓慢开启。线圈断电时，先导阀阀芯关闭，使主阀阀芯上部的流体压力回升，主阀阀芯在这个反向压力差和自身重力的作用下关闭主阀。可以看出，利用先导阀的工作原理，不论主阀口径大小，均可以用较小的电磁线圈进行操作，这样先导阀的电磁线圈就可以标准化，并统一为一个规格，易于大量生产。第一种方式开关过程迅速，但易产生“水锤”现象。第二种方式开关缓慢，可以避免“水锤”现象，但存在时延现象。

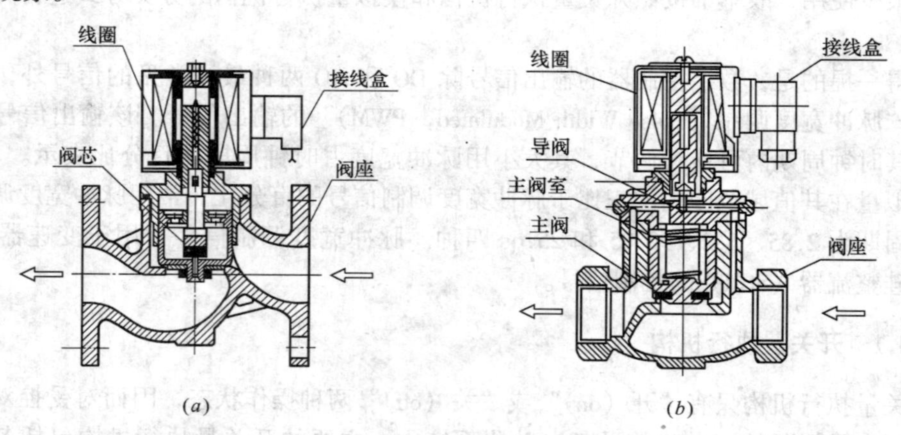

图 2-22 电磁阀结构示意图

旋转阀由电机通过减速与传动装置使阀芯产生角位移来开启/关闭阀门，这种阀门可分为球阀（ball valve）、蝶阀（butterfly valve）和多叶阀（damper），如图 2-23 所示。其中，图 2-23（*a*）为球阀，通常用于小口径管道系统；图 2-23（*b*）为蝶阀，通常用于较大口径的管道系统；图 2-23（*c*）为多叶阀，用于风管系统。

所有电动两位阀的传动装置如果不能反向运转时，则其传动装置必须配备复位装置。带有复位装置的电动两位阀一般用于突然停电或系统故障时必须复位的控制系统。值得注意的是，除电磁阀外，大部分电动两位阀同时具有双位控制和连续控制的功能，但其连续

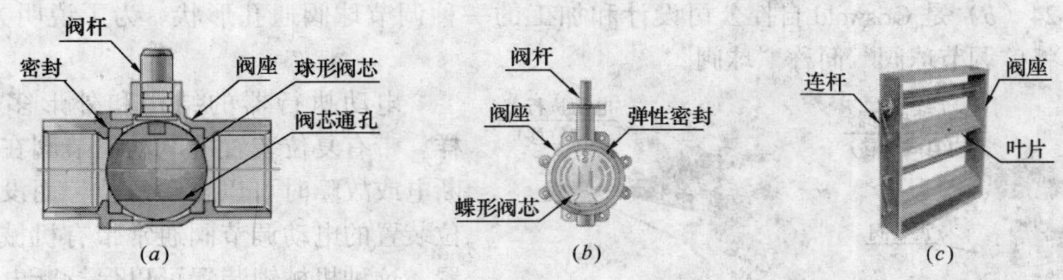

图 2-23 球阀、蝶阀和多叶阀结构示意图

控制性能不如模拟量执行机构，一般只能用于控制精度要求不高的场所。

2.4.2 模拟量执行机构

在建筑设备自动化系统中，常用的模拟量执行机构有变速器（Variable Speed Drives，VSD）、可控硅整流器（Silicon Controlled Rectifiers，SCR）和各种电动执行装置。其中，变速器用于可变速电机转数的控制，可控硅整流器用于阻抗负荷（如电加热器）的调节，电动执行装置由电动执行器（actuator）和阀门（valve or damper）组成，用于对液体流量的调节，同时也具有能量（热能）调节的作用。

(1) 变速器

变速器分直流和交流变速器。直流变速器价格贵，但可以提供高精度控制，常用在精密生产工艺过程中。交流变速器价格相对便宜，并可以满足一般控制精度要求，因而建筑设备自动化系统大量采用了这种交流变速器，如离心式压缩制冷机组、水泵和风机控制系统均可以采用这种变速器进行控制。有关变速器的原理和技术已超出了本书的内容，本书不作介绍。

(2) 可控硅整流器

可控硅整流器通过控制信号（通常为标准电压信号或电流信号）连续调节电功率的输出，是精确调节阻抗负荷的执行机构。但可控硅整流器价格较高，因此在控制精度不高的建筑设备自动化系统中，通常用多个两位开关量执行器组合进行控制。有关可控硅整流器的原理和技术已超出了本书的内容，本书也不作介绍。

(3) 电动执行装置

在建筑设备自动化系统中，电动执行装置由电动执行器和阀门两部分组成。其中，电动执行器主要由电子电路（接收和处理控制器的模拟控制信息）、伺服电机、减速与传动机构等部分组成，阀门由电动执行器驱动其开启度调节通过的液体流量。

电动执行装置主要用于空气调节、给水排水等控制系统，分风管式和水管式执行装置。风管式电动执行装置通常称为电动多叶调节阀，由电动执行器和多叶调节阀组成，通过多叶片阀芯的旋转角度来调节阀门的开启度。水管式电动执行装置由电动执行器和阀体组成，根据阀体的结构类型，可以分调节阀（globe valve）和调节球阀（ball valve）两种。调节阀的阀体结构如图 2-24（*a*）所示，通过柱形阀芯的上下直线运动来调节阀门的开启度。调节球阀的阀体结构虽然与图 2-23（*a*）所示的结构相同，通过球形阀芯的旋转来调节阀门的开度。但其球形阀芯上的通孔形状一般是经过特别设计和加工的，而不是简单的圆柱形通孔。这种具有较高精度调节功能的调节球阀是 20 世纪 90 年代早期开始引入的，

图 2-24（*b*）是 Griswold 自控公司设计和加工的一种调节球阀通孔形状。为了说明方便，以下将“调节球阀”简称“球阀”。

图 2-24　电动调节阀和电动调节球阀结构示意图
（*a*）电动调节阀；（*b*）电动球阀

电动执行器的结构和外形多种多样。带有复位装置的电动调节阀在系统断电或故障时可以自动复位，而没有复位装置的电动调节阀通常带有机械锁装置，这种机械锁装置可以保持断电时阀门的开启度。另外，有的电动调节阀带有开启度反馈信号装置，这种电动执行器可以实现高精度控制和状态检测。对于某些电动执行器，还设有力矩开关，以便执行器在到达全开或全关状态时自动停止驱动电机。

电动执行装置是直接通过调节流体的流量对受控对象或过程进行控制的，即电动执行装置是通过调节进入或离开受控对象或过程的物质量来直接或间接调整受控参数的。由于建筑设备自动化系统的受控对象或过程普遍是一个大惯性、滞后、干扰因素多且耦合性强的多环节高阶系统，电动执行装置作为控制系统的一个重要环节，其计算与选用对整个控制系统的性能有着至关重要的影响，直接关系到建筑设备自动化系统的初投资、运行维护及使用寿命等。因而有关电动执行装置的计算与选择是建筑设备自动化技术中较为重要的内容。

2.5　电动执行装置选择与计算

在建筑设备自动化系统中，电动执行装置广泛应用于各种建筑环境设备系统，对其进行正确计算，并恰当地进行选择是建筑自动化系统工程设计阶段的关键内容，不仅关系到建筑自动化系统的初投资，而且还关系到控制性能与运行维护过程的费用。如果选择过大，即使控制器和传感器性能再好，也易于引起控制过程产生振荡，造成阀门在小开度状态频繁动作，加快阀芯与阀体、阀杆与密封以及传动机械局部的磨损，同时在小开度状态时执行器力矩偏大，也加剧传动机械的摩损，从而减少执行机构的使用寿命。而选择过小，显然是不能满足控制要求的。因此正确计算和恰当选择执行机构是建筑设备自动化系统工程设计必不可少的步骤。但是，许多实际的建筑设备自动化系统工程往往忽视了正确计算和选择，选用的调节阀往往偏大，虽然可以满足一般控制要求，但却给以后的运行和维护管理带来了隐患。

2.5.1　类型与特点

电动执行装置的阀门按其结构形式可以分为调节阀、球阀和多叶阀。其中，调节阀又可以进一步分为直通单座阀、直通双座阀和三通阀，如图 2-25 所示。

对于直通双座阀，流体作用在上、下阀芯的推力方向相反而大小接近相等，阀芯所受的不平衡力很小，因而通常应用于阀门前、后压差较大的场合。其优点是流通能力比同口径的单座阀大。但由于受加工精度的限制，双座阀的上、下两个阀芯不易保证同时关闭，

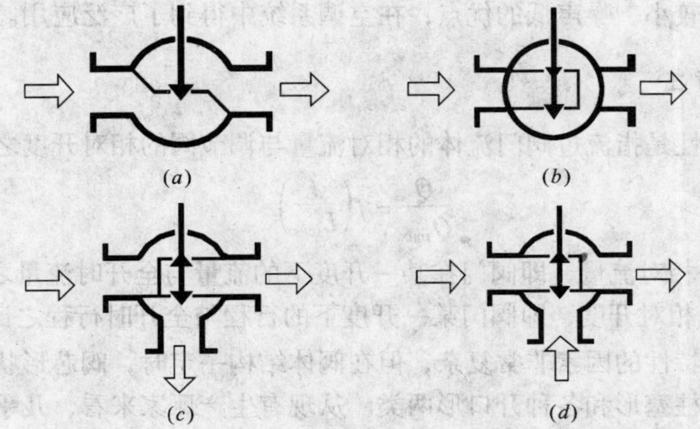

图 2-25　调节阀示意图

（a）直通单座阀；（b）直通双座阀（正装）；

（c）分流三通阀；（d）合流三通阀

所以关闭时泄漏量较大，尤其在高温或低温场合，因阀芯和阀座两种材料的热膨胀系数不同，更易引起较严重的泄漏。

直通双座阀有正装和反装两种，当阀芯向下移动时，阀芯与阀座间流通面积减少者称正装，反之，称为反装。对于直通双座阀只要把图 2-25 中的阀芯倒过来装，就可以方便地将正装改为反装。

直通单座阀只有一个阀芯和一个阀座。其优点是泄漏量小，由于单阀芯结构容易达到密封，甚至可以完全切断。另外，流体对阀芯推力是单面作用的，不平衡力大，所以单座阀仅适用于低压差的场合。

三通调节阀有三个出入口与管道相连，按作用方式可分为合流阀和分流阀两种。合流阀有两个进口和一个出口，其功能是将两股液体合为一股液体，特点是关小一个入口时，就开大另一个入口。分流阀有一个入口和两个出口，流体通过阀后变成两路，其特点是在关小一个出口时，开大另一个出口。

根据上述各种调节阀的特点，电动直通单座调节阀以其较好的可控制性能在精确控制过程中得到了广泛的应用，其他类型的电动调节阀由于控制复杂的原因极少用于有精度要求的场所。这也说明建筑设备自动化系统应尽量采用电动直通单座调节阀作为控制执行器，甚至在有合流或分流的场所，也尽量用两个电动直通单座调节阀来完成合流或分流的功能。

球阀由于其球形阀芯通孔的特殊加工，除阀芯运动方式不同外，其流量特性基本上可以与电动单座调节阀相同。

在空调系统中为了控制风量采用电动多叶调节阀，这种调节阀分为平行多叶调节阀和对开多叶调节阀，如图 2-26 所示。

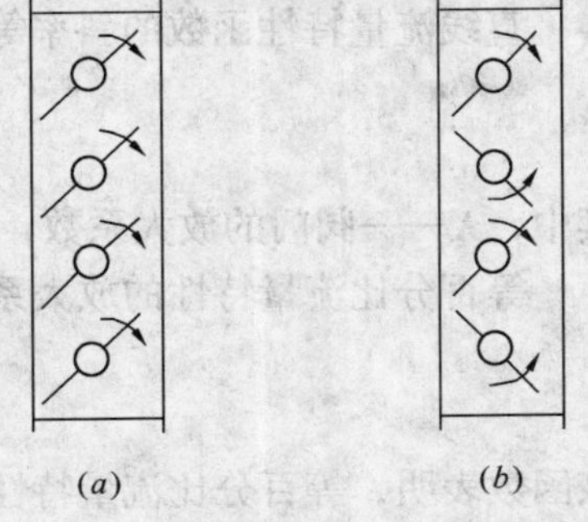

图 2-26　多叶调节阀示意图

（a）平行式多叶调节阀；

（b）对开式多叶调节阀

在空调系统中，由于对开多叶调节阀具有较好的流量特性和旋转力矩较小、噪声低的优点，在空调系统中得到了广泛应用。

2.5.2 流量特性

阀门的流量特性是指流过阀门流体的相对流量与调节阀的相对开度之间的关系，即

$$\frac{Q}{Q_{\max}}=f\left(\frac{L}{L_{\max}}\right) \tag{2-6}$$

式中 $Q/Q_{\max}$——相对流量，即阀门在某一开度下的流量与全开时流量之比；

$L/L_{\max}$——相对开度，即阀门某一开度下的行程与全开时行程之比。

影响阀门流量特性的因素非常复杂，但在阀体结构一定时，阀芯形状是其主要决定的因素。阀芯形状有柱塞形和各种开口形两类。从现有生产厂家来看，几乎所有阀门的流量特性按控制功能需求进行了标准化，并可分为等百比分特性、直线特性和快开特性，如图 2-27 所示。

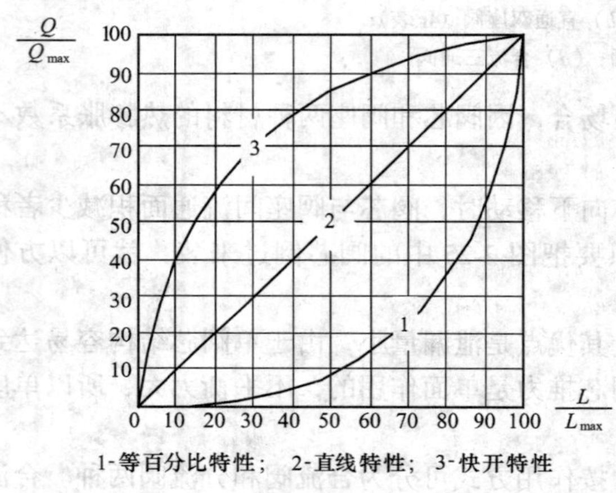

图 2-27 理想流量特性图

由于阀门应用场所多种多样，使用条件千差万别，为了便于研究和分析，将阀门的流量特性分为“理想流量特性”和“实际流量特性”。所谓理想（又称固有）流量特性是指阀门前后压差保持不变条件下所得到的流量特性。显然，理想流量特性是在实验室条件下才能得到的流量特性，其主要作用是为研究和分析各类阀门提供标准参考。而实际流量特性是阀门在实际使用条件下的流量特性。与理想流量特性相比，该特性是非常复杂的，不仅与阀门的相对开度有关，而且还与阀门出入口的实际压差有关。众所周知，一个阀门在管道系统中的实际压力差是非常复杂的，因而阀门的实际流量特性不能用简单函数进行表示。

(1) 理想流量特性

直线流量特性函数的斜率等于常数，与相对流量值无关，即

$$\mathrm{d}\frac{Q}{Q_{\max}}/\mathrm{d}\frac{L}{L_{\max}}=K \tag{2-7}$$

其中，K——阀门的放大系数，即特性曲线斜率。

等百分比流量特性的放大系数（即曲线斜率）与相对流量成正比，即

$$\mathrm{d}\frac{Q}{Q_{\max}}/\mathrm{d}\frac{L}{L_{\max}}=K\frac{Q}{Q_{\max}} \tag{2-8}$$

该函数表明，等百分比流量特性曲线随着相对流量的增加，其放大系数是变化的。

快开流量特性曲线位于直线流量特性之上。此外，还有抛物线流量特性，这种流量特性介于直线和等百分比特性之间。

从图 2-27 可以看出，以等百分比流量特性为界，下部所有流量特性的最大特点是，

在小开度时相对流量变化量小，而大开度时相对流量变化量大。这说明此类阀门在小开度时比较迟钝，而在大开度时具有较高的灵敏度，因而这类阀门适用于控制精度较高的场所，其控制方式是连续的。反之，上部所有流量特性的最大特点是，在小开度时相对流量变化量大，而大开度时相对流量变化量小。这说明此类阀门在小开度时具有较高的灵敏度，而在大开度时却比较迟钝，因而这类阀门多用于两位控制的场所，其控制方式基本上是离散的。

如果考虑阀门的渗漏率，即当阀门的相对开度为零时，其相对流量并不为零，则图2-27的纵坐标的起点并不在其原点。例如，如果纵坐标的起点为3.3%，则可知该阀门的最大流量与最小流量之比为30。阀门最大流量与最小流量之比称为“相对量程（range-ablility)”。相对量程反映了阀门的控制精度，其值越大，控制精度越高；反之，其值越小，控制精度就越低。

（2）实际的流量特性

在工程上，阀门安装在具有阻力的管道系统上，虽然实际的管道系统结构非常复杂，但从阀门的角度来看，所有管道系统（包括设备）均可以抽象为如图2-28所示的结构，即一个阻力（包括管道沿程阻力和局部阻力）部件和一个阀门串联。

在实际系统中，阀门前后的压差值不能保持不变。因此，即使在同一开度下，通过阀门的流量与理想特性时所对应的流量是不同的。在阀门前后压差随流量变化的条件下，阀门的相对流量与相对开度之间的关系称为阀门的实际流量特性，也称“工作流量特性”。

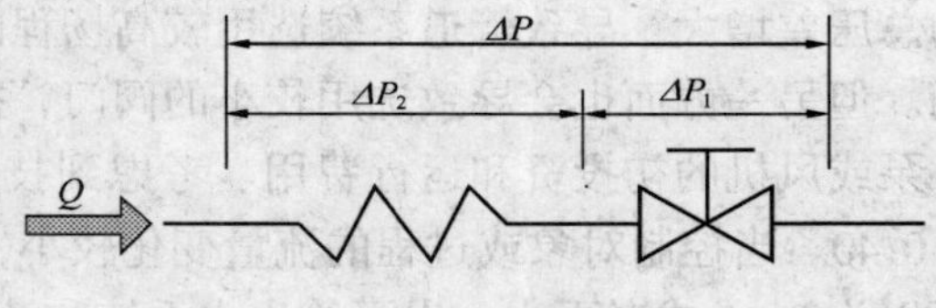

图2-28　管道系统的抽象结构

在图2-28中，ΔP_1为阀门压差，ΔP_2为串联管道及设备上的压差。令

$$S=\frac{\Delta P_{1m}}{\Delta P}=\frac{\Delta P_{1m}}{\Delta P_1+\Delta P_2} \tag{2-9}$$

式中　S——“阀权度”，又称“阀门能力”，表示阀门在管道系统总压力中的分配比例；

ΔP_{1m}——阀门全开时的压差；

ΔP——管道系统总压力。

管道系统的总压力ΔP由泵或风机提供，其值与泵或风机的性能曲线有关，并随管道系统的总流量Q变化而变化，因此，当阀门处于不同的开度或管道系统中其他部件的阻力发生变化时，管道系统的总压力ΔP和总流量Q就会发生变化的，这样分配到阀门的阻力也是不断变化的，即使阀门处于同一开度，其S值也可能是不同的。一般情况下，随着管道阻力的增大，S值递减。如以Q_{100}表示阀门全开时实际流量（$Q_{100}<Q_{max}$），则Q/Q_{100}称作以Q_{100}为参比的阀门的相对流量，其实际流量特性就是指流过阀门流体的相对流量与阀门的相对开度之间的关系，即

$$\frac{Q}{Q_{100}}=f\left(\frac{L}{L_{max}}\right) \tag{2-10}$$

当$S=1$时，即系统总压力全部分配在阀门上，并且保持不变，则阀门的实际流量特性为理想流量特性。当管道系统存在阻力，并且发生变化时，阀门的S值减少，阀门全

开的流量 Q_{100}也会递减，从而使某一相对开度下的相对流量 Q/Q_{100}随着 S 的减少而增大，使实际流量特性曲线发生畸变，成为一组向上拱起的曲线族。因此，随着 S 的减小，理想流量特性为直线特性的阀门，其实际流量特性趋向于快开特性，如图 2-29 所示；同理，理想流量特性为等百分比特性的阀门，其实际流量特性趋向于直线特性。

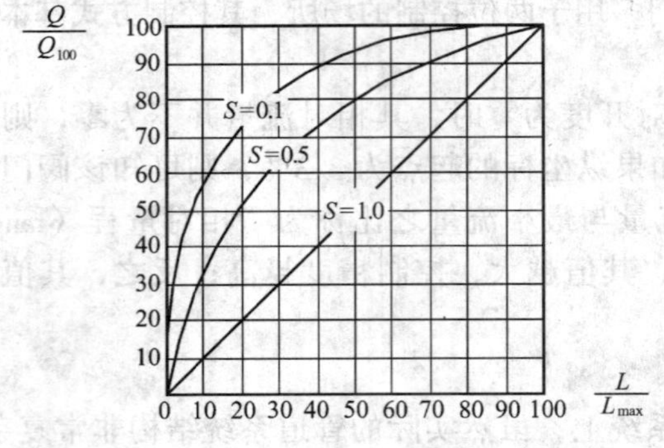

图 2-29　实际流量特性变化趋势图

为了使阀门获得较好的可控性，在计算和选择时，S 值应在合理的范围内。从理论可知，S 值越大，阀门的控制能力就越好；反之，S 值越小，阀门的控制能力就越差，其实际流量特性就趋向于两位阀。显然，$S=1$ 时，阀门具有最好的可控性，但这种情况不可能在实际中出现。$S=0$ 时，阀门就没有调节能力，这种情况在实际中也不可能出现。因此实际工程的 S 取值范围为 0～1.0。

如果 S 取值过大，一方面使管道系统的总压差增大，导致管道系统选用较高扬程的泵或风机，增加这些设备的初投资和运行费用。但另一方面也会导致选用较小的阀门，控制性能提高。如果阀门数量较多，也可以弥补泵或风机的初投资和运行费用。考虑到技术与经济的综合因素，实际 S 值可以为 0.15～0.40。当控制对象或过程的流量变化较小，或流量变化量相对于基准流量不大时，S 值可以为 0.15 或者更小。以下给出水系统和蒸汽系统的具体推荐值。

1）对于水系统，S 值推荐如下：

(a) 当管道系统总压差小于 120kPa 时，分配给阀门的压差可以为 30～40kPa（$S=0.25\sim0.33$）。

(b) 当管道系统总压差大于 120kPa 时，分配给阀门的压差可以为水泵扬程的 25%，但不得超过阀门的压力等级。

2）对于蒸汽系统，S 值推荐如下：

(a) 当凝结水采用重力方式回收或排放，且入口表压力小于 105kPa 时，阀门分配的压差为其入口表压力。

(b) 当凝结水采用真空方式回收时，若其真空度大于 20kPa，并且入口压力小于 15kPa 时，阀门的分配压差应为 15kPa。若入口压力大于 15kPa 时，则阀门的分配压差为入口表压力。

(c) 当入口压力大于 100kPa 时，阀门的分配压差为入口绝对压力的 50%，但不得超过其压力等级。

(d) 当要求阀门进、出口压力差较小时，阀门的分配压力：初始压力为 100kPa 时，可以为 35kPa；初始压力为 350kPa 时，可以为 50kPa；初始压力大于或等于 700kPa 时，可以为初始压力的 10%，但不得超过阀门的压力等级。

2.5.3　选择与计算

电动执行装置的选择与计算包括电动执行器和阀门两部分的选择与计算。如果电动执行器与阀门在出厂时为一个整体，则其选择与计算内容通常以阀门为主，以校验电动执行器为辅。如果电动执行器与阀门在出厂时不为一个整体，则必须分别进行选择与计算。特别是大口径阀门，其电动执行器必须仔细选择和计算。

（1）阀门选择与计算

正确选择与计算必须包含以下步骤：

1）确定液体介质　在建筑设备自动化系统中，液体介质一般有水、蒸汽、水溶液（如用于冰蓄冷系统的乙二醇水溶液）、空气及煤气等。不同的介质由于其密度（gravity）和黏度（viscosity）不同，对调节阀流通系统的影响是不同的。因此在选择阀门时首先必须确定调节的液体介质。

2）确定阀门流量特性　在自控系统中，如果各控制环节的动态特性均为线性或近似线性，则该自控系统就具备良好的可控性。在建筑设备系统中，以水或水溶液为介质的换热器，其换热量基本上与水流量的平方根成正比，如图 2-30（*a*）所示。当要求执行环节为线性环节时，就要求阀门的相对开度（或位移量）与换热器的换热量成正比或近似线性关系，如图 2-30（*c*）所示。从图 2-29 可以定性地看出，在几种典型的流量特性中，只有等百分比流量特性的阀门具有将执行环节线性化的潜力，如图 2-30（*b*）所示。因此，以水或水溶液为介质的执行环节应尽量选择等百分比流量特性的阀门，并选取较大的阀权度 S 值。在实际工程中，通常分配给阀门的压差与被控制对象的压力差相等（即 $S \approx 0.5$），也可以按经验分配给阀门的压差为 30kPa ~ 50kPa。

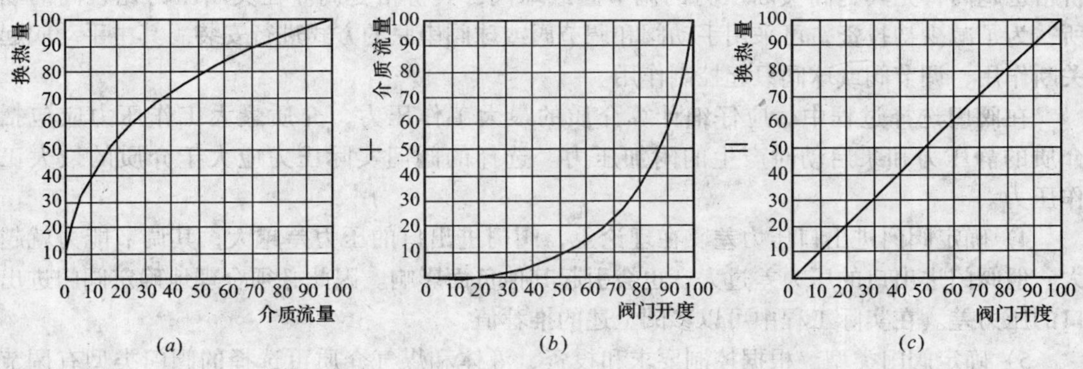

图 2-30　执行环节线性化示意图

在以蒸汽为介质的换热器中，其换热量基本上与蒸汽流量成正比（忽略蒸汽冷凝水显热影响），因而以蒸汽为介质的执行环节应尽量选择线性流量特性的阀门。《采暖通风与空气调节设计规范》（GB 50019—2003）第 8.2.6 条对蒸汽两通阀有更明确规定：“蒸汽两通阀，当两通蒸汽压力损失比大于或等于 60%（即 $S < 0.6$）时，宜选用线性流量特性的；当压力损失比小于 60%（即 $S > 0.6$）时，宜选用等百分比特性的”。这是因为，当 S 值较大时，理想流量特性为线性的阀门，其实际流量特性仍具有较好的线性特性。而当 S 值较小，理想流量特性为等百分比特性的阀门，其实际流量特性曲线将会上移，并近似为线性流量特性。

总之，阀门的选择原则是使控制系统的执行环节尽量线性化（linearize），但实际上由于各种因素的影响，很难用分析法进行精确求解，因而多数是根据理论分析和经验相结合的方法进行确定的，并得出如下经验，以供参考。

(a) 用于风机盘管的两通阀，由于其控制精度不高，宜选择电磁阀。

(b) 用于空气处理机组、空气换热器和水-水换热器的两通阀，应采用等百分比特性的阀门；若采用三通阀时，则应尽可能采用直流支路为等百分比特性、旁流支路为直线特性的非对称型阀门，并且上述设备应接在直流支路上。

(c) 用于控制蒸汽加热器的阀门，应采用等百分比特性或直线特性的阀门。用于蒸汽加湿器时，若要求不高，可采用电磁阀；要求较高时，宜采用直线特性的阀门。

(d) 用于空调冷冻水系统压差控制的压差旁通阀，若旁通支路无其他局部阻力部件（除压差旁通阀两侧的阀门外），宜采用直线特性的阀门；若旁通支路其他局部阻力相对较大，并且旁通支路管径较大时，宜采用等百分比特性或抛物线特性的阀门。需要注意的是：压差旁通阀两侧的阀门只在压差旁通阀检修时起关断作用，在正常情况下均处于全开状态，其局部阻力较小。

3) 确定阀门压力等级　阀门的压力等级分标称压力、关断（close-off）压力和实际压力。标称压力与阀门的结构和材质有关。ANSI（美国国家标准局）将阀门的标称压力分为125psi（1psi≈6895Pa）和150psi两个等级。实际压力则与实际使用条件有关，在阀门标称压力一定时，实际压力主要取决于介质的温度，介质温度越高，实际压力就越低。关断压力不仅与介质温度有关，而且与阀门的最小渗漏量有关。显然，关断压力越高的阀门，其价格也越高，尤其是高关断压力的调节阀或球阀，其价格更高。在关断压力比较高的场所，为了减少初投资，可采用手动阀和调节阀或球阀串联的方式进行安装。其中手动阀起关断作用，调节阀或球阀只起控制作用。

在阀门选择过程中，应仔细计算介质的最大工作压力，介质最大工作压力应包括介质的静压力和泵启动时产生的附加压力。选择的阀门实际压力应大于介质的最大工作压力。

4) 确定阀门进出口压力差　在理论上，阀门进出口的压力差越大，其调节能力就越大。但阀门进出口的压力差过大，也会引起其他负面影响。因此必须合理地确定阀门进出口的压力差。在实际工程中可以参阅上述的推荐值。

5) 确定阀门类型　根据控制要求和投资，液体和煤气介质可选择的阀门类型有调节阀、球阀和蝶阀三种，空气介质可选择的阀门类型一般只有多叶调节阀。当存在多种选择时，应充分进行技术和经济比较，综合考虑初投资、控制性能以及安装与维护因素，达到合理选用。

蝶阀具有典型的快开流量特性，一般用于两位控制场所，不宜用于连续控制场所。但在控制精度不高时，也可以根据具体情况用于连续控制场所。

球阀最初与蝶阀一样，主要用于不经常操作的人工控制场所，并不用于连续控制的场所。前者主要用于小口径管道之中，而后者则主要用于大口径管道之中。由于球阀的球形阀芯有较大的圆柱形通孔，在相同口径下允许流通的流量较调节阀大，且压降小，因而在相同管道和流量条件下，球阀口径比调节阀小。一般情况下，球阀口径比管道小二至三号，而调节阀口径通常只比管道小一至二号。另外，球阀的电动执行器与电动多叶调节阀一样，通过角位移改变阀门的开启度，因而在两位控制中球阀具有较好的经济性能。在控制精度较高的连续控制场所中，经过特别设计和加工的球阀已具有与调节阀相同的流量特性，并且两者的电动执行器在性能和价格上也基本相同，因此球阀已在连续控制领域中得到了较为广泛的应用。在实际工程中，应根据两者如下具体特征进行选择。

(a) 调节阀具体特征：

关断（Close-off）压力较低，一般不超过350kPa（建筑设备系统的压力一般在此范围内)，其中，关断压力指阀门完全关闭后两端的压力差；

工作时压降较大；

控制精度较好，且技术成熟；

小开度时具有较好的可控性；

可用于蒸汽、水和各种水溶液。

(b) 球阀具体特征：

关断压力大，可以是调节阀的2倍（即700kPa)；

流通能力大，压降较小；

密封性能好，渗漏量极小或无渗漏；

一般不能用于蒸汽介质。

综合来看，调节阀在小流量、高压差和精确控制场所的应用具有优势，而球阀的优势则表现在大流量、低压差场所和要求关断压力较高的场所。

在阀门口径选择上，蝶阀和多叶调节阀的口径或尺寸大小选择无需计算，一般按连接管道的管径进行选择。而调节阀和球阀则需按应用场所的具体条件进行计算来选取。按照经验，实际选择的调节阀或球阀的口径一般比其连接管道的管径要小一或二号。

6) 计算流通系数 C_V，确定口径　在理论上，任何阀门均是流体管道系统的局部阻力部件，当流体经过阀门时均会发生压力和流速的变化。根据流体力学的基本原理，通过阀门的体积流量可用下式表示：

$$Q = C_V \sqrt{\Delta P / \rho} \tag{2-11}$$

式中　Q——通过阀门的流量；

C_V——阀门的流通系数；

ΔP——阀门前后的压力差；

ρ——液体密度。

上式将经过阀门的流量简化为只有流通系数 C_V 和压力差 ΔP 的函数，其中，流通系数 C_V 是一个非常抽象的参数，表示阀门在特定流体和规定进、出口压差条件下的流通能力，其数量定义通常为“阀门全开，作用于阀门两端的压力差为 10^5Pa，液体（水）密度为1000kg/m^3 时，单位时间内流过阀门的体积流量”。由于流通系数 C_V 的定义与阀门结构参数无关，并且是在相同条件下得出的，因而该参数可以用于阀门性能的评价。从其定义可以看出，该参数综合了阀门所有结构参数对流量的影响，并将所有结构参数的作用综合为“口径”的影响。这样就可以将流通系数 C_V 与阀门口径对应起来。显然，不同厂家的阀门由于其结构差异，同一“标称口径（nominal size)”的阀门，其流通系数 C_V 是有可能不同的。表2-8是某厂家调节阀的标称口径与流通系数 C_V 对应表。

某厂家调节阀标称口径与流通系数 C_V 表 表 2-8

标称口径（mm）	20	25	32	40	50	65	80	125	150
流通系数 C_V	4.0	10	16	21	30	53	95	190	260

正是由于流通系数 C_V 屏蔽了阀门的具体结构参数，该参数才成为阀门的通用参数，是选择阀门的重要参数，从而将阀门的选择计算（或设计计算）简化为如下两个主要过程。

（a）确定阀门全开时在管道系统中分配的压力差 ΔP。

（b）根据调节过程中的最大流量 Q，即阀门全开时的流量，计算流通系数 C_V。然后根据计算的流通系数 C_V 选择阀门的大小（调节阀的实际流通系数应大于计算值）。

在实际计算过程中，由于不同流体具有不同的密度和黏度系数，因而不同的液体应采用不同的公式进行计算。下面是常用流通系数 C_V 的计算公式。

（a）水（平均密度 $\rho = 1000\text{kg/m}^3$）：

$$C_V = 316Q/\sqrt{\Delta P} \tag{2-12}$$

式中 Q——通过阀门的流量，m^3/h；

ΔP——阀门前后的压力差，Pa；

（b）乙二醇水溶液（平均温度为0℃）：

$$C_V = \xi \cdot C_{VW}$$

式中 ξ——修正系数，见表 2-9；

C_{VW}——相同温度条件下流体为水的流通系数 C_V。

C_V 修正系数表 表 2-9

乙二醇质量浓度（%）	10	20	30	40	50
修正系数 ξ	1.04	1.06	1.10	1.14	1.19

（c）蒸汽 蒸汽阀门的流通系数计算方法有阀前密度法、阀后密度法、平均密度法和压缩系数法。其中，以阀后密度法较为准确。以下只介绍阀后密度法。

当 $P_2/P_1 = \beta_k$ 时，称为临界状态，流通系数 C_V 按下式计算。

$$C_V = 10Q/\sqrt{\rho\ (P_1 + P_2)} \tag{2-13}$$

式中 Q——通过阀门的流量，m^3/h；

P_1——阀前蒸汽绝对压力，Pa；

P_2——阀后蒸汽绝对压力，Pa；

β_k——临界压缩比，蒸汽的临界压缩比为 0.577，可近似取 0.5；

ρ——阀后蒸汽密度，kg/m^3，根据阀后压力和温度（可以近似等于阀前温度），查饱和蒸汽及过热蒸汽密度表。

当 $P_2/P_1 > \beta_k$ 时，称为超临界状态。此时，不管阀后背压力为多少，阀出口绝对压力 P_2 和阀后密度 ρ 均保持不变，并且 $P_2 =$ （1/2） P_1。故流通系数 C_V 可按下式计算：

$$C_V = 14.14Q/\sqrt{\rho P_1} \tag{2-14}$$

式中 Q——通过阀门的流量，m^3/h；

P_1——阀前蒸汽绝对压力，Pa；

ρ——阀后蒸汽密度，kg/m^3，根据阀后绝对压力 $P_2=(1/2)P_1$ 和温度，查蒸汽密度表。

7）其他　在实际过程中，还有许多需要考虑的方面，例如，阀门连接方式、安装位置等。在安装位置较为狭小的空间且管道较为复杂的系统中，通常应选用电动执行器与阀门可以分离的执行机构。这样一方面可以避免其他管道安装时有可能对电动执行器损坏，另一方面也可以避免因电动执行器故障对管道系统的拆装和重新安装。

(2) 电动执行器选择

通常情况下，电动执行机构的执行器和阀门是一个整体。当执行器与阀门不是一个整体时，或特殊情况需要重新选择执行器时，应考虑如下因素：

控制信号类型：4~20mA，0~10VDC，1~5VDC 等等；

工作方式：直线位移或角位移；

大小和电功率；

最大扭矩或推力；

故障时状态（如，断电时阀门自动处于开启、关闭或保持状态）；

复位方式。

【例】　某一空气处理机组（AHU）的送风量为 11130m^3/h，冷冻水流量为 $Q=17.028$m^3/h，冷冻水管为 DN80，水侧压力损失 $\Delta P=52$kPa，试选择连续调节的调节阀。

【解】　该空气处理机组为空调系统的一个处理单元，其冷冻水系统为空调冷冻水系统的一个支路。在不知空调冷冻水系统总压力的情况下，调节阀的压差分配可以与该支路上被控制对象的压力损失相同，即取调节阀的 $S=0.5$，或根据经验值（30~50kPa）进行确定。在本例中，调节阀的压力差值设计为 $\Delta P=50$kPa，则根据式（2-12）可以计算该调节阀的流通系数 $C_V=24.06$。若取安全系数为 1.15，则流量系数 C_V 为 27.67。

如果选用表 2-8 中的产品，则可以选择口径为 DN50、流量特性为等百分比的电动调节阀（该调节阀的实际流通系数 $C_V=30.0$）。调节阀（DN50）比其连接管道（DN80）小二号。

总之，电动执行机构的选择不仅必须在满足控制性能的基础上考虑其初投资，而且还要考虑其长期运行维护等方面的投资。与运行维护有关的内容包括压力损失与节能、渗漏与维修、损坏与更换以及测试与保养等，这些因素均与电动执行机构的选择与计算过程有关，因此，在实际工程项目中应予以高度重视。

2.6　小　　结

计算机自动控制系统是计算机技术与自动控制技术相结合的产物，是现代控制领域的基本控制系统。建筑设备自动化系统是以计算机自动控制系统为基础的自控系统，因而计算机自动控制技术是建筑设备自动化的基础技术。

建筑设备自动化系统是计算机自动控制技术在智能建筑领域的具体应用，其分析与设计方法均属于自动控制原理的内容。这些内容是所有自动控制领域共有的基础内容，不在本书范围之内，因而本书只是根据建筑设备自动化系统的重点和特点，介绍和分析了建筑设备自动化系统的基本组成以及各组成部分的基本功能和特点，其中重点介绍了常用的检测装置和执行机构以及常用检测装置的选择原则和执行机构选择与计算的基本方法。

检测装置是计算机自动控制系统中的反馈环节，执行机构是直接作用于受控对象或过程的控制环节，分别是基于 CPU 控制器的 I/O 部分。对智能建筑中常用检测装置和执行机构的介绍和分析是正确选用控制设备和器件并正确设计建筑设备自动化系统的基础。

除了本书介绍的主要检测装置和执行机构外，随着科学技术的发展，建筑设备自动化系统的检测技术已具有小型化、智能化和综合测量的发展趋势，已出现了许多基于微处理器和通信网络的智能化综合参数传感器。这类传感器本身就是一个“自主”设备或节点，如人体舒适度传感器（comfort sensor）。还有一些先进的技术与设备或器件不断在建筑设备自动化系统中得到应用和发展。如智能卡技术与设备、射频识别技术与设备等。这些先进技术与设备也是深入学习和高级应用时必须掌握的知识。

思 考 题

1. 简述计算机自动控制的基本结构及其特点。
2. 简述计算机技术在自动控制领域的发展过程及其在建筑设备自动化领域的主要应用方式。
3. 简述建筑设备自动化系统常用检测装置的分类及其基本作用。
4. 简述常用检测装置在建筑设备自动化系统的选用原则及其精度要求。
5. 简述建筑设备自动化系统常用执行装置的分类及其基本作用。
6. 简述电动调节阀的流量特性及其工程选用原则和计算方法。

第3章　建筑设备监控系统

建筑设备自动化系统是智能建筑的三大系统之一，从功能上看，它是利用现代计算机技术、现代网络通信技术和现代控制技术，对建筑物或建筑群的电力、照明、空调、给排水、消防、保安、车库管理等设备或系统进行集中监视、控制和管理而构成的综合系统；从系统结构上看，它是通过建筑设备自控网络将众多分布在智能建筑中具有网络通信功能的建筑设备监控系统互连而形成具有数据共享和互操作功能的DCS系统。

建筑设备监控系统是利用计算机自控技术和自控网络通信技术，通过现场检测装置和执行机构对某个建筑设备的运行状态和参数进行检测、监视、控制和管理的DDC系统。建筑设备自动化系统则是通过系统集成，利用系统管理软件管理和协调各个建筑设备监控子系统的运行，不仅向人们提供一个“安全、高效、舒适和便利”的建筑环境，而且还可以优化建筑设备的维护管理，减少运行费用，延长建筑设备的使用寿命。例如，当发生火灾时，建筑设备自动化系统的系统软件通过协调建筑环境设备自动化系统、电梯自动化系统等建筑设备监控子系统的运行，并利用消防自动化系统进行人员撤离和灭火，从而保证人身安全和最大限度地降低损失。

从建筑设备自动化系统的基本定义和功能可知，建筑设备自动化系统是面向建筑设备自动化具体应用的DCS系统，即通过建筑设备自控网络将众多具有自控网络通信功能的建筑设备监控系统互连而形成具有数据共享和互操作功能的DCS系统，而建筑设备监控系统是计算机自控技术面向建筑设备自动控制具体应用的DDC系统，并且是具有建筑设备自控网络通信功能的DDC系统，是建筑设备自动化DCS系统中的“细胞”单元。因而具体分析和讨论建筑设备自动化系统中各监控系统的组成和功能是全面认识和掌握建筑设备自动化系统的基础。

根据建筑功能，一般建筑可以分为公共建筑和民用建筑两类，相应地，智能化的公共建筑通常称为“智能建筑”，智能化的民用建筑及其小区则称为“智能住宅及小区”。由于智能建筑和智能住宅及小区的使用功能和要求不同，建筑设备自动化系统在两者中的侧重点和组成也有所不同。智能建筑的建筑设备自动化系统通常以建筑设备自动化系统、火灾自动报警系统和火灾报警与消防自动化管理系统为重点内容，本章主要对这些内容进行分析和讨论。智能住宅及小区的建筑设备自动化系统则以安全防范管理系统为主要内容，兼备部分建筑设备自动化系统和火灾报警系统，这些内容将在“第4章智能小区自动化系统”进行分析和讨论。根据目前工程设计专业的分工，智能建筑的建筑设备自动化系统可以由下述几类建筑设备监控系统所组成。

3.1　建筑环境设备监控系统

建筑环境设备是指安装在建筑不同位置用于维持建筑内部空气温度（t）、湿度（φ）、压力（p）、气流速度（v）及洁净度的机电设备和系统。这些机电设备可以分为空调设备和通风设备两大类。其中空调设备包括空调冷源设备机组、空调热源设备、空气处理设备机组和新风处理设备机组等。所有建筑环境设备及系统是由建筑环境与设备专业根据土建（建筑和结构）专业条件、业主要求及相关设计规范进行详细计算而选用的，并利用管道（水管和风管）相互连接而形成一个容量相互匹配、运行相互协调的综合系统。

建筑环境设备控制系统就是对建筑环境设备及系统进行控制和管理的自动化系统，其作用是保证相互匹配的建筑环境设备在不同条件下协调运行，以实现建筑环境设备的优化运行和维持良好的室内空气质量。由于建筑环境设备及组成系统多种多样，因而建筑环境设备控制系统也有较大的差别。以下只对典型的建筑环境设备系统及其监控系统进行介绍和分析。从这些典型系统的介绍和分析中，我们可以总结出建筑环境设备监控系统的基本构成单元和常用方法，以便在实际工程项目中根据具体情况进行增加或删减。同时，在此基础上读者也可以对没有介绍和分析的其他建筑环境设备监控系统自行学习和总结，如一、二次回风空调系统监控系统、变风量（VAV）监控系统、冰蓄冷制冷机组监控系统、溴化锂吸收式冷热水机组监控系统以及热泵机组监控系统等。

3.1.1 新风处理机组监控系统

为了节能和降低运行费用，空调系统的空气系统基本上是一个封闭的循环系统，只是为了满足人体的生理和卫生或维持室内正压的要求，适当增加一定数量的室外新鲜空气。在“新风 + 风机盘管”的空调系统中，新风量一般按室内人数定额进行确定，并由单独的新风处理机组进行处理。新风量虽然较小，但处理这部分直流新风的能耗是相当大的。另外，新风处理机组的可靠运行也是保证室内空气品质和提高人员工作效率的有限措施之一。因此建筑设备自动化系统必须对新风处理机组进行监控。图 3-1 是功能非常齐全的新风处理机组监控系统原理图。

新风处理机组主要由一个表面加热换热器、一个加湿器、一个表面冷却换热器和一个送风机组成。当电动多叶调节阀开启时，室外新风经过滤器过滤后，由表面换热器和加温

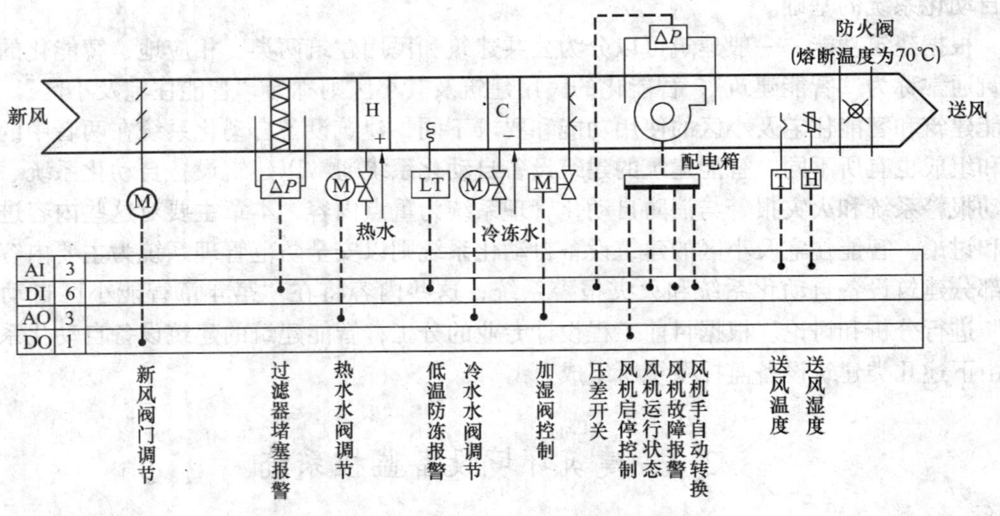

图 3-1 新风处理机组监控系统原理图

器进行热、湿处理后，由恒速送风机经过风管送至各房间。在冬季，表面加热换热器利用热水对空气进行加热，加湿器对空气进行加湿，停用表面冷却换热器。在夏季，表面冷却换热器利用冷冻水对空气进行降温和除湿，停用表面加热换热器和加湿器。

根据上述处理过程和要求，新风处理机组监控系统的功能可以归纳如下。

（1）监测新风机组的风机运行状态、风机气流状态、风机过载报警和手动/自动状态。风机的运行状态利用风机配电箱交流接触器辅助触点的状态信号和风机两侧的压差信号进行综合监测，也可以由上述两个信号分别单独进行监测。风机两侧的压差信号也用于监测风机的气流状态，当风机运行时，如果压差信号小于设定值，则产生报警信号，以提示风机出现故障，如风机皮带断裂。风机过载和手动/自动切换的监测分别由配电箱中相应的辅助触点信号来实现。

（2）监测新风机组的送风温度和湿度，并根据温度和湿度设定值调节表面换热器电动调节阀和加湿器电动调节阀（只用于冬季运行）的开启度，对送风参数进行控制。为了较为准确地监测送风参数，温度测量装置的测量精度在其工作范围内应小于±0.5℃，相对湿度测量装置的测量精度应不小于±5%～±10%。空气温度和湿度测量也可以采用一体化的温湿度测量装置同时进行测量。加湿器通过向空气中喷水或水蒸气的方式进行加湿。民用建筑一般采用喷水蒸气的方式进行加湿，而喷水方式只在某些工业空调系统中采用，如纺织车间空调系统。

（3）过滤器压差报警，请求清洗或更换维护。过滤器两侧安装的可调压差开关用于检测过滤器的空气阻力。过滤器粘附的灰尘越多，过滤器阻力越大，当过滤器两侧的压降达到微压开关设定值时，压（差）开关产生报警信号，以进行维护提示。安装压差开关时，应尽可能将测压孔放在设备的中心轴线位置，以消除边界涡流的影响，提高准确度。

（4）防冻报警。在冬季严寒的地区，当机组停止运行时，表面加热器会逐渐冷却，当温度降至某一设定值（通常为4℃）时，产生报警信号。为了防止冻裂，当检测到室外温度低于这个设定值时，表面加热器的电动调节阀在控制器的控制下处于微开启状态，使换热器内部的水介质处于流动状态而不结冰。低温防冻功能除采用图3-1所示的专用温度检测开关进行检测外，还可以利用室外温度测量装置进行检测。室外温度、湿度的测量可根据实际情况安装在新风管道的进口处或避免阳光直射的墙面上。

（5）按程序启/停设备，实现风机与电动调节阀、电动多叶调节阀的连锁。除严寒的冬季外，当风机停止时，电动调节阀和电动多叶调节阀随后完全关闭；当开启风机时，必须先开启电动调节阀和电动多叶调节阀，再启动风机。值得注意的是，当新风处理机组不要求新风流量控制功能时，电动多叶调节阀一般选用开关量电动多叶调节阀，接收信号为数字输出信号（DO），这说明图3-1所示的新风处理机组不具备调节新风量的功能。反之，如果要使新风处理机组具备新风调节功能，新风阀则必须选用开启度连续可调的电动多叶调节阀，接收信号为模拟输出信号（AO），并且新风流量控制方式一般是，根据室内或回风管上设置CO_2浓度测量装置的测量值调整电动多叶调节阀的开启度，从而改变新风量。图3-1没有表示CO_2浓度测量输入信号（AI），这说明在选择DDC时，应考虑DDC的I/O点数富裕量（富裕量通常为10%），以备将来扩充功能。

（6）冬/夏季运行模式自动转换，及时间表程序控制。其中，时间表程序控制是指机组的运行按预先设定的工作及节假日作息时间表定时启动/停止设备。另外，时间表可以在一定权限下更改，或被权限更高的事件所取代。如发生火灾事件时可以终止或改变时间表预定的正常操作，以满足消防的要求。

（7）火灾报警。按我国《采暖通风与空气调节设计规范》（GB 50019—2003），新风系统的送风管上必须设置防火阀，其熔断温度为70℃。当新风防火阀熔断时，其DDC控制系统必须关停新风送风机，并向火灾监控中心进行报警。但由于火灾报警系统通常为单独的监控系统，故在建筑设备监控系统中一般不设置该火灾报警功能，对新风系统防火阀的监控通常由单独的火灾报警系统进行监控。鉴于这种原因，本节中以下所有系统均不再设置对防火阀的监测功能。当然，在建筑设备自控系统中对其送风管上所有防火阀进行监控也是提高火灾消防安全的一种非常有利的措施和手段。

（8）与火灾消防系统的联动。当发生火灾时，新风处理机组必须在火灾消防系统的要求下自动关停送风机和关闭电动多叶调节阀等。

（9）可在显示终端上实时显示运行状态数据和动态曲线，并可在一定权限下进行更改。

（10）累计送风机的运行时间，必要时自动输出维修和保养报告。

（11）存储、检索和处理历史数据，为系统优化和物业管理等提供支持。

从上面的内容可以总结出如下控制基本单元或控制方式：1）对恒速风机的监测和控制是通过配电箱的各种辅助触点和安装在风机两侧的压差开关进行的，常用信号有5个：启/停控制信号（DO）、运行状态信号（DI）、过载报警信号（DI）、手动/自动切换信号（DO）、故障报警信号（DI）。这种控制方式也适应于恒速水泵的监控。2）对空气温度的控制是通过调节表面换热器的电动调节阀开启度，以控制流经表面换热器热媒（冷水或热水）流量的方式来进行的，所用信号有两个：温度测量信号（AI）和电动调节阀开启度控制信号（AO）。这种温度控制方式在夏季具有对空气湿度进行调节的能力，因而夏季运行时一般不启用加湿器。3）对冬季空气湿度的控制主要是通过调节加湿器的电动调节阀开启度进行的，所用信号有两个：湿度测量信号（AI）和电动调节阀开启度控制信号（AO）。如果对湿度控制精度要求不高，可以采用电磁阀替代加湿器上的电动调节阀，控制信号相应地由AO改变为DO。4）对过滤器的监测是通过安装在过滤器两侧的微压开关进行的，所用信号只有1个：压差报警信号（DI）。上述四个控制基本单元或控制方式在建筑设备自动化系统中非常通用，应深入掌握和灵活运用。

图3-1所示的控制功能是非常全面的，但实际并不要求所有新风处理机组监控系统均必须全部实现上述控制功能，而是根据实际情况合理地实现其中部分功能。在我国，绝大部分实际应用的新风处理机组只是图3-1中的一部分，一般只有一个表面换热器，通过冷冻水（温度为7/12℃）或热水（温度不大于65℃）切换实现冬季或夏季的运行切换，加温器也只有在冬季寒冷干燥的北方地区才设置，在南方地区，新风处理机组一般不设置加湿器。因此，在实际工程中，应根据实际新风处理机组的处理过程和设备配置情况对图3-1所示的监控系统进行取舍和调整，以满足实际工程的需求。

3.1.2 空气处理机组监控系统

在空调系统中，全空气空调系统是大空间空调的主要形式。在这种空调系统中，新风与一次回风先进行混合，再经表面换热器和喷湿器等处理到设定的参数后，由送风机送至空调空间。其中，新风量一般按总送风量的10%～20%进行计算，不单独设置新风处理机组。

由于引入新风，这种空调系统必须排出与新风等量的回风。在民用空调系统中，由于对空调空间的压力控制精度没有严格要求，通常不单独设置排风管道和回风风机，而是通过门窗及缝隙无组织地进行排风，因而民用空调系统通常是只有一个送风机的单风机空调系统。在工业空调系统中，由于回风系统阻力较大，以及对空调空间压力控制有要求，如洁净空调系统，全空气空调系统通常设置单独的排风管道和回风风机，形成双风机空调系统。双风机空气处理机组监控系统原理图如图 3-2 所示。

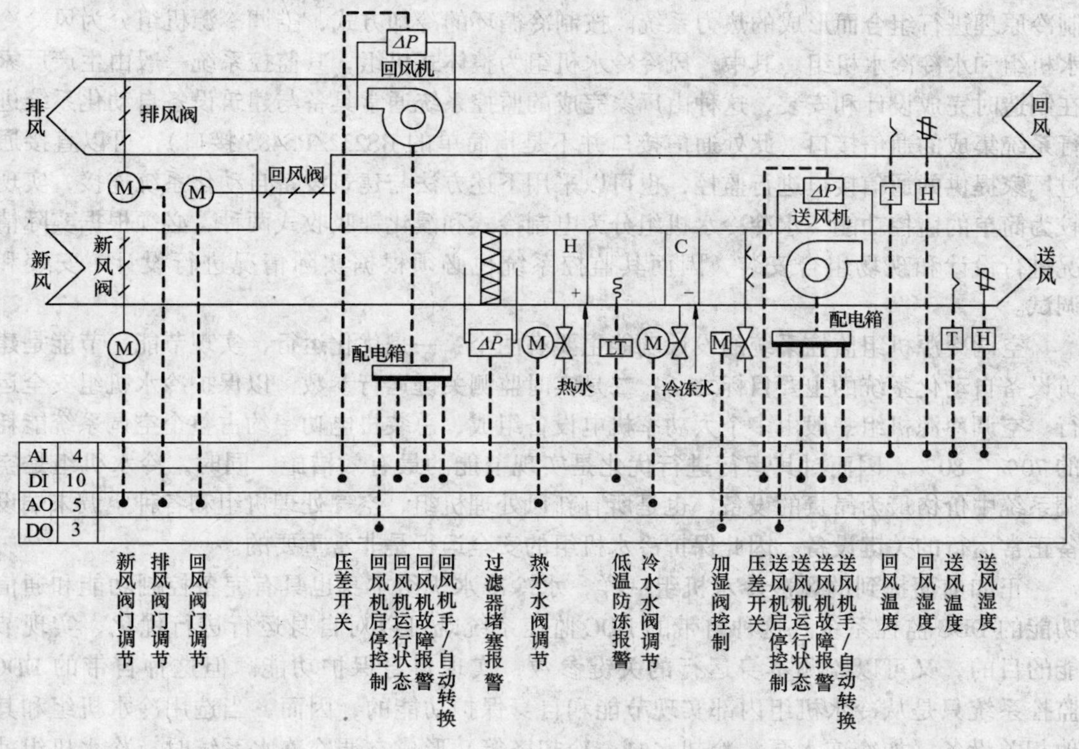

图 3-2 双风机空气处理机组监控系统原理图

与新风处理机组监控系统相比，空气处理机组监控系统在构成上增加了回风温度和湿度测量、回风风机监控以及混合电动多叶调节阀和排风电动多叶调节阀的控制，并且所有电动多叶调节阀的信号均为模拟输出信号（AO）。在控制功能上，两者实现的控制功能在需求分析上是一样的。为了实现对新风量和压力的有效控制，新风电动多叶调节阀、混合电动多叶调节阀和排风电动多叶调节阀必须在控制软件的控制下协调动作。因而全空气处理机组监控系统在硬件和软件实现上要复杂些。

在一般民用全空气空调系统中，由于采用无组织排风方式，取消了图 3-2 中的回风机和排风多叶调节阀，故民用全空气空调系统的监控系统一般没有与回风机和排风阀相关的控制设置。另外，在净化空调系统中，还经常采用一、二次回风空调系统。这种空调系统在图 3-2 所示系统表冷器后增加二次回风和相应的二次回风多叶调节阀，其控制方式与图

3-2 所示的（一次）回风多叶调节阀是基本相同的，但一、二次回风空调系统的控制策略或算法比图 3-2 所示的一次回风空调系统复杂。

在控制原理和方式上，空气处理机组监控系统完全采用了新风处理机组监控系统中的基本控制单元和方法。由此可见，只要掌握了常用的空气处理基本控制单元和方法，就可以自行对其他空调系统进行分析和设计。因此本书不再介绍其他形式的空气处理机组监控系统。

3.1.3 空调冷源机组监控系统

空调冷源机组是制备空调冷冻水（7/12℃）的制冷设备机组，它是由多个机电设备按制冷原理进行组合而形成的热力系统。按制冷循环的冷却方式，空调冷源机组分为风冷冷水机组和水冷冷水机组。其中，风冷冷水机组为整体式机组，其监控系统一般由生产厂家在制造时完成设计和安装，这种由厂家完成的监控系统通常具备与建筑设备自动化系统进行系统集成的通信接口（此处通信接口并不是指简单的 RS232/RS485 接口），可以直接通过厂家提供的通信接口进行监控，也可以采用下述方法与建筑设备自动化系统连接，实现较为简单的监控功能。水冷冷水机组分为电制冷式和溴化锂吸收式两种，必须根据实际情况进行设计和现场组合安装，因而其监控系统也必须根据实际情况进行设计、安装和调试。

空调冷源机组监控系统的设计功能主要有两个：一是优化运行，实现节能，节能是建筑设备自动化系统的主要目标之一；二是实时监测关键运行参数，以保护冷水机组安全运行。空调冷源机组一般由多个大功率机电设备组成，总装机电功率约占整个空调系统能耗的 70%～80%，因而对其运行进行优化是实现节能的最有效措施。同时，冷水机组是空调系统中价格最为昂贵的设备，也是所有新风处理机组、空气处理机组和各种空调未端设备正常运行的关键设备。因此保护冷水机组的安全运行是非常重要的。

正如前面提到的风冷冷水机组一样，水冷冷水机组本身也具有完备控制功能和通信功能的 DDC 监控系统。这种自带的 DDC 监控系统既可以对自身运行进行优化，实现节能的目的，又可以监测本身运行的关键参数，实现自身保护功能。但这种自带的 DDC 监控系统只是从冷水机组内部实现节能和自身保护功能的，因而，当选用冷水机组和其他相关设备（如冷冻水泵、冷却水泵、冷却塔等）形成空调冷冻水系统时，冷水机组就成为空调冰冻水系统的一个设备单元，就必须设计一套冷冻水监控系统从冷水机组外部对整个空调冷水系统实现节能和保护的功能。图 3-3 是大多数实际工程所采用的监控原理图。

在节能方面，监控系统可以根据空调冷负荷的大小控制冷水机组的运行台数，当冷负荷变化到不足以停止单台冷水机组时，则由冷水机组自带 DDC 监控系统进行调节，使单台冷水机组在部分负荷下运行。显然，冷冻水系统 DDC 的控制功能是“大粒度”的控制，相当于监控管理级控制，而冷水机组自带 DDC 的控制功能是“小粒度”的控制，相当于现场级控制。在运行安全保护方面，监控系统通过监测冷水机组外部的冷冻水和冷却水流量实现保护功能，当监测到冷冻水或冷却水流量低于某个设定值时，就从配电箱切断电源，以保护冷水机组的安全。而冷水机组自带 DDC 监控系统除从内部监测冷冻水和冷却水的流量和温度外，还可以从内部监测压缩电动机的运动参数、压缩机吸气和排气的压力

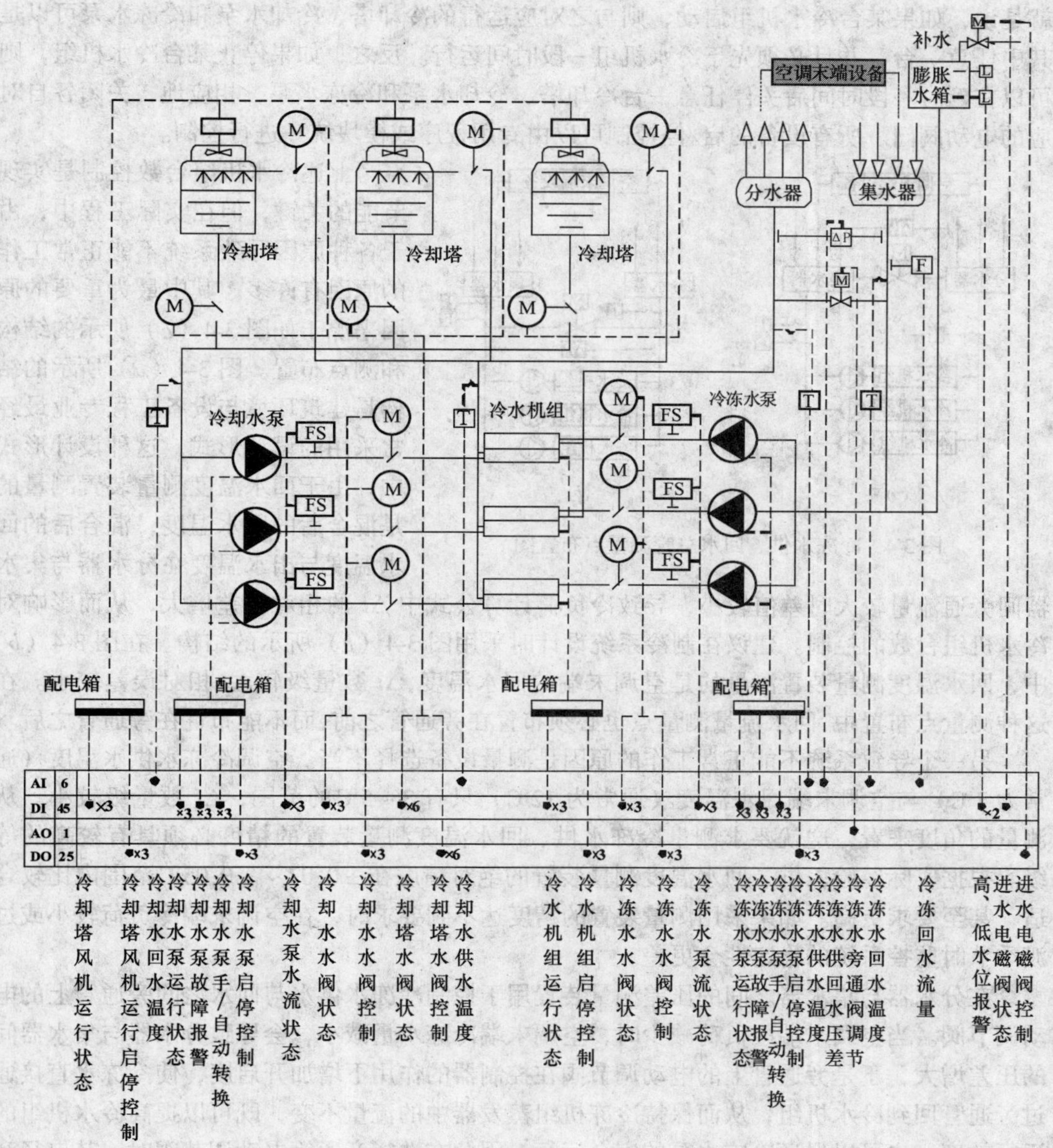

图 3-3　冷冻水监控系统原理图

和温度以及润滑油压力和温度等参数，以实现更强大的保护功能。很显然，前者从外部实现保护功能，后者从内部实现保护功能，并且保护功能强大，从而实现对冷水机组的双重保护。

在图 3-3 所示的监控系统中，通过测量冷冻水供、回水总管的温差（Δt）和冷冻水回水流量（G）计算出实际需要的冷负荷（$Q = C_p \cdot G \cdot \Delta t$），然后根据实际冷负荷（$Q$）对冷水机组和相应的冷却塔的运行台数进行控制。在空调冷源系统工程中，冷水机组、冷却塔、冷却水泵及冷冻水泵的台数通常是一一对应的，而且通过连接管道可以互相备用。也就是说，如果某台冷水机组启动，则与之对应运行的冷却塔、冷却水泵和冷冻水泵可以是其中任意一台，并且必须先于冷水机组一段时间运行。反之，如果停止某台冷水机组，则可以在延时一段时间后关停任意一台冷却塔、冷却水泵和冷冻水泵，相应地，关闭各自对应的电动阀门。所有设备的启/停控制可以由专用程序或模块统一进行控制。

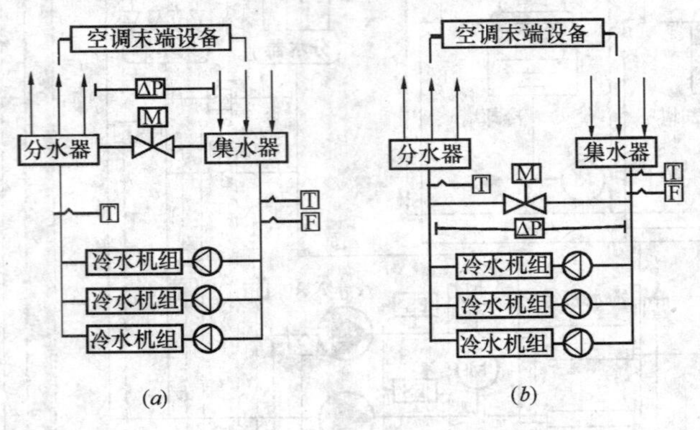

图 3-4　冷冻水供、回水总管测量点布置图

上述冷水机组台数控制是实现节能的关键，但在实际工程中，由于各种原因导致系统不能正常工作的原因有许多。其中最为重要的原因来源于如图 3-4（*a*）所示的结构和测点布置。图 3-4（*a*）所示的结构是建筑环境与设备工程专业最经常采用的设计形式，这种设计形式中，由于回水温度测量装置测量的是混合后的回水温度，混合后的回水温度与出水温度在分水器与集水器间旁通流量较大时差值较小，导致冷负荷计算公式中 Δt 的相对误差增大，从而影响对冷水机组台数的控制。建议在制冷系统设计时采用图 3-4（*b*）所示的结构。在图 3-4（*b*）中，回水温度测量装置测量的是空调末端的回水温度，Δt 数量级较大，相对误差较小。在这种测量点布置中，回水流量测量点也必须布置在旁通管之前，而不能布置在旁通管之后。

另一个导致系统不能正常工作的原因是测量设备选择不当。空调冷冻水供水温度（通常为 7℃）与空调末端回水温度（通常为 12℃）只有 3～5℃的范围，Δt 数量级较小。从测量的角度来看，这就要求测量冷冻水供、回水温度测量装置的精度必须具有较高的等级。根据实际经验，供、回水温度测量装置的绝对精度在 ±0.02～±0.05℃范围内比较合适，甚至要求更高。如果采用测量装置的精度达不到要求时，在空调末端冷负荷较小或过渡季节时监控系统的稳定性会更差。

在分水器与集水器之间的压差测量装置用于控制冷冻水供水与回水之间旁通管上的电动调节阀。当空调末端冷负荷减少时，空调末端冷冻水量减小，会导致分水器与集水器间的压差增大，于是旁通管上的电动调节阀在控制器的作用下增加开启度，使冷冻水直接通过旁通管回到冷水机组，从而保持冷冻机组蒸发器中的流量不变，既可以提高冷水机组的运行效率，也可以保证冷冻水泵的安全运行。因此在选择旁通管电动调节阀时，其口径和流量应按一台冷水机组最大冷冻水流量进行计算，并且分配给旁通电动调节阀的压降比要大，即阀权度（S）要大。值得注意的是，在集水器和分水器相连接的管道上只有旁通管上的阀门是电动调节阀，其他阀门均可为电磁阀或电动蝶阀。因此，在实际工程中，旁通电动调节阀的压降可以取 30kPa～50kPa 进行计算，并选择具有直线流量特性的电动调节阀，使其控制特性近似线性化。

在冷水机组安全保护方面，通过安装在各冷水机组冷冻水和冷却水进口管上的流量检测开关实现报警和保护功能。当某台冷水机组运行时，若检测到冷冻水或冷却水流量为零时，则产生报警信号，并切断电源，以保护冷水机组的安全。如果没有冷却水循环，会使冷水机组排气温度和压力升高，容易导致压缩电机过载。如果没有冷冻水循环，则会使冷水机组蒸发温度降低，不仅降低冷水机组运行效率，而且还可能导致蒸发器内结冰或其他破坏。因此，在启动冷水机组系统时，必须按先启动相应冷冻水泵、冷却水泵和冷却塔，后启动冷水机组的顺序进行操作，以保证冷水机组正常运行。关停冷水机组系统时，则必须按相反顺序进行操作，并在关停冷水机组和其他设备之间必须保证必要的延时。

根据上述分析，图 3-3 所示监控系统实现的控制功能可以具体归纳如下：

（1）监测冷水机组、冷冻水泵、冷却水泵及冷却塔风机的运行状态，实现故障自动报警和安全保护。

（2）监测冷冻水供/回水温度、压力、冷冻水循环流量，以及冷却水供/回水温度，并计算冷负荷，实现冷水机组和相应冷冻水泵、冷却水泵、冷却塔运行台数的控制和安全保护。

（3）监测冷却水供/回水温度，自动启动/停止冷却塔风机，使冷却水供水温度低于设定值。从原理图中可以算出，对冷却塔风机的监控与新风处理机组风机的监控是相同，但不监测风机气流状态。

（4）按程序和设定的时间表控制冷水机组、冷冻水泵、冷却水泵和冷却塔的运行，实现各设备的开/停顺序控制。

（5）根据冷冻水供/回水压力差（ΔP）控制旁通电动调节阀的开启度，保证冷水机组稳定运行。

（6）监控冷冻水膨胀水箱液面。根据膨胀水箱的液面位置，自动控制膨胀水箱补水管上的电磁阀。值得说明的是，冷却塔储水盘液面的控制通常采用机械式浮球阀自动控制，而不宜采用与膨胀水箱液面控制方式进行自动控制，故上述控制系统原理图中没有冷却塔储水盘液面相应的 I/O 信号和监控设备。

（7）实现各设备的手动/自动模式切换，以及制冷系统的冬/夏季模式自动切换和时间表程序控制。

（8）可在显示终端上动态显示各种实时运行状态参数，并可在一定权限下修改设定值。实时显示的参数包括原理图中所有检测装置的实时输入数据。

（9）累计各设备的运行时间，必要时自动输出运行、维修和保养报告。

（10）存储、检索和处理历史数据，为系统优化和物业管理等提供支持。

图 3-3 所示监控系统与并没有直接与冷水机组自带 DDC 监控系统连接，而只在冷水机组配电箱中对冷水机组过载、缺相等电力参数进行监测，不能对冷水机组内部参数进行监控，如压缩机吸气排气压力和温度、润滑油压力和温度等反映冷水机组运行的关键参数。虽然冷水机组自带 DDC 监控系统可以监控这些关键参数，但图 3-3 所示的冷冻水监控系统不能有效地利用这些参数。由于上述监控系统不能对冷水机组内部关键参数进行实时监控，为了保证冷水机组的安全运行，冷冻水机房必须安排专人值班。

为了克服上述监控系统的缺点，就必须通过冷水机组自带 DDC 的专用通信接口（communication interface）将其与冷冻水监控系统连接，或直接与 BAS 工作站连接。前者将冷水机组自带 DDC 作为其中的一个控制单元，后者则将冷水机组自带 DDC 作为 BAS 工作站的“直接”DDC 节点。

但是，无论是利用冷水机组自带 DDC 监控系统的通信接口与冷冻水监控系统连接，还是直接与 BAS 进行系统集成，均要求冷水机组自带 DDC 监控系统与 BAS 系统最好具有相同的通信协议（protocol）。而目前大多数冷水机组自带 DDC 监控系统通常为专用监控系统，通信协议标准是不开放的，因而在实际工程中很少直接将冷水机组自带 DDC 监控系统与冷水监控系统或 BAS 系统集成。当然，随着建筑设备自动化通信协议标准的逐步统一，当冷水机组生产厂家或公司均支持较为统一的标准，就有望得到较好的解决方案。

另外，还有些大型冷水机组生产厂家（如 York、Carrier 等）提供专用于冷源机组控制和管理的成套系统，这种成套技术的控制和管理系统不仅可以与冷水机组自带 DDC 监控系统集成，而且还可以监控冷冻水泵、冷却水泵和冷却塔的运行状态。因此这种控制和管理系统可以对所有冷源机组中的设备进行监控。但这种控制和管理系统监测点有限，不易于扩展，即不能对所有空调水系统进行全局性的控制和管理。当这种控制和管理系统与具有全局性优化作用的建筑设备自动化系统集成时，同样存在系统集成接口的问题。可以看出，这种控制和管理系统与冷水机组自带的监控系统相比，只不过在控制和管理范围上增大了，同样不能对空调冷水系统进行全局性控制和管理，同样面临与建筑设备自动化系统集成的问题。

通过分析和比较冷水机组自带 DDC 监控系统的监控方法，我们可以将上述提到的三种监控方法应用于所有其他自带 DDC 监控系统的建筑设备自控系统。但在实际工程项目中，应根据实际情况合理选择其中的监控方法。

3.1.4 热源监控系统

空调系统的热源一般用于冬季空调，热源产生冬季空调所需要的热水（不大于 65℃），通过表面加热器对空气进行加热处理。但在大多数恒温恒湿工业空调系统中，如果不采用电辅助加热器，则必须全年使用空调系统的热源系统对空气的温度和湿度进行精确控制。因此，空调系统的热源并不是只在冬季才启用的系统。

空调系统热源分为水-水热源和蒸汽-水热源。前者是在表面换热器中用高温热水（称为“一次热水”）对空调用热水（称为“二次热水”）进行加热，后者是在表面换热器中用蒸汽加热空调用热水。这两种热源的监控原理系统图如图 3-5 所示。

空调热源监控系统主要监控功能如下：

（1）二次热水出口温度控制。通过自动控制一次热水/蒸汽管道上的电动调节阀开启度，使二次热水温度趋于设定值。

（2）监控循环水泵与连锁。通过配电箱的辅助触点监测水泵运行状态，并且当水泵停止运行时，一次热水/蒸汽管道上的电动调节阀迅速关闭。

（3）可以在显示终端上动态显示实时运行参数和曲线等。运行参数可包括二次热水进、出口温度，循环水泵运行状态，一次热水/蒸汽的流量，进、出口温度和压力等。

（4）按程序时间表控制设备的运行，累计各设备的运行时间，必要时产生运行、维护报告表。

3.1.5 通风监控系统

通风系统一般是用于排除有害、有异味物质或余热的机械系统。在民用建筑中，通常

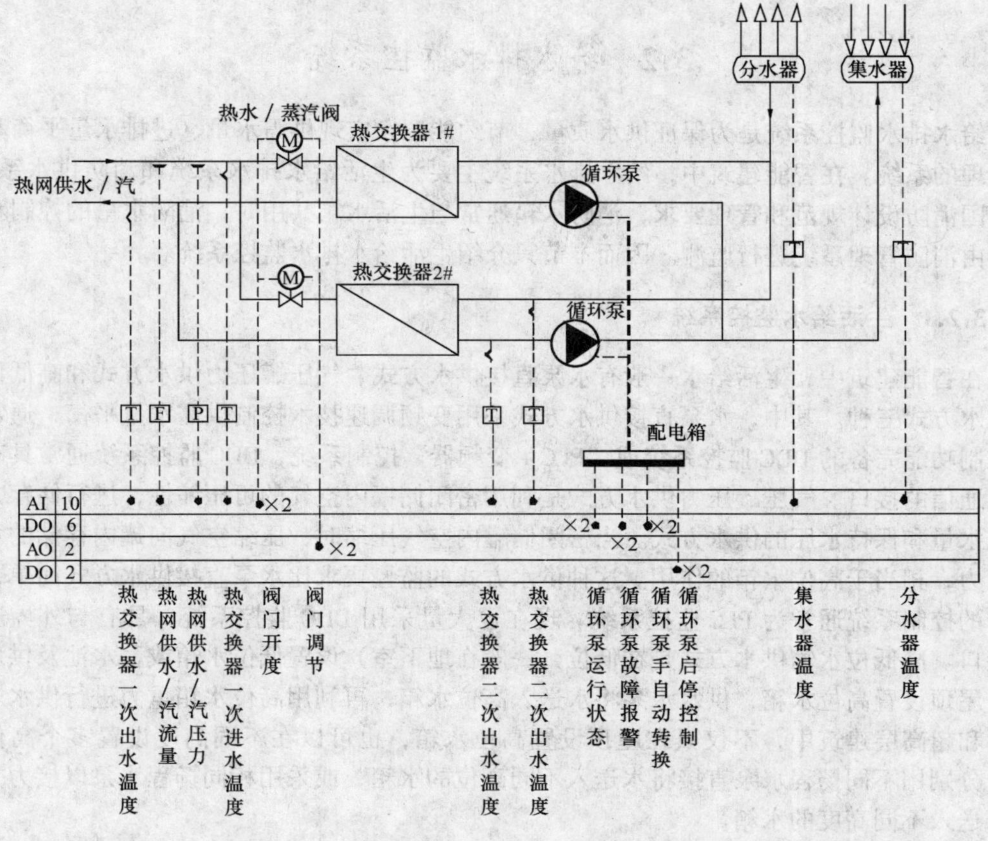

图 3-5 空调热源监控系统原理图

用于停车场、卫生间、无空调系统的食堂等场所。在工业建筑中，则有许多特殊场所的应用。但通风系统控制均较为简单，其控制系统原理图如图 3-6 所示。

通风监控系统监控功能如下：

（1）监控风机的运行状态，当发生故障时，产生报警。

（2）按程序时间表自动运行。这种功能特别适用于有规律进行通风的场所，如食堂。有些场所也可以自动间歇运行。

（3）监测室内有害气体浓度或余热的温度，根据设定值控制风机的启动/停止运行。

（4）当通风系统与防排烟系统共用时，应与消防监控系统联动。在实际工程中，有许多通风系统具有平时通风和火灾时防排烟的功能，这种通风系统必须与消防系统实现联动功能。

（5）累计风机运行时间，必要时产生维修和保养报告。

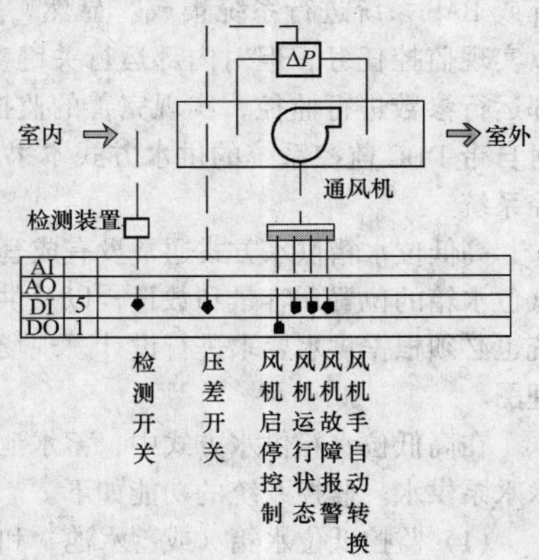

图 3-6 通风监控系统原理图

3.2 给水排水监控系统

给水排水监控系统是为保证供水质量，节约能源，实现供需水量、进排水量平衡和科学管理的系统。在智能建筑中，给水排水系统主要为生活给水排水系统和消防供水系统。按我国消防设计规范和管理要求，消防水箱通常与生活水箱共用时，消防水量的控制和管理则由消防管理系统进行监测。因而本节只介绍生活给水排水监控系统。

3.2.1 生活给水监控系统

在智能建筑中，生活给水一般有水泵直接供水方式、气压罐压力供水方式和高低位水箱供水方式三种。其中，水泵直接供水方式采用变频调速技术控制供需水量平衡，通常自带控制功能完备的 DDC 监控系统或“PLC + 变频器”控制系统，DDC 监控系统通常具有与外界通信的接口。气压罐压力供水方式是利用密闭储罐内空气的可压缩性，进行储存、调节送水量和保持水压的供水方式。当密闭储罐内空气压缩时，压缩空气向罐内存储的水施加压力，相当于高位水箱的作用。这种供水方式的监控要求比水泵直接供水方式简单，其自带的控制系统通常为 PLC 监控系统。现在也大量采用 DDC 监控系统，具有与外界通信的接口。高低位水箱供水方式是在低位（一般在地下室）设置低位水箱或蓄水池及供水水泵，屋顶设置高位水箱，供水水泵将水送入高位水箱，再利用高位水箱重力进行供水。在高层和超高层建筑中，不仅只在屋顶设置高位水箱，也可以在不同高度设置多个高位水箱，分别用不同扬程水泵直接将水送入不同高位的水箱，或采用相同扬程水泵以接力方式将水送入不同高度的水箱。

上述三种供水方式各有优缺点，在实际工程中均有应用。前两种方式自带监控系统，在建筑设备自动化系统中，一般采用空调系统冷水机组的监控方法进行监控，即直接通过电力配电箱进行监控，或利用自带 DDC 监控系统的通信接口与本系统的监控系统或 BAS 系统进行系统集成。显然，直接通过电力配电箱进行监控方法简单，虽然可以实现监控任务，但对内部运行关键参数不能有效监控。而通过系统集成方法可以对内部运行参数进行监控，实现完善的监控功能，但可能存在集成技术和费用过高的问题。对自带 DDC 监控系统的供水方式本书不作介绍，以下只介绍高低位水箱供水方式的监控系统。

高低位水箱供水方式通常没有成套技术设备，由给水排水专业根据实际要求确定高、低位水箱的位置、容量和数量，以及供水水泵的扬程、功能、流量等参数。因而其监控系统也必须根据供水要求进行设计、现场安装和调试。图 3-7 是高低位水箱供水监控系统原理图。

在高低位水箱供水方式中，蓄水池由室外城市供水管网供水，高位水箱从蓄水池由给水水泵供水。监控系统的功能如下。

（1）监控低位水箱（或蓄水池）和高位水箱的水位，保证生活用水和消防用水最低水位；当水位低于消防最低水位或高出溢出水位时，进行报警。

（2）监控供水水泵的运行状态，故障时进行报警。

（3）优化水泵运行，累计各水泵的运行时间，必要时产生维修和保养报告。

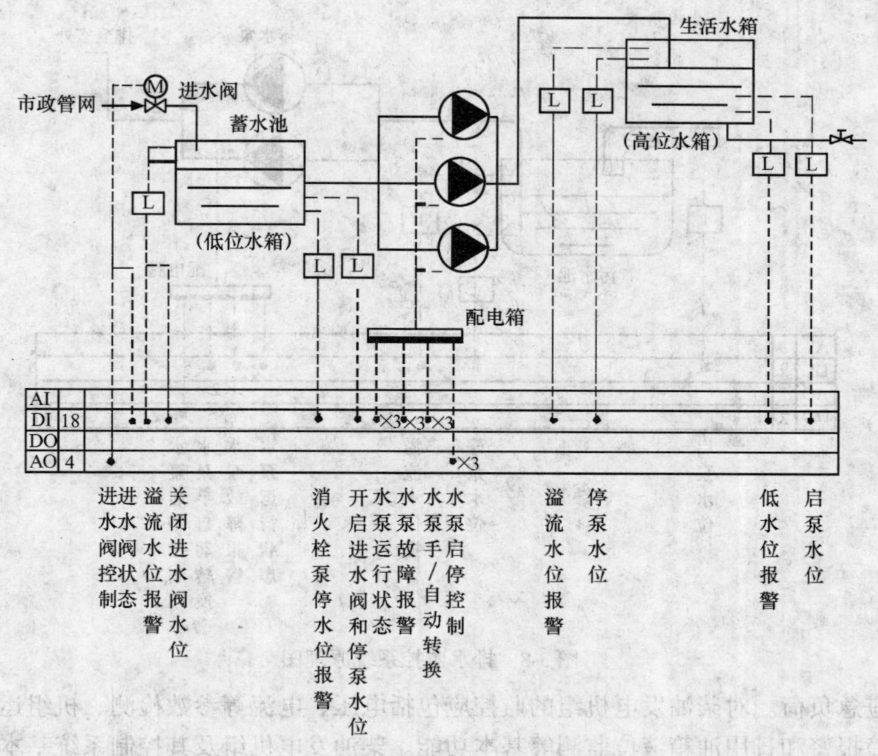

图 3-7　高低位水箱供水监控系统原理图

3.2.2　生活排水监控系统

在建筑中，排水系统的监控主要是对污水池、集水池的监控。当池中水位达到上限时，排水泵或潜污泵启动排水，水位下降至下限时，排水泵或潜污泵停止运行。排水监控系统原理图如 3-8 所示。

排水监控系统除水位测量装置选型和安装有些特殊要求外，其控制和管理功能与高低位水箱供水监控系统相同。

3.3　供配电与照明监控系统

电能是现代人类生活和工作不可缺少的能源，现代都市几乎离不开电能提供的服务，而且建筑设备自动化系统也离不开电能，其运行也必须依赖正常的电力。因而对智能建筑的供配电系统进行监控、以维持电力系统的正常运行是保证智能建筑发挥功能的必要条件。在智能建筑中，供配电系统给供配电监控系统提供动力，反之，供配电监控系统则为供配电系统提供保护。因此，供配电监控系统是建筑设备自动化系统的基本系统之一。为了保证供配电监控系统的正常运行，通常还要设置后备蓄电池组。

在高层建筑中，根据消防规定，为保证消防水泵、消防电梯、紧急疏散照明、防排烟设备、电动防火卷帘门等消防用电，必须设置自备应急柴油发电机组，按一级负荷对消防设施供电，因此柴油发电机应启动简单和迅速，当城市供电网停电时能在 10～15s 内启动

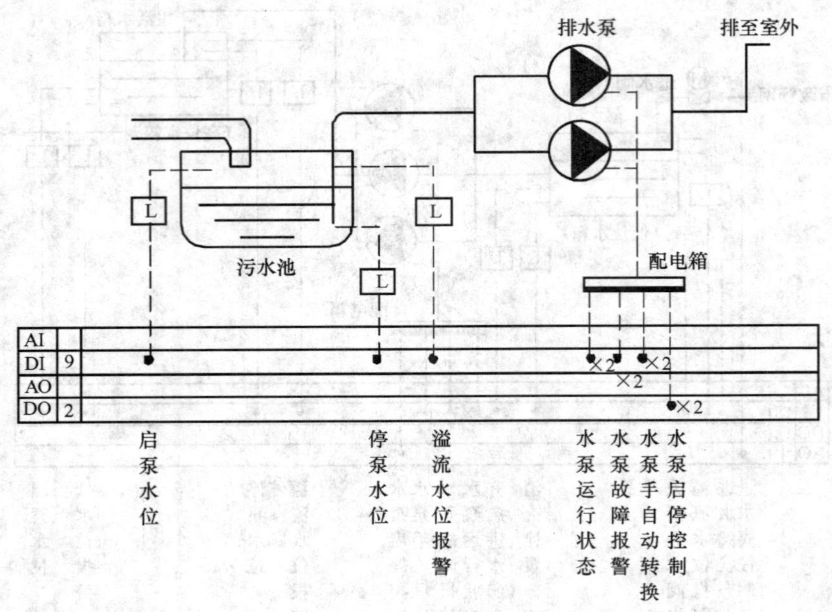

图 3-8 排水监控系统原理图

并接上应急负荷。对柴油发电机组的监控应包括电压、电流等参数检测、机组运行状态监视、故障报警和日用油箱液位监测等基本功能。柴油发电机组及其控制系统基本上是成套技术设备和系统，本书不作详细介绍。

3.3.1 供配电监控系统

建筑供配电系统直接与城市供电网相连，是城市供电网的一个终端，建筑供配电系统的运行安全直接关系到城市供电网的运行安全。因此有必要对建筑供配电系统进行监控，并保证建筑供配电系统的安全。值得说明的是，即使没有监控系统，供配电系统也必须利用关键部位器件（如自动开关、保险装置等）的自我保护功能实现对城市供电网和本系统的安全保护。而安装监控系统可以及时发现隐患，根据报警提示及时进行维护，或定期打印检修报告，防患于未然。在出现故障后，也可以利用监控系统的历史数据快速进行诊断和维修。

根据供配电系统的供电电压，通常将供配电系统分为高压变配电段和低压变配电段。以变压器为划分界线，变压器的一次侧高压（6kV ~ 10kV，大型工程有可能更高）线路为高压变配电段，变压器的二次侧电压（380/220V）线路为低压变配电段。图 3-9 和图 3-10 分别是高、低压变配电监控系统原理图。

从图 3-9 和图 3-10 可以看出，供配电监控系统的主要功能如下：

(1) 检测各种反映供电质量和数量的参数（如电流、电压、频率、有功功率、无功功率、功率因数等）和功率计量，为正常运行时的计量管理、事故发生时的故障原因分析提供数据支持。

(2) 监控电气设备运行状态和变压器温度，并提供电气监控动态图形界面，如发现故障，自动报警，并在动态图形界面上显示故障位置、相关电压、电流等参数。其中，监控

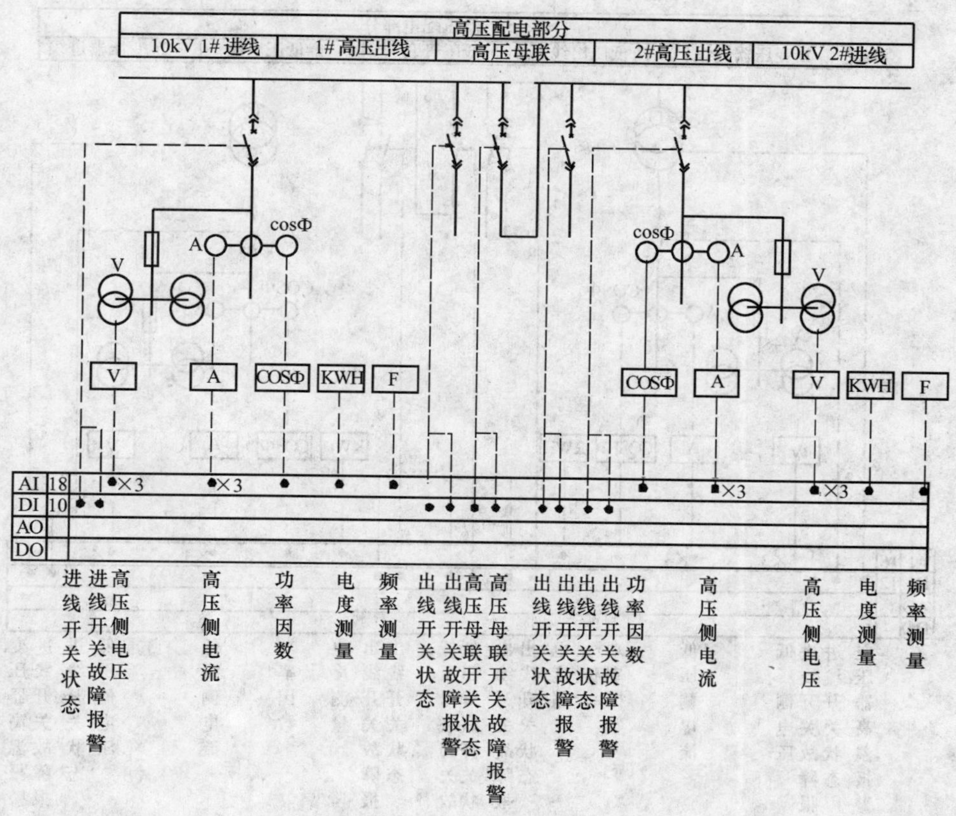

图 3-9　高压变配电监控系统原理图

的电气设备主要是指各种类型的开关，如高低压进线断路器、母线联络断路器等。

(3) 对各种电气设备运行时间进行统计，定时自动生成维护报告，实现对电气设备的自动管理。

(4) 为物业管理等服务提供支持。对建筑物内所有用电系统的用电量进行统计和电费计算，并可以根据需要，绘制日、月、年用电负荷曲线，为科学管理和决策提供支持。

(5) 发生火灾时与消防自动化系统联动或通过消防自动化系统进行直接控制。

在高低压变配电系统中，变压器是关键设备之一。当变压器过载时，线圈温度升高。为了防止持续高温的损坏，大型变压器通常自带温度控制器，可实现对变压器的简单保护。温度控制器由制造厂家预埋在变压器线圈内，建筑设备自动化系统的高低压监控系统可直接从自带温度控制器中获取开关量信号，并可省去对冷却风机的监控输出信号(DO)。

在供配电系统中，还存在各类型的低压动力柜（或配电箱），如上述风机、水泵、冷水机组以及随后的照明系统等均有相应的低压动力柜。除可以利用动力柜监控用电设备外，在自动化程度要求更高的建筑设备自动系统中还需要对动力柜的供电质量和数量等参数进行监测。这些参数基本包括动力柜进线电流、进线电压、断路器状态及故障报警、进线有功功率、无功功率、功率因数、总电量等。有关供电参数的检测方法与高低压变配电系统相同，但不一定要检测全部参数，应根据实际情况酌情设置。另外，选择检测仪表时应非常

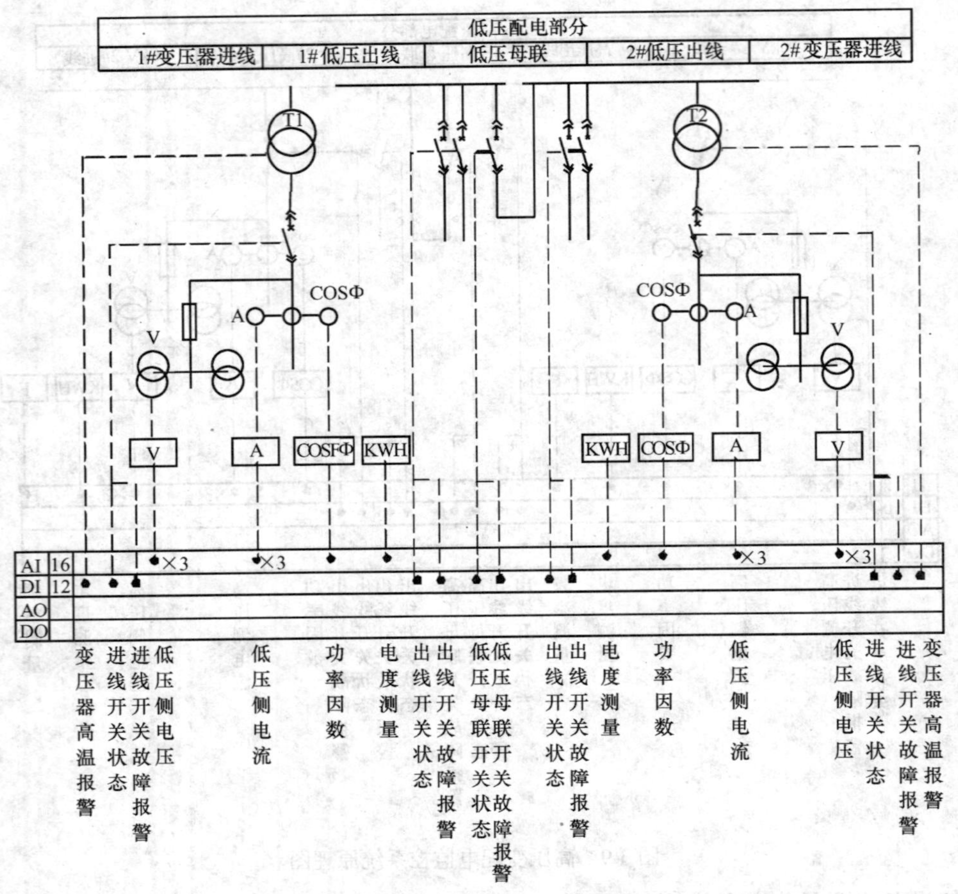

图 3-10　低压变配电监控系统原理图

注意一次检测仪表的耐压与要求，这个注意事项在高低压变配电系统必须给予高度重视。

3.3.2　照明监控系统

在建筑用电中，照明系统用电量往往仅次于空调系统，因而照明监控系统也是建筑设备自动化系统的重要内容。随着人类生活水平的提高，照明系统已不再局限于简单满足照度的要求，而应是满足人们对灯光变幻效果（色彩、亮度、照射角度等）以及与其他系统（如声响系统）协调——“场景”的要求。因此，照明监控系统不仅要实现节能的目的，而且还要在生活和工作环境中营造富有层次的、变幻的灯光氛围，如舞台变化的灯光环境。这就要求现代照明监控系统必须综合利用计算机技术、通信技术和控制技术，形成所谓的“照明智能化系统”。

与以往的照明监控系统相比，照明智能化系统从人工控制、单机控制过渡到整体性控制，从普通开关过渡到智能化信息开关。这种照明监控系统不仅可以根据环境照度变化自动调整灯光，达到节能的目的，而且可以预置场景变化，自动操作。照明智能化系统是一个非常复杂的系统，现在市面上有许多由专业公司开发的成套技术设备，本书不介绍与场景有关的内容，只介绍服务于建筑基本功能要求的照明监控系统。

根据建筑基本功能的要求，建筑照明可以分以下几种：

(1) 正常照明：主要满足正常生活和工作所需要的照明。

(2) 应急照明：主要满足建筑物出现事故时的照明。《民用建筑电气设计规范》将这类照明又分为备用照明（正常照明失效时，为继续工作或暂时继续工作而设的照明）、疏散照明（为了使人员在火灾情况下，能从室内安全撤离到室外或某一个安全地区而设的照明）和安全照明（正常照明突然中断时，为确保处于潜在危险的人员安全而设置的照明）。

(3) 装饰照明：主要满足建筑物外观或内部变化和美化的照明，如室外立面照明。

(4) 建筑障碍照明：主要满足高层建筑物安全的照明，如安装在最高处的航空障碍灯。

上述建筑照明系统一般由照明配电箱、供电回路和灯具组成。其监控方法是通过照明配电箱的各种辅助触点进行的，如图 3-11 所示。

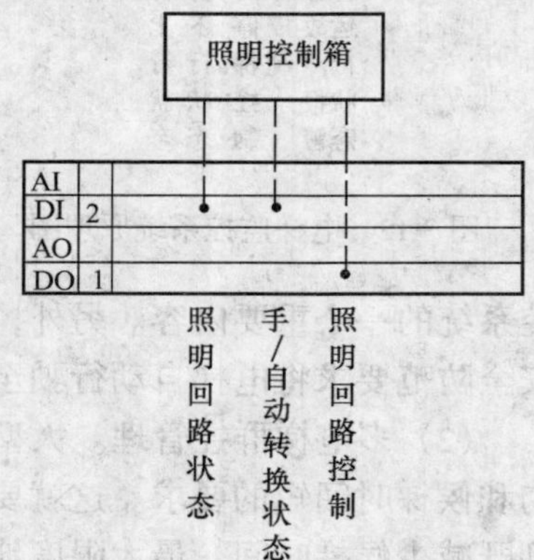

图 3-11 照明监控系统原理图

从图 3-11 可以看出，照明监控系统的主要功能为：

(1) 监测照明回路状态及手动/自动转换开关状态。

(2) 根据不同场所要求，可按照预先设定的时间表自动控制照明开关回路开关。

当需要对上述功能扩展时，可以增加各种人体探测器（如声控开关、人体感应器）等作为输入设备，随时控制灯光的开启，实现更好的节能效果或安全作用。

3.4 电梯监控系统

电梯是现代建筑内部必备的交通工具，分为直升电梯和自动扶梯（包含水平型）两种。对电梯系统的要求是：安全可靠，启动和制动平稳，感觉舒适，平层准确，候梯时间短，节约能源，因此必须对电梯运行进行监控。

电梯控制包括拖动系统控制和操纵系统控制。拖动系统由轿厢、曳引机构、导轨、对重和机构安全装置等组成。操纵系统是指对来自轿厢、厅站、井道和机房等外部控制信息进行分析、判断和处理的信息系统，是电梯使用性能的重要标志。常见的操纵形式有按钮控制、信号控制和集选控制等，一般高层建筑电梯多为操纵自动化程度高的集选控制方式。正是由于电梯具有非常高的安全要求，不同电梯的控制系统均由生产厂家投入了大量资金进行研发和测试，已形成了完善的电梯 DDC 控制系统。厂家的电梯 DDC 控制系统不仅可以保证安全和使用上的要求，而且大多还具有与建筑设备自动化系统进行系统集成的通信接口。因此，建筑设备自动化系统通常不对电梯内部的信息进行处理，只是从外部对电梯的运行状态进行监控、接收和处理电梯自带控制系统的报警信息。电梯监控系统原理图如 3-12 所示。

图 3-12 所示功能是显而易见的，只要现场 DDC 从电梯控制柜内取出状态信号和控制信号就可以实现。但要实现如下强大的智能功能，就必须利用电梯自带 DDC 控制系统的（专用）通信接口与现场 DDC 或 BAS 系统工作站连接，从通信接口接收和发送电梯监控系统的数据信息或控制命令。

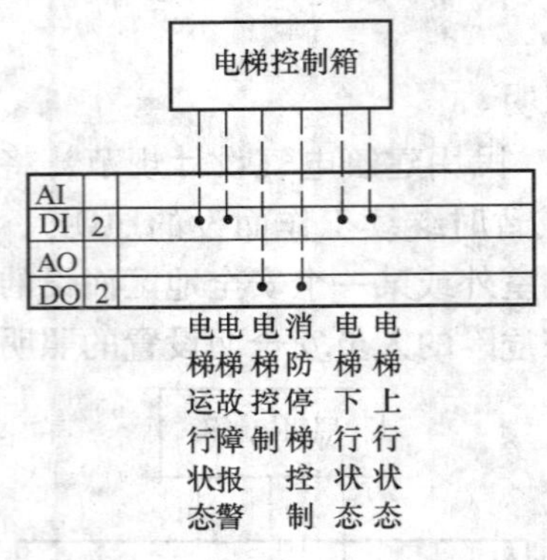

图 3-12 电梯监控系统原理图

(1) 监测电梯的运行状态、故障及紧急状况信息处理。这项功能包括按时间表控制电梯的启动/停止状态、运行方向、所处楼层位置等。故障报警信息处理包括曳引电机、电磁制动器等各种装置发生故障后由电梯本身控制系统发出的故障报警信息的处理，并显示故障电梯的地点、发生故障时间、故障状态等信息。紧急状况检测包括在火灾、地震、电梯机械安全失效情况下是否有人仍在电梯内，一旦发现有人，立即报警。紧急状况时轿厢内部情况检测通常用轿厢内的微型摄像机摄像检测，因而有些安全要求高的电梯轿厢内设有微型摄像机，在值班监控室内随时观察轿厢内的活动也是电梯监控系统的一个重要内容。另外，电梯监控功能还可以与安全防范系统协同工作，可以根据安全防范要求将电梯自动行驶至指定的楼层，并对轿厢门实行监控。

(2) 多电梯群控管理。大型建筑必须安装多部电梯，并合理分布，以满足交通流量均匀和候梯时间短的要求。这就要求电梯监控系统在不同人流时期，自动进行调度控制，达到既减少候梯时间，最大限度地利用电梯资源，又能避免电梯空运行，达到节能的目的。群控管理可以通过监视服务区域的人流量，对区域电梯进行自动调度和运行方式，如上班时可以设置为“上行客流方式”，下班时可改为“下行客流方式”，使之具有理想的适应性和应变能力，既可以保证建筑内部交通良好，又可以使各电梯得到优化调度和维护。多电梯群控功能的优点是单靠增加电梯台数和运行速度不易做到的。

(3) 与消防系统联动。发生火灾时，按消防规定要求，普遍电梯应直驶地面层，在打开轿厢门后切断电源，停止运行。消防电梯则必须在应急电源供电的情况下保持运行状态，并停于地面层等待操作。

3.5 停车场监控与管理系统

根据建筑设计规范，大型建筑和民用住宅小区必须设置汽车停车场，以满足车辆交通需要，保障车辆安全，方便公众使用。近几年，随着私家小汽车的快速增加，不仅需要在公用场所和住宅小区修建更多数量的停车场，而且还需要对停车场进行高效管理，使之发挥最大效能。

停车场的管理从需求上来看，可以包括车辆泊位管理、车辆安全管理和收费管理等三个内容。其中，车辆泊位管理功能可以快速引导车辆驶入空闭泊位和顺利驶出停车场，可以充分发挥停车场有限空间的使用效率，尤其是公用收费停车场，车辆泊位管理功能可以充分显示其重要性。车辆安全管理主要是防止车辆失窃和避免碰擦。当车辆发生碰擦时，为及时高效解决事故提供技术支持。根据停车场的性质和商业定位，不同的停车场对上述三个功能的需求也是不一样的。例如，“内部停车场”可能以车辆安全管理功能为主；住宅小区因泊位较为固定，可能在进出小区时只要求设置车辆安全管理。

利用现代 IT 技术实现对停车场的管理就形成了停车场监控系统。在停车场监控系统中，由于系统输入/输出并不是简单的数据类型，如各种车辆识别卡的输入数据是数据交换协议规定的串行数据，从系统应用的角度来看，不易用简单的输入/输出原理图进行描述。而要实现上述管理，停车场监控系统必须是一个分布式的控制系统。图 3-13 是一个通用的全自动停车场监控系统的结构图。

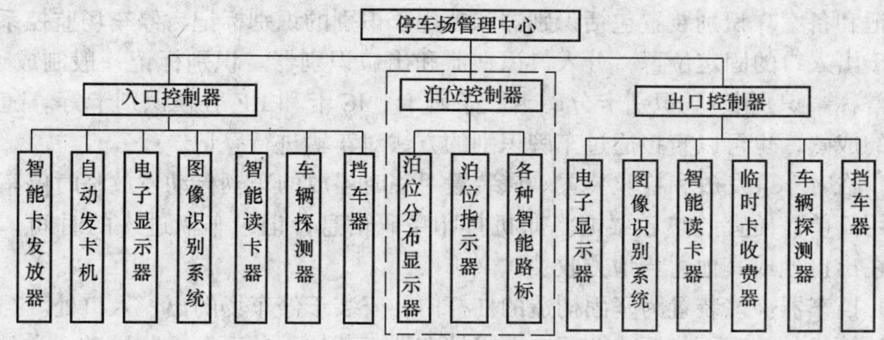

图 3-13　通用停车场监控系统结构图

图 3-13 以从左到右的顺序反映了停车场监控系统对车辆从驶入、引导泊位到驶出的监控管理过程及相应的支持过程。实际停车场监控系统由于功能差异和设备组成方式不同而有所不同。目前大多数停车场没有功能完善的车辆泊位自动管理功能，安全管理和收费管理基本上是在出入口设备上实现的。因此停车场出入口设备的组成与功能是停车场监控系统的主要内容。

图 3-14 是目前大多数停车场出入口布局示意图。停车场监控系统的中央监控计算机位于监控室内，进、出摄像机多安装在监控室屋顶，分别对驶入和驶出的车辆进行监视。这种布局特别适用于住宅小区车辆出入口的监控。有些停车场出、入口是分开布局的，但其工作原理是相同的。

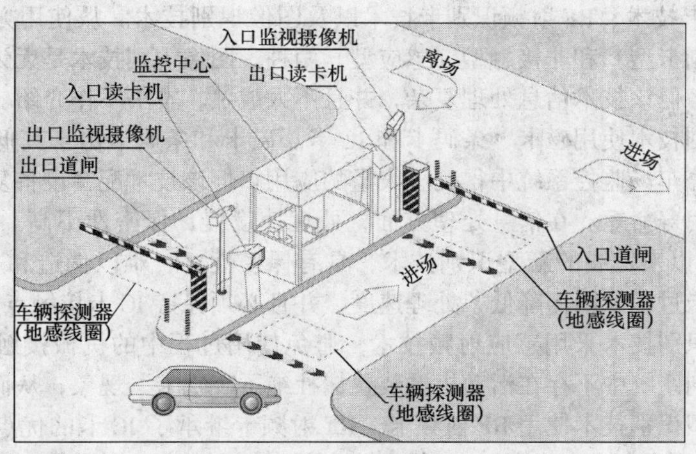

图 3-14　停车场监控系统布局示意图

图 3-14 所示的停车场监控系统由中央监控计算机、自动识别装置、临时车票发放与检验装置、挡车器、车辆探测器、电子显示屏及监视摄像机等组成。

(1) 中央监控计算机。负责监控系统的协调与管理，对来自停车场的所有信息进行集中处理，并向各个功能设备发出操作命令。中央监控计算机既可以独立工作完成所有停车场的监控和管理任务，也可以与建筑设备自动化系统集成，纳入建筑设备自动化系统的统一管理，实现远程管理人员对停车场的监控，也可以为物业管理提供数据报表支持。

(2) 车辆自动识别装置。该装置用于对出入车辆进行识别，并发送给中央监控计算机进行登记和备案。识别装置包括识别器和被用于识别的识别标记。停车场监控系统的识别器安装于出入口的固定位置，分入口识别器和出口识别器。识别标记一般制成卡的形式，因而通常称“识别卡”。识别卡分磁卡、条码卡、IC 卡和 RF 射频识别卡等。随着图像识别技术的成熟，也可以直接通过车牌识别的方法对车辆进行登记。

(3) 临时车票发放和检验装置。该装置对临时停放的车辆自动发放临时停车车票。车票可使用简单、便宜的热敏票据打印机打印条码信息，记录车辆进入的时间、日期等信息，再在出口处或其他适当地方收费。

(4) 挡车器。该装置为坚固构造的杠杆门，安装于停车场的出、入口处。挡车器在中央监控计算机的管理下打开或关闭。要求挡车器起落快、免砸车、防尾随。常见的挡车器为起落式栏杆结构。

(5) 车辆探测器。车辆探测器安装于出入口处，用于对进出车辆进行检测和统计。当车辆驶过时，金属车体使探测器内的线圈发生感应而形成检测信息。为了进行有效统计，出入口一般安装多个探测器。车辆探测器通常埋于车道下方。

(6) 电子显示屏。电子显示屏应向驶入的车辆提供停车场信息。信息应包含的内容有：入口方向提示，固定用户、临时用户提示，空余车位提示及温馨提示等。电子屏也可以安装在控制室屋顶墙面上，外墙面显示停车场信息，内墙面则可显示温馨提示等。

(7) 监视摄像机。目前大多数停车场出入口监视摄像机用于辅助安全管理，因而许多停车场没有安装摄像机。如果采用了图像识别技术，可以利用监视摄像机提取车牌信息。

在停车场监控系统中，车辆自动识别技术是其核心技术。车辆识别技术有磁卡技术、条码技术、IC 卡技术、RF 射频识别卡技术以及图像识别技术。从使用方式上，识别卡可分为接触型（刷卡型）和非接触型（感应型）两种。图像识别技术是无识别卡技术，具有非常好的优点。但该技术信息处理复杂，并且不太成熟，本书不作介绍。

接触型识别技术使用磁卡、条码卡和 IC 卡。磁卡和条码卡由于其低廉的价格和成熟的技术在一般停车场监控系统中得到了大量的应用。但该技术配套设备复杂，使用不便且易于损坏，使用寿命短。在信息处理方面，处理速度慢，保密性不高。IC 卡识别技术是 20 世纪 80 年代以来发展的新型识别技术，具有保密性好、难以伪造和非法改写的优点，但仍然需要刷卡过程，因而降低了处理速度，并且必须保持 IC 卡接触点清洁。

非接触型识别技术采用感应射频技术，避免使用过程中的机械接触，提高了识别速度。而且在识别系统中不存在活动机械装置，杜绝了“吃卡”现象，从而极大地提高了可靠性。非接触型识别技术使用 RF 射频卡，RF 射频卡继承了 IC 卡的优点，但不需要刷卡过程。按 RF 识别卡制造工艺，RF 射频卡分为利用反向散射卡技术的近距离 RF 射频卡和利用声表面波（SAW）技术的远距离 RF 射频卡。近距离 RF 射频卡的识别范围在 0.3～0.6m，远距离 RF 射频卡识别范围可达 0.3～6m。由于近距离 RF 识别卡识别距离小，在进行识别时仍需要持卡者在识别器前出示识别卡。而远距离 RF 射频卡的识别范围相当大，加之采用高速处理技术，在进行识别时，不用出示识别卡，即使车辆在高速（时速可达 200km/h）行驶时，也可以准确被识别，有效识别率可达 100%，因而远距离 RF 识别卡是停车场监控系统的理想识别技术。

泊位管理功能可以通过安装在泊位上的车辆检测装置和相应的引导标识来实现的。当某个泊位空闭时，中央监控计算机就可以通过行车道边设置的引导标识（如交通灯光牌、广播等）引导车辆停放在泊位上。对停车场内部泊位的监测也可以通过图像识别的方法进行监测和统计。但目前许多停车场还没有完善的智能泊位和引导管理系统，车辆进入停车场后一般是自行寻找泊车位，或由内容管理人员引导泊位。

3.6 消防自动化系统

火灾是人类生命和财产的大敌。曾经发生过的火灾，无论规模大小，无一例外地给人们带来了惨痛的教训和不可磨灭的警示。建筑是人类生命和财产最为集中的场所，易于发生火灾，而且发生火灾的频率较高。一旦发生火灾，则火灾剧烈，损失巨大。因而消防设施和系统是现代建筑不可缺少的安全组成，每个人都应具有消防意识和消防基本知识。科学技术发展到今天，在土建技术上已经可以建造规模巨大的超高层建筑，但在消防安全技术上却不是尽善尽美的。消防安全不仅是一个社会问题，更是一个急需应用现代高新技术解决的技术问题。

随着 IT 技术的发展，消防技术已进入了智能化和自动化的时代。现代消防自动化系统是以火灾探测传感技术、计算机技术、通信技术和自控技术为基础的智能化系统和自动化系统。该系统既能对火灾发生进行早期探测和自动报警，又能根据火情位置及时启动相应的联动消防设施，进行灭火救灾，最大限度地降低损失。因此消防自动化系统是现代智能建筑必不可少的消防设施。

消防自动化系统是将火灾自动报警装置和自动灭火装置根据实际情况按消防规定有机组合的火灾自动报警控制系统，是以先进的计算机监控技术和通信技术为基础的智能化系统。根据消防有关规定，消防自动化系统一般由各种火灾探测、报警和联运控制三部分组成，因此在建立消防自动化系统时，必须根据实际情况选择恰当的火灾探测器，正确处理火灾报警信号，并及时实现联运控制，以实现准确火灾报警和及时人员疏散及灭火救灾的功能。火灾自动报警控制系统的基本原理如图 3-15 所示。

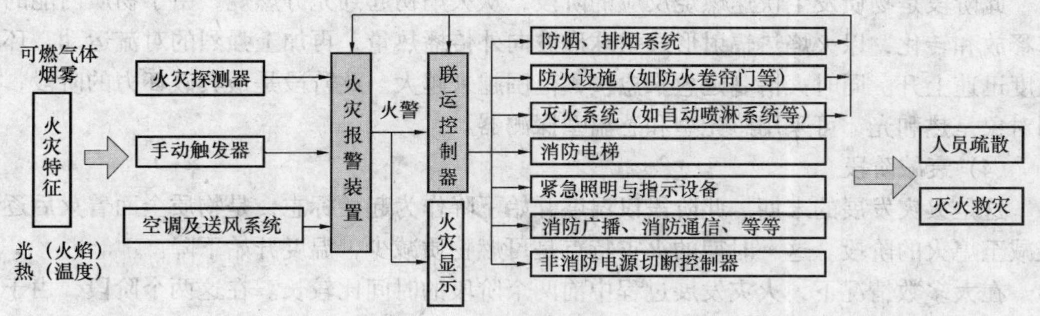

图 3-15 火灾自动报警控制系统基本原理图

3.6.1 火灾过程一般规律

燃烧本质上是物质发生氧化过程的化学反应，火灾则是伴随着产生大量可燃气体、烟雾、热（温度）和光（火焰）现象的剧烈燃烧过程。除易燃易爆物品外，火灾一般经历如下几个阶段：早期阶段、阴燃阶段、火焰与放热阶段和衰减阶段。图 3-16 是以燃烧温度为特征的燃烧过程图。在不同的发展阶段中，火灾表现出不同的现象，并发展到下一阶段。各阶段的具体特征如下：

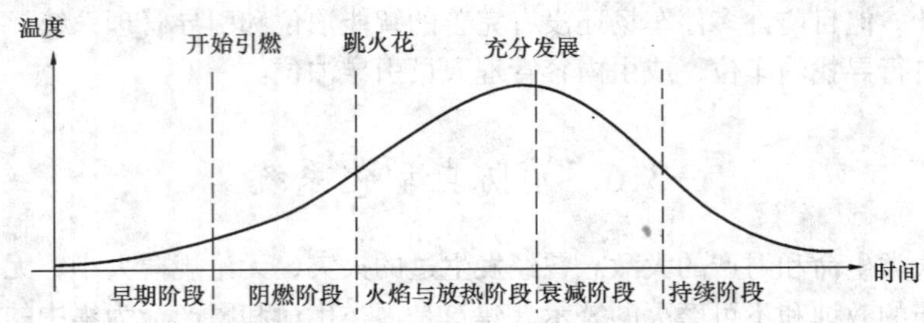

图 3-16 燃烧过程图

（1）早期阶段

早期阶段是火灾的产生阶段。这一阶段由于预热和气化作用，主要产生可燃气体和不可见的气溶胶粒子，没有可见的烟雾和火焰，热量也较少，环境温升不易鉴别出来。而这些燃烧气体和气溶胶粒子通过布朗运动、燃烧时的浮力和背景空气运动向附近扩散，并引起微弱的对流运动。此时火情仅局限于火源附近很小的范围内，不易探测，主要是通过可燃气体检测装置对可燃气体和气溶胶气体进行检测。在要求防火等级高的重要场所，可以利用灵敏度非常高的吸气式可燃气体探测器（即空气采样探测器）进行早期火灾探测。

（2）阴燃阶段

此阶段为引燃起始标志，此时热分解作用充分发展，产生大量的烟雾。烟雾由大量可见和不可见的微小烟粒子和烟雾气溶胶粒子组成。烟雾通过对流运动向周围扩散，充满大量的空间。但此阶段仍没有产生火焰，热量也较少，环境温度并不高，火情尚未达到蔓延发展的程度。此阶段仍是探测火情并实现早期报警的重要阶段，探测对象是烟雾粒子，通常采用感烟型探测器进行探测。

（3）火焰与放热阶段

此阶段是物质发生快速燃烧反应的阶段，从火焰初起到充分燃烧，由于物质内能的快速释放和转化，以火焰热辐射形式呈球形波向外传播热量，再加上强烈的对流运动，环境温度迅速上升。同时火情蔓延愈来愈快，范围越来越大。此阶段是最具破坏力的阶段，探测对象是热和光，可采用感光型和感温型探测器。

（4）衰减阶段

这是火灾发展的末期。此阶段以温度开始下降作为起始标志，是物质全面着火后逐步衰减至熄火的阶段。这一时期的火灾特点是可燃物质减少，温度开始下降。

在大多数情况下，火灾发展过程中前两个阶段的时间比较长。在这两个阶段，由于尚未着火，环境温度不高，破坏力较小，如果能及时探测到火情，实现早期报警并进行灭火行动，就可以控制火情并消灭火灾。火灾自动化系统只有在这两个阶段及时发挥作用，才能更好地保护人身和财产的安全，并将损失降至最小。

但有些火灾发展非常迅速，早期阶段和阴燃阶段并不明显，骤然产生大量的热和光，如易燃物品的火灾。此类火情的主要探测对象是热（温度）。又有些火灾过程一开始就着火爆炸，如易爆物品，无早期阶段和阴燃阶段。此类火情的主要探测对象是光（火焰）。因而火灾探测应根据不同的火情选择不同探测对象的探测器进行探测，才能及时发现火情和及时报警，才能及时采取灭火行动。

3.6.2 消防自动化系统基本功能与组成

消防自动化系统是应用现代高新技术进行火灾探测和灭火的自动化系统，其基本功能包括如下两个方面：

1）火灾早期探测和报警，防患于未然。

2）火灾发生时及时隔离火区、引导人员撤离和启动消防设施，使损失降到最小。

鉴于上述两个基本功能，我国《火灾自动报警系统设计规范》（GB 50116—1998）对消防自动化系统的定义为："火灾报警系统一般由触发器件、火灾报警装置、火灾警报装置和电源四部分组成，复杂系统还包括消防控制设备"。根据这个定义，可以将消防自动化系统分为"火灾自动报警系统"和"火灾自动报警控制系统"。前者只是对火灾的准确探测（包括自动和手动）和自动报警，但没有与消防设施或系统联动，消防设施通常由消防值班人员启动；后者与消防设施联动，不仅可以对火灾进行准确探测和自动报警，对火灾发生地点进行自动识别，而且自动启动联动消防设施和系统，可以及时准确地进行人员疏散和灭火行动。

（1）触发器件

触发器是探测火情的电子装置，主要包括火灾探测器、手动报警按钮、水流指示器与压力继电器、防火阀等。其中，有的触发器具有处理功能，可以对火灾参数（如烟、温、光、可燃气体等）检测值进行判断，以决定是否产生火灾报警信号。而有的触发器只具有火灾参数检测功能，并将检测值输入到火灾报警装置，由火灾报警装置对火情进行判断。在火灾自动报警系统中，应根据不同类型火情选择不同的火灾探测器，实际应用时应按我国国家标准的规定进行合理的选择和安装。火灾探测器是火灾自动化系统中应用最多的基本触发器，相当于探测火灾的"眼睛"。

手动报警按钮是供人发出火灾报警信号的装置，是火灾自动报警系统不可缺少的设施之一。当人发现火情时，除拨打119火警电话外，应及时按下附近的手动报警按钮向火灾自动报警系统发出报警信号。在火灾自动化系统中，手动报警按钮和火灾探测器各自发挥优点，实现及时火灾报警的功能。

水流指示器和压力继电器是用于自动喷水灭火系统的触发器件。当自动喷水灭火系统开始工作时，水流指示器根据水的流动状态向火灾自动报警系统发出报警信号，同时由于自动喷水灭火系统水压力下降，水压力继电器也可以向火灾自动报警系统发出报警信号，从而启动相应的消防水泵继续灭火。

防火阀是用于空调和通风系统（包括防排烟系统）的火灾探测触发器，按熔断温度分类，可以分为熔断温度70℃和280℃两种。熔断温度为70℃的防火阀用于空调系统或送风系统，当送风温度达到或超过70℃时，防火阀易熔片熔断，自动关闭阀门，并向火灾自动化系统发出报警信号。熔断温度为280℃的防火阀用于排烟系统，当排烟温度达到或超过280℃时，防火阀易熔片熔断，自动关闭阀门，并向火灾自动化系统发出报警信号。设置防火阀的系统要求通风机与防火阀连锁，即防火阀关闭时通风机必须停止运行。

(2) 火灾报警装置

火灾报警装置是接收、显示和传递火灾报警信号，并能发出控制信息和具有其他辅助功能的控制指示装置。火灾报警控制器是其中最基本的一种，具备为火灾触发器件供电、接收、显示和传递火灾报警信号，并能对自动消防设备发出控制信号。火灾报警装置是火灾自动化系统的核心组成部分，相当于火灾自动化系统的"大脑"。

火灾报警装置按照用途和功能可分区域火灾报警控制器、集中火灾报警控制器和通用火灾报警器三种基本类型。区域火灾报警器用于火灾控制器的监测、巡检、供电，接收火灾监测区域内火灾探测器的输出参数或火灾报警、故障信号，并转换为声、光报警输出，显示火灾部位或故障设备等。集中火灾报警控制器用于接收区域火灾报警控制器的火灾报警信号或设备故障信号、显示火灾或故障位置、记录火灾信息或故障信息、协调消防设备的联动控制和构成终端显示等。通用火灾报警控制器兼有区域火灾报警控制器和集中火灾报警控制器的功能。小容量的通用火灾报警控制器可用于区域火灾报警控制器，大容量的通用火灾报警控制器可以独立构成中心处理系统。

在火灾报警装置中，还有一些中继器、区域显示器、火灾显示盘等功能不完整的报警装置，它们可视为火灾报警控制器的演变或补充，在特定条件应用时，与火灾报警控制器同属于火灾报警装置。

在火灾自动化系统中，智能化火灾报警装置除具有声、光报警和供电功能外，还应具有故障监测功能、记忆功能和联动输出功能。故障监测功能对系统内各部件的运行状态（正常/故障）进行监测的功能，以确保系统随时处于正常状态。记忆功能是对火灾报警的相关信息进行存储。联动输出功能可以在火灾时及时启动消防设备或系统进行灭火。

(3) 火灾警报装置

火灾警报装置是用声、光信号显示火灾报警信号的装置。火灾报警器就是一种最基本的火灾警报装置，它以声/光的方式向报警区域发出火灾警报信息，以警示人们采取安全疏散、灭火救灾措施。火灾警报装置相当于火灾自动化系统的"口舌"，在发现火灾时起警示的作用。

(4) 电源

火灾自动化系统属于消防用电设备，其主电源应当采用消防电源，备用电源采用蓄电池，具有最高的供电等级。蓄电池平时浮充电，当交流主电源断电时，能自动切换到备用电源供电。

火灾自动化系统的主机电源通常为专用的一体化电源，除为火灾报警装置和各种联动消防控制设备供电外，还必须为各种火灾触发器供电。另外，火灾自动系统还必须配置24V DC的外供消防电源，用于各类电磁阀、警铃、警笛、声光报警器、防火阀、排烟阀、正压送风口以及24V DC中间继电器等消防控制对象。外供电源回路应与主机电源回路分开设置，以避免影响火灾报警装置等主机的正常运行。

若火灾自动化系统中设置CRT显示系统时，计算机主机、CRT显示器等设备的主电源应设置UPS电源。而有关消防设施或系统的动力供电和电缆必须严格按我国消防规范进行设置，本书不作介绍。

(5) 消防控制设备

在消防自动化系统中，当接收到来自触发器的火灾报警信号时，能自动或手动启动相关消防设施或系统及显示其状态的设备，称为消防控制设备。消防控制设备与火灾报警控制器配合，通过数据通信，接收并处理来自火灾报警控制器的报警数据，然后对其控制的消防设施或系统发出控制信息，使消防设施或系统联动，实施火灾区域隔离、防烟排烟、人员疏散和灭火救灾。可以看出，消防控制设备是火灾自动化系统的“手和足”，执行灭火过程。火灾报警控制器虽然具有一定的控制功能，但一般不能满足现代消防设施的需要，因而火灾自动化系统必须设置消防控制设备。

消防控制设备控制的消防设施主要包括非消防电源切断控制器、防火卷帘装置、防烟排烟系统、室内消火栓系统、自动灭火系统、电梯回降控制装置、火灾应急广播、火灾警报装置，以及火灾应急照明与疏散指示标志等。其中，非消防电源切断控制器用于火灾时切断非消防设施的电源，如空调系统的电源，以避免由于火灾而引起的供电事故；防火卷帘装置用于火区隔离；防烟排烟系统保证疏散通道和消防通道没有烟雾，以便人员顺利疏散和避难，以及消防人员顺利进入火区灭火；火灾应急广播、火灾警报装置和火灾应急照明与疏散指示标志主要用于引导和帮助人员及时疏散和避难，以及指示消防人员灭火；电梯回降控制装置主要用于人员疏散安全和消防人员灭火之用；室内消火栓系统和自动灭火系统才是真正扑灭火灾的系统。各消防设施或系统在消防控制设备的控制下按“隔离火区、引导疏散和灭火”的原则协调运行。因此，一个完整的火灾自动化系统必须由火灾探测、报警控制和联动控制三部分组成，实现防患于未然和将损失最小化的目标。

3.6.3 消防自动化系统基本形式

在实际应用中，应根据保护对象的特点合理实施火灾自动化系统，而各种保护对象的具体特点是千差万别的，对火灾自动化系统的功能要求也不尽相同。从技术的角度看，火灾自动化系统的结构形式可以做到多种多样，但从标准化的要求看，系统结构形式应当尽可能统一，避免五花八门。根据我国现行标准规定，火灾自动化系统基本形式有三种：区域报警系统、集中报警系统和控制中心报警系统。在工程设计中应根据保护对象的分级规定、功能要求及工程规模的大小，合理确定火灾自动报警系统的形式。

(1) 区域报警系统

区域报警系统由通用型报警控制器或区域报警控制器、火灾探测器、手动报警器和火灾警报装置等组成，系统中也可设置一些功能简单的消防联动控制设备，其组成如图 3-17 所示。区域报警系统可独立应用于小型建筑，也可作为集中报警系统和控制中心报警系统中的最基本组成设备，一般用于二级保护对象。

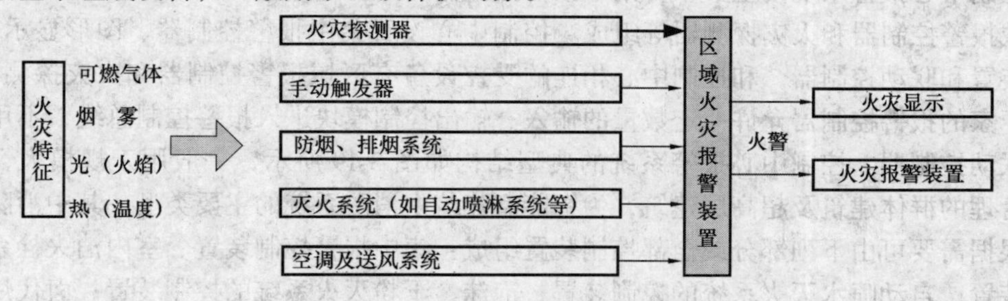

图 3-17 区域报警系统结构图

(2) 集中报警系统

集中报警系统由集中火灾报警控制器、区域火灾报警控制器、火灾探测器和联动控制设备等组成，或由火灾报警控制器、区域显示器、火灾探测器和联动控制设备等组成，属于功能较复杂的火灾自动报警系统。随着计算机技术在火灾自动报警系统中的应用，带有地址码的火灾探测器、手动报警按钮、输入模块和输出模块等，都可以通过总线将信息传输给报警控制器并实现联动控制。集中报警系统的典型结构如图 3-18 所示，一般用于一级和二级保护对象。

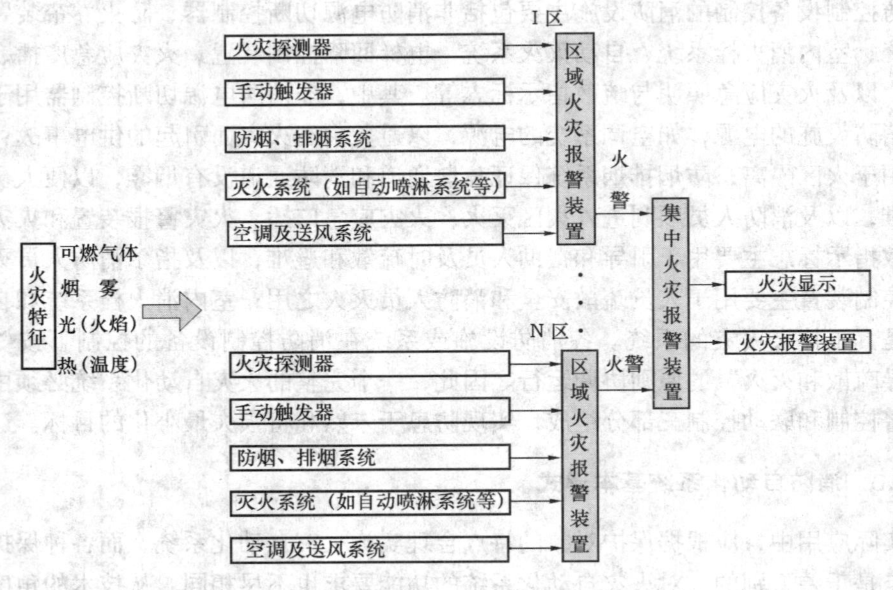

图 3-18 集中报警系统结构图

按消防规范规定，集中报警系统中应设置一台集中火灾报警控制器和两台及两台以上区域火灾报警控制器（或一台火灾报警控制器和两台及两台以上区域显示器），应设置消防联动控制设备。而且，集中火灾报警控制器或火灾报警控制器，应能显示火灾报警、故障报警的部位，显示包括保护对象重点部位、消防设备所在位置及疏散通道的平面图或模拟图，显示系统供电电源的工作状态等；亦可控制消防设备的启/停，并显示其工作状态，对于消防水泵、防烟和排烟风机的启/停，除能自动控制外，还应能手动直接控制。

(3) 控制中心报警系统

控制中心报警系统由至少一台集中报警控制器、一台专用联动消防控制设备、两台以上区域报警控制器和火灾探测器等组成。控制中心设置集中报警控制器、图形显示设备、电源装置和联动控制器，和控制中心相连的受控设备有区域报警控制器和火灾探测器等。有的厂家的报警控制器允许一定数量的输入、输出控制模块进入报警控制总线，不用单独设置联动控制器。控制中心报警系统的典型结构如图 3-19 所示，一般用于规模大，需要集中管理的群体建筑及超高层建筑，为智能型建筑中消防系统的主要类型。其中消防控制设备根据需要可由下列部分或全部控制装置组成：集中报警控制装置、室内消火栓系统的控制装置；自动喷水灭火系统的控制装置；泡沫、干粉灭火系统的控制装置；卤代烷、二

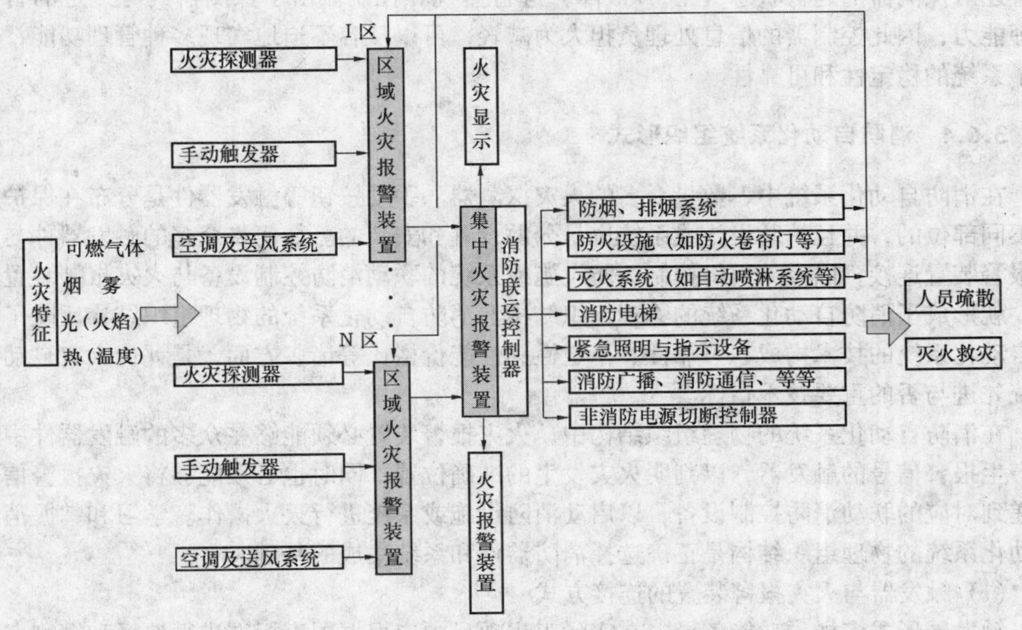

图 3-19 控制中心报警系统结构图

氧化碳等管网灭火系统的控制装置；防火卷帘的控制装置；防烟排烟设备及电动防火阀的控制装置；电梯的控制装置；火灾事故广播设备的控制装置；消防通信设备等。系统应能集中显示火灾报警部位信号和联动控制状态信号，比如控制消防水泵的启/停、显示启泵按钮的状态；控制自动喷水灭火系统的启/停、显示报警阀、闸阀及水流指示器的工作状态；显示消防水泵的工作、故障状态等。

另外，火灾自动报警系统从智能化方面又可分为主机智能系统和分布式智能系统两类。

主机智能系统采用模拟量探测器作为火灾传感器。探测器本身不判定火警，只是将代表敏感现象值的一个真实的模拟信号或一个同敏感值等效的数字编码通过总线传给主机，由主机内置软件将探测器传回的信号与火警典型信号比较，以决定报警与否。这种主机智能系统的灵敏度信号特征模型可根据探测器所在的环境特点设定，并且由于探测器内部设有专用芯片，可自动补偿各类环境中干扰和灰尘积累对探测器灵敏度的影响，对电干扰及线路分布参数的影响进行自动处理，从而为实现各种智能特性，减少误报，实现准确报警提供了技术基础。但因整个系统的监测、判断功能全部要由主机完成，因此系统软件程序复杂，而且探测器巡检周期长，会造成探测点大部分时间失去控制，降低系统的可靠性。

分布式智能系统将主机智能系统中对探测信号的处理，判断功能分散配置在终端传感器和控制器中。在这种系统中，探测器具有一定的智能，它对火灾特征信号直接进行分析和智能处理，做出恰当的智能判决，然后将这些判决信息传递给控制器。控制器再做进一步的智能处理，完成更复杂的判断并显示判断结果。分布智能系统中探测器与控制器是通过总线进行双向信息交流的，控制器不但收集、分析和处理探测器传来的火灾特征信号，而且还对探测器的运行状态（正常/故障）进行监视和控制。由于探测器具有一定的智能处理能力，因此控制器的信息处理负担大为减轻，可以从容不迫地实现多种管理功能，提高了系统的稳定性和可靠性。

3.6.4 消防自动化系统组织形式

在消防自动化系统中，数量众多的火灾探测器、手动按钮等触发器件是分布在保护对象不同部位的，并且消防设施或系统也是分散设置和安装的。如何将众多的触发器件与火灾报警装置连接，以及如何将控制消防设施或系统的联动消防控制设备与火灾报警装置连接，就形成了消防自动化系统的物理组织结构。消防自动化系统的物理组织结构反映了火灾自动化系统的技术构成、可靠性、稳定性和性能价格比等诸多方面，是评价火灾自动化系统先进与否的重要技术指标。

在消防自动化系统的物理组织结构中，火灾报警装置必须能够在众多的触发器件中识别产生报警信号的触发器，以判明火灾发生的准确位置，同时也必须能够将火灾报警信号传递到对应的联动消防控制设备，以启动消防设施或系统进行灭火操作。学习和掌握消防自动化系统的物理组织结构是正确选择消防器件和系统集成的基础。

(1) 触发器与火灾报警装置的连接方式

触发器形式多样，功能各异，在实际工程项目中应根据国家标准进行选择和探测点布置。由于不同型号和规格的触发器在信号传输和自身识别方面存在差异，因而安装在各探测点上火灾触发器的物理连接方式也有所不同。按电气原理和信号传输介质连接分类，触发器与火灾报警装置的连接方式有下面几种方式。在实际工程项目中，这几种连接方式既可以单独使用，也可以联合应用，即混合连接方式。随着IT技术的发展，总线连接方式将越来越多地得到了广泛的应用。

1）多线连接方式　这种连接方式的特点是一个火灾触发器（或若干触发器为一组）构成一条回路，并与火灾报警装置相连接，如图3-20所示。这种连接方式是早期的火灾探测技术，每个触发器除电源可以共用外，信号线和测试线是分开的。当回路中某个触发器出现故障或探测到火灾时，火灾报警装置可以很容易地根据回路判断出火灾的位置。但这种连接方式用线量随着触发器的增多而递增，布线复杂，接点多，施工量大，并且易产生故障。

2）链式连接方式　这种连接方式采用2根连线按一进一出的方式将多个触发器连接成一条回路，如图3-21所示。在这种回路中，每个探测器相当于一个电子开关，在火灾报警装置巡检时，电子开关依次接通，触发器将自己的探测值依次发送到火灾报警装置，火灾报警装置就可以按接收信号的顺序获得各个触发器的信号并识别各个触发器状态。

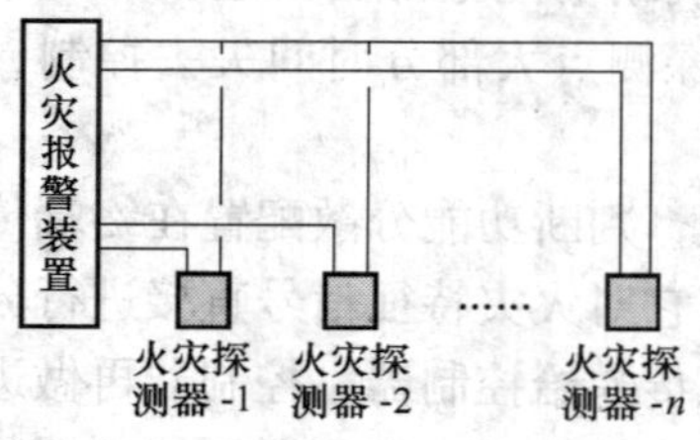

图3-20　多线连接方式

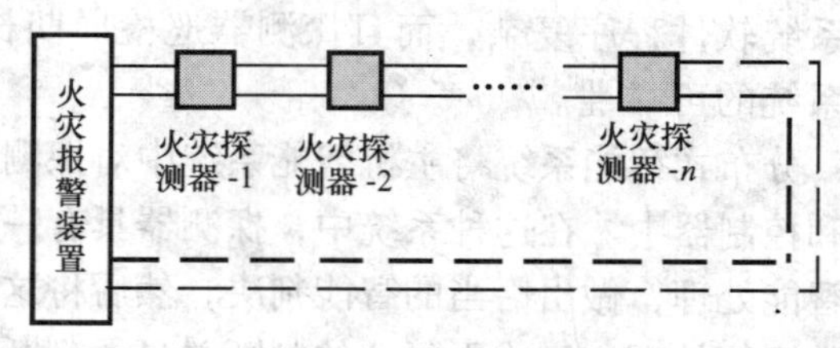

图3-21　链式连接方式

链式连接与多线连接相比，一是回路用线量少，二是可连接成环形回路。当回路中某个触发器出现故障时，火灾报警装置可以通过正、反巡检的方法进行查询，既可以获得其他正常触发器的数据，保证火灾探测功能正常进行，也可以对故障触发器进行定位和隔离。

3）总线连接方式　这种总线连接方式通常由 2 根至 4 根连线将多个触发器进行连接，如图 3-22 所示。在这种连接方式中，每个触发器必须有一个地址识别编码，且信号必须以串行方式发送到火灾报警装置。这种由于采用了数字通信技术，即使触发器增加，连线数量也不会增加。从技术的角度来说，总线连接方式只需 2 根连线就可以进行探测信号传输和故障检测工作，4 线制连接方式主要用于安全级别较高的场所。

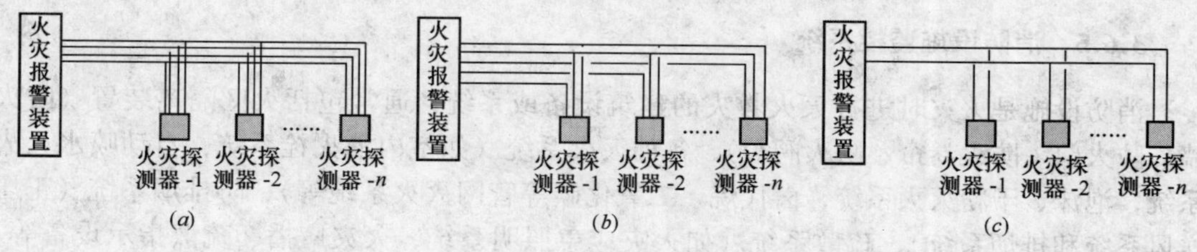

图 3-22　总线连接方式

（*a*）四线制连接方式；（*b*）三线制连接方式；（*c*）二线制连接方式

在总线连接方式中，由总线构成的回路是非常重要的，如果总线回路发生故障，则总线上所有触发器的火灾探测功能失效，甚至会损坏火灾触发器。因此，为了保护总线系统，总线连接方式的触发器通常具有光电隔离装置。

总线连接与链式连接的区别主要表现有两个方面：在物理连接上，总线连接方式中的触发器均“挂”在总线上，并且是并连的，而链式连接方式中的触发器均“接”在连线上，是串连的。在信号传输方式上，总线连接必须采用数据通信方式，而链式连接除可以采用数据通信方式外，更多的是采用模拟电流脉冲方式进行传输。

4）无线连接方式　这种连接方式采用无线电波作为连接介质，具有节省布线费用和安装方便的特点。但这种连接方式要求火灾触发器和火灾报警装置均具有发送和接收无线电波的功能，设备费用较高，一般用于较为特别的场所。

(2) 联动消防控制设备与火灾报警装置连接方式

火灾自动化系统在接收到火灾报警信号时，经适当的延时后，除必须利用火灾报警装置发出声、光警报外，还必须根据识别的火灾信息自动启动相应的消防设施或系统进行火灾隔离、人员疏散和灭火救灾工作。这种联动操作是通过火灾报警装置与控制消防设施或系统的联动消防控制设备之间的连接来完成。火灾报警装置在判明火灾及其位置后，就通过与消防控制设备之间的连接将火灾信息传递到对应的消防控制设备，各消防控制设备就可以按预定方式启动或停止监控的建筑设备，如启动灭火系统、停止空调系统等。

按照火灾触发器与火灾报警装置之间的连接分类方式，联动消防控制设备与火灾报警装置的连接也可以同样分为如下几种：

1）多线连接方式　这种连接方式采用一一对应方式将多个联动消防控制设备与火灾报警装置连接，各个联动消防控制设备均有各自的控制线、反馈线等。这种连接方式是早期火灾自动化系统的连接，一般控制点容量较小。

2）总线连接　这种连接方式采用2线、3线或4线形成信号传输通道，所有火灾报警信号经过数据编码、采用数据通信技术传递到不同的消防控制设备。这种连接方式具有控制点容量大，安装调试及使用方便的特点。

3）总线与多线混合连接　这种连接方式同时存在总线连接和多线连接。根据目前的技术水平，在实际应用中应兼顾各个方面的要求，合理选择不同的局部连接方式，达到经济和可靠的目的。在这种混合连接方式中，通常将具有全局性的灭火消防控制设备采用多线连接，如消防泵、喷淋泵、防排烟风机及电梯等的控制设备往往采用多线式连接，以保证可靠性和实时性。而非全局性的非灭火消防控制设备大多采用总线方式进行连接，如声、光报警与指示标志，空调系统断电控制等。

3.6.5　消防设施监控系统

消防设施是火灾时进行灭火救灾的建筑设备或系统，通常包括火区隔离装置（防火墙、防火门、防火卷帘、防火阀等）、各种灭火系统（如室内消火栓系统，自动喷水灭火系统，泡沫、干粉灭火系统，卤代烷、二氧化碳等管网灭火系统等）、防排烟系统（正压送风系统和排烟系统）、疏散系统（如火灾应急照明系统，火灾广播、疏散指示设备等）以及其他配套系统（如消防电梯、消防通信设备）等。在消防自动化系统中，各消防设施或系统由对应的联动消防控制设备监控，协调动作，以实现隔离火区、引导疏散和灭火的功能。只有对消防设施或系统进行监控，才能实现与火灾报警装置的联动，及时准确地进行灭火救灾工作。因此，对消防设施或系统进行监控是非常重要的，并且监控功能直接影响到消防设施或系统灭火救灾的效果。

(1) 火区隔离装置监控

当发生火灾时，需要采取隔离措施，以防止火势蔓延扩散，最大限度减少火灾损失。常用的隔离物有：防火墙、防火钢筋混凝土楼板、防火卷帘、防火门和防火阀等。其中，防火墙和防火钢筋混凝土楼板是固定的防火隔离物，不需要控制；防火卷帘和防火门是需要联动消防控制器控制的消防设备；防火阀通过易熔片（熔断温度有70℃和280℃两种）控制其关闭来限制烟气通过管道扩散。火灾自动化系统一般只监视防火阀的状态并采取相应的措施。

防火卷帘用于建筑内部较大空间的防火隔离，如商场、营业厅等。根据消防规定，防火卷帘两侧宜设感烟式和感温式火灾探测器及其报警控制装置，且两侧应设置手动控制按钮及人工升降装置。当某个防火分区发生火灾时，火灾报警装置接收到感烟式探测器的火灾报警信号后，将火灾信号传递到该防火分区防火卷帘的联动消防控制设备，联动消防控制设备控制其下降到距地面1.5m处。当感温式火灾探测器产生火灾报警信号时，联动消防控制设备则将防火卷帘全部放下，此时还应启动与防火卷帘相配合的水幕系统对防火卷帘降温，以防止烧坏防火卷帘。防火卷帘的位置状态信息应返回消防自动化系统，并进行显示。

目前，也有些防火卷帘只设置感烟式探测器作为其控制信号。当接收到感烟式探测器报警信号后，由联动控制器将防火卷帘放下距地面1.5m后，延时30s后再全部放下。另外，防火卷帘可采用成组控制方式，即采用一个联动控制器可以控制一个防火分区中的所有防火卷帘，并将防火卷帘的动作信息返回给火灾自动化系统。

防火门分为平开单扇或双扇门，其自动关闭通常有两种，一种是由易熔金属控制，当火灾发生时，易熔金属熔断，防火门在其某种预置力的作用下自行关闭。另一种是电动防火门，设有电动关闭装置，由联动消防控制器控制。根据消防规定，防火门两侧应设感温式或感烟式火灾探测器，当发生火灾时，火灾探测器发出火灾报警，然后在其联动消防控制器的控制下关闭。防火门的状态也必须反馈给火灾自动化系统并进行显示。

另外，防火门应设置有释放器或手动控制按钮，以便防火门在关闭时可以手动开启。

(2) 灭火系统监控

灭火系统是扑灭火灾的建筑设备系统，根据灭火系统的设置方式和使用的灭火剂，可以分以水作为灭火剂和以非燃气体为灭火剂两大类。其中以水为灭火剂的系统主要有室内消火栓系统、自动喷水灭火系统及水幕系统等，以气体为灭火剂的常用有卤代烷灭火系统和干粉灭火系统。

室内消火栓系统由消防给水设备（包括水管网、加压泵及阀门等）和电控部分（包括加压泵启动按钮、配电箱、以及消火栓按钮等）组成。其中消火栓按钮是安装在消火栓箱内的火灾报警触发器。消火栓按钮必须安装在消火栓箱内，并且在功能上与手动报警按钮不同，除了发出报警信号外，还有启动消火栓系统水泵的功能。当发生火灾时，使用者击碎消火栓箱的玻璃门，按下消火栓按钮报警，火灾报警器接收到此信号后，一方面发出声光警报，显示并记录报警地点和时间，另一方面将报警信息传递到消火栓系统的消防水泵的联动控制设备，启动该消防水泵。按我国消防规范要求，消防自动化系统必须设有消防水泵启/停控制，消防水泵运行状态、故障状态显示，以及显示报警消火栓按钮的位置等功能。

自动喷水灭火系统是火灾早期自救的重要灭火系统，其灭火成功率在96%以上，因而是最广泛使用的一种固定灭火系统。目前，自动喷水灭火系统具有多种类型，主要有湿式喷水灭火系统、干式喷水灭火系统、水幕系统、预作用喷水灭火系统、雨淋灭火系统等。

湿式喷水灭火系统应用最为广泛，尤其适应于室内温度不低于4℃的场所。该系统由闭式感温喷头、给水管道系统、水流指示器、湿式报警阀、压力继电器开关、喷淋泵及供水设备等组成。其特点是所有管道均充满具有一定压力的水。该系统的水流指示器和压力继电器开关是火灾报警触发器。当发生水灾时，如果闭式感温喷头处的温度达到额定温度时，感温喷头自动释放（易熔片）或爆裂（玻璃泡），水从喷头喷出进行灭火。同时，水管内的水流动使水流指示器动作产生报警信号和湿式报警阀动作。当总管内水压下降到一定值时，压力继电器开关也产生报警信号。火灾报警装置接收到水流指示器和压力继电器开关的报警信号后，一方面发出火灾声光警报，并记录报警地址和时间，另一方面同时将报警信号传递给联动消防控制设备，启动喷淋水泵，以保证压力水从喷头持续均匀喷出，达到灭火的目的。

有些湿式喷水灭火系统只设置水流指示器报警，而不采用压力继电器开关报警。在这种系统中，只要水流指示器动作，即可自动启动喷淋水泵。

干式喷水灭火系统由闭式感温喷头、给水管道系统、水流指示器、干式报警阀、压力继电器开关、充气设备、喷淋泵和供水设备组成。其特点是报警阀前的管道充满水，报警阀后的管道无水，不怕冻结，不怕环境温度高，不怕水渍会造成污染损失，因此该系统适用于环境温度在4℃以下和70℃以上而不宜采用湿式喷水灭火系统的场所。该系统监控与湿式喷水灭火系统相同。

水幕系统由火灾报警装置自动控制的开式喷水系统，由水幕喷头、给水管道系统、控制阀、水流指示器及压力开关等组成。当发生火灾时，由现场火灾探测器发出火灾报警信号，火灾报警装置在确定火灾位置等信息后，再将火灾信息传递给相应的联动消防控制设备，开启控制阀，从而使水从主干管迅速进入由控制阀控制的喷水灭火管道，使开式喷头同时喷水，形成水幕。当水流指示器和压力开关报警时，启动消防水泵，以维持给水压力。

值得注意的是，水幕系统通常不直接参与灭火过程，而是通过其形成的水幕对防火隔离装置（如防火卷帘、防火门等）和其他保护对象进行降温防火，水幕通常是直接喷向需要降温防火的对象。其他喷水灭火系统不太常用，其监控方式与上述三种灭火系统基本相同，可以参阅相关规范和指南进行学习。

气体灭火系统用于不能用水进行灭火的场所，如计算机房、通信机房、档案室、配电房、发电机房、以及与水能发生化学反应的化学物品存储库等。根据不同的场所可选择不同的气体进行灭火。常用的灭火气体有二氧化碳、卤代烷、惰性气体等。其中，卤代烷灭火剂会破坏大气臭氧层，于1993年的国际公约中明令禁止使用，并逐渐用清洁灭火剂所代替。气体灭火系统按灭火方式可以分为全淹没系统和局部应用系统，按保护范围可以分为单元独立式系统和组合分配系统。不同气体灭火系统具有不同的控制方式和功能，其监控基本原理大同小异，只要注意各种气体灭火系统的特点即可，本书不作介绍，可以参阅相关规范和指南进行学习。

不论是哪种灭火系统，按照我国消防有关规定，消防自动化系统必须具有控制消防水泵启/停、显示消防水泵运行状态、故障状态、手动/自动状态以及其他相关状态（如水流流指示器的状态）的功能。

(3) 防排烟系统监控

防排烟系统的作用是阻止烟气进入疏散和消防通道的消防设施，保证非消防人员安全疏散和为消防人员创造灭火条件。防排烟系统通常分为正压送风系统和排烟系统。正压送风系统通过将室外无烟的空气送入疏散和消防通道，使之维持正压力，从而防止烟气进入。而排烟系统则利用排风系统按一定方式将疏散和消防通道的烟气排出，为人员疏散和消防灭火维持一定的无烟环境。

正压送风系统分防烟楼梯间正压送风系统和防烟前室正压送风系统。防烟楼梯间正压送风系统由送风机和常开式送风口组成。当发生火灾时，由火灾报警装置确认后，联动消防控制器启动送风机对整个防烟楼梯间进行正压送风。消防前室正压送风系统由送风机和常闭式送风口组成。当发生火灾时，由火灾报警装置确认发生火灾的楼层后，联动消防控制设备开启着火层和其上下相邻两层防烟前室的送风口，只对着火层和其上下相邻两层的防烟前室进行正压送风，其他楼层通常不送风。另外，必须显示风机运行状态、故障状态以及开启的送风口位置、状态等信息。目前对常闭式送风口的控制逐渐以总线方式居多。

排烟系统通常有两种方式进行设置，一是单独排烟系统，二是合用通风系统，火灾时排烟，平时正常通风。单独排烟系统由排烟风口、排烟管道、防火阀（熔断温度为280℃）和高温排烟风机组成。当发生火灾时，经火灾报警装置确认后，其联动消防控制设备启动排烟风机进行排烟。当排烟温度达到或超过防火阀熔断温度时，防火阀熔断关闭，同时停止排烟风机。同时，必须显示风机运行状态、故障状态以及防火阀状态等信息。

合用通风系统主要用于平时需要正常通风，火灾时需要排烟的场所（如停车场）。这种合用系统通过转换运行模式的方法完成不同的通风功能，必须根据具体实际进行监控和转换。有的合用系统设置双风机，平时单风机运行进行正常通风，火灾时双风速运行进行排烟；有的合用系统设置双转速风机，平时低速运行进行正常通风，火灾时高速运行进行排烟。另外，合用通风系统在排风（烟）口设置上也有所不同。有的合用通风系统排风口与排烟口分开设置，共用通风管道；有的合用系统排风口和排烟口共用。不论合用通风系统如何设置，其监控系统必须设置模式转换功能，当转换为排烟模式时，其监控功能与单独排烟功能相同，即防火阀与排风机连锁、显示风机运行状态、故障状态及防火阀状态等信息。

(4) 疏散系统监控

疏散系统包括疏散通道和疏散设施，其中疏散通道是建筑专业根据防火规范要求设置的，既是非消防人员逃生的安全通道，也是消防人员进行火区灭火的有效通道。发生火灾时，除对疏散通道进行防排烟外，还必须确保一定照度的照明和相应的指示装置，以便人员顺利疏散。另外，消防控制室、消防水泵房、防排烟风机房、配电室及自备发电机房、电话交换间以及火灾时仍需坚持工作的其他房间等仍需要正常照明。这些要求就构成了火灾应急照明系统、疏散指示标志和火灾广播等消防设施，对这些消防设施进行监控就形成疏散系统监控系统。疏散监控系统是消防自动化系统的重要组成之一。

火灾发生时，为了避免电气线路短路而使事故扩大，往往手动或自动切断全部或部分区域的供电，或者火灾时正常供电损坏，就必须设置火灾应急照明系统，并对其进行监控。其监控内容功能主要有供电方式的自动切换和火灾应急照明系统配电箱的监控。疏散指示标志主要是带有指示文字和图标的灯箱，具有醒目的灯光颜色，一般安装在疏散通道、公共出口处等位置，指示疏散的安全方向。疏散指示装置通常与火灾应急照明系统共用配电系统，其监控包含在火灾应急照明系统之内，或与火灾应急照明系统相同。

火灾广播是火灾或其他事故发生时，指挥和提示人员尽快疏散的音响系统。现代建筑通常设置了完善的音响广播系统，平时可用于播放背景音乐，火灾时应能切换为事故广播。火灾广播的扩音机应为专用，并能进行遥控开启和直接用话筒进行播音。为了尽快疏散和避免引起不必要的混乱，通常采用分批和延时的方式进行广播，即首先对着火层及其上下相邻层进行广播，后对其他层进行分批广播，以便有秩序地快速对现场人员进行疏散。

(5) 其他配套系统监控

在建筑设备自动化系统中，消防系统由许多不同功能的消防设施及其监控系统所组成。在不同的灭火阶段，不同的消防设施及其监控系统发挥着不同的作用，但均是高效灭火过程不可缺少的设施或系统，它们在灭火救灾过程中均发挥重要作用，如消防电梯、消防通信设备等其他配套系统及其监控系统。

发生火灾时，所有电梯均在其监控系统的控制下进行应急动作，有关监控功能参见“3.4 电梯监控系统”。需要特别强调的是，在火灾时，消防电梯必须接受消防自动化系统的监控，并必须在消防供电的支持下进行必要的灭火操作。

消防通信设备通常指消防专用电话，专用于消防报警，应设置成独立的消防通信网络系统，不通过建筑物内其他总机。消防控制室应设消防专用电话（通常作为消防电话总机，外接一条专用市内电话用户线，火灾时便于自动拨叫城市专用火警电话），其他关键及重要场所应设置消防专用电话分机。分机应为免拨号式电话，摘下受话器即可呼叫通话。分机可向总机报警通话，总机也可呼叫分机通话。有的消防控制设备配备有消防专用电话。

消防专用电话在布线上可以分为多线制和总线制两种。多线制一般采用插盘式结构，每门分机一条线路，并且一般与带电话插孔的手动报警按钮配套使用，使用时只需将分机的插头插入电话插孔即可向总机通话。总线制通过二总线将总机和分机连接起来，每个电话分机通过地址模块进行呼叫，总机根据分机地址号与分机进行通话。

3.7 小　结

建筑设备自动化系统是智能建筑中各建筑设备监控系统的集成系统，而各建筑设备监控系统又是建筑自动化系统的基础，因而了解各种建筑设备或系统提供的建筑服务功能及其监控系统是全面掌握建筑设备自动化系统的基础。建筑设备监控系统是计算机控制技术在面向建筑领域的具体应用，是建筑设备自动化的基本内容。本章重点介绍了智能建筑设备的服务功能及其监控功能，是智能建筑设备自动化系统的基础。

根据目前工程设计的专业分工，智能建筑的建筑设备自动化系统主要包括建筑环境设备监控系统、给水排水监控系统、供配电与照明监控系统、电梯监控系统、停车场监控与管理系统，以及消防自动化系统等几个类别。各类监控系统在建筑设备自动化系统的统一管理下相互协调、功能互补，共同实现“安全、高效、舒适和便利”的建筑环境。

思考题

1. 简述建筑设备监控系统的基本结构及其设计方法，设计一个具体的建筑设备监控 DDC 系统，并统计 I/O 类型和点数。
2. 讨论建筑设备自带 DDC 系统与建筑设备自动化系统互连的方式及其优缺点。
3. 简述消防自动化系统的基本组成及其分类。
4. 简述消防自动化系统在建筑设备自动化系统的作用及其特点。
5. 为什么建筑设备监控系统必须具备建筑设备自控网络通信功能?

第 4 章　住宅小区自动化系统

从本质上说，住宅小区自动化系统是在小区机电控制系统、现代管理系统和通信系统的共同基础上，为适应自动化、信息化、智能化的需求而发展起来的。建设住宅小区自动化的目的是利用现代 4C（即计算机、通讯网络、自控、IC 卡）技术，通过高效的传输网络，将多元化信息服务与管理、物业管理与安防、住宅智能化系统进行集成，为住宅小区的服务与管理提供高技术的智能化手段，以期实现快捷、高效的超值服务与管理，提供安全、舒适的家居环境，并节约能源，保持和改善生态环境，满足人们现代生活的需要。本章首先介绍住宅小区自动化系统的基本组成和主要功能，并在此基础上，详细讲述住宅小区自动化系统中各个子系统的组成及功能。

4.1　基本组成与功能

住宅智能化的概念起源于美国。美国的住宅智能化发展是最为迅猛的，继美国之后，欧洲、日本、新加坡等国家的住宅智能化也得到了飞速发展。在我国住宅智能化这一概念推广较晚，但其发展速度也很快。

关于住宅小区自动化智能化，国内、外已有许多报道，亦有多种提法，但其基本概念为利用现代 4C（即计算机、通信网络、自控、IC 卡）技术，通过高效的传输网络，将多元化信息服务与管理、物业管理与安防、住宅智能化系统进行集成，为住宅小区的服务与管理提供高技术的智能化手段，以期实现快捷、高效的超值服务与管理，提供安全、舒适的家居环境。

从近期报道的各类资料来看，对于住宅小区现代化智能化虽然没有统一确切的定义，但基本概念是相近的，而且对信息服务和安全舒适环境建设都提出了较高的要求。总的来说，所谓住宅小区自动化系统，是指通过综合配置住宅小区的各功能系统，以综合布线为基础，通过计算机网络实现小区内各种设备的控制与管理，满足人们对居住环境的高要求。

住宅小区自动化系统的建设应根据所在地区的政治经济发展水平、文化传统和生活习惯，在正确需求评估的基础上进行设计和实施，并应满足如下的基本标准：

1）提供舒适安全、高品位且宜人的家庭生活空间；

2）住宅内部具备完善的安保防灾设施及其系统；

3）住宅小区与社会之间具有高度的信息交互功能；

4）小区内部具备完善的安保措施，全面的公用设施监控管理和信息化的社区服务管理；

5）能够为小区内住户提供各种多媒体的信息服务。

4.1.1 基本组成

住宅小区自动化系统主要由安全防范系统、物业管理系统和通信自动化系统等三大部分组成，如图 4-1 所示。

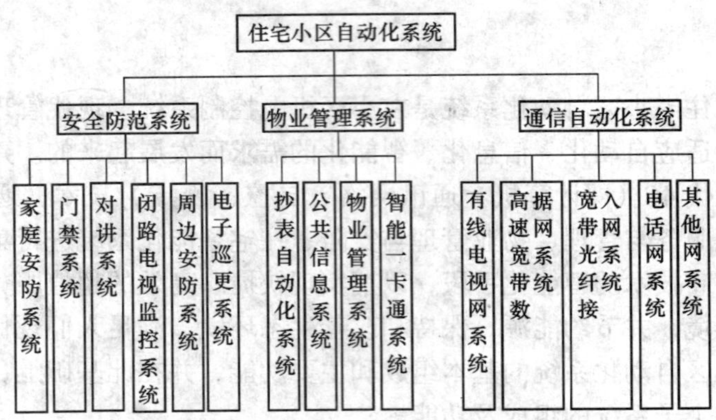

图 4-1 住宅小区自动化系统基本组成

（1）安全防范自动化系统

通过物业管理中心、110 报警系统、120 报警系统等提供住宅内和住宅小区范围内的 24 小时各种安全保障服务。安全防范自动化系统以空间来分，则分为室内部分和室外部分。

室内部分一般包括家庭安防系统、门禁系统和对讲系统等。

1）家庭安防自动化系统

（a）红外门磁防盗报警系统。在住户室内每个入口及窗口安装红外线探测器，当有人非法进入时，红外线探测器触发报警，将信号传送至室内防盗主机，发出声光信号，主机并将此信号送至小区控制中心，控制中心的电子地图即显示出所报警的楼宇、单元、楼层和住户的具体位置以及发生何种类型报警，值班人员即可调度就近保安人员现场查询及处理。

（b）煤气泄漏报警及自动关闭系统。在厨房和厕所（洗澡间）各安装一个煤气泄漏报警器，一旦有煤气泄漏，即触发报警，一方面其自动切断煤气供应，另一方面通知住户和小区管理中心迅速采取措施，以确保住户的生命财产安全。

（c）火灾报警系统。在住宅楼梯间、电梯前室及居室客厅等处设置智能型烟感探测器，智能型的烟感探测器与小区管理中心的防盗、防灾监控网络系统相连。当火警发生时，声光警报启动，通知住户和小区管理中心迅速采取措施，以确保住户的生命财产安全。

（d）紧急求助系统。当家中有紧急事件发生，如有人生重病或有非法者闯入，需要求助时，就可以按紧急按钮，家庭主机即将信号传至控制中心，值班人员接报后立即派人赶赴现场处理使住户得到及时的救助。

2）门禁系统　在住户的门框适当处安装一对门磁，住户可用钥匙正常打开大门，当有人非法打开大门时即报警，门禁系统会发出报警信号，并通过家庭防盗主机将信号传至小区物业管理中心。

3）对讲系统　小区每个单元楼梯口安装楼宇安全门对讲系统，每户都可设置和控制楼宇安全门的对讲机，来访客人可以通过对讲系统实现与被访住户对话，保安人员也可以直接与住户对讲，确认来访者身份后，来访者方可进入小区。在高级住宅楼区，可采用可视化楼宇安全门对讲系统。

室外部分一般包括闭路电视监控系统、周边安防系统和电子巡更系统。

1）闭路电视监控系统　在住宅小区主要路口、电梯前室、电梯轿箱内设置监控摄像机，在智能监控中心的保安员可以24小时监视小区内所有摄像机画面，并可24小时录像存储。当小区的某个地方发生报警时，智能监控中心便通过软件控制附近所有监控摄像机转向报警地点并录像存储，提供事故或犯罪证据。

2）周边安防报警系统　在整个小区围墙段设周界红外线对射报警系统。当有人非法越栏时立即报警，并触发周界摄像机跟踪摄像及录相。

3）电子巡更系统　小区相应位置设立巡更签到器，规定保安人员巡更路线及巡更时间，保安人员配带签到器巡逻，控制中心的电子地图上就会显示出所有保安人员（配有签到器）所在位置。当保安人员在规定时间内没有到指定地点巡逻，控制中心即发出声光报警信号，控制中心即可查询其位置，并用保安对讲机联络。采用电子巡更管理技术，可以杜绝保安人员漏岗、失职等现象，是保证小区安全的重要措施。

（2）物业管理自动化系统

通过物业管理中心和其他职能部门提供住宅小区各种主要设备运行状况监控、住宅小区日常事务管理和住宅多表系统的自动计量和管理等服务。它一般由以下几个分系统组成：

1）抄表自动化系统。《全国住宅小区智能化系统示范工程建设要点与技术导则》中要求智能化住宅必须设水、电、气三表的远程抄表与收费系统。电子水表、电子煤气表、电子电表输出的脉冲信息由计数器读出，储存于E-PROM中，再通过网络传输到管理中心主机，管理中心计算脉冲数量分别计量出三表的读数，实现远程自动抄表，同时和银行连网，定期通过银行实现自动收费，还可以通过区域网向住户提供网上应缴费用的查询、拖欠费用的催缴等服务。

2）公共信息自动化系统。通过广播和多媒体等技术全天候发布与小区业主密切相关的各种公共信息；如天气预报、通知、布告、活动安排以及各种温馨提示等。

3）物业管理自动化系统。运用综合的现代化管理科学及先进的技术，把国家对物业管理的各项规定与要求物化在各种设备中，并由这些设备与管理人员构成某种工作目标和服务的人机信息处理系统。

4）智能一卡通系统。以智能IC卡技术为核心，以计算机和通信技术为手段，将住宅小区内的各项设施连接成为一个有机的整体，用户只通过一张IC卡便可完成通常的资金结算和某些控制操作等。

（3）通信自动化系统

通信自动化系统是智能小区的神经系统，它将小区内各功能子系统的终端设备和网管中心连成网络，并与互联网相连，为小区提供信息传输的通道，从而为住户提供完备的物业管理和综合信息服务。它一般由以下几个分系统组成：

1）有线电视网系统；

2）高速宽带数据网系统；

3）宽带光纤接入网系统；

4）电话网系统；

5）其他网系统。

4.1.2 基本功能

住宅小区自动化系统的功能主要包括安防管理功能、物业管理功能和信息通信网络三大功能。

（1）安防管理

住宅和小区的安全是智能小区首先要解决的问题，因此安防管理是住宅小区自动化系统的基本功能。

长期以来，人们在家居安全防盗问题上，经常采用安装防盗门、防盗锁等来解决；在防煤气泄漏、防火灾以及遇险紧急求助问题上，几乎没有任何措施。在科技高度发展的今天，利用科技手段和高效的物业管理，彻底改变了人们安全防范方法和手段，变“自我保护”为“科技与他人保护”，从单一封闭式、被动型安全防范模式向多元化、综合化、网络化以及主动报警处理方向发展。

另外随着科学水平的提高，住宅小区的安防自动化系统将从最初的保障人身、财产安全，发展到对住宅小区的自动化设备、计算机系统和各类信息资源进行多层次、立体化的保护。

（2）物业管理

物业管理功能也是住宅小区自动化系统的重要功能之一。在住宅小区中，物业管理系统主要负责管理与日常生活紧密相关的问题，例如，房产、财务管理、水电气多表收费管理等。

（3）信息通信网络功能

随着信息技术的不断发展，综合服务数字网以及多媒体的不断发展，住宅小区的通信网络已经成为智能化家庭、小区综合管理中心和外界广域网进行信息交换的纽带，住宅与小区和社会之间高度的信息交换是住宅小区自动化系统的基本功能之一。

有了完善的信息网络系统后，人们就可以在家通过网络计算机，进一步学习或进修某些课程，查阅各大图书馆的资料和参考书，而不受图书馆开闭馆时间的限制以及图书资料份数的影响；也可以通过计算机与城市医疗系统联网，建立个人健康状况档案，及时准确地诊断疾病，还可以通过 Internet 进行网上聊天、打牌和听音乐，看新闻，更可以通过信息通道了解商品信息以及全天候的电视购物，查询小区周边地区商业网点与价格、影视信息等。

4.2 安全防范自动化系统

近年，随着我国国民经济和人民生活水平的不断提高，在全国建成了许许多多的现代化住宅小区。由于城市人口膨胀、外来人口的增加及燃气和大量家用电器设备使用中的不安全因素等，对小区居民的生命和财产造成了很大威胁。给居民生命和财产带来最大的威胁包括两大方面：一方面是由人为引起的破坏（如盗窃、抢劫、凶杀等），另一方面是自然灾害引起的破坏（如火灾、燃气泄漏、突发性疾病等）。因此，人们越来越迫切要求采用有效的措施，以满足日益增长的安全防范要求。为了更有效地保证居民生命和财产的安全，可在住宅内引入智能化的手段进行安全防范管理。

(1) 家庭安防自动化系统

家庭安防自动化系统作为住宅小区最后一道安全防范系统，是最重要的一道防线。家庭安防系统是利用全自动电子防盗设备，在无人值守的地方，通过各种电子探测技术及各类磁控开关判断非法入侵行为或各种燃气泄漏，通过控制箱喇叭或警灯现场报警，同时将警情通过共用网络传输到报警中心或业主本人。同时，在家中有人发生紧急情况时，也可通过各种有线、无线紧急按钮或键盘向小区联网中心发送紧急求救信息。家庭安防自动化系统应具有以下主要的功能：

1) 可探测非法入侵行为或燃气泄漏，并发出信号向接警中心或业主报警；

2) 报警管理中心可以监视和记录用户向中心发送的报警事件，并进行相应的处理；

3) 报警管理中心信息管理，实时维护用户的布防信息和测试信息；按接警、处警方法，查询统计各种警情信息；

4) 住户也可以通过固定式紧急呼救报警系统或便携式报警装置，向物业管理中心呼救报警。

(2) 家庭安防自动化系统组成

一般来说，家庭安防自动化系统主要是指防盗报警系统，对于级别高的住宅小区，还包括防燃气泄漏系统和防火（火灾报警）系统。

1) 防盗报警系统　一个有效的、智能的防盗报警系统由前端入侵报警探测器、中间处理设备、传输系统和监控中心组成。

(a) 入侵报警探测器　前端入侵报警探测器安装在现场，其主要功能是处理现场报警信息并以特定的信号输出。为了适应不同场所、不同环境、不同地点的探测要求，需选择相应类型的探测器。

(b) 中间处理设备　用于连接前端探测器和后端处理及报警设备，它把探测器发出的报警信号转换成计算机可以接受的信号。

(c) 传输系统　传输系统是将探测器所感应到的入侵信息传送至监控中心。选择传输方式时，应考虑下面三点：必须能快速准确地传输探测信号；要根据警戒区域的分布、传输距离、系统性能要求及信息容量来选择；应优先选用有线传输，特别是专用线传输。当布线有困难时，可用无线传输方式。

(d) 监控中心　监控中心负责处理从各种保护区域送来的探测信息，并经终端设备处理后，以声、光的形式报警输出。

入侵报警控制器是监控中心的主要设备，它能直接或间接地接收来自现场探测器发出的报警信号，控制器接到报警信号后发出声光报警并能指示发生入侵的部位。图 4-2 为一典型住户家庭安防自动化系统的结构示意图。

2) 防燃气泄漏系统　该系统是通过设置在厨房的燃气探测器，监视燃气管道、灶具有无燃气泄漏。如有燃气泄漏发生，报警联动控制除了可以控制报警扬声器（警铃）和报

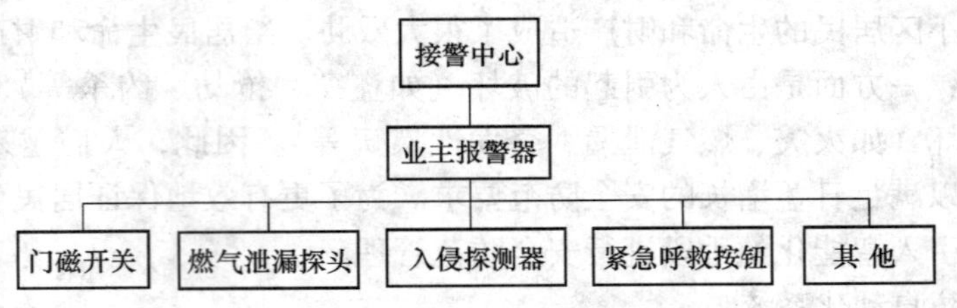

图 4-2 住户家庭安防系统结构示意图

警指示灯发出声光报警外，还能立即控制燃气管道上阀门关闭，并开启厨房内的排风机，排出厨房中已泄漏出的燃气。报警控制器将报警情况通知家人及小区物业管理部门。小区物业管理的保安人员可以通过小区集中报警控制，对小区内各住户内是否有燃气泄漏的发生进行集中监视。

根据可燃气体的探测原理，气敏元件或传感器可分为热导型、热催化型、气敏型和三端电化学型等四种类型。热导型是利用被测气体与纯净空气导热性的差异和金属氧化物表面燃烧的特性，将被测气体浓度转换成温度或电阻的变化，达到测定气体浓度的目的；热催化型是利用可燃气在有足够氧气和一定高温条件下，发生在铂丝催化元件表面的无焰燃烧，放出热量并引起铂丝元件电阻的变化，从而达到可燃气体浓度探测的目的；气敏型是利用灵敏度高的气敏半导体元件吸附可燃气体后电阻变化的特性来达到测量的目的；三端电化学型是利用恒电位解法，在电解池内安装三个电极并施加一定的极化电压，以透气薄膜同外部隔开，被测气体透过此膜达到工作电极，发生氧化还原反应，从而使传感器产生与气体浓度在正比的输出电流，达到探测目的。

4.2.1 门禁自动化系统

（1）门禁系统功能

门禁系统是对住宅小区重要通道进行监控和管理的安防系统，它可以对出入的人员进行识别和选择，允许在一定时间内让人进入指定的地方，而不许非授权人员进入。这种系统也称为卡片开关自动门或电子门锁。一般在住宅楼单元门口等处安装出入控制装置，例如：读卡器、指纹读取器、密码键盘等。住户要想进入，必须有卡或输入正确的密码，或两者兼有，或按专用手指才能获准通过。门禁系统可有效管理门的开启与关闭，保证授权人员自由出入，限制未授权人员进入。同时对出入人员代码、出入时间、出入门号码进行登记与储存。

门禁自动化系统基本功能包括以下几个方面：

1）登记注册：凡是新增加的卡，都要进行登记注册，记时输入卡号、姓名和有效时段等信息，登记完成后，该卡在所登记的有效时段内使用就可以进出出入口。

2）删除注册卡：当识别丢失或由于某种原因不能使用时，可随时输入要删除的卡号即可注销该卡。

3）记录读卡信息并控制门的开关：当有人读卡后控制器将读卡器的送出信号读入，根据卡号、当前时间和登记信息进行判断该卡是否有效，控制开锁或不开，同时将卡号和时间记录下来。

4）实时监测：将系统设置成实时监测状态，这时每读一次卡，控制器所记录的卡号、是否注册以及有效无效等信息会立即显示在计算机上。另外门的状态（开或关）也可实时显示。

5）扩展功能：根据特殊需要，系统可以外接密码键盘输入、报警信号输入以及继电器联动输入，可驱动声光报警或启动摄像机等其他设备。

（2）门禁自动化系统组成

门禁控制系统通常由三层设备组成。其底层是直接与进出者打交道的、安装在现场的输入输出设备，如读卡器、电锁、出口按钮、报警传感器和报警喇叭等；中间层是控制器层；顶层是出入门禁控制系统的管理主机层，其结构如图 4-3 所示。

控制器是门禁系统的核心，它由一台微处理机和相应的外围电路组成。如果将读卡器比作系统的眼睛，将电磁锁比作系统的手，那么控制器就是系统的大脑，由它来决定某一张卡是否为本系统已注册的有效卡，该卡是否符合所限定的时间段，从而控制电磁锁是否打开。

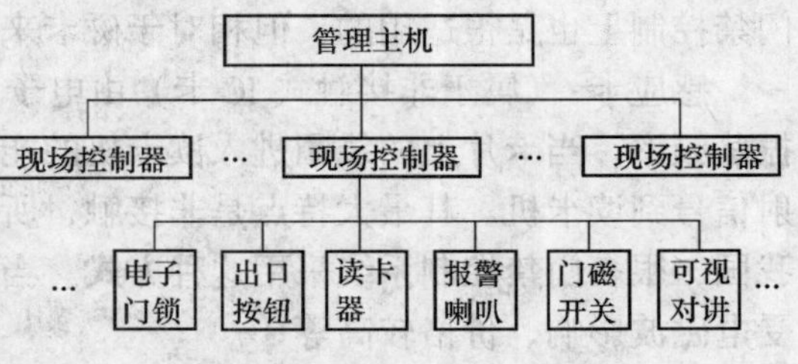

图 4-3　门禁控制系统结构图

（3）门禁自动化系统的辨识装置（读卡器）

在正常情况下，门禁控制系统需要识别来访人员的身份，只有当来访人员的身份特征与预存特征相符时才可进入。人的身份特征较多，可以利用人体生物特征如声音、指纹。视网膜、人的面部特征等；也可使用密码或密码卡、条形码磁卡、IC 卡等。门禁控制系统的辨识装置是整个系统的前端，其灵敏性、准确性和误报率等指标优劣将直接影响门禁系统的性能。

门禁控制设备的技术涉及面很广，如：电子、计算机、机械、生物、光学、材料、建筑结构等。综观目前我们所了解到的门禁控制产品系列，从识别技术角度划分，可以分为三大类：密码识别、卡式识别、生物特征识别。

1）密码识别　它要求操作者按照某种特定的数字序列，在数码键盘上按压数字键，系统根据其输入数码正确与否，决定控制电动开门器是否开门。常见的电子密码锁就采用该种识别技术。在门禁控制上将其与读卡识别技术结合使用，以提高单一密码设备或读卡设备的安全性，如现在大多读卡设备上的“卡 + PIN”设置的应用。

2）卡式识别　对识别卡和读卡器来说，可分为两大类，即接触式和非接触式。所谓接触式是指必须将识别卡插入读卡器内或在槽中划一下，才能读到卡号，例如磁卡等。这类卡和读卡器有着不可避免的缺点：极易受强磁干扰而丢失数据，易被复制；在摩擦、湿热等条件下易丢失数据，使用寿命短。非接触式读卡器是指识别卡无需与读卡器接触，相隔一定的距离就可以读出识别卡内的数据。

磁卡：磁卡是一种非常成熟的信息记录技术，在各个行业都得到了非常广泛地使用，如：公交、通讯、金融、商业等。由于它采用磁带磁化录入信息，在没有设备的条件下不易复制，因而有较强的数据安全性，而且它有一个很大的特点是价格较低。所以，磁卡门禁控制设备以其良好的性能价格比，成为门禁控制上使用普及的产品之一。但是，它也存在许多不足，如易受外来磁场影响，有一定的接触磨损及可用设备复制等。

韦根（Wiegand）卡：它是在两张塑料胶片之间加有特殊材料制作的极细金属丝，当卡刷过读卡头时，这些金属丝会被卡头磁化阅读并消磁。卡片一经剥离，其金属丝的排列便被破坏，因而它是难以复制的。由于其采用金属磁扰原理，本身不带磁粉，不易受外来磁场影响，所以使用的安全性很好，对环境条件要求不高，但其价格相对较高。对一些安全级别要求高、环境条件又相对较差的系统，韦根卡设备不失为一个较好的选择。

IC 卡：所谓 IC 卡就是集成电路卡，在这里主要是指接触式 IC 卡，它有一个很大的特点是信息储存量大，能够保存的数据可以从几十到数十万字节，是其他卡的许多倍；并且它信息存储可靠、安全性能好。在国外，已非常广泛地应用在银行、消费、医疗、旅游等方面；在我国的应用也得到了迅速地推广和普及，如：信用卡、交通收费卡等。IC 卡在门禁控制上也是很适用的，但相对于磁卡来说，其价格更高一些。

感应卡：（属于非接触式 IC 卡）由电子回路和感应线圈组成。它利用读卡机产生特殊振荡频率，当卡片上的线圈进入读卡机的能量范围时，产生共振，感应电流使电子回路发射信号到读卡机。其最大特点是非接触，所以没有磨损、操作方便、还能隐蔽式安装。在我国，很多门禁控制系统采用这种方式。当然，它也有一些不足，比如感应距离有限，易受电磁波影响、价格较高等

3）生物特征识别　人体生物特征识别系统是以人体生物特征作为辨识条件，有着“人各有异、终身不变”和“随身携带”的特点，因此具有无法仿冒、不怕丢失、不会遗忘，有着个体特征独特性、惟一性、安全性的特点，常用于安保系统中的要害部位，但技术复杂、造价高。人体生物特征识别系统主要有指纹机、指形机、视网膜机、脸面机和虹彩机。

（a）指纹机　每个人的指纹都不完全相同，利用这一点，指纹机把进入人员的指纹与原来预存的指纹加以对比辨识，就可以实现很高的安全性。

对于指纹门禁系统来说，小区基本人群的指纹信息采集是非常重要的，它决定了指纹门禁系统的使用效率。当用户有访问需求时，指纹门禁系统中的指纹机立即采集用户指纹的特征信息，并通过光电转换后，将该指纹特征值交给存有指纹档案的管理主机系统进行分析比对，决定该用户是否有访问权限。当验证通过后，管理主机系统会自动发出信号到电源控制箱，通过继电器转换后，输出锁控信号给门锁设备，实现对门的控制。如果来访者没有相应的权限，验证后系统会给出验证失败的信息。

一种典型的指纹门禁系统由管理主机、现场控制器、USB（通用串行总线）接口、指纹传感器、通信转换器、输入输出模组、出门按钮、门触点、电锁、电源等组成，系统的硬件构成如图 4-4 所示。

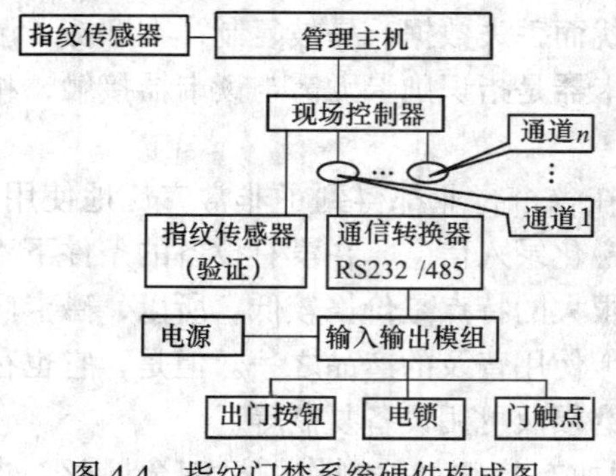

图 4-4　指纹门禁系统硬件构成图

使用人员只要在指纹传感器（验证）上将已登记的手指（每人可登记多至 10 个手指）按压在指纹传感器，现场控制器验证其合法性，然后决定是否进行开门动作。整个过程在一两秒内便可完成，实现门禁管理功能。管理主机可登记使用人员的信息（包括姓名、年龄、性别单位、身份证号、房号、指纹、有效期限等），进行实时监控（可由电脑发指令开/关所有门，并可实时查看所有门的状态）、数据处理、查询、报表输出等。

（b）指形机　指形辨识装置由红外光源、反光镜、摄像机和反光板组成，加上接受和处理指形信息的管理主机，就构成了指形辨识计算机系统。

使用指形辨识系统装置时，只需将手放在反光板上，指形识别系统就会自动通过红外扫描装置获取手指的三维立体图像，并从中抽取近百个特征值，生成一个20字节的二进制序列，这就是特定某个人的指形特征。在建立指形模板时，一般需要三次采集手指特征数据，然后取均值构成该特定个人的指形信息，并存入指形辨识计算机系统数据库。

（c）视网膜机　视网膜的血管路径同指纹一样为各人特有，如果视网膜不损伤的话，从3岁起就终生不变。此外，每个人的血管路径差异很大，外观看不出来，所以几乎不可复制。

此类辨识系统安全性极高，但是技术比较复杂，而且会对人眼造成或多或少的伤害；同时，被检测人的身体状况不好时，视网膜血管分布会发生一些变化，进而影响辨识准确度。

4.2.2　对讲自动化系统

（1）对讲系统功能

对讲控制系统是在各单元入口安装防盗门和对讲装置，以实现访客与住户对讲/可视对讲。住户可以遥控开启防盗门，有效防止非法人员进入住宅楼内。其主要功能如下：

1）可实现住户、访客语言/图像传输；

2）通过室内分机可以遥控开启防盗门电锁；

3）门口主机可以利用密码、钥匙或感应卡等开启防盗门；

4）高层住宅在火灾报警情况下可以自动开启楼梯门锁；

5）高层住宅具有群呼功能，一旦灾情发生，可向所有住户发出报警信号。

（2）对讲系统的组成

对讲控制系统是住宅小区自动化系统的最低要求，对讲系统有普通和可视对讲两种系统，目前，可视化对讲防盗门控制系统开始逐渐成为住宅小区自动化的标准要求。对讲/可视对讲控制系统一般由管理主机、单元主机、住户对讲机和防盗门电锁组成。

1）普通对讲系统　在住宅楼的每个单元首层大门处设有一个电子密码锁，每个住户使用自己家的密码开锁。来访者需进入时，按动大门上室外机面板上对应房号，则被访者家室内机发出振铃声，主人摘机与来访者通话确认身份后，按动室内机上遥控大门电锁开关，打开门允许来访者进入，进入后闭门器使大门自动关闭。

此系统还具有报警和求助功能，当住户遇到突发事情，可通过对讲系统与保安人员取得联系。

2）可视对讲系统　在平台对讲系统安装上摄像机，能实现可视对讲。可视对讲系统安装在入口处，当有客人来访时，按压室外机按钮，室内机的电视屏幕上即会显示出来访者和室外情况。摘下室内机即可与来访者通话。在无人呼叫时，按压室内机的监视键，可主动监视室外情况。可视对讲门铃采用夜间红外线照明设计，使白天黑夜均清晰可见。

可视对讲系统一般采用电话线传输图像，传输速度为每秒传输5帧标准彩色/黑白图像，它实际上是一种窄带电视。

对讲系统按照系统的规模和设置还可分为以下三种：

(a) 单户型　具备普通对讲或可视对讲、遥控开锁、主动监控，使家中的电话（与市话连接）、电视可与单元型可视对讲主机组成单元系统等功能，室内机分台式和扁平挂壁式两种。

(b) 单元型　单元型普通对讲或可视对讲系统主机分直按式和拨号式两种。直按式容量较小，有14、15、16、18、21、27户型等，适用于多层住宅楼，特点是一按就应，操作简便。拨号式容量较大，多为256到891户不等，适用于高层住宅楼，特点是界面豪华，操作方式同拨电话一样。这两种系统均采用总线式布线，解码方式有楼层机解码或室内机解码两种方式，室内机是一般与单户型的室内机兼容，均可实现普通对讲或可视对讲、遥控开锁等功能，并可挂接管理中心。

(c) 小区联网型　采用区域集中化管理，功能复杂，各厂家的产品均有自己的特色。一般除具备普通对讲或可视对讲、遥控开锁等基本功能外，还能接收和传送住户的各种安防探测器报警信息和进行紧急求助，能主动呼叫小区内任一住户或群呼所有住户实行广播功能，有的还与多表抄送、IC卡门禁系统和其他系统构成小区物业管理系统，图4-5为简单型小区联网可视对讲系统结构图。

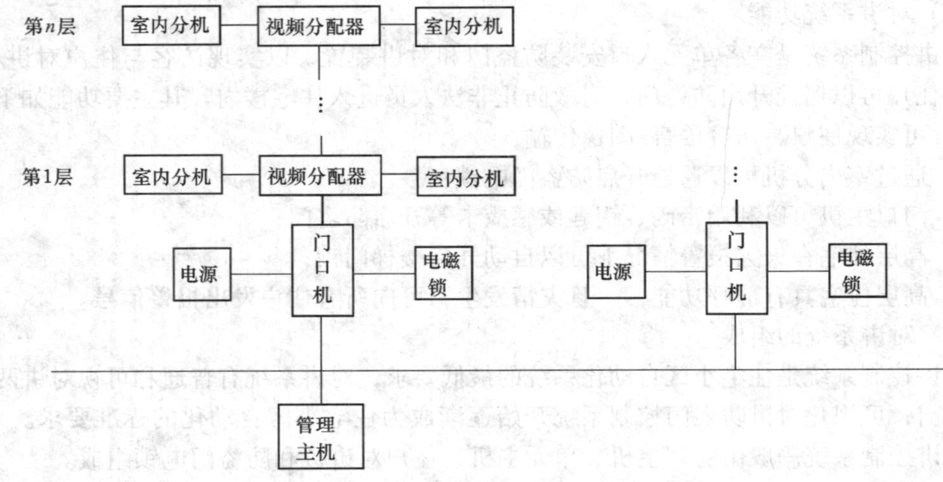

图4-5　小区联网型可视对讲系统结构图

三种类型是从简单到复杂、分散到整体逐步发展的。小区联网系统是现代化住宅小区管理的一种标志，是普通对讲或可视对讲系统的高级形式。

4.2.3　闭路电视自动化系统

电视监控系统是现代监测、控制、管理的重要手段之一。它可以通过摄像机及其辅助设备（如镜头、云台等）直接观看被监视场所的实际情况，并可以把所拍摄的图像用录像、多媒体技术等记录下来。它获得的信息量大，一目了然，判断事件正确，是报警复核、动态监控、过程控制和信息记录的有效方法。智能小区要求闭路电视系统具有一定的联动控制功能，因此，在控制台上要设有入侵防范及其他紧急情况的联动接口。在接到联动控制报警信号时，启动录像机自动对有警情的被监视区域进行录像。同时物业管理中心工作人员根据警报来源能够控制云台进行跟踪监视，并可采取相应处理措施。

一般来说，闭路电视监控系统是安防体系中防范能力极强的一个综合系统，也是住宅小区自动化系统的重要组成部分。

(1) 闭路电视监控系统功能

闭路电视监控系统在住宅小区主要通道、重要公共建筑以及周界设置前端摄像机，通过遥控摄像机及其辅助设备（电动镜头及云台等），在监控中心就可直接观察被监控场所的各种情况，以便及时发现和处理异常情况。闭路电视监控系统的主要功能如下：

1) 对小区主要出入口、主干道、周界围墙、停车场出入口以及其他重要区域进行监控；

2) 监控中心监视系统应采用多媒体视像显示技术，由计算机控制、管理及进行图像记录；

3) 系统可与周界安防报警系统联动进行图像跟踪及记录；

4) 视频失落及设备故障报警；

5) 图像自动/手动切换、云台及镜头的遥控。

闭路电视监控系统相对于普通扩散型的广播电视来讲，具有以下特点：

1) 它是一种集中型系统，不同于扩散型的广播电视，一般作监测、监控、管理使用；

2) 信息来源于多台摄像机，要求多路信号同时传输、同时显示；

3) 传输的距离相对较短，一般在几十米到几千米的有限范围内；

4) 一般采用闭路传输，极少采用开路传输方式，一千米以内可用电缆传输，一千米以上最好用光缆传输；

5) 除向接受端传输视频信号外，还要向摄像机传送控制信号和电源，因此，是一种双向多路传输系统。

(2) 闭路电视监控组成

如图 4-6 所示为一典型闭路电视监控系统结构图，它由管理主机、视频矩阵切换器、摄像机、录像机等组成。按照设备的功能不同，闭路电视监控系统可以分为以下几个部分：摄像部分、传输部分、控制部分以及显示和记录部分。摄像机安装在需要监视的地点，配有云台调整观察角度，配有调焦装置可调整观察的距离及清晰度，配有防护罩以防损坏；传输部分将摄制的图像信号传输给监控中心显示、记录；控制部分将传送来的信号处理之后进行显示和记录。

1) 摄像部分　由安装在现场的设备完成，这些设备包括摄像机、云台和防护罩。它们的任务是对监控的对象进行摄像，并将其转化为电信号。

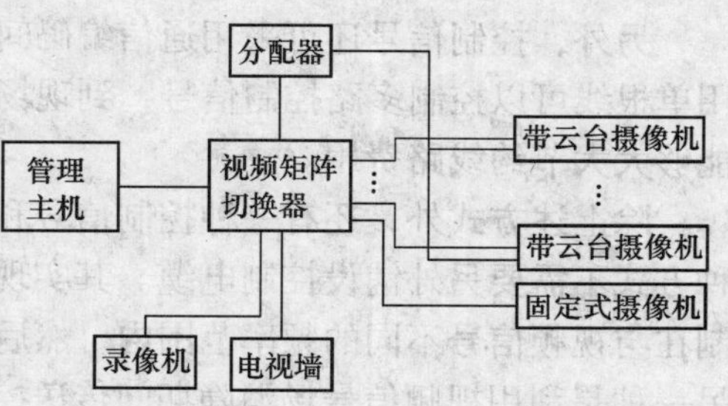

图 4-6　闭路电视监控系统结构图

(a) 摄像机　摄像机是电视监控系统的前端设备，摄像机摄像的图像是否清晰、准确，直接决定电视监控系统的性能。

安全监控系统中的摄像机通常由高灵敏成像的 CCD 固体摄像器件、调整镜头与光圈组成。CCD 电荷耦合器件构成的摄像头，利用光敏二极管的 PN 结构成基本像素，当光线照射在 PN 结上的强弱发生变化时，在其表面的电荷量发生相应的变化，将这一微弱的电荷变化采用特殊的耦合方式输出就形成了这一点像素的信号。采用电子扫描的方式把全部像素的信号输入即可得到摄像头场景的图像信号。

CCD 摄像头的灵敏度高，而且可靠性高，寿命长，能在较宽的温度环境中长期正常工作；而且 CCD 摄像机对红外光比较敏感，这种光人虽然看不见，但却能在 CCD 摄像机上呈现很清晰的图像，如果要在完全的黑暗的地方进行监视，加上红外光源即可。

另外，摄像机还有黑白与彩色之分，一般黑白摄像机要比彩色的灵敏度和清晰度都要高，比较适合用于光线不足的地方，如果使用目的只是监视景物的位置和移动，可以采用黑白摄像机，如果要分辨被摄物体的细节，比如分别景物的颜色，则采用彩色摄像机比较好。

(b) 云台　云台是摄像机的支撑、转动部件，能使摄像机改变摄像角度和监视范围。云台分为固定和电动云台两种。如果监视范围不大，则采用固定云台，在其上安装好摄像机后可调整摄像机的水平、俯仰角度，达到最好的工作状态，然后就可锁定调整机构。如果需要对大范围进行扫描监视，则采用电动云台。

电动云台调整姿态是由两台执行电动机来实现的，电动机接受来自控制器的信号精确地运行定位。在控制信号的作用下，云台上的摄像机既可自动扫描监视区域，也可在监控中心值班人员的操作下跟踪监视对象。

2) 传输部分　其任务是把现场摄像机发出的信号传送到控制中心。它一般包括线缆、调制解调设备、线路驱动设备等。

监视现场和控制中心之间有两种信号需要传输，一种是摄像机得到的图像信号要传到控制中心，一种是控制中心的控制信号要传送到现场，控制现场设备。

视频信号的传输可用同轴电缆、光纤或双绞线，用双绞线传输时需加视频转换适配器。

控制信号的传输可以是直接控制，即控制中心把控制量直接送入被控设备，如云台和变焦距镜头所需的电源、电流信号等。这种方式适用于现场控制设备较小的情况。

其次，当控制云台、镜头数量很多时，需要大量的控制线缆，线路也复杂，需采用多线编码的间接控制。这种方式中，控制中心直接把控制命令编成二进制或其他方式的并行码，由多线传输到现场的控制设备，再将它转换成控制量，对现场设备进行控制。这种方式比上一种方式用线少，在近距离控制时也常采用。

另外，控制信号还可采用通信编码间接控制。这种方式采用串行通信编码控制方式，用单根线可以控制多路控制信号，到现场后再进行解码。这种方式可以传送一千米以上，能够大大节约线路费用。

除上述方式外，还有一种控制信号和视频信号复用一条电缆的同轴视控传输方式。这种方式不需要另外铺设控制电缆。其实现方法有两种：一种是频率分割，即把控制信号调制在与视频信号不同的频率范围内，然后同视频信号一起传送，到现场后把它们分解开；另一种是利用视频信号场消隐期间传送控制信号。同轴视控在短距离传送时较其他方法有明显的优点，但目前此类设备价格比较昂贵，设计时可综合考虑。

3) 显示记录部分　显示记录是把现场传来的电信号转换成图像在监视设备上显示，如果有必要的话，还可以用录像机录下来，供分析研究使用。显示记录安装在控制室内，主要有监视器、录像机和一些视频处理设备。

(a) 监视器　由摄像机传送来的视频信号由监视器再现为图像。按其功能可分为三种：一种是图像监视器，主要用于对摄像机信号的图像监视，在屏幕上提供高分辨率、高对比度的画面。黑白监视器的中心分辨率通常可达 800 线，彩色监视器的分辨率一般为 300 线。这种图像监视器比普通电视机清晰度高，普通电视机的信号带宽仅约 4MHz，而图像监视器视频信号的带宽在 7～8MHz。一种是电视监视器，兼有图像监视器和电视接收机的功能，可将广播电视信号转换为视频信号在屏幕显示的同时送往录像机进行录像。另一种监视器是采用高档计算机，通过矩阵切换系统，将现场摄像机传送来的信号在计算机屏幕上再现。

(b) 录像机　录像机有两种：一种是连续式，像银行、博物馆等处，需长期录像；一种是间歇式，可以设置为多种间隔模式。可以设置为周期性自动录像，也可以设置为收到报警信号后，自动进入连续录像状态。录像机内设有字符信号发生器，可在图像信号上打出月/日/年/星期/时/分/秒/录像模式，还能在图像上显示出摄像机与报警器的编号和报警方式。

(c) 画面分割器　大型住宅小区闭路电视监控摄像机的数量多达数百个，但监视器的数量受机房面积限制要远远小于摄像机数量，而且监视器数量太多也不利于值班人员全面巡视。

画面分割器就是实现全景监视的一种装置。多路视频信号进入画面分割器后再输入一台监视器，就可在一台监视器屏幕上同时显示多个画面。画面分割器分为二画面、四画面、十六画面。通过编程，每个画面的图像可以实现定格，也可以全屏放大。

(d) 视频切换器　视频切换器可将一路视频信号送到多个显示与记录设备。现在还有一些电视监控系统把云台、变焦镜头和摄像机封装在一起组成一体化摄像机。它们配有高级的伺服系统，云台具有很高的旋转速度，还可以预置监视点和监视路径。平时按设定的路线进行自动巡视，一旦发生报警，就能很快地对准报警点，进行定点的监视和录像。

(e) 控制部分　控制部分负责所有设备的控制与图像信号的处理，是整个系统的指挥中心。一般住宅小区，主要由总控制台组成；构成复杂或庞大的住宅小区，必要时可设副控制台或将总控制台连网。

控制台通过各种遥控电路来实现对摄像部分的控制，控制电动变焦镜头的变焦、聚焦和光圈，与电动旋转云台组合可以对相当广阔的范围进行监视，而且还可以对该范围内任意部分进行特写。控制台可控制电动云台的左右上下转动，对有自动巡视功能的云台还可自动控制，同时控制台还要控制切换设备。另外，控制台接收摄像机的信号、报警探头的信号，并且将这大量的信号传送到显示部分，给值班人员参考。

另外，控制中心还可实现联动控制，如在火警、盗警产生时，可通过联动控制视频监视系统转入监视状态，报警点摄像机切入主监视画面，可作特写、满屏显示，同时启动录像机作实时记录。

4.2.4　周边安防自动化系统

(1) 周边安防系统功能

周边安防自动化系统是指住宅小区周围的安全防范，通过安防报警措施，探测任何试图非法翻越围墙或栅栏进入小区的行为，确定入侵区域位置，通知小区保安人员进行处理，同时现场警告入侵者，并进行现场录像联动。

周边安防自动化系统作为小区的第一道安全防线，其主要功能如下：

1）对小区周边围墙区域进行监控；

2）探测任何试图非法翻越围墙或栅栏进入小区的行为以及入侵位置；

3）向小区物业管理中心报警，并启动联动设备。

（2）周边安防系统组成

周边安防系统一般由探测器、报警控制器、联动控制器、模拟显示屏及探照器组成。一种典型的周边安防系统结构如图 4-7 所示。对于一般的周边安防，通常在小区的围墙四周设置红外多束对射探测器，一旦有非法入侵者闯入就会触发，并立即发出报警信号到周边安防控制器，通过网络传输线发送至管理中心，并在小区中心电子地图上显示报警点位置，以利于保安人员及时准确地处警，同时联动现场的声光报警器（白天使用）或强光灯（夜间使用），及时威慑和阻吓不法之徒，提醒有关人员注意，做到群防群治，拒敌于小区之外，真正起到防范的作用。小区周边安防报警系统还可以与闭路电视监控系统联动，一旦报警，监控中心图像监视屏上立即出现与报警点相关的图像，并自动以高密度方式录像。值班保安人员可以通过控制摄像机监视报警区域的所有情况，以便及时发出报警信息。

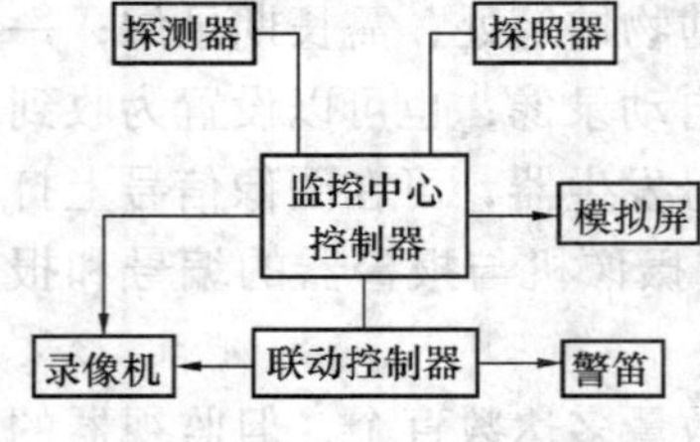

图 4-7　周边安防系统结构图

对于周边安防系统未来的发展，首要的是防止误报、漏报。因此，为了有效避免由于树叶、杂物、小鸟、暴风雪等原因对探测器的影响，同时保证任何较大物体和非法翻越围墙或栅栏行为引发立即报警，周边安防系统应采用各种智能技术，如模糊技术等。

其次就是要提高周边安防系统的精确度。现在大多数周边安防产品的报警只能大致指出在 300m 范围内有侵入，而不能精确到某个点或某个比较小的范围，这样的精确度就没有多大的意义。美国一家公司目前的感应精确到 3m 以内的范围，这种精确度就有了很大的进步。以后随着周边安防系统的进一步发展，防区的定位会越来越精确，以后的周边安防系统也会比较强调精确定位。

另外，周边安防系统一定要人性化。实际上，建筑的核心理念就是人性化。人性化要求也就是要美观，即设备安装应与环境协调，避免出现戒备森严的气氛，这样就要求周界器材更美观，安装更隐蔽等。

4.2.5　电子巡更自动化系统

（1）电子巡更系统功能

电子巡更系统是保安人员在规定的巡更路线上，在指定的时间和地点向管理主机发出巡更信号以表示正常。通常在巡更的路线上安装巡更开关，巡更保安人员在指定的时间区域内到达指定的巡更点，并且用专门的钥匙开启巡更开关，向系统管理主机发出“巡更到位”的信号。如果在指定的时间内，巡更信号没有发到管理主机，或不按规定的次序发出巡更信号，系统将视为异常。其主要功能有：

1）设定合理巡更点、巡更班次、时间间隔、巡更线路、有效管理巡更员巡视活动；

2）巡更员按规定的巡更线路进行巡视，记录巡更员到达时间、地点及相关信息，并将有效信息保存在中心数据库中；

3）将数据库中的数据进行统计、生成报表，以供查询、打印，并对失职、失盗进行分析处理。

(2) 电子巡更系统组成

电子巡更系统是小区周边安防系统的重要补充，通过小区内各区域及重要部位的安全巡视和巡更点的确认，可以实现不留任何死角的小区巡更网络。巡更系统一般分为非在线式巡更和在线式巡更系统两种。

1）非在线式巡更系统　主要由巡更机（采集器）、通信器（数据传送器）及巡更按钮组成，如图 4-8 所示。系统组成及工作原理非常简单，工作时，巡更员携带采集器，按预先排好的巡更班次、时间间隔、巡更线路到各巡更点巡视，读取巡更按钮的有关信息。返回管理中心后将巡更机采集到的数据通过数据传送器将采集器的信息传输到管理主机内，进行整理分析。

2）在线式巡更系统　在线式巡更系统是将数据识读器安装在小区重要部位，再用总线连接到控制中心的管理主机上。在线巡更系统一般是巡更员携带巡更牌，按预先排好的巡更班次、时间间隔、巡更线路到各巡更点巡视；巡更点读取有关信息，实时上传至管理中心，供分析、处理；实现了实时管理保安巡逻人员的巡视情况、增加了保安防范措施。

为了既能实现巡更功能又节省造价，目前，在智能住宅小区的设计中，把巡更系统设计到门禁系统中去，利用现有门禁系统的现场控制器的多余的输入点来实现在线式巡更，在线式电子巡更系统示意图如图 4-9 所示。

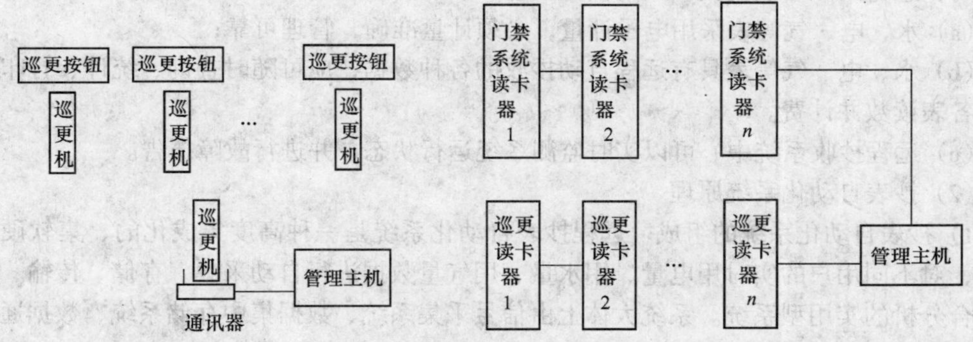

图 4-8　非在线式电子巡更系统示意图　　　图 4-9　在线式电子巡更系统示意图

4.3 物业管理自动化系统

4.3.1 抄表自动化系统

在住宅小区中，水、电、燃气是百姓日常生活中必不可少的东西，然而，水表、电表和燃气表的抄录，是城市生活的一个大问题。人工入室抄表，不仅可能带来新的人为操作误差，更重要的问题在于入室抄表给居民带来新的不安全因素。如何解决抄表的问题引起了有关部门的极大关注。

（1）多表抄收解决方案

目前，解决多表抄收解决方案很多，但总体来说主要有以下几类：

1）多表移到户外，多表公司抄表人员在户外直接抄表。目前，很多住宅电表已经都移动到住户室外，但由于移出工作比较困难，水表和燃气表移到室外的还不多见。

2）采用IC卡、磁卡之类的储值卡表的方式实现用户的预付费。利用储值卡等具有预付费性质的计量表，可以最简单地实现各家各户独立计费，不需要逐月上门抄表。但磁卡因可靠性差，经常造成费用流失，在多表计量上已经被淘汰。IC卡方式是一种可行的方案，它使用简单、安全、可靠，并且深受多表公司的欢迎，有一定的应用市场。但是，它有一些最基本的问题无法解决，例如，就电能表而言：

（a）由于开放性的读写窗口，极易受到来自外界的攻击，因此，抗干扰能力脆弱，对于可能发生的窃电情况，不能及时发现和处理；

（b）系统本身的机构较磁卡（或IC等）电话的机构更为复杂，一旦发生系统失效后，不只是影响客户的正常用电，还容易因为客户的权益受到损害而引发客户投诉；

（c）难以适应电价变动的要求；

（d）不能动态反映线路的负荷情况、损耗情况，无法实现对线路运行进行整体的动态管理，提高企业的经济效益。

3）远程抄表。远程抄表自动化系统是以一定的媒体或介质（局域网技术、电力线路、无线电、电信网等）作为通讯载体，实时采集各表的数据并传送到物业管理中心，实现各住户多表数据的抄录、费用的计算以及收费账单的打印，及时将相关数据传送到相应的职能部门，避免入户抄表扰民和人为读数误差。抄表自动化系统的主要功能如下：

（a）水、电、气等表采用电子计量，必须计量准确，管理可靠；

（b）水、电、气等表具有远程自动抄收的各种数据，应可随时查询、统计、打印整个小区各表读数并计费。

（c）远程抄收系统中心可以实时监测系统运行状态，并进行故障报告。

（2）抄表自动化系统原理

1）抄表自动化系统的组成　远程抄表自动化系统是一种高度集成化的、集软硬件为一体，对不同用户的实时用电量、用水量、用气量数据进行自动采集、存储、传输、统计及综合分析的实用型系统。系统大体上由信号采集系统、数据集中存储系统、数据通信传输系统三大部分组成。

当物业管理系统主机发出读表指令时，住户采集器立即向管理系统传送多表数据。住户采集器和物业管理主机采用双方规定的某种通信协议进行通信，确保传输过程数据信息的正确性。物业管理主机负责多表数据采集指令的发出、数据的接收、计费、统计、查询、打印，以及将收费结果分别传送到相应的多表公司职能部门的计算机上。

（a）信号采集系统　信号采集系统的主要功能是完成表计数字脉冲信号的采集工作，并通过媒体（介质）传输至数据集中存储系统中。

目前，国家电力行业主管部门已针对行业的特性，制定了关于自动化抄表系统的技术规范，并且在计量用表计的使用上，已开始大范围采用具有RS-485总线数字输出的脉冲输出的普通电能表、分时计费电能表，特别是针对分时计费电能表，还能通过系统进行统一的对时，就表具的计量、数据采集而言，已达到了比较先进的程度。

自来水、燃气行业目前在自动化抄表系统方面，还没有比较系统性的技术规范，而且在表具的使用上，还没有大范围的使用具有数字脉冲输出信号的水表、燃气表，但对于自动化抄表系统的探索和尝试也在不断地推进当中。

一般现在对于机械式的水表、燃气表是采用传感器，将表具齿轮的传动量转换为开关信号或电信号输出。传感器分为有源和无源两种。有源传感器是指采集器需要有供电电源，它具有性能稳定、可靠的优点，与表具间无机械的触点，但是在停电情况下将无法采集数据。

无源传感器是指无需供电电源的采集装置，但它与表具间必须有机械的触点，因此，机械部分有疲劳寿命的问题，运行维护工作量较大，相对于有源采集器有其一定的劣势。

(b) 数据集中存储系统　数据集中存储系统（集中器）的主要功能是通过数据的双向通信，接收并保存由采集器采集的实时数据，同时对数据进行必要的分析、累加和计算等。

由于各种系统的设计思路以及传输介质的不同，数据集中存储的设备有多种形式和名称，如采集终端、集成器等。数据集中存储系统是存放数据的重要设备，对其可靠性的要求较高，但由于硬件和软件设计的不完善，造成集中器死机的情况在自动化抄表系统中较为普遍。因此，目前成熟的设备制造供应商，经常采用双重硬件看门狗和软件看门狗技术，确保集中器可靠运行，不死机。

(c) 数据通讯传输系统　数据通信传输系统的主要功能是由安装在供电所（公司）、自来水公司、燃气公司营业所内的总控管理系统通过 Internet 或 LAN 网络等通信技术和物业中心的管理主机相连接，对采集到的数据自动进行处理、存储和汇总统计。

如图 4-10 所示为一种典型的远程抄表系统，由用户采集器实时采集、处理和储存住宅能耗计量表的数据，通过总线传输到住宅管理中心服务器，经中间通信接口，集成于住宅小区物业管理系统；电力、燃气、自来水公司可以通过 Internet 或 LAN 网络直接向各小区物业管理中心读取数据，发出收费通知。

2）抄表自动化系统的种类　实现远程抄表的方式比较多，主要包括以下几种：

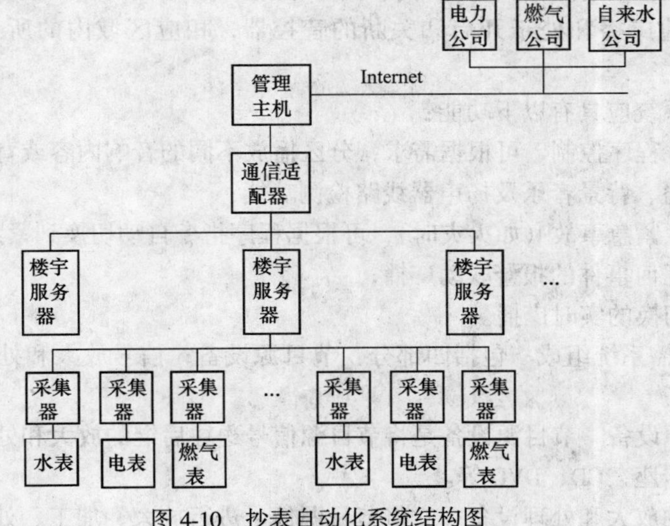

图 4-10　抄表自动化系统结构图

(a) 远传有线联网自动化抄表系统。此系统是建立在局域网基础上的自动化抄表系统。目前一般以局域网技术中常用的双绞线（光纤的成本较高，一般不采用）为传输介质，连接从采集器到采集终端，对于既有自动化抄表系统又有局域网的住宅小区有着投资少、见效快的特点。但是，由于局域网所采用的双绞线有易老化的弱点，投运后故障点较难判断，给日常的维护、维修带来较大的麻烦。

(b) 无线远传自动化抄表系统。此系统是运用无线电作为传输介质将采集器中的数据传输至集中器。这种抄表系统不需受有线固定传输方式的限制，能运用现有的任何通信方式传输数据，但无线电通信抗干扰能力薄弱，使系统的可靠性受到威胁。另外因无线电频率作为一种国家严格控制的资源，要在住宅小区中使用也有一个主管部门审批的问题。

(c) 电力载波方式。利用现有电力线作为数据通道，集中器通过电力载波和数据采集器通信、访问表计数据以及对用户表具进行控制。由于采用的媒体是电力线，因此，安装简单、维护、维修简便。数据集中器与总控管理站通信接口多样，选择面广。可通过远端（电话网）或近端（便携机）对集中器进行参数设置和数据抄录；也可通过集中器对用户进行实时的数据抄读和参数设置。系统除了具备远程自动化抄表功能外，还具备系统对时、命令广播、小时用电量记录、按分钟单位统计电能最大需量，为电力、供水、燃气等部门管理、现代化需求管理和配网规划及决策提供大量精确实时的数据。

总体来看，远程抄表是一种极有前途的方式。它不仅方便用户，而且可以使用户明明白白地消费，可以知道多表消费的每一项具体支出情况。

4.3.2 公共信息自动化系统

(1) 公共广播系统

1) 公共广播系统的功能　公共广播系统是小区中传播实时信息的重要手段，住宅小区中的公共广播系统根据使用功能可分为背景音乐广播系统和紧急事故广播系统。背景音乐广播用于在节假日、早晚等特定时间播放音乐、调频广播及事务广播；当有紧急事件发生时可迅速切换至紧急事故广播。通常，紧急事故广播被列为消防自动控制的一个联动部分，在广播系统中消防广播具有绝对优先权，其信号所到的扬声器应无条件畅通无阻，包括切断所有其他广播和处于开启和关断的音控器，相应区域内的所有扬声器应全功率工作。

公共广播系统应具有以下功能：

(a) 由软件程序控制，可根据需求，分区播放不同的音响内容或背景音乐；

(b) 有广播、背景音乐及扬声器线路检测功能；

(c) 当发生紧急事故（如火灾时），可根据程序指令自动切换到紧急广播工作状态；

(d) 提供任何事件的报警联动广播；

(e) 手动切换的实时广播。

2) 公共广播系统组成　包括四部分：节目源设备；信号放大和处理设备；传输线路和扬声器系统。

(a) 节目源设备　节目源设备是将节目源信号送往后继的放大和处理设备。它一般包括话筒、录音卡座、CD、DVD 等。

(b) 信号的放大和处理设备　它将节目源信号进行放大、加工、处理和调整。由于节目源发出的声音能量是有限的，其声压级传播距离的增大而迅速衰减，所以信号的放大是这一部分设备的首要任务；其次就是信号的选择开关所需要的节目源信号。

调音台和前置放大器：它们是音响系统的中心控制设备，它们的功能是对各种输入的声源信号进行匹配放大、混合、处理和分配控制等。

功率放大器：将调音台或前置放大器送来的信号进行功率放大，通过传输线去推动扬声器放声。

(c) 传输线路　由于服务区域广，传输距离长，为了减小传输线路引起的耗损，一般采用高压的传输方式，由于传输电流小，故对传输线的要求就相对不高。

(d) 扬声器系统　扬声器系统是一个电-声转换器，它将放大和处理后的电信号转变为声音，是广播系统的喉舌，它直接影响声音的质量。因此，在使用时，应选择声音洪亮优美、失真率小且性价比高的扬声器。

(2) 电子公告系统

随着人们生活水平的不断提高，对自己居住环境的要求也越来越高，住宅小区的外在环境也越来越受到重视，过去小区发布信息等都是通过张贴通知的形式，极大地影响了小区的环境，有时还会出现刚张贴出来就被撕掉，影响了通知的效果，给管理者和住户都带来不便。如今，采用电子公告牌系统就可避免上述的缺点，它具有实时性，可重复性，显眼，能起到很好的提示作用，并且不会破坏小区的整体形象。

1) 电子公告系统的功能　电子公告系统，也称为小区消息显示系统，是物业管理的有效辅助工具。通过多媒体计算机全天候发布与小区业主密切相关的各种公共信息，如天气预报、通知、布告、活动安排等，让小区的业主们通过电子公告屏上的信息，可随时了解到小区的物业管理和新闻内容等。

2) 电子公告系统的组成　小区电子公告系统一般由管理主机、控制器和显示屏组成。管理主机一般设在管理中心室内，控制器通过通信线与显示屏相连，显示屏设在小区入口处较明显的位置。显示屏有液晶显示屏（LCD）、发光二极管显示屏（LED）和电视墙等，目前普遍使用的是 LED 显示屏。

一般对于电子公告系统在技术方面要求如下：

(a) 显示屏与管理主机 CRT 同步，实时显示 CRT 上的文字；

(b) 系统能通过对管理主机的操作，调整显示屏的色彩和亮度；

(c) 系统软件具有一定的编辑方式，显示时间可任意调节，画面可循环显示，可自开机到关机全自动播放；

(d) 软件支持文字、股市、天气预报等多种信息；

(e) 显示屏至少能显示 16×16 点阵，24×24 点阵或更大点阵的汉字，并能选用多种标准及美术中英文字体。

4.3.3 物业管理自动化系统

办公自动化是社会发展的必然趋势，是计算机技术和网络通信技术相结合的结果，住宅小区物业管理自动化也是历史发展的必然。

现代化物业管理系统就是运用综合的现代化管理科学及先进的技术，把国家对物业管理的各项规定与要求物化在各种设备中，并由这些设备与管理人员构成某种工作目标和服务的人机信息处理系统，它的核心是一批高技术、高素质的系统管理员、软件工程师和工程技术人员。管理者的责任就是充分利用小区的高科技设施和现代化管理系统，为用户创造出更加方便、亲切、安全、和谐的居住环境。

(1) 物业管理系统的功能

小区物业计算机管理系统的硬件部分由计算机网络及其他辅助设备构成，软件部分是集成小区居民、物业管理人员和服务人员三者之间关系的纽带，对物业管理中的房地产、住户、服务、公共设施、工程档案、各项费用及维修信息资料进行数据采集、加工处理、存储、计算等操作，反映出物业管理的各种运行状态。物业软件应以网络技术为基础，面向用户，实现信息高度共享，方便物业管理公司和住户的信息沟通。该系统应具备以下功能：

1) 以房屋为主体的房产管理；2) 住户信息管理；3) 对公共设施的管理；4) 住宅小区安防管理；5) 收费管理等。

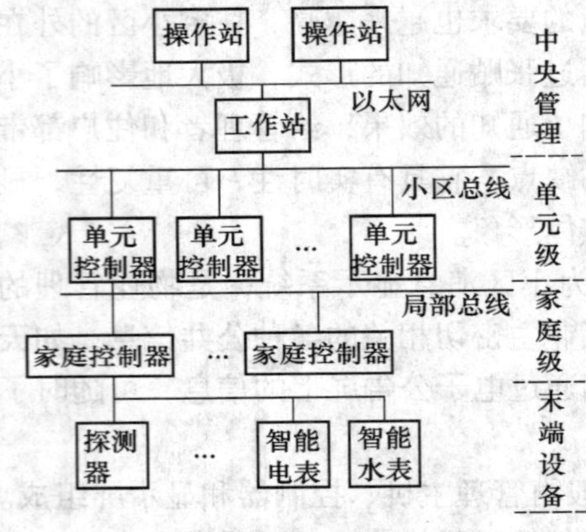

图 4-11 住宅小区物业管理系统硬件结构图

(2) 物业管理系统的组成

住宅小区物业管理系统硬件结构如图 4-11 所示，可分为四级。

第一级为中央计算机系统，由若干台中央计算机通过星型拓扑结构的以太网连接组成，分为工作站、操作站。工作站直接与单元控制器通信，将来自单元控制器的系统状态数据通过通信网络传递给操作站。操作站为管理人员提供操作界面，将操作请求传递给工作站，由工作站实现具体操作。中央计算机系统负责建立并维护系统数据库，协调管理各子系统，承担对整个系统的监控与管理任务，包括小区的安防、公共设施等的管理。

第二级为单元级控制站，由若干台单元控制器通过小区总线连接而成。单元控制器属于现场控制分站，通过小区总线与工作站进行数据交换，即传送各项采集数据、设备运行状态信息，同时接收工作站下达的实时控制指令或参数设定、修改。

第三级为家庭级控制站，由若干台家庭控制分站（住户采集器或公共设施监控器）通过局部总线连接而成，与其上一级的单元控制器进行数据交换。

第四级为末端监控设备，是系统末端最基本的检测、受控点，如智能水电气表、各类报警探测器和公共设施监控设备。各类监控设备将监测对象的实时状态转换为家庭控制分站可接受的电流/电压信号，而家庭控制分站输出电流/电压控制信号来调节末端受控设备。

住宅小区物业管理系统的软件设计可采用多种操作系统平台、语言平台和开发环境平台。一般物业管理软件采用客户/服务器模式，软件主要包括数据通信、多表计量与收费管理、安全及报警、小区档案管理等功能，可采用模块化设计，分为数据库管理模块、网络数据通信模块和电话语音服务模块等。图 4-12 是一典型的物业管理系统软件功能模块。

4.3.4 智能卡一卡通系统

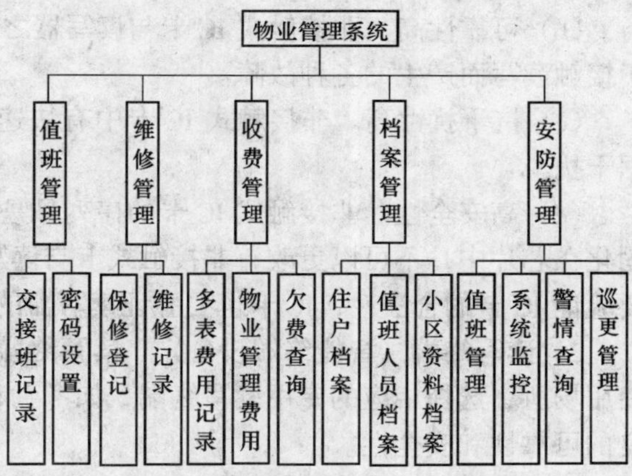

图 4-12　住宅小区物业管理系统软件功能框图

随着电子技术的发展，一卡通系统在智能建筑和智能小区工程中的应用也越来越广泛，已经覆盖了人员身份识别、电子门锁管理、出入口门禁管理、水电气三表数据远传及收费管理、停车场车辆进出管理、保安巡更管理等各个方面。

(1) 一卡通系统的功能

智能小区“一卡通”是以 IC 卡技术为核心，以计算机和通信技术为手段，将小区内的各项设施连接成为一个有机的整体，用户通过一张 IC 卡便可完成通常的资金结算和某些控制操作，如用 IC 卡开启房门、支付电费等，而不必像以往那样携带很多钥匙开门，去各个对应部门交费等繁杂的操作。该系统应具备以下功能：

1) 制卡、发卡以及所有智能卡的制作、发放、挂失、注销等；

2) 系统设备功能设置，对读卡器、读卡控制模块功能及权限的设置；

3) 门禁监控管理，对住宅小区内的重要出入口或某些地段实时监控，随时设置开、关，可随时查询和统计出入信息档案；

4) 水电气三表数据远传及收费管理；

5) 保安巡更点巡检和信息管理；

6) 物业人员考勤和工资管理等。

(2) 一卡通系统的组成

一卡通系统通常包括四个环节：智能卡、读写终端、计算机及网络。

1) 智能卡　智能卡具有可读写的能力，有足够的存储空间，并可分成若干个区域，每个用途占用一个区域，同时具备足够的安全性。在一卡通系统中，非接触式 IC 卡是较为常用的，非接触式 IC 卡又称射频卡，它成功地将射频识别技术和 IC 卡技术结合起来，解决了无源（卡中无电源）和避免接触的难题，是电子器件领域的一大突破。

非接触式 IC 卡必须配备相应的读写器才能构成非接触式 IC 卡系统，应用系统通过读写器对卡进行操作；读卡器通过射频信号同卡进行近距离通信，并为卡上芯片提供能量；非接触式 IC 卡响应读写器的指令，并报告处理的结果。非接触式 IC 卡通过连接 IC 芯片的线圈在特定交变磁场中耦合获得高压能量，再通过整流得到直流电流，从而得到工作电压及电流。非接触式 IC 卡的读写器通过发射线圈发射交变强磁场，给予 IC 卡能量，通过磁场的断、续编码写入数据，并通过线圈感应 IC 卡发出的磁场阅读 IC 卡发来的数据；IC 卡通过交变磁场获得能量，通过检验磁场的断、续获得读写头的数据，并按设定的模式编码、调制，向读写头发出数据。

与接触式 IC 卡相比较，非接触式 IC 卡具有以下优点：

(a) 操作方便、快捷。非接触 IC 卡在使用时，既没有正反面之分，也没有方向和角度的限制，完成一次操作仅需 0.1s。

(b) 可靠性高。非接触式 IC 卡与读写器之间没有机械接触，这就从根本上消除了由于接触读写而产生的各种故障。

(c) 抗干扰性高。非接触式 IC 卡中有快速防冲突机制，能有效防止卡片之间出现数据干扰。

(d) 高安全性。非接触式 IC 卡的序列号是惟一的，制造商在产品出厂前已将序列号固化在芯片中，不可以更改；非接触式卡与读写器直接采用双向互认验证机制，即读写器要验证 IC 卡的合法性，IC 卡也要验证读写器的合法性。

2) 读写终端（智能终端设备）　读写终端包含各种读卡器或读写控制器，根据不同使用场所，选择相应的专用读写终端，如考勤和门禁控制器、POS 机等。读写器应具有优良的可靠性和安全性。

3) 计算机（智能管理系统）　通常情况下，一卡通系统分三级进行管理，除了底层的读写终端设备一级外，另外两级即服务器、控制电脑和管理电脑。

服务器和控制电脑负责整个系统的数据处理及数据交换，并能完成数据汇总、查询等功能；管理电脑负责各子系统的管理、数据接收及数据处理，可将几个子系统共用一台电脑来处理，为保障其多任务工作，采用 Windows POP-UP 窗口，保障各个环节互不干涉，可大大提高系统的运行效率。在实际工程中，根据用户的情况，服务器、控制电脑和管理电脑可以是不同的计算机构成，也可以是同一台计算机构成。

4) 网络　一卡通系统的网络有以下两种形式：一是基于 RS-422/485 或先进控制网络的系统结构；二是基于 TCP/IP 网络的系统结构。基于 TCP/IP 网络的一卡通系统较传统的 RS-422/485 总线系统优势在于以下两点：

(a) TCP/IP 网络控制器采用 32 位微处理器、功耗低、速度快、可靠性高、功能强大；内嵌操作系统、固化存储、实时性强、稳定性高、16M Flash 信息存储容量大。

(b) 采用 TCP/IP 协议实现数据交换及基于 WEB 方式的系统软件可以提供远程检测程序及远程下载工具程序，节省维护成本；易于实现与消防报警、闭路监控、防盗报警等联动及与 IBMS 系统的集成；彻底解决大型门禁、巡更、消费等一卡通系统的稳定性、实时性、异地传输等技术难点。

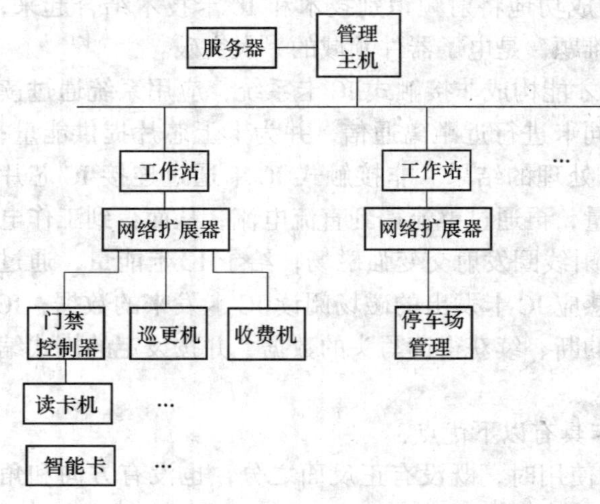

图 4-13　智能卡一卡通系统框图

对于具体的工程，可根据用户现有的网络情况、地理位置及一卡通信息流的计划，选择适当的网络结构。

一般较为常见并且实用的方案是两种网络的结合，对于一卡通系统网络结构来说由实时控制域和信息管理域两部分组成。低速、实时控制域可以采用传统的控制网 RS-485 或者控制网络作为分散的控制设备、数据采集设备之间的通信连接；而各智能卡分系统的工作站和上位机则居于系统的高速管理信息域，涉及了大量的数据传递，可满足各种管理的需要，构造了高级的数据网络环境，系统主干可采用 Ethernet 网，通过路由器、主光缆或电缆、双绞线连接局域网和广域网。

图 4-13 是某一典型的“一卡通”系统。“一卡通”系统由管理主机、服务器、工作站控制电脑、网络扩展器、读卡机、智能卡，以及门禁、巡更、停车场收费以及系统管理软件等多个相对独立的子系统组成。系统的组合十分灵活、方便，可以根据用户要求随时增删。

4.4 小　结

随着人们生活水平的不断提高，人们追求一个安全、舒适、便利、和谐的居住环境，对住宅及住宅小区的建设提出了更高的要求。信息技术、计算机技术、自动化技术及 Internet 技术等领域的产品应用于住宅及住宅小区，已成为新型住宅和小区建设的一个发展趋势。

本章以住宅小区的安全防范系统和物业管理系统为核心，从功能和组成两个方面详细地介绍了家庭安防系统、门禁系统、对讲系统、闭路电视监控系统、周边安防系统、电子巡更系统、物业管理系统、抄表自动化系统、公共信息系统、物业管理系统和智能一卡通系统。

思考题

1. 如何理解住宅小区智能化？住宅小区自动化系统由哪些系统组成？
2. 住宅小区安防系统包括哪些子系统？
3. 门禁自动化系统包括哪些设备？
4. 在门禁系统识别技术中，生物特征识别有什么优点？常见的生物特征识别包括哪些方式？
5. 闭路电视监控系统中显示记录部分包括哪些设备？
6. 电子巡更系统有哪两种方式？它们之间有什么区别和联系？
7. 远程抄表自动化系统有哪些方式，各方式有什么特点？
8. 非接触式 IC 卡的工作原理是什么？

第5章 建筑设备自控网络

在智能建筑中，各种为建筑功能服务的建筑设备（如空调设备、给水排水设备、供电设备、消防设备以及安全防范设备等）分布安装在建筑的不同位置，要使分布的建筑设备协调和优化运行，达到安全、节能、高效、舒适和便利的建筑环境，就必须在各种建筑设备的自控设备之间建立数据通信自控网络，这种数据通信自控网络在智能建筑中就称为“建筑设备自控网络（Building Automation and Control Networks)”。建筑设备自动化系统就是通过建筑设备自控网络将众多分布在智能建筑中具有网络通信功能的建筑设备监控系统互连而形成具有数据共享和互操作功能的DCS系统。由此可见，没有建筑设备自控网络，建筑设备自动化就是“无本之木”；不对建筑设备自控网络进行系统理解和研究，建筑设备自动化的应用和发展就会成为“无源之水”。因此，建筑设备自控网络不仅是建筑设备自动化的基础，而且也是建筑设备自动化最具特色的精髓内容，是建筑设备自动化有别于其他自控领域或学科的本质所在，是建筑设备自动化的“根本”和“灵魂”。建筑设备自控网络只有在建筑设备自动化领域中才有研究和应用的必要性，同时，也只有研究和应用建筑设备自控网络才能揭开建筑设备自动化的神秘面纱，才能触及建筑设备自动化的“庐山真面目”。

为了更好地介绍和分析建筑设备自控网络，本章采用从一般到具体的方法，首先介绍和分析建筑设备自控网络的演变过程、基本组成和特点，总结出建筑设备自控网络具有一般性的基本内容，然后根据这个基本内容，从应用的观点较为具体地介绍和分析建筑设备自动化领域两个主流标准和技术——BACnet标准和LonWorks技术的体系结构和技术特点，以达到学以致用的目标。同时也简单介绍现代IT技术——XML/Web Services在建筑设备自动化领域中的应用和前景。本章的内容是继续深入学习和研究建筑设备自控网络及其他自控网络的基础。

5.1 基础知识

无论是工业过程、交通运输、航空航天、制造流水线、智能建筑及住宅小区，还是机器人、汽车、飞机、航天器及复杂仪表系统等设备产品，自控网络无处不在。众所周知，网络是信息时代的产物，最初的网络用于数据通信，这种网络就是常称的“数据网络”，具有“非实时”的特性。随着数据网络的深入研究和广泛应用，当其基本原理应用于分布式控制领域时，就形成了具有“实时性”的自控网络。

网络最基本的功能是传输数据或信息，但数据网络和自控网络是有区别的，最基本的区别是两者传输数据或信息的最终用户是不同的。数据网络传输数据或信息的最终用户是“人”，人是传输信息的使用对象。人具有智能，可以对数据网络传输的数据或信息的语义（Semantic）或含义进行理解，并做出相应的反应或操作，从理解到做出反应或操作的时间相对于计算机来说是相当长的，因而这种网络不一定要求具有实时性。例如，假设一封电子邮件是数据网络传输的信息，数据网络只起接收和发送的作用，而何时发送和接收这个信息、如何处理这个信息以及产生何种反应或行为均是由人来决定的，而且这些过程的处理时间是不确定的。这说明数据网络一般不要求实时性。虽然实时性也是这种网络的一个基本特性和性能，但实时性并不影响和决定这种网络传输数据或信息的功能。

而自控网络传输数据或信息的最终用户是连接在自控网络上的“自控设备（device）或节点（node）”，如传感器、执行器、控制器和信息处理机等。如果自控网络上的两个自控设备相互能够“监听”和接收对方发送的信息，并且能相互理解对方发送信息的语义或含义，进而自动做出对方所要求的反应或操作，那么这两个设备就具有“互操作能力（interoperability）”。在自控网络中，连接在自控网络上的自控设备必须具备这种互操作能力，并且这种互操作过程必须在没有“人”的介入情况下在确定的有效时间内自动完成。如果互操作不能在有效时间内完成，也必须具备相应的处理机制；否则，自控网络的功能就会受到破坏。自控网络的这种特性就称为“实时性”。因此自控网络除具备数据网络的通信功能外，还必须要求连接的自控设备具备互操作能力和满足实时性的要求。

由此可见，自控网络来源于数据网络，并在互操作和实时性能上超越了数据网络。在所有自控网络中，互操作和实时性不仅是自控网络的基本功能和基本特性，而且也分别是自控网络必须解决的首要任务和必须保证的特性。因此，对自控网络的研究和应用是离不开数据网络的，必须参照数据网络的基本原理和方法，同时更要注重自控网络的基本内容和特性。

5.1.1 自控网络演化过程

自控网络最初来源于何处，至今有多种说法，但对自控网络的发展产生重要影响的事件有如下三个：

一是美国通用（GE）倡导和开发的 MAP（Manufacturing Automation Protocol）标准——制造自动化协议。MAP 的最初目标是解决所有工业网络的问题，并用于所有工业网络。由于 MAP 涉及面过于广泛，考虑因素过多，致使 MAP 完全采用了数据网络 ISO/OSI 参考模型的所有协议层，造成 MAP 非常复杂，影响了应用，未达到预期的目标。反而，MAP 的简化版本——Mini-MAP 只采用了 ISO/OSI 参考模型的第 1、2、7 层协议，却取得了一定的成功，但仍未达到预期的目标。这使人们从理论和技术上认识到自控网络必须根据应用领域建立抽象模型，并采用分层的体系结构，否则，其复杂度是无法控制的。

二是 20 世纪 90 年代欧洲空客公司采用自控网络开发的 AIRBUS 320 飞机自控系统——自动驾驶系统。在航空航天领域，飞行重量和飞行安全是最关键的因素，为了安全，自动控制系统必须是双备份的，有的甚至是三备份。AIRBUS 320 飞机自动驾驶系统采用自控网络在增加安全冗余度的情况下极大地减轻了自控系统的重量，并具有驾驶员不可能操控的功能，极大地减轻了驾驶员的工作强度，驾驶员惟一的操作是指定飞行方向和监视飞行过程，同时，这种驾驶系统可以使飞机处于最佳飞行状态，节省燃料。这使人们认识到自控网络的强大功能和应用前景。

三是微电子技术的快速发展，给自控网络的广泛应用提供了条件。最初由于网络型电子自控设备过于昂贵，自控网络一般只用于价格不敏感的关键性场所，如上述飞机自动驾驶系统。微电子技术的快速发展使具有网络通信功能的网络型电子自控设备大幅降价，从而使自控网络的应用延伸到一般性场所。

正是由于自控网络强大功能所蕴藏的巨大市场潜力、微电子技术快速发展提供的可能性和计算机网络理论与技术的成熟，20余年来，由于市场利益的驱动出现了众多应用于不同自控领域的自控网络，甚至同一应用领域也产生了多种不同的自控网络。这些自控网络的主要来源有两个，一是具有技术实力和市场开发能力的公司，二是行业学会或标准组织。显然，不同自控网络由于其产生背景不同而具有不同的应用领域、功能目标和特点。同时，更为重要的是不同自控网络也代表其拥有者的利益。在当今时代，谁拥有产业标准，谁就可以控制产业的发展，谁就处于产业价值链的最高端。因此在市场利益魔棒的挥动下，不断产生新的自控网络，也不断演绎“优胜劣汰”的自然法则。

自控网络的竞争至今仍然存在，并且更加白炽化。IEC（International Electrical Commission）曾经试图在工业过程自控领域对自控网络进行统一，但由于过于平衡各方利益，尤其是欧洲各国为了坚持自己的利益，最终还是采用了多自控网络共存的折中方案。

相对工业过程控制和制造业自动化等领域，古老建筑行业应用自控网络的脚步远远落后于这些新型的行业。也正因为如此，建筑设备自控领域就成为其他领域自控网络拓展的对象，这就是目前建筑设备自控领域存在众多自控网络的根本原因。这种情形在我国表现更为突出，无论是国外技术和产品，还是国内企业开发的技术或产品，各种自控网络在我国建筑设备自控行业的应用可以用“八仙过海，各显神通”来形容。当其他自控领域的自控网络不能很好地满足建筑设备自控领域的具体要求时，就产生了专用于建筑设备自控领域的自控网络——建筑设备自控网络（Building Automation and Control Networks）。

在技术和市场的双重作用下，曾经在建筑设备自控领域出现过的大多数自控网络已经消失，从目前建筑设备自控市场份额来看，BACnet 标准和 LonWorks 技术已逐渐成为主流标准和技术。其中，BACnet 标准已成为建筑设备自控领域的 ISO 标准（ISO 16484-5），同时也是 CEN 标准（Comité Européen de Normalisation，欧盟标准）和韩国国家标准。LonWorks 技术是美国 Echelon 公司开发的技术，不仅应用于建筑设备自控，还广泛应用于工业过程、交通运输等自控领域，其核心技术 LonTalk 协议已成为美国国家标准和电子工业协会的标准（ANSI/EIA-709.1），这是 LonTalk 协议至今为止获得的最重要标准地位。

5.1.2 自控网络概念和特点

自控网络是利用通信介质（有线或无线）将自控系统中各种网络节点或设备（如传感器、执行器、控制器和信息处理机等）互连而形成的集合体，其功能是使网络上所有节点或设备在满足自控系统实时（real-time）性能的基础上进行信息共享和互操作，从而实现自控系统的特定功能。其中，网络节点或设备具有自主（autonomic）运行的特性，对外一般有两种形式的“交流”：一是根据自身状态变迁（transition）主动向外发出相关信息，如报警或事件信息；二是不断监听和接收信息，然后根据监听或接收信息所具有的语义产生相应的响应或动作，如执行器根据指令发生的动作。自控网络在物理结构形式上表现为系统所有节点或设备进行“交流”的公用“路径”和“桥梁”——通信介质和连接通信介质的通信设备，通信介质和通信设备的物理规划和布局就是网络的“物理拓扑（topology）结构”。图 5-1 是最基本的网络拓扑结构图，实际使用的网络拓扑结构均由这些基本结构按一定的规则组合而成。

在自控网络中，由于网络节点或设备具有自主特性，并且复用通信介质，这就必然会出现多个网络节点或设备同时发送信息和同时访问通信介质的情形，从而产生通信冲突而降低通信量，进而影响自控网络功能。为了使网络节点或设备有序地利用通信介质，并提高通信介质的通信能力或带宽，就必须制定网络节点或设备进行通信的“规则和过程”，这就是所谓的网络“通信协议（Communication Protocol）”。通信协议是网络节点或设备进行有序交流并最大限度地利用通信带宽的保证；反之，如果没有通信协议的规定，网络节点或设备的通信就会处于混乱之中，就会使通信过程变为无序和非正常状态，从而就不能实现自控系统的功能。这就好像现实社会中的道路交通系统，既要修建实实在在的道路和桥梁，也要制定相应的交通规章制度。因此，自控网络也应包含相对应的两部分内容，一是自控网络物理拓扑的设计与实施，即在物理上用通信介质（如双绞线、光纤、无线电等）和通信设备（如路由器、网桥、中继器等）将自控设备互连；二是定义通信和互操作过程的通信协议，使自控网络上的各种自控设备相互协调运行，完成自控系统的应用逻辑功能。前者在“第7章综合布线”进行介绍，后者则是本章的主要内容。

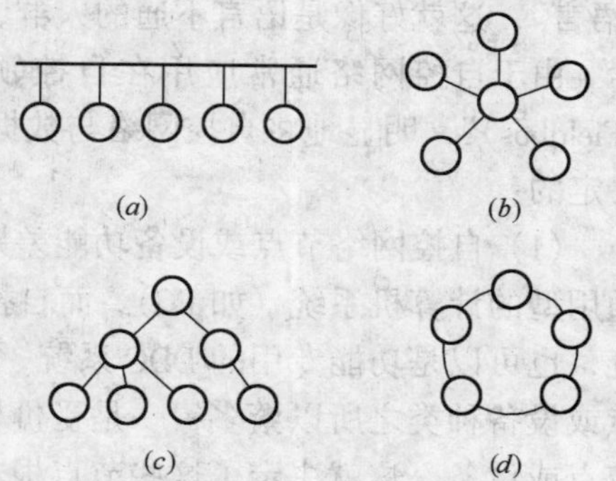

图 5-1　基本网络拓扑结构图
（a）总线型；（b）星形；（c）树形；（d）环形

由于自控网络两部分内容可以相互独立，并可以单独设计和定义，则自控网络可以出现如下两种情形：一是同一物理拓扑的自控网络可以适用于不同的通信协议，或同一个物理拓扑结构的网络可以同时运行多个通信协议；二是同一个通信协议可以适用于不同物理拓扑结构的网络，或同一个通信协议具有不同的物理拓扑结构。事实上，上述两种情形在自控网络中是非常常见的。对于第一种情形，如果将通信协议所定义的功能逻辑网络结构称为“逻辑拓扑结构”，那么可以得出，物理拓扑结构相同的网络可以有不同的逻辑拓扑结构。例如，物理拓扑结构相同的以太网络（ethernet）既可以单独运行不同的上层通信协议（如IP，ATM，BACnet等），也可以同时运行多个上层通信协议。对于第二种情形，如果一个通信协议可以适用于多种物理拓扑结构，则说明该通信协议支持多种通信介质，如BACnet和LonTalk协议等。

在现实生活中，人们交流和协作的行为是通过“语言”进行的。而在自控网络中，网络节点或设备信息共享和互操作的过程是通过“通信协议”进行的。因此自控网络的通信协议有时也被形象地称为自控网络的“语言”。从这个形象的称呼中可以很容易地理解通信协议的一些术语，以及为什么要定义这些术语的原因。例如，通信协议三要素：语法（Syntax）、语义（Semantic）和时序（Timing）。网络节点或设备要进行互操作，就必须理解双方传输信息的语义。要相互理解对方传输信息的语义，双方就必须按规定的语法“遣词造句”，即按语法规定将传输信息的语义进行编码，直至二进（Binary）编码。同时，要保证双方正确地进行一次“会话交流”，就必须规定双方进行会话的时间顺序，以保证会话有序进行。因而有时将通信协议的时序也称为“同步”。另外，还可以理解为什么通信协议不同的自控网络不易进行系统集成的原因，是因为不同通信协议的自控网络具有不同的“语言”，这就好像是语言不通的人群，是很难进行交流和协作的。

由于自控网络通常应用在自控领域现场的原因，过去更多地将其称为“现场总线(Fieldbus)”，明显地将自控网络与数据网络进行区别。这种区别是由自控网络如下特点所决定的：

（1）自控网络节点或设备功能差别大。一般而言，数据网络上的节点或设备基本上是通用型的计算机系统（如 PC）。而自控网络节点或设备既可以是具有通用功能的计算机系统，也可以是功能专用的 DDC 系统，还可以是现场的智能执行器和传感器。自控网络节点或设备种类之所以繁多，一是受价格因素影响限制，二是某些节点功能单一，如现场级节点或设备。这就决定了这些节点根本就不需要资源配置丰富的计算机系统。虽然微电子技术的发展使电子器件越来越便宜，但经济适用和安全稳定的工程准则还是通行的，现场级节点或设备目前还是资源配置较少的专用器件。

（2）通信介质多样化。正是自控网络节点或设备功能的多样性，其通信量也是不同的。显然，现场级节点或设备的通信量通常小于上层节点或设备的通信量。根据上述工程原则，这就要求自控网络通常由多种通信介质组成，具有不同的网络拓扑结构。数据网络的计算机系统虽然在性能上有所差别，但其通信能力基本上是相同的，且均具有足够的通信处理能力。虽然综合布线技术使通信介质趋向统一，但现场级网络仍是各种抗干扰能力极强的布线系统。

（3）实时性要求高。自控网络是分布式控制系统的基础，实时性是控制系统的基本要求。这就决定了自控网络的通信过程必须具备高效和稳定的特性，提供实时通信能力。

（4）互操作功能完备。除自控系统的工作站（Workstation）外，自控网络节点或设备均是在无人参与的情况下自动完成其控制功能，自动进行信息的发送和传输。这就要求自控网络节点或设备必须在通信的基础上具备互操作的能力。而数据网络节点或设备通常只是发送和接收信息的终端，对其传输信息的利用、处理和反应均是由人参与的。因此数据网络通常只是传输信息的工具，而自控网络不仅是通信工具，而且必须具备互操作能力。

（5）节点或设备逻辑功能耦合性高。在数据网络中，节点或设备一般只起收发信息的作用，收发过程具有随机性，并且收发双方没有固定的关系，这就决定了数据网络的节点或设备在逻辑功能上没有强制性的主从关系，各个节点或设备在功能上是“平等”或“平行”的。而在自控网络中，节点或设备必须在功能逻辑上进行组合才能完成特定的自控功能，例如，当传感器和执行器均是基本自控网络的节点时，利用这些节点的 DDC 闭环控制系统就必须在逻辑上进行控制环节的组合。这就是说，自控网络节点或设备在系统集成时必须确定各自在自控网络中的“位置”，以符合自控系统的功能要求。由于不同节点或设备在自控网络中的“位置”不同，这就造成了自控节点或设备具有高耦合性的逻辑功能关系，并呈现出一定的“层次”关系。这种逻辑功能关系一旦在系统集成时确定并投入运行时就是非常固定的，除重新配置和改变控制功能外，极少变动。因此，自控网络除具有通信功能外，还必须具备强大的工具来确定各节点或设备的功能关系。

（6）功耗敏感。由于设备向小型化和绿色化方向发展，在传统自控网络中不引起重视的功耗因素逐渐成为现代自控网络应用的瓶颈，尤其在无线移动自控网络中，网络节点或设备的功耗是必须关注的应用因素。

不同自控领域由于其自身所具有的特殊性已产生了各种利用自控网络构建自控系统的解决方法或方案，这些解决方法或方案的集合就形成了自控网络的通信协议。一般来说，当某种解决方法或方案公开时，该协议就是开放的（open）。反之，如果某种解决方法或方案由于利益原因而未公开时，则该协议就是封闭的或专有的（proprietary）。

无论是开放的协议，还是封闭的专有协议，自控网络协议均是自控网络节点或设备实现信息共享和互操作的解决方法或方案。由于这种解决方法或方案均是以数据通信为基础的，因此自控网络协议通常以 ISO/OSI 参考模型为参照物，并根据自身的特点和要求对 ISO/OSI 模型进行体系结构精简和内容具体化，从而形成具有鲜明特征和具体内容的自控网络体系。

5.1.3 通信基础

通信理论和技术是一门复杂的学科，有其深邃的理论体系和丰富复杂的技术内容。本节从实际应用的角度介绍如下两个基础知识。

（1）开放系统互连基本参考模型（OSI-RM）

随着网络的普及，越来越多的人认为计算机网络通信过程是再简单不过的事情。但事实上，计算机网络通信过程是一个非常复杂的过程。从表面上看，通信过程只不过是信息交换的过程，日常生活中的语言交流也是一种通信过程，这种过程很自然地发生和重复。但要计算机来实现信息交流，则不再是一个简单的问题。日常生活中的语言交流过程之所以简单，是因为这种信息交流发生在一定的文化背景之中，交流者有许多默认的意识、概念和知识。如果这种交流发生在具有不同文化背景的人群之间，则这种看似简单的语言交流也会产生许多问题。在计算机网络环境中，由于计算机是非自然之物，不具备一定的“人文背景”，通信过程就是一个非常复杂的过程。因而要实现计算机网络通信，就必须“营造一个人文背景”，分解其组成细节，并使所有细节具体化。这种“人造通信环境”就可以称为“计算机网络通信协议”，而有关通信功能单元的划分（分解组成细节）、各单元功能的分配和定义（细节具体化）以及各单元之间的相互关系就构成了计算机网络的“体系结构（Architecture）”。

体系结构原意是指建筑风格和建筑设计。建筑是科学和艺术的结晶，既要符合自然科学的规律，又要充分发挥艺术的想象力，创建不同的表现风格。体系结构就是对不同风格建筑的结构、功能以及各部分的相互关系进行抽象的描述，规定了实施具体建筑的各个方面，因而体系结构不是具体的实物建筑。要使体系结构所描述的建筑成为具体的实物建筑，则必须进行建筑结构设计和具体的实现过程。计算机网络与建筑有异曲同工之处，既要遵循通信过程的客观规律，又有不同“风格”的组成和逻辑关系，并由此形成具有不同“体系结构”的计算机网络。

概括地讲，计算机网络体系结构是计算机网络系统中的逻辑构成划分和功能分配的描述，是对计算机网络系统中各个组成部分及其所具有功能的定义。也可以说，任意计算机网络体系均是这两方面内容的详细描述，并采用分层（layer）或分级（level）的概念方式对这两方面内容进行描述。不同计算机体系结构的分层数量、分层名称、分层内容和功能都可以不尽相同。然而，在所有网络体系结构中，每一分层的目的都是向它的相邻上层提供一定的服务，并将实现这一服务的细节对相邻上一层加以屏蔽。其中，对每一分层功能的定义和相邻上、下层间交互规程的定义就构成了该层的“层协议”。由此，计算机网络的体系结构可以归纳为层和相应层协议的集合，并且多个层协议从形式上是叠加的，因此，体系结构中的层协议集合也可形象地称为协议栈（protocol stack）。

计算机网络体系结构是对计算机网络的抽象描述，它从全局的观点对计算机网络进行一般性和通用性的定义，因此计算机网络体系结构是抽象的、概括的。然而，计算机网络体系结构所定义的功能最终需要相应的硬件和软件完成，这就要求体系结构的描述或定义必须包含充分和精确的信息。将抽象体系结构的定义转化为在某一具体计算环境中执行的实体（软件或硬件）就是体系结构的实现（implementation）。显然体系结构的实现是具体的，没有一般性和通用性。

最早出现分层结构的计算机网络体系结构是 1974 年由 IBM 公布的 SNA（System Network Architecture）。随着计算机网络的发展和对计算机网络的深入研究，不断地出现了许多其他的计算机体系结构，如 DNA、DCA 等。不同体系结构的计算机网络虽然均能较好地完成数据通信功能，但不同体系结构的计算机网络却不易互连，很难实现网间信息传输。这种状态严重地阻碍了计算机网络的发展，于是 1978 年国际标准化组织 ISO 成立了一个“开放系统互连”的分技术委员会，起草了“开放系统互连基本参考模型（OSI-RM)”。1983 年 OSI-RM 正式成为国际标准（ISO7498)。1986 年又对该标准进行了完善和补充。

OSI-RM 最基本的目标是定义一个通用的网络体系结构参考模型，以指导计算机网络的发展，图 5-2 是 OSI-RM 体系结构图。具体采用的方法是定义一个标准的功能单元划分和单元功能分配原则，使符合该参考模型的各种计算机网络易于互连。也就是说，OSI-RM 不仅是一个标准的网络体系结构，而且也是制定其他网络通信协议的基本框架，并对其他通信协议的制定起着指导和规范的作用。该模型是网络系统互连技术发展的产物，在吸收其他网络体系结构的优点基础上，更一般化地对计算机网络体系结构提供了概念性和功能性的描述，促进了计算机网络的发展。这里所谓的“开放”，是强调对 OSI 标准的共同认识和遵从，即一个系统是开放的，则它可以与遵从同一标准的任何系统互连。因此，OSI-RM 对计算机网络的设计、构建、使用和发展起着合理化、标准化、高性能化和通用化的作用，是理解和掌握计算机网络基本原理的基础。

图 5-2（*a*）是 OSI-RM 结构层次图，该模型根据通信功能对信息交换的处理过程分为 7 个功能相对独立的层次或功能单元。分层的原则是将相似的功能集中在同一层内，功能差别较大时则分层分配，并且每层只定义对相邻上、下层的接口，以保证各层的相对独立性。各层的功能由各层的层协议定义，且上层协议屏蔽下层协议。当不同的对等层（如第 *N* 层）进行通信时，就使用对应的层（第 *N* 层）协议。从第 *N* 层的通信实体来看，下层协议是透明的，通信过程好像是直接通过该层协议进行的。这就反映了分层结构的独立性。

图 5-2（*b*）是对等层间数据信息的传递示意图。应用进程 AP1 的数据 AP 要传递到对等应用进程 AP2，数据要经过不同的层，进行不同的处理和“包装”，才能最终完成数据的传递。如果把这种处理过程与邮政系统相比，那么数据 AP 就是相当于一封书信。由最高层向下层传递时，每经过一层传递就将上层的书信（包括信封）装入一个新的或更大的信封。包装有多个信封的数据 AP，到达对方之后，从第一层物理层开始，每层剥去一个

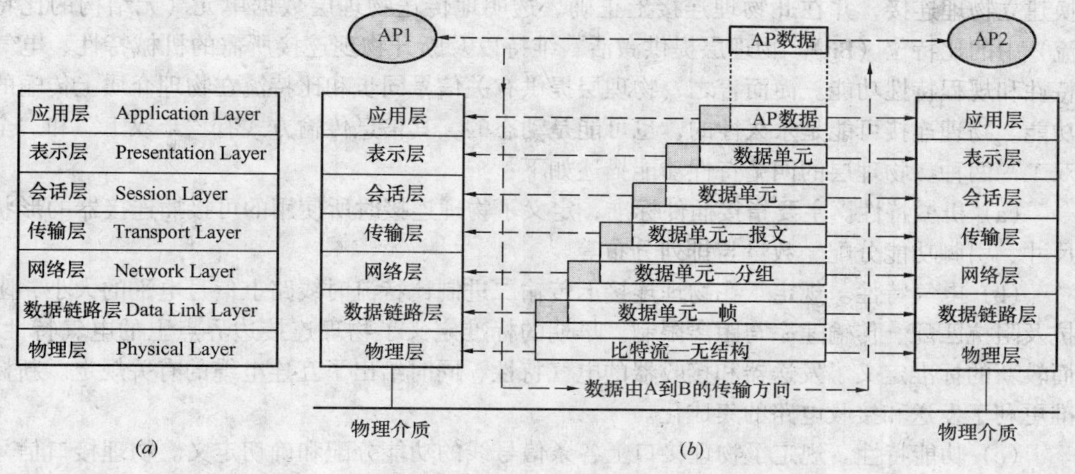

图 5-2 ISO/OSI-RM 结构图

信封后转交给上一层。当到达应用层时，取出发信人的信交给收信人，至此就完成了通信过程。当应用进程 AP1 和应用进程 AP2 通信时，上面所有的处理和"包装"过程对两个应用进程来说是透明的，相当于应用进程 AP1 把数据 AP 直接交给应用进程 AP2。同理，任意两个对等层之间的信息交换是直接进行的。这就是所谓的"对等层（peer layers）"之间的通信。对等层之间的通信是双向的，第 *N* 层的"对等层"之间的通信协议称为（*N*）层协议。图 5-2（*b*）中的各对等层间的虚线就代表"对等层"之间的双向"直接"通信。

在计算机网络中，通信过程均以信息传输单元形式在不同功能层之间传输，各层传输信息单元通常称为层协议数据单元 PDU（Protocol Data Unit）。PDU 的格式由层协议的语法规则定义，并分为协议控制信息 PCI（Protocol Control Information）和服务数据单元 SDU（Service Data Unit）两个部分。第 *N* 层的 PCI 是（*N*）层协议定义的控制信息，通常说明 PDU 的类型、分段信息以及 PDU 有关处理规程等协议控制信息，它通常是根据相邻上一层的请求和本层的层协议动态生成，是第 *N* 层协议必须处理的信息，相对第 *N* 层协议来说，PCI 是有结构和语义的信息。而第 *N* 层的 SDU 通常是由第（*N*+1）层的 PDU 直接形成的，相对于第 *N* 层协议来说，SDU 是无结构和无语义的比特串。图 5-3 是在没有分段情况下的相邻层间 PDU 的演变示意图。

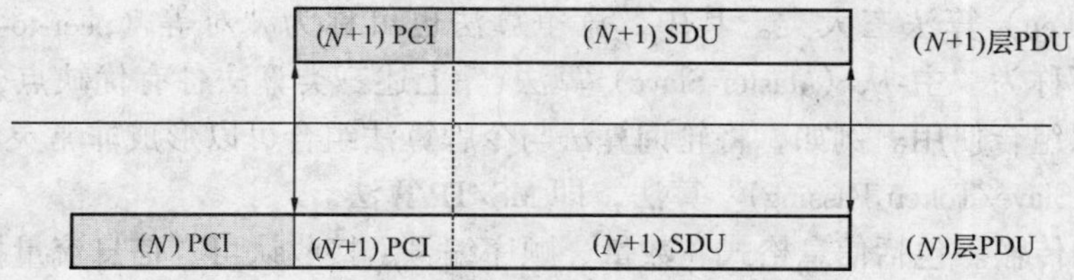

	(*N*+1) PCI	(*N*+1) SDU	(*N*+1)层PDU
(*N*) PCI	(*N*+1) PCI	(*N*+1) SDU	(*N*)层PDU

图 5-3 相邻层 PDU 变化示意图

OSI-RM 在划分功能单元——层（Layer）的基础之上对各功能单元进行了如下功能分配和定义。

1）物理层——Physical Layer（第 1 层） 物理层为数据链路层对等实体之间的信息交

换建立物理连接，并在此物理连接上正确、透明地传送物理层数据单元（无结构的比特流）中的比特位（Bit）。物理层提供激活、维持以及断开物理连接所需的机械特性、电气特性和规程特性功能。简而言之，物理层提供有关信号同步和比特流在物理介质上传输的功能。物理连接可能是永久性的，也可能是动态的，其信息传输方式有“半双工”和“全双工”两种。物理层的四个特性功能描述如下：

（a）机械特性。主要指接插件标准，定义了物理连接时所使用的可接插连接器的形状尺寸、引脚功能分配、数量与排列分布等。

（b）电气特性。规定了在物理连接上传输二进制比特流时线路上信号电平的大小，阻抗及阻抗匹配、传输速率与距离限制。早期的标准定义了物理连接边界点上的电气特性，而较新的标准定义了发送器和接收器的电气特性，同时给出了互连电缆的有关规定。新标准更利于发送和接收电路的集成化。

（c）功能特性。规定了物理接口上各条信号线的功能分配和确切定义。物理接口信号线一般分为：数据线、控制线、定时或同步线、地线等。

（d）规程特性。定义了在传输比特流的过程中各信号线的时序或同步操作过程，包括各信号线的工作规则和时序。

通过上述四个特性功能定义，物理层的作用是保证两相邻网络节点间每个比特位的正确传输，即物理层保证了两个由通信介质直接互连的相邻节点间的比特位传输。

2）数据链路层——Data Link Layer（第2层）　数据链路层用于建立、维持和释放链路连接，实现无差错帧传输功能。数据链路层协议数据单元称“帧（frame）”，是具有一定结构和语义的数据单元。该层通过对直接相邻连接节点间的通道进行访问控制、差错控制、同步等控制、异常处理等方法实现信息帧的可靠传递。数据链路层的主要功能描述如下：

（a）数据链路的建立、维持和拆除。包括同步、帧地址确认、收发关系的确定、最终一次传输的表示等。

（b）介质访问控制（MAC）。为了避免出现多个网络节点或设备同时发送信息和同时访问通信介质的情形，就必须提供一个有效解决网络节点或设备访问通信介质的机制，以提高通信介质的使用效率和通信能力，这个机制就是介质访问控制（MAC）。

MAC决定网络节点或设备访问通信介质的时机和方式，通常与网络拓扑有关。常用的MAC算法有竞争算法（如载波监听多路访问/冲突检测——CSMA/CD）、轮询（poll）算法和令牌（token）算法三大类。其中，竞争算法也可称为“对等（peer-to-peer）算法”，轮询算法也可称为“主-从（Master-Slave）算法”。上述三类算法各有优缺点，即可以单独使用，也可以组合使用。例如，将轮询算法与令牌算法组合可以形成非常灵活的“主-从/令牌（Master-Slave/Token Passing）”算法，即MS/TP算法。

（c）信息传输。包括信息格式、数量、顺序编号、接收认可、信息流量控制方案等。

（d）传输差错控制。包括一套防止信息丢失、重复和失序的方法。差错检测最常用的技术有奇偶校验、检验和（checksum）和循环冗余校验（CRC）三种。其中，CRC具有强大的差错检测能力，是计算网络中常用的差错检测方法。纠正差错常用的技术是计时器恢复和自动请求重发（ARQ）等技术。如果接收方链路层检测出到达的帧数据有错，如位出错、帧丢失、帧重复、帧顺序错等，就通知发送方重新发送，在重发次数范围内，直到正确无误接收到该帧或超时为止。

(e) 寻址。在多点连接（如总线型拓扑结构）的情况下，要保证发送和接收双方正确传输帧信息，双方就必须具有共同的“标识”——地址。接收方一般只能接收地址为本地址的信息帧，这样就可以实现信息帧的正确接收。

(f) 异常情况处理。包括如何发现可能出现的异常情况及发现后的处理过程。协议中对异常情况的处理主要用于发现和恢复永久性故障。

通过对上述功能的详细定义，数据链路层就可以保证在一条可能出错的由通信介质直接连接的链路上进行可靠的帧信息传输，为网络层提供服务。

3）网络层——Network Layer（第3层） 网络层在开放系统的网络环境中提供网络连接建立、维持和释放的功能。在网络层传输的协议数据单元通常称为“分组”或“包(Packet)”。它的主要功能是利用数据链路层提供的相邻节点间无差错的帧数据传输功能，通过路由选择功能和中继功能，实现网络中任意两节点间的连接。一般来说，进行通信的主机或节点之间可能要经过许多节点和链路，也可能经过不同的通信子网络，网络层的任务就是选择合适的路径，使发送方的“分组”能正确地到达接收方的对等实体。此外，网络层还具有流量控制的功能。网络层的功能主要如下：

(a) 路径选择与中继。在通信过程中，信息从源节点出发，可能经过若干个中继节点的存储和转发后，才能到达目标节点。通信路径是指从源节点至目标节点之间的一条通径，它可以表示为从源节点到目标节点之间的节点选择。

(b) 流量控制。流量（flow）是指网络中的信息通信量。流量控制在网络各层中均有普遍意义。因为网络资源（如通信介质带宽、节点缓冲区大小、处理器处理能力等）在网络中分布是不均匀的，而且都是有限的。在某段时间内，如果某一层协议的执行过程对某类网络资源的需求量超过该资源所能提供的可用数量，则这一资源在该段时间内出现拥挤(congestion)。若网络中多种资源同时发生拥挤，网络性能将明显下降。我们将网络吞吐量随负荷增大而下降的现象称作网络拥挤。当输入负荷继续增大到一定程度，网络吞吐量下降为零，网络完全不能工作，这就是所谓的死锁（deadlock）现象。解决网络拥挤的方法是流量控制。流量控制将动态、有效地分配通信网络中的网络资源，以防止网络因过载而造成吞吐量下降和网络延时增大，避免锁死，在多用户间公平分配资源。

如果网络加上适当的流量控制，使网络吞吐量随着负载的增加而增长，不出现拥挤与死锁现象，这样就保证了网络在高输入负载时的安全运行。由于流量控制需要有一定的额外开销，因此在负载较小时，有流量控制的网络吞吐量小于无流量控制的网络吞吐量。

(c) 网络连接建立与管理。从OSI参考模型的角度看，网络层所提供的服务分两类：面向连接的网络服务（Connection-Oriented Network Service）和无连接网络服务（Connectionless Network Service）。

面向连接的网络服务又称作虚电（Virtual Circuit）服务，它具有网络连接建立、数据传输和网络连接释放三个阶段，是可靠的报文分组按顺序传输的方式，适用于固定对象、长报文、会话型传输要求。

无连接网络服务的两实体之间的通信不需要事先建立连接。无连接服务有三种类型：数据报（datagram）、确认交付（confirmed delivery）与请求回答（request reply）。数据服务不要求接收端应答。这种方法尽管额外开销较小，但可靠性无法保证。确认交付又称为可靠数据报，这种服务要求接收端对每个报文分组产生一个确认。请求回答服务要求接收端用户每收到一个报文均给发送用户发回一个应答报文。

可以看出，网络层的主要功能是建立网络中任意两节点间信息传输的路由和控制网络间的通信流量。如果说数据链路层保证了同一通信介质直接连接相邻节点间的信息传输，那么网络层就是确定网络中任意两节点（包含不能用同一通信介质直接连接的非相邻节点）间信息传输的路由和平衡节点间的通信流量。

4）传输层——Transport（第 4 层） 传输层是 OSI 参考模型的 7 层中比较特殊的一层。设置传输层的主要目的是在源主机和目的主机进程之间提供可靠的端-到-端（end-to-end）通信，完成无差错的按序报文传送，为上层提供传输服务。同时，还用于弥补各种通信网络的质量差异，对经过低三层之后仍然存在的传输差错进行恢复，进一步提高可靠性。另外，还通过复用、分段和组合、连接和分离、分流和合流等分复用技术措施，提高传输速率和服务质量。在传输层的协议数据单元通常称为“报文（message）”。传输层的协议软件只在主机上运行，而低层协议则出现在主机和通信节点机上。当传输的报文较长时，传输层将报文分割成几个分组后，再交给网络层传输。

一个用户进程要同另一主机上的用户进程通信时，它必须首先选择进程间的标识——“端口（port）”以区分进程。当网络的主机并发运行多个通信进程时，到达同一主机的信息必须用端口标识其处理的通信进程，以便正确的进程接收和处理。

总之，传输层的主要功能有两个，一是保证网络中任意两节点间的信息传输（数据链路层只保证相邻两节点间的信息传输），二是利用“端口”概念提供分复用技术机制，以保证同一网络节点中多进程间的正确通信。

5）会话层——（Session）（第 5 层） 会话层依靠传输层的功能使数据传送功能在开放系统间有效地进行。其主要任务是按照在应用进程之间的约定，按正确的顺序收发数据，进行各种形式的对话。控制方式可以归纳为以下两类：一是为了在会话层应用中易于实现接收处理和发送处理的逐次交替变换，设置某一时刻只有一端发送数据。因此需要交替改变发送端的传送控制。二是在类似文件传送等单方向传送大量数据的情况下，为了防备应用处理中出现意外，在传送数据的过程中需要给数据打上标记。当出现意外时，可以由标记处重发，以减少不必要的开销。

会话层与传输层有明显的区别。传输层协议负责建立和维护“端-端”的逻辑连接。传输服务比较简单，目的是提供一个可靠的传输服务。会话层在发出一个会话协议数据单元时，传输层保证正确地传送到对等的会话实体。从这个角度来看，传输层协议使会话协议得到了简化。

会话服务主要分为两个部分：会话连接管理和会话数据交换。会话连接管理服务使一个应用进程在一个完整的活动或事务处理中，通过会话连接与另一个对等应用进程建立和维持一条会话通道。会话数据交换服务为两个会话的应用进程利用该通道交换会话单元提供手段。

在以上基本服务的基础上，会话层还提供了可供选择的服务，如交互管理、会话连接同步及异常报告。会话连接同步服务允许两个相互通信的用户有选择地定义和标明一些同步点和检查点。当会话连接的两端失去同步时，可以将此连接恢复到一个已定义的状态。异常报告服务使用户得知一些不可恢复事件的发生。

会话同步是会话服务的重要内容。会话服务提供者允许会话用户在传送数据中设置同步点，并赋予同步序号，以识别和使用同步点。会话同步服务为用户会话过程提供的预防措施，当传输连接出现故障时，整个会话活动不需要全部重复一遍。会话同步服务在一个会话连接中定义若干个同步点。同步点又分为次同步点和主同步点。主同步点用于将一个会话单元分隔开来。

活动管理功能是主同步点概念的一种扩展，它将整个会话分解成若干个离散的活动。一个活动代表一个逻辑工作段，并包括多个会话单元。对于应用层来说，一个活动相当于一次应用协议数据单元的交换。从用户发出会话连接请求起到会话连接释放确认是一个会话连接的持续时间。一个会话连接可以分为几个活动，而每个活动又可以由几个会话单元组成。以用户应用进程的文件传送服务为例，一个完整的会话过程包括多个文件的传送。一个活动相当于某一特定用户的几个文件的传送，而每一个文件传送相当于一个会话单元。为分隔每一个文件传送，用户可以在全部文件传送过程中设置多个检测点。如果用户检测出一个故障，用户可以使用会话同步服务。两个用户中任意一个用户可以以所需的同步点序号为参数发出再同步请求。这一请求到达对方后成为再同步指示。对方发出再同步响应信息，发起方收到同步确认信息后，双方就可以确定合适的再同步点，通信就可以重新进行下去。

会话层通过会话服务与活动管理达到协调进程之间的会话过程，确保分布进程通信的顺利进行。在现实生活中，一次谈话或会晤是双方在语言上你来我往的交流，这种交流之所以能进行，是因为有一种默认的“人文机制”来控制。网络通信要实现强大的通信功能，也必须定义一个“网络机制”，这就是会话层的主要任务。由此可见，当通信过程需要多个收发过程中，会话层的主要任务就是提供一种机制使多个收发过程有序进行和同步。

6）表示层——Present（第6层）　表示层主要解决用户数据的语法表示问题，它将由抽象语法表示的交换数据转换为传送语法，使传输信息的语义在传输过程保持不变。表示层提供一种通用的表示方法，它为应用层提供了能够使用其他任意语法的可能性，这就使应用层不必关心信息的表示问题。表示层仅对应用层信息内容的形式进行变换，而不改变其语义本身，即不改变应用层信息内容的语义。在计算机网络中，互相通信的应用进程实际上只关心传输信息所蕴含的语义，而对传送信息的具体表示并不关心。因此表示层要解决的问题是：如何描述数据结构并使之与具体的机器无关。也就是说，表示层的主要功能是对通信进程间交换信息进行语义表示，以及定义表示服务和表示协议。

（a）语法转换。人们在使用计算机进行信息处理时要将客观世界中的对象表示成计算机中的数据，为此引入数据类型或结构的概念。从较低层次看，具有一定结构类型的数据最终都将被表示成无结构形式的比特序列。而一个比特序列本身并不能说明它自己所能表示的数据类型，并且对比特序列的解释会因计算机体系结构、程序设计语言，甚至于程序的不同而有所不同。另外，在计算机网络中，相互通信的计算机常常是不同类型的计算机，并且不同结构的计算机所采用的“语法”也是不同的。因此，为保证同一数据对象在不同计算机中具有相同的语义，必须对不同比特序列格式进行转换，把符合发送方语法的比特序列转换为符合接收方语法的比特序列，这一过程称为“语法转换”。OSI设置表示层的目的是提供这方面的标准，定义了一种标准语法——传送语法（transfer syntax）。在传送语法的作用下，发送方将符合自己语法的数据序列转换成符合传送语法的数据序列；接收方再将符合传送语法的数据序列转换成符合自己局部语法的数据序列。

为了更好地说明传送语法，ISO 制定两个标准：一是抽象语法标准（ISO 8824），也称为“抽象语法记法 1”，简写“ASN.1（Abstract Syntax Notation One）”；二是 ASN.1 的基本编码标准（ISO 8825），这个基本编码标准精确地定义了一组规则，用于对 ASN.1 描述的任何数据类型进行无二义性的编码。

ASN.1 标准和 ASN.1 基本编码标准的功能区别是：ASN.1 标准采用巴科斯—诺尔范式（Backus-Naur From）描述应用协议数据单元 APDU 的数据类型，是表示服务的一部分。用 ASN.1 标准描述的数据类型是“人可读”的。而 ASN.1 基本编码标准是将 ASN.1 所描述的数据类型转换为无二义性比特编码的标准。因此，利用这两个标准就可以将所有数据类型的表示进行统一，使传输信息的语义在各种网络环境中保持不变。值得说明的是，上述两个标准只是传送语法的一种具体形式，传送语法可以为任意满足传送语法要求的标准或语法。

（b）表示上下文（presentation context）。就像每个程序中所用的数据类型都需要事先说明一样，两台计算机在通信开始之前就要先协商这次通信中需要传送哪种类型的数据，通过这一协商过程，可以使通信双方的表示层实体准备好进行语法转换所需要的编码与解码程序。由协商过程所确定的数据类型的集合称之为“表示上下文”。表示上下文用于描述抽象语法与传送语法之间的映像关系。

同时，对于同样的数据结构，在不同的时间，可以使用不同的传送语法，如使用加密算法、数据压缩算法等。因此在一个表示连接上可以有多个表示上下文，但是只能有一个表示上下文处于活动状态。应用层实体可以选择表示上下文，表示层应负责使接收端知道因应用层工作环境变化而引起的表示上下文的改变。在任何时刻可通过传送语法的协商定义多个表示上下文。考虑到用户处在网络环境中需要保密、格式转换等，表示层为此制定了诸如密码转换、文本压缩、终端管理和文件传送等协议。

值得说明的是，OSI-RM 为了通用性，定义了表示服务和表示协议，但具体的网络体系结构为了减少开销，一般不采用协商机制确定各种表示语法，不会用到表示服务和表示协议，而是直接确定相应的表示服务和表示协议。

7）应用层——Application（第 7 层）　应用层是 OSI-RM 的最高功能层，为应用进程（如用户程序、终端操作员等）提供服务。它是用户使用网络环境的惟一窗口。应用层是面向用户的，实现的功能分为两大部分，即用户应用进程和系统应用管理进程。系统应用管理进程管理系统资源，并优化分配系统资源和控制资源的使用等。管理进程向系统各层发出下列要求：请求诊断，提交运行报告，收集统计资料和修改控制等。除此之外，系统应用管理进程还负责系统的重启动，包括从头启动和由指定点重启动。

用户应用进程由用户需求决定。通常的应用有数据库访问、分布计算和分布处理等。通用的应用程序有电子邮件、事务处理、文件传输协议和作业操作协议等。

从上述介绍可以看出，OSI-RM 将通信过程进行了标准化的分解，并在分解的基础上对各个功能单元的功能进行了标准化分配和标准化的定义。从总体上来看，OSI-RM 的下层（物理层、数据链路层和网络层）协议主要定义信息的传输功能，上层（传输层、会话层、表示层和应用层）协议主要定义信息语义和应用的处理功能。

由于 OSI-RM 的标准化工作需要适应于所有的计算机通信网络，从而使 OSI-RM 有些臃肿和功能重复，其主要缺点也可以归纳为如下两条：

1）分层过多，且有些层协议的服务定义过于复杂和冗余，与实际环境相差较大，很难在一个网络中实现所有层的功能，有时也没有必要完全付诸实现。

2）高层协议内容有些混乱，标准性差，不适应多种多样的实际应用。

鉴于上述缺点，实际网络协议或“事实”网络协议并没有完全按照 OSI-RM 的功能划分和定义原则，而是以它为参考，对过多的层次进行压缩，对重复定义的功能进行统一规划和精简，以适应具体实际应用。尤其在工业控制应用领域的情形更是如此，以适应特定的实际情况。因此现有通信网络体系基本上是根据 OSI-RM 进行定制和剪裁的。事实上，现有网络体系也基本上符合这个标准体系，并以这个标准体系作为评估的参考对象。

但是，在 ISO 制定 OSI-RM 时（大约 1983 年前后），并没有意识到网络会延伸到控制领域，也没有想到当今的现场级 DDC 控制器，甚至现场级传感器和执行器，均具有通信功能，更未意识到这些设备必须具备实时和互操作的特性。因此，当时制定 OSI-RM 时是面向大型计算机网络的，重点解决的对象是通信的可靠性、普适性和标准性，而没有关于实时和互操作特性的任何内容。这是 OSI-RM 天生的缺陷，并一直是自控网络至今所面临的两大棘手问题。但 OSI-RM 的理论和技术在网络领域中仍然具有重要的地位，其标准作用至今仍然是所有网络应遵循的准则。因此，OSI-RM 仍然是研究和应用自控网络的基础。

（2）网络互连及设备

网络的基本拓扑结构虽然只有图 5-1 所示的几种简单形式，如果将这几个基本形式中的具体节点看作“抽象节点”——既代表一个具体节点又代表由多个具体节点组成的一个子网络，那么由这几种基本形式的网络可以演变成任意复杂的互连网络（internet）。图 5-4 就可以代表一个互连网络系统。为了便于说明、设计和应用实际的互连网络系统，通常引入“物理网段（Physical Segment）”、“网段（Segment）”和“子网络（Subnet）”的概念。

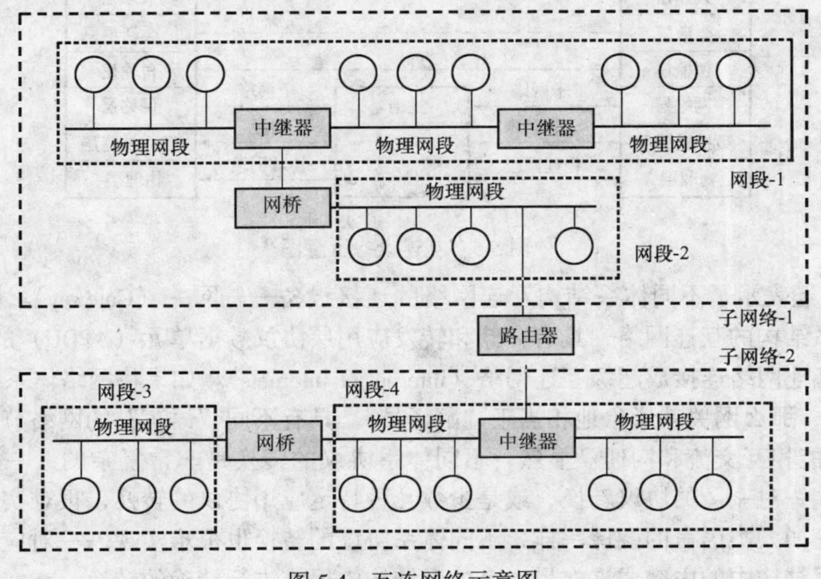

图 5-4　互连网络示意图

从图 5-4 可以看出，物理网段是由一通信介质所形成的一部分网络，物理网段通过中继器（Repeater）连接形成网段。网段是由同种通信介质通过中继器组合而形成的一部分网络，网段通过网桥（Bridge）连接形成子网络。子网络是通过网桥组合而形成的一部分网络，可以由多种介质通信组成。子网络通过路由器（Router）连接则形成互连网络。

在图 5-4 中，有三类用于连接网络的互连设备：中继器、网桥和路由器，这三类互连设备不属于自控设备，其作用是连接不同的网络部分，并分别具有如下功能。

1）中继器：用于连接同种通信介质的物理网段而形成规模更大的网段，其功能是通过存储和转发物理层比特位对通信介质上的比特位电信号进行整形和传递。当通信介质上的比特位电信号由于各种因素（如传输距离过长，电磁干扰等）发生变形或失真时，就可以利用中继器整形后再进行传输。除具有简单的存储比特位功能外，中继器一般不具备信息处理功能，只是对电信号进行物理上的整形处理。由于存储比特位具有延时功能，存储的位数越多，延时就越长，故在许多场所对中继器的存储位数有严格的限制。中继器有许多种，集线器（hub）就是其中的一种。值得说明的是，现有许多集线器还具有路由的功能。

2）网桥：用于连接不同网段而形成规模更大的子网络或局域网（LAN），其功能是存储和转发数据链路层的信息帧，并根据帧地址对信息帧进行选择性的转发。因此，网桥具有帧信息的处理功能，利用网桥可以连接不同种类的通信介质而形成多介质的子网络。

3）路由器：用于连接子网络而形成一个真正意义上的互连网络，其功能是存储和转发网络层的分组，并根据分组地址对分组进行选择性的转发。因此，路由器具有分组信息的处理功能，是网络路由算法的执行者。

根据上述各互连设备的功能，图 5-5 直观地表示了各互连设备在网络体系结构的位置。

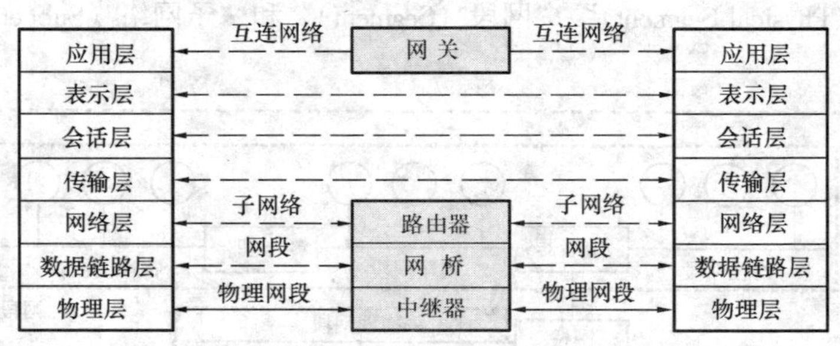

图 5-5　互连设备示意图

图 5-5 还表示了不同体系结构互连网络的连接设备——网关（Gateway）。网关用于连接不同体系结构的互连网络，具有存储和转发应用层协议数据单元（APDU）的处理功能，是将两个互连网络连接成超级互连网络（internet of internets）。如果将网络体系比喻为人类的“语言”，那么网关就形象地相当于“翻译员”。具有不同“语言”的网络节点只有通过“翻译”才能相互交流和沟通。显然，不同体系协议的转换是非常复杂的，一般来说，网关仅进行“一对一”的协议转换，或是少数几种特定应用协议的转换，很难实现通用的协议转换。正如人类语言的翻译一样，不同体系协议的转换也很难实现一一对应的转换，即在一个体系结构中的内容或许在另一个体系结构中很难进行精确的转换，在实际中应尽量

避免使用网关。

5.1.4 自控网络基本内容

自控网络除具有数据网络的通信功能外，还必须具备互操作功能，同时还要求具有实时特性，这就要求自控网络通信协议必须定义相应的内容来实现互操作功能和保证实时特性。与 OSI-RM 数据网络通信协议相比，自控网络通信协议具有如下两个显著的特点。

(1) 通信效率优化。自控网络通信效率的优化是自控系统实时性能要求的结果，这与数据网络通信效率优化的目标不同。数据网络通信效率优化通常是以提高通信带宽和改善服务质量（QoS）为目标的。自控网络通信效率优化的方式除借用数据网络通信效率优化的方法外，通常还根据具体自控领域的特点改进通信介质访问方式（MAC）、优化报文传输长度和简化网络拓扑结构等方法。例如，LonTalk 协议采用了性能更高的 P-CSMA 通信介质访问方式和优化报文传输长度两种方法，CAN 协议采用了支持单一通信介质和精简分层的方式进行优化，而 BACnet 协议则通过禁止环形拓扑结构和精简分层的方式进行通信效率的优化。

(2) 上层协议具体化。上层协议具体化是自控网络节点或设备实现互操作的必然结果。一般来说，由于数据网络传输信息的最终用户是“人”，故其网络功能比较单一，信息共享是其主要功能，一般对共享信息语义所蕴含的反应和操作并不关心。而自控网络则必须在信息共享的基础上对共享信息的语义进行解释，并自动触发共享信息语义所蕴含的反应和操作，即实现互操作功能。因此，自控网络要实现节点或设备的互操作，就必须对网络节点或设备建立信息模型，确定网络节点或设备互操作的模式，明确定义传输数据的语义，并规定其编码和解码规则，这些内容一般为自控网络通信协议的上层协议内容。相对而言，由于数据网络通常只注重数据传输功能，往往不关心其传输数据的语义，因而数据网络的上层通信协议一般比较抽象。

从上述两个特点来看，“通信协议”的概念在数据网络中是恰如其分的，可以很好地描述数据网络的功能和相应的解决方案。但在自控网络中，“通信协议”除具有数据网络的通信功能外，还包含下述内涵，并构成了自控网络的基本内容，是所有自控网络必须明确规定的主要内容。这些内容是研究和应用自控网络必备的基础知识。

(1) 自控网络节点或设备信息模型

要进行通信或互操作，就必须存在至少两个通信或互操作的实体（entity）或对象(object)，并且这些实体或对象必须在自控网络互操作环境中是“可见的（visible）和可识别的（identifiable)”。例如，在现实生活中，书信交流就必须将通信双方进行模型化，将通信双方抽象为“邮政编码”、“通信地址”和“姓名”三个参数所描述的抽象模型。显然，这种模型在邮政系统中是可识别和起作用的。只有利用这种抽象模型，书信才能从发信人传递到收信人。反之，如果将“照片”作为通信双方的模型，虽然这种模型非常直观，但这种模型不能为邮政系统所识别，是不能实现邮政通信的。再如，电子邮件也是现实生活中的一种通信方式，这种通信系统的可识别模型就是“电子邮政地址”一个参数所描述的模型，而不是邮政系统的多参数模型。从这两个例子可以看出，不同通信系统或网络一般具有不同的可识别模型。

自控网络节点或设备是通信和互操作的具体实体，这些具体实体在物理结构上千差万别，在监控功能上也有所不同。如何使这些具体节点或设备在自控网络中相互识别，就必须对具体节点或设备进行抽象建模，使之成为“网络可见（network-visible）”的抽象实体。这种可以在网络上相互识别、并且“网络可见”的抽象模型即为网络节点或设备的信息模型（information model）。因而信息模型具有标识网络节点或设备和抽象其监控功能的作用。

信息模型在不同体系结构的网络中有不同的建模方式，从而有不同的表现形式，甚至同一体系结构的不同协议层也有不同表现形式。但可以归纳为“面向数据（data-oriented）”和“面向对象（object-oriented）”两种信息模式。面向数据的信息模型只用一个简单型或基本型数据来抽象描述网络中的节点或设备，这种模型通常用节点或设备地址（address）或标识符（ID）的数据类型来表示。面向数据的信息模型通常用于自控网络通信协议的低层协议之中，用于标识通信实体，具有较高的通信效率。如 MAC 地址、网络层地址、会话 ID 等是典型面向数据的信息模型。事实上，面向数据的信息模型是 ISO/OSI 参考模型中数据链路层（data-link layer）协议至会话层（Session Layer）协议常用的信息模型。在自控网络通信协议中，面向数据的信息模型也是高层协议常用的信息模型之一，用于标识通信和互操作实体。

面向对象的信息模型采用一组描述网络节点或设备状态的属性参数来标识互操作实体和定义互操作的语义，这种信息模型通常用于自控网络的上层协议之中。例如，上述邮政系统三个参数描述的模型就是典型的面向对象信息模型。由于面向对象信息模型非常适用于互操作过程，大多数现代自控网络在实现互操作功能的层面上基本采用了这种模型。但这种信息模型在不同自控网络中具有不同的建模方式和表现形式。

(2) 互操作模式

在自控网络中，当节点或设备利用信息模型在网络上“可见”和“可识别”后，就可以在节点或设备间通过通信来实现互操作。依据通信内容，可以将自控网络互操作模式分为“基于数据（based-data）”和“基于命令（based-command）”两种互操作模式。

在基于数据的互操作模式中，通信内容是自控网络节点或设备间共享的数据（如温度、压力、状态或字符串等描述系统状态的信息）。当自控网络的节点或设备监听和接收到一个数据时，就触发一个相关联的事件，完成该共享数据所蕴含的互操作功能。这种互操作模式的一个显著特点是，在接收节点或设备中必须预先确定共享数据与特定互操作功能相对应的关联表，或者说，自控网络节点或设备的互操作功能与输入/输出共享数据项相关联。这种互操作模式的另一个特点是同一共享数据项可以分发给具有不同互操作功能的网络节点或设备，以实现不同节点或设备对同一共享数据的多种互操作功能。显然，这种互操作模式可适用于面向数据和面向对象的信息模型，尤其适用于面向数据的信息模型。

在基于命令的互操作模式中，通信内容是自控网络节点或设备间的触发命令（如开启/停止、读/写、连接/断开等命令）。当自控网络的节点或设备监听和接收到一个触发命令时，就根据命令种类和参数（如果命令带有参数）完成相应的互操作功能。这种互操作模式又可分为“直接命令”和“间接命令”两种模式。

“直接命令模式”将所有的互操作命令进行分类和编码，网络节点或设备直接通过交换互操作命令实现互操作功能，具有非常直观的优点，可以适用于所有的信息模型。

直接命令模式虽然形象、直观，是自控网络系统最容易使用的模式。但该模式存在缺点，不宜作为自控网络集成系统的互操作模式。第一，该模式对不同的互操作必须定义不同的命令集或“服务”，即对于不同的互操作，必须定义不同的操作命令和操作参数类型。这必然会造成互操作服务种类和数量繁多，使之不能为通用互操作模式。第二，采用该模式的协议不易集成。由于该模式采用了不同的服务原语，系统集成时就必然会出现协议转换问题，从而集成代价高。第三，该模式使协议不易扩展和维护。例如，要增加一个命令功能，就必须增加一个服务，这不仅使协议本身不稳定，而且也必须要修改协议实现软件。因此，这种模式不能提供在维持协议稳定和不修改协议软件情况下的统一扩展机制。第四，该模式易使协议内容复杂，处理分支逻辑和判别情况过多，造成协议软件臃肿，执行效率低下。第五，由于该模式采用命令来构成服务，不同的服务通常有不同的协议数据单元结构，造成协议条款内容增加，同时也造成协议软件结构复杂，信息处理速度降低。

“间接命令模式”则对繁杂的互操作过程进行抽象，将所有互操作命令简化为只有“读/写（read/write)”或“存/取（store/fetch)”两种互操作命令，以统一的“读/写”访问方式实现互操作过程，从而逐渐成为现代互操作系统普遍采用的模式。间接命令模式通常将被操作的实体抽象为“对象”或“管理信息库（MIB)”，从而屏蔽被操作实体的结构和配置，通过“读/写”对象的属性或 MIB 的数据项间接地实现对被操作实体的控制和管理。这种互操作模式虽然不直观，但具有极高的互操作功能抽象描述能力，互操作接口非常简洁。因而这种互操作模式在现代数据网络和自控网络中得到了普遍的应用。例如，Internet 的 SNMP 协议采用这种间接互操作模式，虽然只定义了 5 个“读/写”服务，但其网络管理功能是非常强大的。在数字系统硬件中，IC 器件间的互操作几乎均是通过“读/写”或“存/取”IC 器件的状态和控制寄存器（state and control registers）进行互操作的。在 Intel PC 中，CPU 对外围器件的控制和管理就是通过“IN/OUT”指令来实现的，这种方式就是“读/写”间接模式的具体应用。因此，自控网络可以通过这种互操作模式实现强大的互操作功能，并且具有简洁的互操作接口。

可以看出，这种模式在协议和硬件中的应用只是抽象方式的不同，其操作和管理机制仍是相同的。在硬件设备中，外围设备的各种寄存器就相当于外围设备对象的属性，CPU 通过访问抽象为属性的寄存器来控制和管理外围设备，而外围设备的功能则由外围设备本身完成。在现代自动控制网络中，这种模式是首选的互操作模式，它在保证通信接口一致的前提下，允许各种自控硬件设备具有不同的结构和功能。也就是说，这种模式在保证协议软件和应用软件不变的前提下，可以屏蔽不同的硬件结构，有利于硬件设备的公平竞争。

从间接命令模式的实现机制来看，这种互操作模式适用于面向对象的信息模型，而不适用于面向数据的信息模型，因为面向对象的信息模型提供这种互操作模式“读/写”的对象和接口，而面向数据的信息模型一般不符合这种互操作模式的规定。例如，在以“地址”作为标识符的信息模型中，读取或修改地址信息一般只在网络配置和测试时才有意义，并且该操作一般不属于常规运行过程互操作功能的范围。

从上述分析可以看出，互操作模式通常与自控网络节点或设备的信息模式相关联，但不同的信息模型和互操作模式并没有绝对的优劣之分，不同的信息模型和互操作模式均是自控网络节点或设备实现信息共享和互操作功能的解决方法或方案之一。但从自控网络和数据网络的发展趋势来看，面向对象的信息模型和面向命令的间接互操作模式是现代网络的主要信息模型和互操作模式。因此任何自控网络通信协议均是在通信的基础上对信息模型和互操作模式进行合理选取和优化的结果。

总之，自控网络要实现互操作，在原理上就必须定义互操作实体的“信息模型”、实体间的“互操作模式”、实体间互操作的“内容”和实体间传输互操作内容的“通信工具”。其中，实体信息模型必须在自控网络互操作环境中是相互“可见的和可识别的”，互操作模式必须与信息模型相适应，互操作内容必须在主体间是互相“可理解的（understandable)”，通信工具最好是“多样的”。另外，自控网络互操作模式是由“互操作内容”进行具体表现的，而互操作内容在通信协议中是以“服务（service）和报文（message)”的方式进行定义的。“服务”是互操作过程的“时序”描述，是互操作过程的动态描述；而“报文”是互操作内容的“编码或格式”描述，是静态的描述。不同自控网络通信协议对互操作功能具有不同的定义方法和内容，由此形成具有不同技术特点的自控网络。

(3) 系统集成方法

由于自控网络节点或设备具有互操作功能和逻辑功能上的强耦合关系，自控网络必须进行组态和系统集成，以确定自控网络节点或设备的固定逻辑功能关系和实现互操作。自控网络系统集成通常有两个含义，一是指同种体系结构自控网络的集成，二是指异构体系结构自控网络的集成，其中包括自控网络与 Internet 的集成。前者的集成方式通常由自控网络通信协议进行了规定和说明，并利用自控网络专用网络管理工具（如 LonWorks 的 LonBuilder 网络管理工具）可以较为容易地进行集成；后者一般通过网关（gateway）方式进行系统集成，这种集成方式可以称为“网关集成方式”。网关集成方式通常比较困难，代价较大，不易扩展。

从上述可知，信息模型和互操作模式是网络节点或设备互操作的基础。但是，具有互操作的网络节点或设备能否组成一定功能的应用，就必须进行系统集成。也就是说，互操作是网络节点或设备进行交互的一种机制和能力，系统集成则是面向具体应用明确网络节点或设备在逻辑功能上互操作关系的过程。因而具有相同互操作机制的自控网络就可以有不同的系统集成方法。正因为如此，自控网络的通信协议均详细定义了互操作机制的内容，但一般不定义或不详细定义系统集成的标准内容，或者在协议之外提供系统集成指南性的内容。例如，BACnet 标准在其正文中定义了系统集成的方法和机制，但不能提供标准化的系统集成工具。同样，LonWorks 技术的 LonTalk 通信协议也没有定义系统集成工具，但由其 LonMark International 协会定义了系统集成指南性的规范，并由 Echelon 公司提供系统集成专用工具——LonBuilder 软件工具。BACnet 标准和 LonWorks 技术的有关内容将分别在以下两节中介绍。

综上所述，自控网络通信协议除具有数据网络通信协议的基本内容外，还具有与共享信息语义解释和互操作功能密切相关的内容。无论语义解释和互操作功能的协议内容如何定义，从自控网络实现共享信息语义解释和实现互操作功能的要素来看，任意自控网络通信协议的内容必须定义自控网络节点或设备的信息模型和互操作模式，必须以某种方式建立在此基础之上与具体应用密切相关的系统集成方式。其中，信息模型是自控网络节点或设备通信实体的抽象，互操作模式是自控网络节点或设备对通信数据语义进行响应方式的抽象，而系统集成方式则是对自控网络具体应用方式的抽象。

因此，自控网络通信协议必须具备与通信功能、信息模型、互操作方式和系统集成有关的基本内容。任意自控网络只要参照 OSI-RM 体系结构从其体系结构出发，按信息模型、互操作方式和系统集成三个方面进行学习和研究，就完全可以掌握其基本内容和特点，就可以达到实用的目的。这就是学习和研究自控网络的基本方法。

以下从实用的观点分别介绍 BACnet 标准和 LonWorks 技术的基本内容，以期达到实用的效果，并为继续深入学习和研究奠定基础。

5.2 BACnet 标 准

20 世纪 80 年代初期，DDC 在建筑设备自控领域得到了迅速发展，产生了许多 DDC 建筑设备自控系统。但由于大多数 DDC 系统是封闭开发的，从而形成多个彼此孤立的专利（proprietary）子系统，系统集成困难。这种情况导致每个子系统的运行、维护和升级都必须严重依靠或“受控”于 DDC 系统厂商，结果导致人员培训和运行维护费用显著增加，严重影响了建筑设备自动化的健康发展。

直到 1987 年初，在 ASHRAE（美国供热、制冷与空调工程师学会）资助下才成立了一个名为“Standard Project Committee 135P”的标准技术委员会（简称“SPC 135P”）。SPC 135P 的任务是开发和制定一个开放性建筑设备自控网络数据通信协议标准，以克服专有 DDC 系统的缺点，促进计算机技术在建筑设备自动化中的应用。

SPC 135P 历经 8 年半的努力，经过三次公开评审，对来自 12 个国家和地区共计 741 条建议进行修改后，于 1995 年 6 月正式颁布了一个开放性建筑设备自控网络通信协议标准，同年 12 月该标准被批准为美国国家标准，正式命名为“ANSI/ASHRAE 135-1995：A Data Communication Protocol for Building Automation and Control Network（建筑设备自控网络数据通信协议）”，并简称“BACnet 标准”。

BACnet 标准以其先进的技术架构和开放的维护模式得到了业界的广泛认可和快速发展，于 2003 年成为建筑设备自动化领域惟一的 ISO 标准和 CEN 标准。在亚洲，BACnet 标准已成为韩国国家标准（KS X6909）和日本电气安装工程师协会的行业标准。与应用在建筑设备自动化领域的其他标准相比，BACnet 标准具有如下显著的优点。

（1）专用于建筑设备自控网络，具有高效的特点

BACnet 是由来自全球的建筑设备自控领域专家针对建筑设备自动化领域的特点专门开发的建筑设备自控网络数据通信标准，它具有许多建筑设备自控系统所特有的特性和功能，如按日期和时间进行操作的日期和时间安排表、分级操作命令、趋势记录、多种报警和事件处理机制等等。这些特性和功能是其他标准（如 LonWorks）所没有的。

（2）完全开放，技术先进

由于 ASHRAE 是一个行业组织，不属于以纯营利为目的的商业公司，故 BACnet 标准没有任何技术和商业秘密，没有使用授权问题，任何人都可以参与 BACnet 标准的讨论，提出建议，并可开发相关产品。这种开放性的模式可以集思广益，博采众长，使 BACnet 不断注入新的内容，始终代表着建筑设备自动化最新技术的发展方向。

正是这种开放的特性，BACnet 得到了全球所有主要建筑设备自控设备厂商的支持，如 ABB、HoneyWell、Siemens、Johnson、Carrier、McQuay、Trend、York、Invensys 等等，这为建筑设备自动化系统提供了多种选择，最终为业主和物业管理降低了成本和运行费用。BACnet 这种完全开放和技术先进的特点最终使其成为建筑设备自动化的惟一 ISO 标准。正是由于该标准采用了完全开放的模式，我国智能建筑领域才有机会参与先进标准的制定，

才有可能打破国外大公司在建筑设备自动化高端领域的垄断地位。

（3）被许多标准组织接收为标准，具有广泛的权威性

接收 BACnet 的主要标准组织有美国国家标准局（ANSI）、欧盟标准组织（CEN）、国际标准组织（ISO），同时 BACnet 也是韩国国家标准。BACnet 不仅应用于 HVAC&R 设备，而且还可以用于照明、电梯、安全等建筑设备自控系统。由于应用范围不断扩大，BACnet 还被其他许多非 HVAC&R 产业组织预审和接收。例如，BACnet 已成为美国电气制造协会（NEMA）标准。这种被广泛认可的事实使 BACnet 具有比较广泛的权威性。

（4）不依赖于现有的局域网或广域网技术，具有良好的互连特性

BACnet 利用其简洁的网络层屏蔽了不同的底层差异，可以使 BACnet 标准包含不同的局域网技术，也可以利用广域网技术，甚至可以利用未来的网络技术。这就使 BACnet 网络可以由具有不同传输介质和通信速率的网段所组成，不仅提高了网络互连的能力，而且提高了网络的性能/价格比，使 BACnet 具有更为广泛的应用空间。

（5）具有良好的伸缩性

BACnet 标准没有规定 BACnet 网络中的设备节点数，对 BACnet 设备数量没有限制，这种特性使 BACnet 网络根据实际需要来确定，可以由两个 BACnet 设备构成一个极小的 BACnet 网络，也可以构成由许多不同 BACnet 网络组成的超级“BACnet 互连网络”。从工程项目的应用来看，BACnet 标准已用于各类规模的工程，也已用于超大型规模的工程项目。例如，美国公用设施管理局 GSA（General Services Administration）利用 BACnet 标准进行控制和管理的 GEMnet（GSA Energy and Maintenance Network）系统跨越美国太平洋西海岸三个州，集成十多个大型政府办公大楼的建筑设备自控系统，集成的总建筑面积达 180 万 m^2。这充分证明了 BACnet 标准具有良好的互连、互操作和扩展的功能。

（6）具有良好的扩展性

BACnet 采用了先进的设计和分析方法，提供了良好的扩展机制。这种扩展机制可以对标准的各个部分进行扩展，并且扩展部分均可以以同样的方式进行各种操作。任意扩展的内容如果得到了该标准的标准化委员会 SSPC-135（前身为 SPC-135）的认可，就可以成为正式标准的一部分或下一个版本中的内容。也可以认为 BACnet 的扩展部分本来就是协议框架的一部分，只不过扩展部分没有得到 SSPC-135 的正式公布而成为标准部分。也就是说，BACnet 协议是一个很大的框架，成为标准内容的只是框架中最常用最一般并能满足绝大多数实际应用的一个子集。因此 BACnet 的扩展机制使其扩展部分几乎不需要“认可（permission）”，就表现出与标准部分相同的特性。这种扩展方式不同于其他协议的扩展，几乎对原有的协议没有任何附加的开销。

正是由于 BACnet 标准具有上述优点，我国可以利用该标准开发出具有自主知识产权的建筑设备自控设备和产品，冲破国外产品在我国的垄断地位，使我国智能建筑市场迈入健康发展的轨道。因此在我国研究和应用 BACnet 标准是具有重大意义的。

5.2.1 体系结构和网络拓扑结构

BACnet 标准是一个开放的建筑设备自控网络数据通信标准，其目标是实现来自不同厂商的建筑设备自控设备实现互连和互操作，以摆脱专利标准的束缚和垄断。为了实现这个目标，BACnet 标准必须参照 OSI-RM 模型。但由于 OSI-RM 是解决所有计算机在任意环

境下实现互连的标准性通用方案，它涉及所有复杂情况下的通信问题，因而有完善的路由选择算法，有多种数据传输方式，有复杂的同步和错误恢复机制，也有不同层次的流量控制机制。而建筑设备自控网络的通信环境只是 OSI-RM 通信环境的一个极小子集。很显然，在建筑设备自控网络中完全实现 OSI-RM 中所有的解决方案是不适应的，也是不必要的。因此 BACnet 标准并未完全按 OSI-RM 的结构来定义，而是根据自身的应用环境对 OSI-RM 进行了精简和定制，使 BACnet 标准的体系结构更加紧凑，具有高效的特性，以适应建筑设备自控系统对实时性的要求。图 5-6 是 BACnet 标准体系结构与 OSI-RM 的参照图。

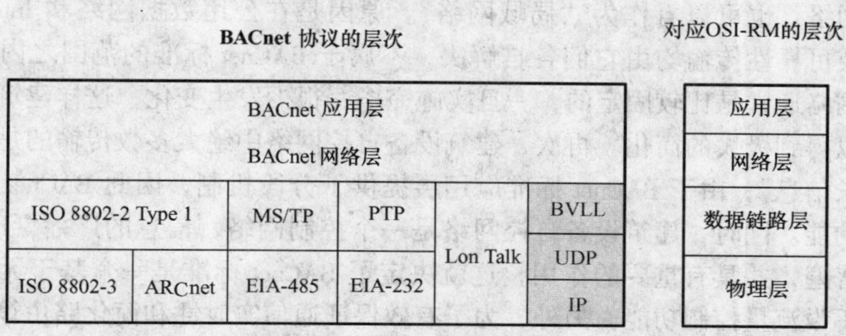

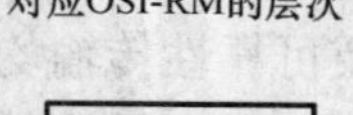

图 5-6　BACnet 体系结构图

从图 5-6 可以看出，BACnet 标准采用了 4 层结构：应用层、网络层、数据链路层和物理层。与 OSI-RM 相比，BACnet 标准同样具有低层（1～3 层）功能，以实现建筑设备自控网络的通信传输功能。首先，BACnet 标准的数据链路层和物理层不再是一般化和概念化的定义，而是具体的定义。其次，为了实现高效的路由功能，BACnet 标准也简化了 OSI-RM 网络层功能。最后，BACnet 标准的应用层跨越了 OSI-RM 的传输层、会话层、表示层和应用层，从而使 BACnet 标准应用层具有 OSI-RM 相应的高层（4～7 层）功能，即通信处理功能，以实现建筑设备自控网络中信息的表示、语法转换、可靠性以及同步等功能。

(1) 物理层和数据链路层

在建筑设备自控网络中，建筑设备自控设备要进行通信，通信介质就必须进行物理连接，通过物理连接中的物理信号传输数据信息。很显然物理层是必不可少的。数据链路层的作用是将数据处理成具有一定结构的数据单元（帧）、并实现介质访问控制、寻址、错误恢复和流量控制等功能，它对物理层的功能在逻辑上进行了补充和增强，是结构信息和无结构信息的接口，因此数据链路层也是必不可少的，可以说数据链路层与物理层是相辅相成和不可分离的。

BACnet 标准的数据链路层和物理层实现 OSI-RM 中相应两层的功能。物理层传输无结构的比特流，链路层实现无差错的帧传输，并为网络层提供服务。BACnet 标准定义了五种具体的物理层和相应的数据链路层，以适应不同性能/价格比的要求。但不论是哪一种物理层和数据链路层，其功能是与 OSI-RM 中定义的功能是相同的。从理论上讲，只要符合 BACnet 标准定义的物理层和数据链路层功能的任何网络均可以作为 BACnet 标准的低两层。事实上，BACnet/IP 标准就是将 Internet 扩展为其“局域网”的正式标准。

(2) 网络层

为了满足建筑设备自控网络中不同建筑设备自控设备对通信要求的不同，并使建筑设备自控网络具有良好的性能价格比，定义了不同的物理层和数据链路层。于是为了屏蔽不同低层的差异，网络层是必不可少的。

OSI-RM 网络层解决各种不同网络互连问题，主要功能为路由选择与中继、网络流量控制、网络连接与管理等。OSI-RM 的主要目的就是要为分组报文以最佳路径通过网络到达目的主机而提供服务，让网络用户不必关心网络的拓扑模型与所使用的通信介质。因此 OSI-RM 网络层功能是非常复杂的，尤其是路由和流量控制最为复杂。

而建筑设备自控网络首先是一个局域网络，甚至通过公用数据网或 Internet 连接的建筑设备自控网络，也可以看作为“局域网络”。原因是在公用数据网络和 Internet 中的路由、中继以及可靠性传输均由它们各自解决，不属于 BACnet 标准的范围之内。其次，建筑设备自控网络通常是比较固定的，一旦实施完毕，很少发生变化，这样建筑设备自控网络的路由可以得到极大的简化。再次，建筑设备自控网络中绝大多数传输的是“短信息”，即使交换“长信息”，由于 BACnet 标准应用层提供了分段机制，因此 BACnet 标准网络层不涉及分段功能。同时，建筑设备自控网络是一个控制网络，信息的广播（broadcast）传输方式较为普遍，并具有重要的作用，这就决定了 BACnet 标准是一个基于无连接的通信模型，可以不设流量控制功能。另外，为了有效保证通信实时性和简化路由算法，其互连拓扑结构不允许环形结构，因此，BACnet 标准的自控网络通常为图 5-7 所示的树形结构，网络层功能得到极大的简化，基本上只有简化的路由功能。相应地，BACnet 标准的网络层协议也变得较为简单。

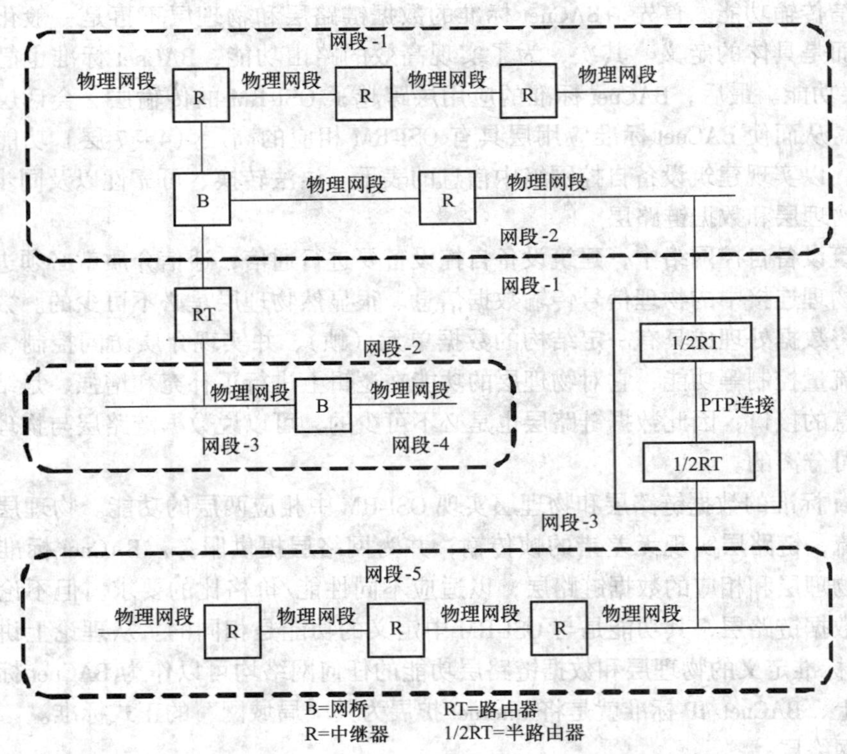

图 5-7 BACnet 互连网络拓扑结构示意图

(3) 应用层

在 OSI-RM 的高层功能中，传输层负责端对端（end-to-end）的可靠传输、分段和序号控制、以及流量控制和差错恢复；会话层的主要任务是在会话业务过程中确定同步检查点，以便在发生错误时将通信恢复到上一个同步检查点，避免重新传输，从而提高通信效率。表示层的作用是通过协商方法来确定双方认同的传输语法，而传输语法只是将应用层用抽象语法表示的应用数据转化为双方“认识”的字节串。应用层是应用进程访问 OSI 系统的惟一窗口，是面向用户进程的，为应用进程确定交互类型（如证实或非证实、终止等），这说明应用层是必不可少的。

在建筑设备自控网络中，一方面，绝大部分通信过程是很简单的，例如，读/写一个数据，通知一个事件或报警，另一方面，BACnet 标准是面向无连接的。因此 BACnet 标准既可以取消传输层中的可靠传输、分段和序号控制功能，也可以取消会话层的同步检查功能。如果再次考虑 BACnet 标准定义局域网流量控制功能，则可以将传输层的流量控制和差错恢复移到应用层中，也是合算的。由应用层实现流量控制和差错恢复既可以实现可靠传输，也可以保证偶尔出现较长通信过程（如数据文件的传输）中的分段和序号控制功能，从而完成分段信息的可靠传输。因此在 BACnet 标准中可以省略 OSI-RM 中的传输层和会话层，而将这些层中的保留功能移到应用层是合理的。另外，如果将抽象语法和传输语法预先固定下来，则可以省略表示层中的协商机制和语法转换等功能，从而可以取消表示层。BACnet 标准正是通过预先规定抽象语法和传输语法（ASN.1 和 ASN.1 基本编码标准）的方法取消了表示层。

因此，BACnet 标准的应用层是根据建筑设备自控网络的特点对 ISO-RM 中传输层、会话层、表示层和应用层中定义的功能进行定制，删除不必要的功能，并将保留的功能重新合理安排而形成的。这样 BACnet 标准的应用层功能主要是定义互操作信息的抽象语法与传输语法，定义可靠性传输、流量控制及其相关协议规程。

纵观 BACnet 体系结构的详细内容和各阶段的发展内容，可以得出如下两个结论：

1）整个标准的内容可以分为“互操作”和“通信”两个既相互联系又相对独立的部分。BACnet 应用层定义了“互操作”的全部内容；除自定义 MS/TP 和 PTP 外，“通信”则是在网络层定义的框架下“借用”其他已有的标准。2）BACnet 应用层既是特征最稳定，又是内容发展最快的协议层。而网络层几乎没有变化，数据链路层和物理层的变化只是扩大了“借用”的范围。这两个结论说明 BACnet 应用层是反映 BACnet 标准特色和本质的协议层，是整个 BACnet 标准基本原理和内容的具体体现。

如果把 BACnet 实现互操作的原理与现实生活中的通信过程相比较，则可以找到很好的对应关系，有助于对 BACnet 原理的进一步理解。假设两人通过“书信”相互交流，直观上来看，似乎很简单，两人只要将书信写好，并交给邮政系统就可以完成通信。但是如果关心到通信过程中的细节问题，则必须完成许多“看似简单或理所当然的”工作才能完成书信往来。

第一，通信双方的身份如何在书信上表示，以便双方能顺利接收信函？无论通信双方是否认识，从通信过程中来看，只需在信封上写接收方的邮政编码、地址和姓名即可，无需给出对方的其他特征，如相貌、年龄等。邮政编码、地址和姓名就是通信过程中对接收人的抽象描述，并且这种简单的抽象描述完全满足通信过程的要求。如果把这种抽象描述看成一个数据结构，就可以称之为“对象（object）”。这种描述方式就是BACnet标准中用于表示建筑设备自控设备的方法，只描述通信或互操作过程中“可见的”或需要的信息。

第二，通信内容如何表达，以便双方能理解对方的意图或目的？这就需要双方相互约定表示内容的语法、语义和格式，尤其在双方进行暗语或密码通信时，这种约定是至关重要的。一旦预先约定这些规则，就可以根据约定将通信内容表达出来。通信双方对通信内容语法、语义和格式的约定相当于BACnet标准对“应用层服务”和编码的定义。BACnet标准的应用层服务编码就是对通信和互操作内容语法、语义和格式的约定，使建筑设备自控设备能够相互理解对方的意图和目的，以便正确执行互操作的有关指令，完成互操作过程。

第三，书信投递。投递过程并不要通信双方亲自进行，目前投递方式有许多种，有传统的邮政系统，也有各种邮件快递公司。尽管邮政系统和快递公司内部具有非常复杂的管理体制和运行程序，但不论是如何运作的，其作用都是将用户的书信递交给接收方，它们并不关心书信的内容或书信的语义，而且通信双方也没有必要了解和参与书信的投递过程。BACnet标准的通信网络与邮政系统几乎是相同的，只是将BACnet标准应用层的信息传递给接收的建筑设备自控设备，也不关注其内容。正是如此，BACnet既定义了新的通信网络（MS/TP和PTP），也借用了已有的通信网络系统（ISO 8802，LonTalk和IP）。从理论上，BACnet可以选用任何通信网络系统，但为了规范传输行为，BACnet标准定义了五种可选通信网络系统，并提供了利用其他通信网络系统的扩展方式，如IP网络系统。

因此，从原理上讲，BACnet标准通过定义“BACnet对象”、“BACnet应用层服务”、“报文编码”和“BACnet网络”四个部分，以及各部分间相互作用的规程来实现建筑设备自控设备的通信和互操作。如果从原理继续深入到各个部分的技术细节，则各部分又是非常具体和确定的，内容也是繁多的。这些技术细节就形成了BACnet标准庞大的文字内容（英文文档近600页）。以下只从实际应用的观点对BACnet标准的有关内容进行介绍。其中，以“智能温度传感器”为例对各部分内容进行实例说明。

5.2.2 信息模型——BACnet对象模型

在智能建筑中，建筑设备自动化系统由许多不同的建筑设备自控设备所组成，这些建筑设备自控设备来自不同的厂商，具有不同的型号，而且各自执行不同的建筑设备功能。例如，空调设备的建筑设备功能就不同于给排水设备，即使同样是空调设备，也可能来自不同的厂商。于是，如何在BACnet自控网络中对不同的建筑设备自控设备进行表示便成为BACnet协议首先应解决的问题。对建筑设备自控设备进行表示的过程也是对建筑设备自控设备进行模型化和形式化的过程。通常，不同通信协议对建筑设备自控设备所采用的表示方法决定了协议的基本框架。至于某个协议是否具有强大的生命力，关键在于该协议所采用的方法和技术是否先进，是否经得起时间的检验。

最简单且最直观的做法是规定各种建筑设备自控设备的功能、内部配置和组成，消除各种可选择项。这相当于把不同的建筑设备自控设备按固定模型来处理，虽然不具有灵活性，但按照这种方法生产的设备无疑可以实现互操作，因为按这种固定模型生产的设备产品跟一个厂商生产的设备产品没有什么区别。但这种方法存在严重的不足之处，一方面，这种方法必须规定与设备有关的各个方面，诸如产品的设计、制造、测试，甚至产品的安装和配置等，这不仅使协议内容种类繁多，规模庞大，不易扩展，而且严重阻碍了厂商对设备产品的创新能力，埋没了各厂商设备产品的特点和优点；另一方面，在市场经济高度发展的今天，没有一个权威机构可以控制所有生产厂商的行为，使所有厂商按同样的设计进行生产。事实上，在现存的自控网络通信协议中没有一个通信协议采用上述方法，各个通信协议对控制设备的表示均具有不同的方法、特点和独到之处。

在建筑设备自控系统中，任何建筑设备自控设备在控制功能上均可分解为数量有限、并且具有一定功能或“粒度（granularity）”的“基本功能单元”。这些基本功能单元包括（但不限于）如下：

（1）硬件二进制输入/输出值。如继电器的状态值。

（2）硬件模拟输入/输出值。如温度的测量值。

（3）软件二进制/模拟值。如控制参数的设定值。

（4）字符串。如报警信息的显示内容。

（5）时间计划表信息。如上、下班时刻建筑设备自控设备的动作。

（6）报警和事件信息。如事件通告。

（7）文件。如程序文件，趋势记录文件、历史文件。

（8）控制逻辑环。如室内温度控制系统等。

为了用这些基本功能单元表示具体建筑设备自控设备，就必须寻找表示基本功能单元的方法，并使这种表示方法具有一般性、全局性和可复用的能力。其中，全局性是指这种方法在整个自控网络环境中是可以“访问”和“可见”的，或者是可以“识别”的。很明显，要实现一般性和可复用能力，就必须对基本功能单元进行高度抽象处理，提取基本功能单元的共性。要使这种表示具有全局性，就必须使这种表示方法具有某种全局性的“标识符”。

BACnet 标准在描述各种建筑设备自控设备时采用面向对象分析与设计（OOA&D）的方法。该方法首先对各种基本功能单元进行高度抽象处理，形成具有一般性和可复用能力的“BACnet 对象（object）”，并在对象中加入一个全局性的“对象标识符（Object _ Identifier）”属性（property）。这种方法不仅可以用不同的对象表示不同的基本功能单元，使其具有一般性和可复用能力，而且这种方法也具有全局性。因此 BACnet 对象具有一般性和可复用的能力，并且是“网络可见的”。BACnet 对象的“Object _ Identifier”属性由 4 个字节组成，共 32 位，分为两个部分，如图 5-8 所示。第一部分为对象类型标识域，占 10 位，可以表示 1024 个对象类型。协议规定 0 ~ 127 为 BACnet 保留类型，例如 Analog Input 对象类型为 0，Analog Output 对象类型为 1，等等；128 ~ 1023 为用户对象扩展类型。第二部分为对象实例编码域，共 22 位，可以表示 4M 个对象实例。

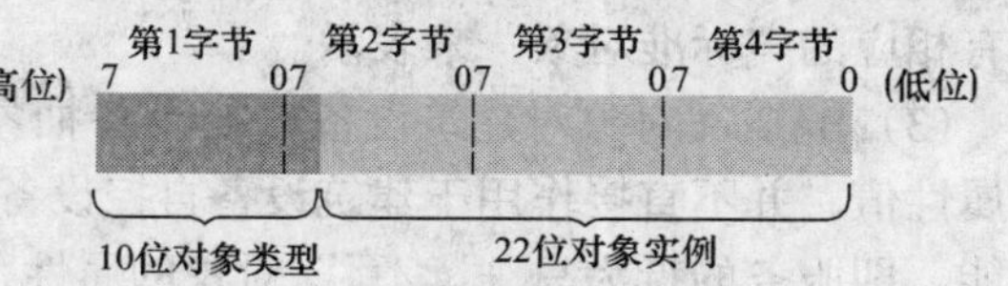

图 5-8 Object _ Identifier 属性格式

BACnet 对象是由不同“属性（property）”组成的集合，用于描述建筑设备自控设备在互操作过程中所表现出的外部特性，是建筑设备自控设备与自控过程有关参数的集合或“视图”。例如，设备的类型（type）、状态（status）、工程量（value）、单位（unit）等均是与自控过程有关的参数，这些参数在对象中就称为“属性”。BACnet对象是BACnet协议中最为关键的内容，并在BACnet协议中具有如下功能和特点：

（1）BACnet对象是描述建筑设备自控设备互操作过程中所表现出的外部特性，不涉及建筑设备自控设备的内部配置、内部结构和内部执行过程。也就是说，对象是从建筑设备自控设备外部看到的关于建筑设备自控设备与控制过程有关的“视图”，这个视图不仅包含表示建筑设备自控设备状态和功能的参数，而且还包含用于控制建筑设备自控设备状态和功能的控制参数。这些参数就构成了对象的属性，即对象是建筑设备自控设备在控制过程中所表现出的有关参数的集合。这个参数集合最大的特点是可以在网络上进行访问。这也说明BACnet对象是“网络可见的”。“网络可见”是互操作的基础，互操作也正是通过对“网络可见”对象的访问来实现的。

（2）BACnet对象是对建筑设备自控设备的抽象描述，与数字硬件设计中寄存器（register）对硬件结构的抽象是相似的。如果把建筑设备自控设备看作为数字系统的硬件设备，那么对象就相当于数字系统中硬件设备的寄存器。在数字系统中，硬件的寄存器是中央处理器（CPU）与外围硬件设备进行互操作的接口（interface）。无论外围硬件设备有多复杂，CPU与外围硬件的交互总是通过外围硬件的寄存器进行的，也就是说，CPU对外围硬件的控制和管理是通过“读/写”外围硬件中不同寄存器的值，然后外围硬件按寄存器中的写入值由本身的电路完成特定的功能，而CPU则根据读入的值进行不同的操作。可以看出，外围硬件的寄存器是CPU看到的外围硬件的抽象视图，是CPU与外围硬件交互的“窗口”或“纽带”。这种抽象描述不仅简化了外围硬件的处理，而且不涉及外围硬件的内部功能电路设计。CPU看到的只是外围硬件的寄存器，外围硬件的内部电路则对CPU是不可见的。因此，只要有相同的“可见”寄存器，不管其内部设计如何，CPU都可以以同样的方式对其控制和管理。由于这种抽象描述不涉及内部结构设计，因此不限制对内部结构的创新和发明，有利于建筑设备自控设备厂商的竞争，最终有利于建筑设备自控设备产品的多样化，为用户提供更好的服务。

BACnet对象类型是根据控制系统基本功能元素来确定，不仅对象具有比较明确的意义，易于理解，而且使对象的划分“粒度”有了客观的依据，从而可以标准化对象类型，进而确定有限数量的标准对象。例如，控制系统中硬件输入/输出值、事件、控制逻辑等均有相应的“标准对象”来表示。

（3）BACnet对象对建筑设备自控设备抽象表示的方法使网络服务只直接作用于对象的属性值，并不直接作用于建筑设备自控设备，或不直接改变建筑设备自控设备的状态和功能。即服务的行为只“读/写”对象的属性，建筑设备自控设备随后执行的建筑设备功能并不是协议服务直接作用的结果，而是建筑设备自控设备根据对象属性值自动产生的功能行为。由此可以在协议中将建筑设备自控设备的通信功能和建筑设备功能有关的行为分开，协议只规定与通信功能有关的行为规程，而不规定建筑设备自控设备的建筑设备功能行为规程，只将设备的建筑设备功能看作为通信协议过程的间接行为。这种抽象表示不仅使BACnet协议可以用于HVAC&R，而且还可以用于其他建筑设备自控系统，如照明系统、消防系统、安全及防范系统等，甚至可以扩展到其他工业控制领域。事实上，BACnet的应用已正在向其他控制领域扩展。

由于BACnet对象只是有关参数变量的集合，对象的操作只能有“读”和“写”两种方式，因而协议服务的行为也就只有两种行为规程。这就是所有 BACnet 服务都是基于“读/写”操作的原因。因此“对象”这个概念使协议对互操作的定义也得到了极大的简化，使表面上很复杂的互操作行为最终简化为“读”和“写”两种最基本的操作。这种对互操作行为的简化在数字系统设计中最早得到了应用。例如，CPU 与外围硬件无论进行何种交互操作，不管交互操作是否复杂，最终的操作均分解为一系列 CPU 对外围硬件寄存器或端口的“读/写”两个基本操作过程。

(4) BACnet 对象可以将整个协议分为两个相对独立的部分：互操作和通信。一旦互操作部分的语义由对象及其服务来定义后，接下来的工作就是定义传输互操作协议的通信工具或系统。从理论上讲，只要能进行数据通信的网络均可以作为协议的通信工具或系统。事实上，正是这种先进的设计方法使 BACnet 协议不仅可以建立在现有通信技术的基础之上，例如以太网等，而且还可以建立在其他通信技术之上，如 IP 通信网络等。这种扩展技术可以很容易将 BACnet 通信系统扩展到 ATM、ISDN 等通信网络，甚至可以扩展到未来的通信技术之上。

(5) BACnet 对象具有良好的扩展机制。由于 BACnet 对象实质上只是一个由数据项组成的数据结构，因此可以很容易地构造各种对象类型，也可以很容易地在已有对象（如 BACnet 规定的标准对象）中加入新的属性，从而“继承”已有的对象类型。在对象模型中，任意一个互操作行为均可以分解为“读”和“写”两个基本操作组合，因而对于任何一个具有特殊意义的互操作就可以通过不同的“读”、“写”组合序列来完成。这就是互操作或协议服务扩展的基础。另外，BACnet 通信系统对现有网络技术和未来网络技术的兼容，也是协议引入对象模型所具有的扩展能力。

为了满足实际应用和灵活性的需要，BACnet 对所有的建筑设备自控设备进行了分解和归纳，最终形成了有限数量的“BACnet 标准对象（BACnet standardized object)”。表 5-1 为 BACnet 标准定义的 23 种“标准对象”类型表。当利用面向对象的方法表示实际具体的建筑设备自控设备时，就是用这些标准对象的不同实例组合进行表示。也就是说，实际具体的建筑设备自控设备可以“映射”为不同 BACnet 标准对象实例的组合，这就是 BACnet 标准的“对象模型（Object Model)”。通过 BACnet 对象模型，任何对建筑设备自控设备的操作就是访问“对象模型”中 BACnet 标准对象实例的属性。

BACnet 标准对象类型及应用示例表 **表 5-1**

标准对象类型	应用示例
Analog Input（模拟输入对象）	温度传感器输入
Analog Output（模拟输出对象）	控制输出
Analog Value（模拟值对象）	控制设置值
Averaging（平均值对象）	控制过程某参数在一段时间内的平均值
Binary Input（二进制输入对象）	开关输入
Binary Output（二进制输出对象）	继电器控制输出
Binary Value（二进制值对象）	控制系统参数
Calendar（日历表对象）	一年中所有的法定假日表
Command（命令对象）	上、下班时办公室内的所有设备的开/停动作
Device（设备对象）	一个温度传感器基本属性描述

续表

标准对象类型	应用示例
Event Enrollment（事件注册对象）	空调过滤器压差报警处理方式的定义
File（文件对象）	某一空调系统能耗记录数据
Group（组对象）	一次读入新风机组室外新风温度与送风温度
Life Safe Point（生命安全点对象）	点型火灾探测器
Life Safe Zone（生命安全区对象）	区域型火灾探测器
Loop（控制环对象）	一次回风空调系统的温度闭环控制系统
Multi-state Input（多态输入对象）	风冷热泵机组的运行状态：运行、停止、除霜
Multi-state Output（多态输出对象）	通风与排烟合用系统的控制状态：正常运行、排烟运行、停止
Multi-state Value（多态值对象）	控制程序内的多态值
Notification Class（通告类对象）	火灾联动设备列表
Program（程序对象）	一个模糊控制算法的程序的描述
Schedule（时间安排对象）	上、下班时间表
Trend Log（趋势记录对象）	周期记录监控过程的运行数据

BACnet 对象模型用 BACnet 对象实例组合进行各种建筑设备自控设备的表示，这种表示方法犹如“用有限数量的字母按一定的规则可以组合为数量众多的单词”一样。利用 BACnet 对象实例进行组合时，BACnet 标准对象实例的选择也不是随意的，而是按一定的规则根据实际建筑设备自控设备的功能来确定所需要的实例，并且每个建筑设备自控设备的对象模型有且仅有一个“Device”对象实例。这就是用 BACnet 对象模型所具有的惟一规则或限制。例如，一个现场 DDC 控制器则可由 1 个“Device”对象实例、多个“Analog Input”对象实例、多个“Analog Output”对象实例，以及其他类型的 BACnet 标准对象实例的组合来表示，如图 5-9（*a*）所示。而一个“智能温度传感器”则可以用 1 个“Device”对象实例和 1 个“Analog Input”对象实例就可以完整地进行表示，如图 5-9（*b*）所示。如果用 BACnet 标准类型对象不能表示某个建筑设备自控设备或功能，则可以根据标准类型对象的定义方法自定义专用类型对象，并加入到由 BACnet 标准类型对象实例组成的对象模型之中，就可以满足对任意实际建筑设备自控设备的抽象表示。但 BACnet 标准建议尽量使用标准类型对象表示建筑设备自控设备。

BACnet 标准采用“BACnet 对象模型”对实际具体建筑设备自控设备进行抽象表示，

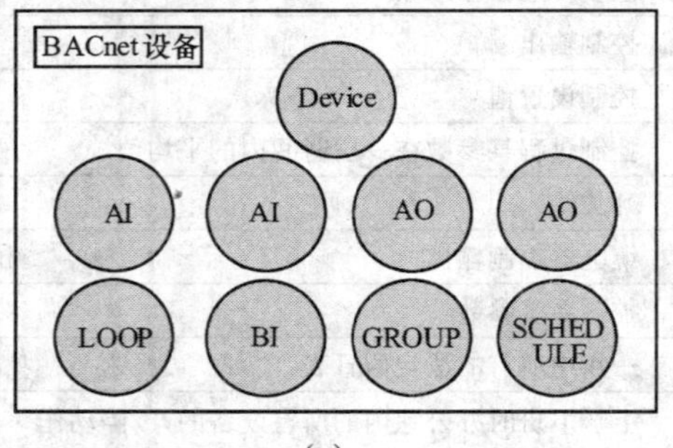

(*a*)

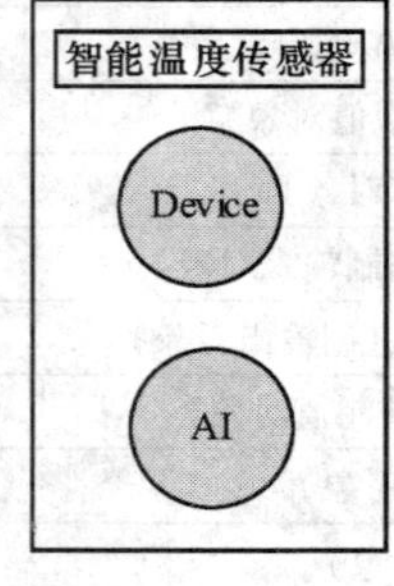

(*b*)

图 5-9　BACnet 对象模型示意图

不仅巧妙地解决了通信和互操作过程中实体或主体的“可见性或全局性”表示，而且也简化了通信和互操作过程的复杂性。同时，这种方法也使 BACnet 标准具有良好的扩展机制。

为了更好理解 BACnet 标准对象的构成和作用，表 5-2 是 Analog Input（模拟输入）对象的属性列表。在 BACnet 标准中，规定所有类型的对象必须具备如下三个属性项：Object _ Identifier（对象标识符）；Object _ Name（对象名称）；Object _ Type（对象类型）。

其中，Object _ Identifier 属性是一个 4 字节的整数（见图 5-8），是具有惟一性的标识属性；Object _ Name 属性值可以是具有一定意义的字符串，是“人可读”的属性；Object _ Type 属性说明对象的类型，为枚举型值（如 0，1，2，……），用于说明对象所具有的标准属性集合类别。

Analog Input 对象属性表　　**表 5-2**

属　性　名　称	属性数据类型	说明标志
Object _ Identifier（对象标识符）	BACnetObjectIdentifier（BACnet 对象标识符）	R
Object _ Name（对象名称）	CharacterString（字符串）	R
Object _ Type（对象类型）	BACnetObjectType（BACnet 对象类型）	R
Present _ Value（当前值）	REAL（实数）	R[1]
Description（描述）	CharacterString（字符串）	O
Device _ Type（设备类型）	CharacterString（字符串）	O
Status _ Flags（状态标志）	BACnetStatusFlags（BACnet 状态标志）	R
Event _ State（事件状态）	BACnetEventState（BACnet 事件状态）	R
Reliability（可靠性）	BACnetReliability（BACnet 可靠性）	O
Out _ Of _ Service（脱离服务）	BOOLEAN（布尔）	R
Update _ Interval（更新间隔）	Unsigned（无符号整型）	O
Units（单位）	BACnetEngineeringUnits（BACnet 工程单位）	R
Min _ Pres _ Value（最小值）	REAL（实数）	O
Max _ Pres _ Value（最大值）	REAL（实数）	O
Resolution（分辨率）	REAL（实数）	O
COV _ Increment（COV 增量）	REAL（实数）	O[2]
Time _ Delay（时间延迟）	Unsigned（无符号整型）	O[3]
Notification _ Class（通告类）	Unsigned（无符号整型）	O[3]
High _ Limit（高限值）	REAL（实数）	O[3]
Low _ Limit（低限值）	REAL（实数）	O[3]
Deadband（限值宽度）	REAL（实数）	O[3]
Limit _ Enable（限值使能）	BACnetLimitEnable（BACnet 限值使能）	O[3]
Event _ Enable（事件使能）	BACnetEventTransitionBits（BACnet 事件转换比特）	O[3]
Acked _ Transitions（状态变迁确认）	BACnetEventTransitionBits（BACnet 事件转换比特）	O[3]
Notify _ Type（通告类型）	BACnetNotifyType（BACnet 通告类型）	O[3]

注：1. 当 Out _ Of _ Service 属性为 TRUE 时该属性必须是可写的。

2. 如果对象支持 COV 报告则该属性是必须的。

3. 如果对象支持内部报告则该属性是必须的。

表 5-2 是所有 BACnet 对象定义的表示方法，每个 BACnet 对象定义表均包括“属性名称”、“属性数据类型”和 O、W、R 之一的属性“说明标志”。其中，

O：表示该属性在对象定义中是可选择的，应根据实际情况进行选用。

R：表示属性在对象定义是必选的，并且是 BACnet 服务可读的。

W：表示属性在对象定义是必选的，并且是 BACnet 服务可读、可写的。

从表 5-2 可以看出，Analog Input 对象属性基本上全面表示了模拟输入测量装置或设备各个方面的状态和功能。尽管模拟输入装置或设备有不同的内部结构和设计参数，但其所表现出与互操作功能有关的外部状态和功能应是相同的，也是“网络可见的”，这些就是 Analog Input 对象所描述的内容。因此，从互操作的角度上来看，任意模拟输入装置或设备用 Analog Input 对象进行描述就完全可以满足互操作功能的要求。同理可以推出，其他 BACnet 对象所描述的内容也是相应建筑设备自控设备所具有与互操作功能有关的外部状态和功能，其描述能力是完全满足互操作功能要求的。

Analog Input 对象属性的详细解释请参阅 BACnet 标准正式文档，在此不作介绍。如果用标准 Analog Input 对象表示一个具体的智能温度传感器，就必须根据实际情况实例化（instantiate）该对象。表 5-3 所示的实例就是一个具体的 Analog Input 对象实例，并具有如下意义。从表 5-2 和表 5-3 可以看出，表 5-3 是表 5-2 的一个子集，这是因为该实例根据实际情况删除了对象定义中的许多可选属性。

Analog Input 对象实例属性表 **表 5-3**

属性名	属性值	说明
Object _ Identifier	X‘12345678’	具体值由配置进程根据实际应用设置
Object _ Name	“模拟温度计”	
Object _ Type	X‘00’	Analog Input 对象枚举值为 0
Present _ Value	30.0	当前测量值，随实际测量值变化
Description	“测量新风温度”	具体值由配置进程根据实际应用设置
Device _ Type	“10K 热电阻温度计”	具体值由配置进程根据实际应用设置
Status _ Flags	B’0000’	各比特位可以改变
Event _ State	Normal	不支持“内省报告”机制
Out _ of _ Service	FAULT	表示处于运行状态
Update _ Inerval	100	更新间隔，单位：s/100
Unit	62	单位：℃（枚举值为 62 时代表工程单位为℃）
Min _ Pres _ Value	－20.0	最小值
Max _ Pres _ Value	＋50	最大值
Resolution	0.1	分辨率

（1）Object _ Identifier（对象标识符）属性

该属性的数据类型为 BACnetObjectIdentifier，用于标识对象实例的数值代码。该数值代码只要求在 BACnet 设备中惟一。也就是说，在不同 BACnet 设备中，该对象的 Object _ Identifier可以有相同的值。

（2）Object _ Name（对象名称）属性

该属性的数据类型为 CharacterString。它表示对象的名称，最小长度为一个字符。由于该属性是面向操作者的，因此该属性要求所有的字符均为可打印字符。在一个 BACnet 设备中，要求其值也是惟一的。

（3）Object _ Type（对象类型）属性

该属性的数据类型为 BACnetObjectType。在不同的对象中，此属性表示该对象的分类，或对象的隶属关系。在此对象中，这个属性的值为“ANALOG _ INPUT”（ANALOG _ INPUT 为枚举型数据，其值为 0），表示该对象是 Analog Input 标准对象。

（4）Present _ Value（当前值）属性

该属性的数据类型是 REAL，它表示该对象所代表的基本控制单元的输入信号大小，其单位由对象中的 Unit（单位）属性所定义。本实例表示当前温度测量值为 30.0℃。当 Out _ Of _ Service 属性为 TRUE 时，该属性值是可写的。

（5）Description（描述）属性

该属性的数据类型为 CharacterString。作为一个可选属性，它可以用于表示该对象所代表的基本控制单元在控制系统中的分类说明。例如，若该对象代表的基本控制单元是一个新风系统上的温度计，该属性则可以赋值为“测量新风温度”（假设支持中文）。

（6）Device _ Type（设备类型）属性

该属性的数据类型为 CharacterString。该属性与上一个属性相似，但该属性通常用于描述该对象所表示的基本控制单元的类型。在上一个属性中，该属性可以赋值为“10K 热电阻温度计”。

（7）Status _ Flags（状态标志位）属性

该属性的数据类型为 BACnetStatusFlages。它有 4 个布尔标志位，这些标志位表示模拟输入设备的运行状况。其中有 3 个标志位与其他属性值相关联，可以读取与这些标志相关的属性值获取更详细的状态信息。至于这 4 个标志位代表的状态之间是否存在相互关系，可以根据实际情况来确定。这 4 个标志分别为：

{IN _ ALARM，FALUT，OVERRIDDEN，OUT _ OF _ SERVICE}

其中，

IN _ ALARM（报警）：如果 Event _ State（事件状态）属性值为 NORMAL（正常），则为 FALSE（0），否则为 TRUE（1）。

FAULT（故障）：如果 Reliability 属性存在并且其值不是 NO _ FAULT _ DETECTED，则为 TRUE（1），否则为 FALSE（0）。

OVERRIDDEN（替代）：如果模拟输入设备被其自身的有关机制所“替代”，则为 TRUE（1）。例如，如果某个智能温度传感器带有传感元件与 A/D 转换器的连接开关，则在某些情况（如更换传感元件）下可以手动断开连接开关，在此情况下，“替代”表示“（Present _ value）当前值”和“可靠性（Reliability）”的属性值不再随实际输入变化而变化。

OUT _ OF _ SERVICE（脱离服务）：如果 Out _ Of _ Service 属性值为 TRUE，则为 TRUE（1），否则为 FALSE（0）。

（8）Event _ State（事件状态）属性

该属性的数据类型为 BACnetEventState。它用于表示对象是否处于事件活动状态。如果对象支持 intrinsic reporting（内省报告——一种自控设备主动产生报警或事件的机制），则这个属性表示对象的事件状态。如果对象不支持内省报告，这个属性的值为 NORMAL。在本实例中，由于该智能温度不支持内省报告功能，故其值为‘00’（NORMAL）。如果 Reliability 属性存在，并且不等于 NO_FAULT_DETECTED，则该属性应为 FAULT。当该属性值为 FAULT 时，则认为是“fault（失效）”事件。

(9) Out_Of_Service（脱离服务）属性

该属性的数据类型为 BOOLEAN。当该对象描述的输入设备处于工作状态时，则该属性为 FALSE；否则，该属性为 TRUE。当 Out_Of_Service 为 TRUE 时，Present_Value 属性的值不随着实际输入发生变化。同时，Reliability 属性和 Status_Flags 属性中 FAULT 位上的值也不能反映输入设备的状态。因此当 Out_Of_Service 属性为 TRUE 时，可用于测试过程，可以随意改变上述与该属性有关的属性值，以模拟某些测试状态。

(10) Update_Interval（更新间隔）属性

该属性的数据类型为 Unsigned，它表示正常运行时两次正常更新 Present_Value 属性值之间的最大时间间隔（以百分之一秒为单位）。

(11) Unit（单位）属性

该属性的数据类型为 BACnetEngineeringUnits（BACnet 工程单位）。它表示这个对象的测量单位。

(12) Min_Pres_Value（最小值）属性

该属性的数据类型为 REAL。它表示 Present_Value 属性的最小可靠值（用工程单位表示）。

(13) Max_Pres_Value（最大值）属性

该属性的数据类型为 REAL。它表示 Present_Value 属性的最大可靠值（用工程单位表示）。

(14) Resolution（分辨率）属性

该属性的数据类型为 REAL。它表示 Present_Value 属性中以工程单位可分辨的最小变化量（只读）。

从上述内容可以看出，Analog Input 对象具有一般性，可用于描述所有模拟输入设备，同时，实际模拟输入设备也可以根据自身资源的配置合理选取该对象属性集的一个子集进行实例化。另外，与其他标准对象一样，Analog Input 对象也是可以扩展的。例如，如果某个实际模拟输入设备可以提供“平均测量值”，则可以在 Analog Input 对象属性中增加一个数据类型为 REAL 的新属性——“Average”属性。该属性名称可以是随意的，但不能与原有的属性名相同。

5.2.3 互操作模式——应用层服务与报文

BACnet 标准与其他控制网络标准（如 CAN、LonWorks 等）相比，其最具特色的内容是应用层定义的“对象模型”和与之对应的“服务（services）”。对象模型不仅是 BACnet 标准的核心内容，也是 BACnet 标准实现互操作功能的基础。在 BACnet 对象模型中，BACnet对象是对各种建筑设备自控设备进行功能分解并高度抽象而形成的基本类型单元，是具有一定“粒度”功能的表示单元，BACnet 应用层服务则是访问对象的方法（method）。

BACnet 对象是由不同属性（property）组成的集合，用于描述建筑设备自控设备在互操作过程中所表现出的外部特性，是建筑设备自控设备与自控过程有关参数的集合或“视图”。利用 BACnet 标准对象，不论建筑设备自控设备的内部设计、结构和配置是否相同，只要在自控过程中所表现的互操作功能相同，则可以用相同类型对象实例进行组合表示。从而可以看出，BACnet 对象模型为互操作功能的实现提供了如下两个前提和基础。

（1）由于 BACnet 标准类型对象的组成是标准和公开的，这就可以使用标准类型对象表示的建筑设备自控设备在自控网络中可以互相标识或识别，从而使建筑设备自控设备“网络可见（network-visible）”。“网络可见”是互操作的前提和基础，互操作也正是通过对“网络可见”的对象进行访问操作来实现的。

（2）BACnet 标准对象提供了互操作访问的公共接口（common interface），这个公共接口的作用与总线式数字系统中外围硬件设备的状态控制寄存器（status and control register）相同。众所周知，在总线式数字系统中，无论外围硬件设备的结构和功能如何，CPU 对外围硬件设备的控制和管理均是通过对其状态控制寄存器进行简单的“读/写”访问来完成的。如果将 BACnet 标准类型对象的作用看作为控制和管理建筑设备自控设备的“状态控制寄存器”，那么不论建筑设备自控设备的内部结构和功能如何，也可以通过“读/写”表示该建筑设备自控设备的对象的不同属性，就可以间接地实现对建筑设备自控设备的控制和管理。因此，BACnet 对象模型是建筑设备自控设备在互操作功能上的抽象。

根据面向对象分析与设计（OOA&D）的方法，当定义了一个被访问的对象后，就必须定义访问这个对象的方法，并且访问方式必须是基于“读/写（read/write）”的间接命令互操作模式。从理论上讲，间接命令互操作模式只有两个基本的服务：“读服务”和“写服务”。但为了互操作过程的灵活性和效率，也可以从这两个基本服务衍生许多不同形式的服务，如“多重读服务”、“多重写服务”等等。

在 BACnet 标准中，BACnet 对象模型是定义的被访问实体，应用层服务就是访问这个实体的方法，并且访问对象模型的方式亦是“读/写”间接模式。这种间接互操作模式正好与 BACnet 对象模型相对应。综观 BACnet 标准所定义的服务，尽管其数量超过 35 个之多，但其基本的操作方式只有“读（read）”和“写（write）”两种方式：“读”服务和“写”服务，其他服务均由这两个基本服务衍生而来。因此，BACnet 标准的互操作模式是间接式的，符合现代互操作系统的基本特征。

服务（Service）是网络体系结构经常出现的概念，比较抽象，很难直接进行解释。但“服务”这个概念必然涉及“服务用户（User）”和“服务提供者（Provider）”两个概念，其中，服务提供者按服务规则和服务方式向服务用户提供一定功能的服务。因此，在 OSI-RM 网络体系结构中，通常用如图 5-10 所示的抽象模型来说明“服务”这个概念。

在图 5-10 中，将系统中提供服务的所有子系统抽象为一个整体，称为“服务提供者”；将系统中的服务使用者抽象为“服务用户”。这种抽象视图很好地表现了对等实体间直接通信的过程。在（N）层协议的控制下，（N）层实体为（$N+1$）层实体提供服务，这种服务就称为“（N）层服务”，（$N+1$）层实体就称为（N）层协议的“（N）层用户”，（N）层协议及其以下所有层协议定义的通信子系统就称为“（N）层服务提供者”，相邻两层协议实体进行交互的接口，通常称为“服务访问点（SAP，Service Access Point）”。因此，（N）层服务是由（$N+1$）层实体作用在一个（N）服务访问点上来提供的，（N）层

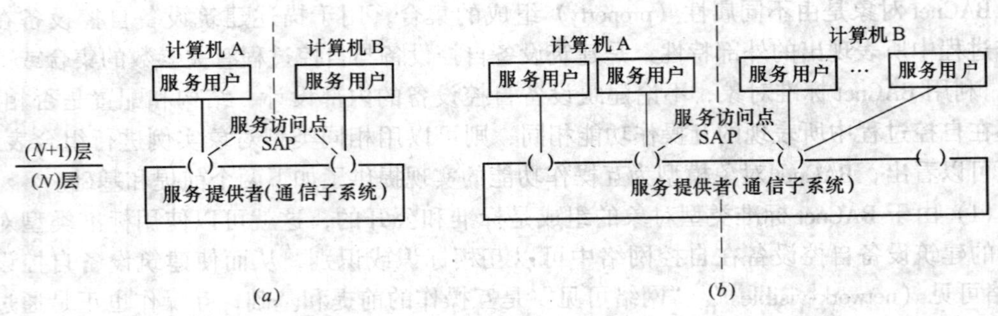

图 5-10 服务概念模型图

服务访问点（SAP）实际上就是（N）实体与（$N+1$）实体的逻辑接口。服务访问点在较高层（如传输层）时通常称为“端口（port）”，而在应用层时通常称为套接字（socket）。应用层提供给应用进程或实体的服务通常以套接字的方式提供。

在大多数情况下，一个服务提供者通常有两个位于不同子系统中的服务用户，每个服务用户通过各自系统中的一个服务访问点得到服务，如图 5-10（a）所示。图 5-10（b）表示了一个服务提供者可以在一个系统中提供多个服务访问点的情形，此时一个服务可以有多个服务用户，这就是服务访问点多路复用的情况。例如，TCP/IP 协议栈中 TCP 可以用同一个端口向多个上层应用进程提供服务。

另外，当（N）服务提供者向（$N+1$）服务用户提供了服务时，必须经过一定的规程或一系列的过程才能完成服务。也就是说，一个服务必须经过一系列具有时间先后顺序的交互过程才能完成。OSI-RM 将这些规程分解成具有“原子特性”的交互过程，并称之为“服务原语（service primitive）”。服务原语也可以看作一种特殊的广义指令，不同的服务原语可以用类别、名称和参数来区分。类别指明服务原语的层次，以说明服务原语属于哪一层的范围，名称说明“指令”的动作行为，参数说明“指令”的变量。OSI-RM 规定了如下四个服务原语。

Request（请求）原语：用于表示服务使用者向服务提供者请求一定的服务。例如，建立连接、发送数据、释放连接等。例如，N-UNITDATA.request（参数 1，参数 2，…，参数 n）表示网络层的请求服务原语，其中，“参数 1，2，…，n”为服务原语的调用参数；“N-UNITDATA”表示服务的类别，“request”表示服务原语名称。以下各服务原语类同，不再举例。

Indication（指示）原语：用于表示服务提供者向服务用户提供通告或通知。例如，连接指示、数据到达、拆除连接等。

Response（响应）原语：用于表示服务用户向服务提供者响应先前的指示原语。例如，接受连接、收到数据等。

Confirmation（证实）原语：用于表示服务提供者向服务用户响应先前的请求原语。例如，连接成功、数据正确收到等。

当上述四个服务原语在服务过程中按时序关系出现不同的组合时，或不同类型的服务要求不同的服务原语时序组合关系时，就形成了服务类型与服务原语的配对关系。通常，服务按其过程可以分为“证实服务（confirmed service）”和“非证实服务（unconfirmed service)”两种。证实服务和非证实服务具有不同的服务原语时序组合关系，如图 5-11 所示。

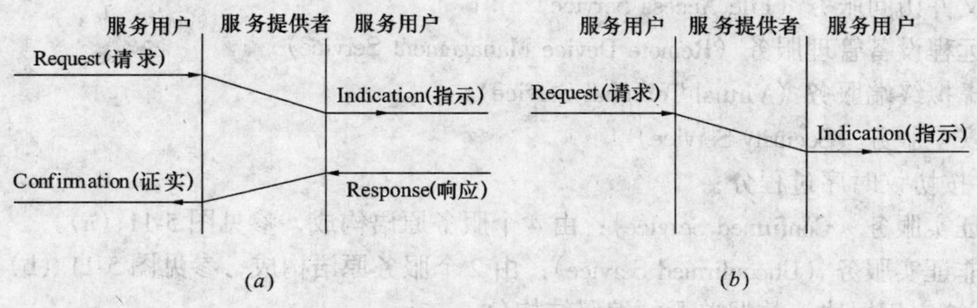

图 5-11　服务与服务原语时序图

（a）证实服务；（b）非证实服务

值得注意的是，上述四个服务原语是服务中具有“原子”特性交互过程的抽象表示形式，具有一般性。不同层协议具有不同形式的具体服务原语，即使在同一层协议内，同一个服务原语也具有不同形式的具体原语和“协议数据单元 PDU”。例如，在同一个层协议中，“分段请求原语（Segmented　Request)”和“不分段请求原语（Request)”就有不同的具体形式，相应的协议数据单元 PDU 也有所不同。由于服务原语与协议间传输的协议数据单元 PDU 是一一对应的，则服务与协议数据单元 PDU 也具有一定的对应关系，也可以说，服务过程也是交换协议数据单元 PDU 的过程。如果按“客户（Client）/服务器（Server)”模型，则服务的概念又可以形象地用图 5-12 进行描述。

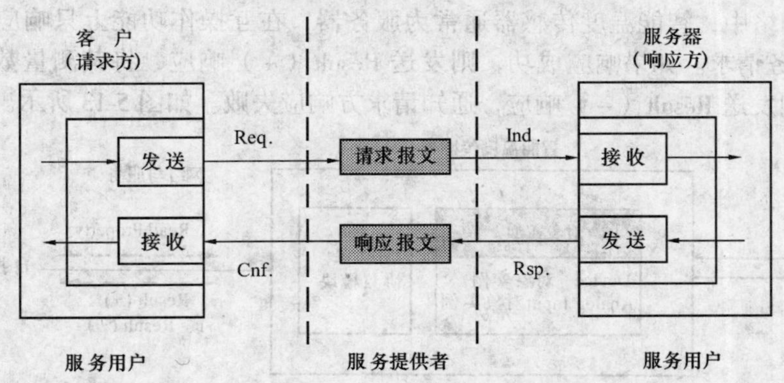

图 5-12　客户/服务器模型图

在图 5-12 中，“客户”是指服务发起端的设备或实体，“服务器”是指服务响应端的设备或实体。值得注意的是，客户和服务器在协议服务交互过程的时序图中均为协议服务的用户（User)，均可以通过协议服务提供者（Provider）发送和接收对等的协议数据单元 PDU，因而有时也称客户为服务请求方（requesting)，服务器称为服务响应方（responding)。应注意区别上述概念的区别和联系。

从上述介绍可知，服务可以从“服务功能”、“服务时序过程”和对应的“协议数据单元 PDU 结构”进行分类、研究和应用。因此，BACnet 应用层服务（共 35 个）可进行如下分类：

（1）按功能分：

1）对象访问服务（Object Access Service）
2）报警与事件服务（Alarm and Event Service）
3）文件访问服务（File Access Service）
4）远程设备管理服务（Remote Device Management Service）
5）虚拟终端服务（Virtual Terminal Service）
6）安全服务（Security Service）
（2）按协议时序过程分：
1）证实服务（Confirmed Service）：由 4 个服务原语构成，参见图 5-11（a）。
2）非证实服务（Unconfirmed Service）：由 2 个服务原语构成，参见图 5-11（b）。
（3）按应用层协议数据单元的编码结构分：
1）BACnet-Confirmed-Request-PDU（Type = 0）
2）BACnet-Unconfirmed-Request-PDU（Type = 1）
3）BACnet-SimpleACK-PDU（Type = 2）
4）BACnet-ComplexACK-PDU（Type = 3）
5）BACnet-SegmentACK-PDU（Type = 4）
6）BACnet-Error-PDU（Type = 5）
7）BACnet-Reject-PDU（Type = 6）
8）BACnet-Abort-PDU（Type = 7）

为了说明 BACnet 的互操作原理，下面仍以“智能温度传感器”为例进行说明，其他没有介绍的服务及其内容请参阅“BACnet 标准”正文。

在自控网络中，智能温度传感器通常为服务器，在互操作功能上只响应 ReadProperty（读属性）服务请求。如果响应成功，则发送 Result（+）响应，将其测量数值返回请求方；反之，则发送 Result（-）响应，通知请求方响应失败。如图 5-13 所示。

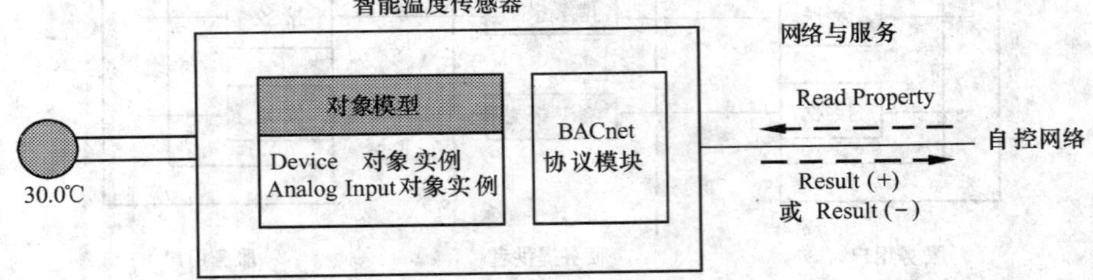

图 5-13　智能温度传感器

根据 BACnet 标准，ReadProperty 服务是“对象访问服务”功能类的一种服务，属于“证实服务”类。由于该服务是证实服务，则该服务涉及的报文种类有“BACnet-Confirmed-Request-PDU（Type = 0）”、“BACnet-ComplexACK-PDU（Type = 3）”和“BACnet-Error-PDU（Type = 5）”三种。第一个报文类型为请求方发出的请求报文，后两个报文则是由智能温度传感器的响应报文，分别用于正确响应和错误响应时的报文。

（1）从功能上，ReadProperty 服务的描述如表 5-4 所示。为了清楚地说明 BACnet 应用服务的服务原语和参数，证实服务的表格由 5 列组成，一列是服务参数名称，其他四列分别对应“Req（请求）”、“Ind（指示）”、“Rsp（响应）”和“Cnf（证实）”原语。而非证实服务则由3列组成，没有“Req”与“Cnf”列。表的每一行包含了一个参数或子参数，同时在每种服务原语和参数所在的列均用下列四个符号之一指出服务原语和参数的使用类型。

M（Mandatory）——必须参数或强制参数。

U（User）——用户选择参数。用户根据应用可以设置或不设置此项参数。

C（Condition）——条件参数。例如，有些参数是相互关联的，如果设置了其中一项，那么其他项也必须设置。这些相互关联的参数项就称为条件参数。

S（Selection）——选择参数。例如，有些参数是相互排斥的。相互排斥的参数只能选取其中一个。

如果符号M、U、C或S后还有符号“(=)”，则表示此列的参数与其左列的参数在内容上是相同的，如果两列采用了不同的编码，则表示在语义上是相等的。例如，指示原语列中的“M (=)”符号就表示该指示原语中的参数与其左列中对应的请求原语的参数是相同的，或在语义上是相等的。

ReadProperty服务原语与参数表 **表5-4**

参数名称	Req	Ind	Rsp	Cnf
Argument（参数）	M	M (=)		
Object Identifier（对象标识符）	M	M (=)		
Property Identifier（属性标识符）	M	M (=)		
Property Array Index（属性数组索引）	U	U (=)		
Result (+)			S	S (=)
Object Identifier（对象标识符）			M	M (=)
Property Identifier（属性标识符）			M	M (=)
Property Array Index（属性数组索引）			U	U (=)
Property Value（属性值）			M	M (=)
Result (-)			S	S (=)
Error Type（错误类型）			M	M (=)

表5-4参数说明如下：

1）Object Identifier（对象标识符）。数据类型：BACnetObjectIdentifier（BACnet对象标识符）。该参数用于标识一个被访问对象的实例。

2）Property Identifier（属性标识符）。数据类型：BACnetPropertyIdnetifier（BACnet属性标识符）。该参数用于标识被访问对象中的访问属性。由于该服务只读出单个对象的单个属性的值，所以这个参数值是必需的。

3）Property Array Index（属性数组索引）。数据类型：Unsigned（无符号整数）。如果Property Identifier参数标识的属性是一个数组类型的属性，则可以使用这个可选的参数(U)，指明数组中被访问元素的数组索引。如果省略这个参数，则表示访问整个数组。如果Property Identifier参数标识的属性不是一个数组，则省略这个参数。

当服务请求成功时，服务器则返回成功的信息。Result (+) 包含如下用于“响应”和“证实”原语中的参数：

1）Object Identifier（对象标识符）。数据类型：BACnetObjectIdentifier（BACnet对象标识符）。该参数用于标识一个已被访问对象的实例，其内容或语义与请求原语中的Object Identifier参数相同。

2）Property Identifier（属性标识符）。数据类型：BACnetPropertyIdnetifier（BACnet 属性标识符）。该参数用于标识被访问对象中的已访问属性，其内容或语义与请求原语中的 Property Identifier参数相同。

3）Property Array Index（属性数组索引）。数据类型：Unsigned（无符号整数）。如果 Property Identifier 参数标识的属性是一个数组类型的属性，则可以使用这个可选的参数（U），指明数组中被访问元素的数组索引。如果 Property Identifier 参数标识的属性不是一个数组类型的属性，则省略这个参数。

4）Property Value（属性值）。如果访问操作成功，则返回这个参数。这个参数的数据类型与被访问属性的数据类型相同，并等于请求访问属性的值。

当服务请求失败时，服务器则返回与请求访问失败的信息。例如，当请求访问的对象或其属性不存在时，则返回失败的原因或错误类型。Result（－）包含一个用于"响应"和"证实"原语中的 Error Type（错误类型）参数。该参数用于指出发生失败的原因。

Error Type。该参数分为两个部分：1）Error Class（错误类），2）Error Code（错误代码）。有关 Error Type 参数的编码和语义请参阅"BACnet 标准"正文。

ReadProperty 服务规程为：智能温度传感器收到该服务的请求报文（报文结构为 BACnet-Confirmed-Request-PDU）后，其通信进程在验证请求的合法性之后，开始执行对访问对象中指定属性的访问操作。如果访问成功，则返回一个包含访问对象属性值的"Result（＋）"报文（报文结构为 BACnet-ComplexACK-PDU）。如果访问失败，发送一个包含有错误代码的"Result（－）"报文（报文结构为 BACnet-Error-PDU）。

（2）从报文结构上，ReadProperty 服务涉及的三种报文有如下表示方法。

1）"ASN.1 抽象语法记法标准（ISO 8824）"表示　ASN.1 抽象语法记法标准采用巴科斯-诺尔（Backus-Naur）范式对报文进行描述，有关该范式的语法规则不作介绍。

```
BACnet-Confirmed-Request-PDU::  =   SQUENCE {
pdu-type                        [0] 无符号整数（0…15），--请求服务类型，共4位
segmented-message               [1] 布尔值，--分段位，共1位
more-follows                    [2] 布尔值，--标志是否还有分段，共1位
segmented-response-accepted     [3] 布尔值，--已响应的分段号，共1位
reserved                        [4] 无符号整数，--保留域，共5位
max-Segments-accepted           [5] 无符号整数，--允许最大接收分段数量，共3位
max-APDU-length-accepted        [6] 无符号整数，--允许最大报文长度，共4位
invokeID                        [7] 无符号整数，--用于会话标识符，共8位
sequence-number                 [8] 无符号整数　可选项，--分段序号，共8位
proposed-window-size            [9] 无符号整数（1…127），可选项，--建议窗口大小
service-choice                  [10] 请求服务标识项，--共8位
service-request                 [11] 用户数据部分，--字节数可变
--报文头部控制信息（PCI）部分不对上下文标记0…10进行编码。
}

BACnet-ComplexACK-PDU::  = SEQUENCE {
```

pdu-type　　　　　　　　　[0] 无符号整数（0…15），--请求服务类型，共4位
segmented-message　　　　[1] 布尔值，--分段位，共1位
more-follows　　　　　　　[2] 布尔值，--标志是否还有分段，共1位
reserved　　　　　　　　　[3] 无符号整数，--保留域，共5位
invokeID　　　　　　　　　[4] 无符号整数，--用于会话标识符，共8位
sequence-number　　　　　[5] 无符号整数　可选项，--分段序号，共8位
proposed-window-size　　[6] 无符号整数（1…127），可选项，--建议窗口大小
service-ACK-choice　　　[7] 服务响应标识项，--共8位
service-ACK　　　　　　　[8] 响应数据部分，--字节数可变
--报文头部控制信息（PCI）部分不对上下文标记号0…8进行编码。
}

BACnet-Error-PDU:: = SEQUENCE {
pdu-type　　　　　　　　　[0] 无符号整数（0…15），--请求服务类型，共4位
reserved　　　　　　　　　[1] 无符号整数，--保留域，共5位
original-invokeID　　　　[2] 无符号整数，--用于会话标识符，共8位
error-choice　　　　　　　[3] 错误标识项，--共8位
error　　　　　　　　　　　[4] 响应数据部分，--字节数可变
--报文头部控制信息（PCI）部分不对上下文标记0…4进行编码。
}

2）报文位结构图　位结构图直观地描述了服务报文的结构。报文从结构上均分为“协议控制信息（PCI）”和“协议用户数据（UD）”两部分。其中，PCI也称为报文的“头部”。ReadProperty服务涉及的三种报文结构分别如图5-14、图5-15和图5-16所示。

	7	6	5	4	3	2	1	0
PCI部分	PDU Type = B ‘0000’				SEG	MOR	SA	0
	0	Max Segs			Max Resp			
	Invoked ID							
	Sequence Number（当SEG=1时，此字节存在）							
	Proposed Window Size（当SEG=1时，此字节存在）							
	Service Choice							
用户数据部分	Service Request							

图5-14　BACnet-Confirmed-Request-PDU结构图

在图5-14中，除标注为‘0’的域为ASHRAE保留域外，其他各域的意义如下：

（a）PDU Type域：用4个比特位标识APDU的类型。APDU为BACnet-Confirmed-Request-PDU类型时，PDU Type = B‘0000’。

（b）SEG 域、MOR 域和 SA 域：分别用 1 比特位对应 BACnet-Confirmed-Request-PDU 类型定义中的 segmented-message、more-follows 和 segmented-response-accepted 构造元素。各自意义参见上述 ASN.1 形式定义中的说明。

（c）Max-Segs 域、Max Resp 域、InvokeID 域、Sequence Number 域和 Proposed Window Size 域：分别对应 BACnet-Confirmed-Request-PDU 类型定义中的 max-Segments-accepted，max-APDU-length-accepted，invokeID，sequence-number 和 proposed-window-size 构造元素。其中，Sequence Number 域和 Proposed Window Size 域只用于分段 APDU 之中。当 SEG = 0 时，这两个域不存在。各域的意义参见其 ASN.1 抽象语法记法的定义。

（d）Service Choice 字节：该字节标识证实服务的类型。目前的取值范围为 0 ~ 29。

（e）Service Request 部分：为协议数据单元的用户数据部分，该部分 APDU 的可变部分，其字节数与证实服务的种类有关。其编码方法为完全编码，其编码规则采用"ASN.1 基本编码标准（ISO 8825）"的一个子集，在此不介绍，请参阅"BACnet 标准"正文。

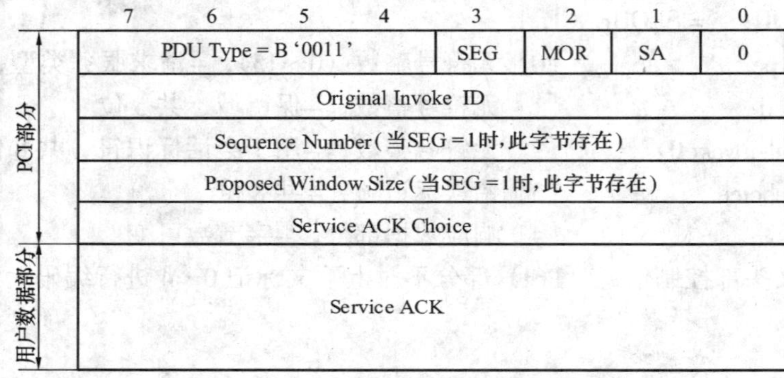

图 5-15　BACnet-ComplexACK-PDU 结构图

图 5-15 的各域意义请参见其 ASN.1 抽象语法记法的定义，在此不详细介绍。

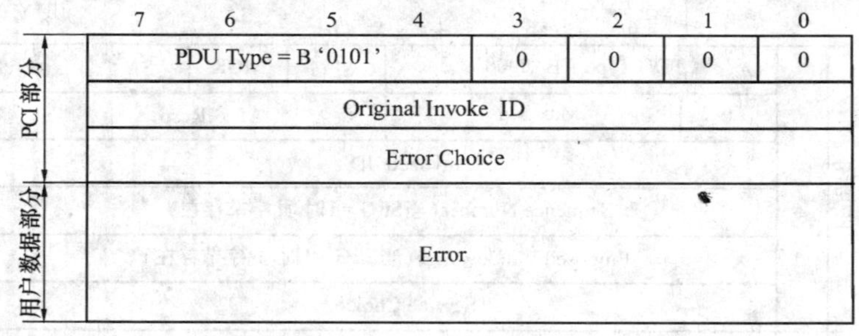

图 5-16　BACnet-Error-PDU 结构图

图 5-16 的各域意义请参见其 ASN.1 抽象语法记法的定义，在此也不详细介绍。

3）二进制编码（encode）　上述报文要在网络上进行传输，就必须转换化为二进制编码，以驱动网络物理层的收发设备，并在通信介质上传输。从上述的位结构图可以看出，应用层报文头部 PCI 是位结构固定的编码，这部分编码较为容易。但其用户数据部分比较复杂，其编码结构是变化的，采用的编码方法是"ASN.1 基本编码标准（ISO 8825）"的一个子集。本文不再介绍该标准，直接给出上述三种报文的二进制编码位串（用十六制表示)，希望给读者感性认识。

假设某个自控设备（请求方）需要获得该智能温度传感器的测量值，则请求方向智能温度传感器发出 ReadProperty 服务请求，读取智能温度传感器对象模型中 Analog Input 对象实例的 Present _ Value 属性值。根据表 5.3 中列出的 Analog Input 对象实例属性值，ReadProperty 服务请求涉及的三种报文位串如下。

请求报文：X‘00-00-nn-0c-0c-12345678-19-55’，共 11 字节。其中，“nn”为发出请求的设备产生的会话标识符，其值由发出请求设备按一定的算法产生。“12345678”为上述 Analog Input 对象的“Object _ Identifier”属性值。

正（+）响应（Result（+））：X‘30-nn-0c-0c-12345678-19-55-3e-44-41f00000-3f’，共 17 字节。“nn”和“12345678”同上，“41f00000”为实数 30.0 的二进制编码（十六进制表示)。

负（-）响应（Result（-））：X‘50-nn-0c-9101-911f’，共 7 字节。其中，“9101”为错误类（Error Class）值，“911f”为错误（Error Code）码。本例返回代码表示“请求访问的对象不存在”错误。

值得说明的是，上述报文编码必须加入网络层、数据链路层以及物理层的有关控制信息，并最终形成物理帧（frame)，才能调制到物理介质上传输。接收时，则必须按相反顺序分离出各层的控制信息，最终按二进制解码（unencode）规则，还原成具有原来语义的信息。有关网络层、数据链路层和物理层控制信息的格式和编码在此不作介绍，请参阅“BACnet 标准”正文。

5.2.4 系统集成方法——BIBB 和标准 BACnet 设备类型

在实际工程项目中，只有理论还是远远不够的，还必须具有先进、适用的技术规范或基本方法。BACnet 对象模型和间接互操作模式是 BACnet 标准实现互操作功能的理论基础，这个理论使 BACnet 互操作功能易于扩展，从而使 BACnet 标准的应用领域不断延伸。BACnet标准发展至今，其应用不再局限于 HVAC&R 系统，已广泛用于照明、消防、安全和防范等建筑设备自控系统，并正在向其他自控领域渗透。为了充分发挥 BACnet 标准的互操作特性，并易于在实际工程中进行应用和推广，BACnet 标准在不断总结实际应用经验的基础上推陈出新，形成了如下三个方面的技术规范或基本方法，用于 BACnet 自控网络系统的集成。

(1) BIBB 和 IA

BACnet 标准通过对各种互操作功能进行分解和抽象，形成了描述互操作功能的基本单元——BIBB（BACnet Interoperability Building Block)。BIBB 可以理解为“BACnet 互操作功能构造块”，其作用与“对象”一样，当描述复杂的互操作功能时，则可以由多个 BIBB 进行组合来表示。可以看出，这种将基本单元进行组合描述复杂事物或过程的方法是BACnet 标准常用的方法，也是最有效的方法之一。

为了全面反映互操作过程所具有的“请求/响应”对应关系，BIBB 的定义是“成对”的，并采用“客户/服务器”或“用户/提供者”模型进行定义，分别用“A 设备”和“B 设备”代表互操作过程的双方。当 A 设备和 B 设备需要实现某个 BIBB 所表示的互操作功能时，A 设备通常表示互操作功能的请求方或发起方，是互操作过程的客户或用户；相应地，B设备则表示互操作功能的响应方或执行方，是互操作过程的服务器或提供者。因而BIBB很好地说明了互操作过程所具有的“对称性”，能够准确地描述互操作功能及其过程。

由于BIBB是描述互操作功能的最小单元，针对互操作的各种功能，BACnet标准定义了许多BIBB。为了易于使用，BACnet标准参照了“ASHRAE Guideline 13-2000：Specify Direct Control System（ASHRAE指南13-2000：DDC系统说明与设计）”对BIBB进行分类和分组，并用不同的BIBB组合实现了该指南所提出的五个“IA（Interoperability Area）”的功能。IA可以直译为“互操作域”，该指南提出的五个“IA”如下，并对每个IA的功能进行了具体定义。IA的详细功能请参阅该指南。

1）数据共享（DS-Data Sharing）：定义共享数据的类型、表示方式以及操作等内容。

2）报警与事件管理（AE-Alarm and Event Management）：定义报警与事件的产生条件、显示与确认方式、内容摘要以及相关参数调整等内容。

3）日程控制（SCHED-Scheduling）：定义自控设备的时间安排表、“启/停”次数显示和修改时间安排表等内容。

4）趋势（T-Trending）：定义趋势与日志列表、数据存储与检索以及参数设置等内容。

5）设备与网络管理（DM-Device and Network Management）：定义设备与网络的运行状态显示、远程控制、路由表查询与修改等内容。

BIBB与IA的结合可以使BIBB概念更具体化和实用化，可以直接在实际工程项目中说明、设计和应用BACnet标准。例如，当一个设备（A设备）需要读取另一个设备（B设备）的数据时，就可以用一对名为“DS-RP-A，DS-RP-B”的BIBB进行描述，分别表示这两个设备在实现该互操作功能时各自必须具备的互操作功能。其中，“DS”表示两个设备进行的互操作功能属于“数据共享（DS）”互操作域，“RP”是ReadProperty服务的简称，“A”和“B”分别表示A方设备和B设备。“DS-RP-A”表示是A方设备具有发出ReadProperty服务请求的互操作能力，“DS-RP-B”表示B方设备具有响应ReadProperty服务请求的互操作能力。可以想像，如果互操作过程涉及的设备没有相应的“对称性”功能时，双方是不可能完成互操作功能的。

以智能温度传感器为例，由于该设备只能响应ReadProperty服务请求，故该设备具有DS-RP-B的BIBB互操作功能。由此可知，该智能温度传感器可以与具有DS-RP-A的BIBB互操作功能的自控设备实现互操作。

从上例可以看出，BIBB的概念非常直观、清晰。因而BACnet标准定义了大量的BIBB，如表5-5所示，这些BIBB可以直接在系统集成时应用。

（2）标准BACnet设备

上述BIBB概念虽然很好地说明了互操作的基本原理，但BIBB数量较多。另外，如果直接用BIBB概念说明互操作功能，则必须准确地选用恰当的BIBB，这就必须要求对BACnet标准有较为全面和深入的了解。为了满足众多对BACnet标准不太熟悉的工程技术人员的需求，BACnet标准又定义了如下6个类型的“标准BACnet设备（Standardized BACnet Devices）”，以简化实际应用过程。

1）BACnet操作员工作站（B-OWS）

2）BACnet 建筑设备控制器（B-BC）
3）BACnet 高级应用控制器（B-AAC）
4）BACnet 专用控制器（B-ASC）
5）BACnet 智能执行器（B-SA）
6）BACnet 智能传感器（B-SS）

这些标准 BACnet 设备均定义了最小互操作功能集成，并规定了相应的 BIBB，也就是说，这些标准 BACnet 设备具有预先定义的最小互操作功能，可以直接用于系统集成互操作功能的说明和设计。表 5-5 列出了各标准 BACnet 设备及其支持的 BIBB 名称。

标准 BACnet 设备与 BIBBs **表 5-5**

互操作域	标准类型设备					
	B-OWS	B-BC	B-AAC	B-ASC	B-SA	B-SS
数据共享	DS-RP-A，B	DS-RP-A，B	DS-RP-B	DS-RP-B	DS-RP-B	DS-RP-B
	DS-RPM-A	DS-RPM-A，B	DS-RPM-B	DS-WP-B	DS-WP-B	
	DS-WP-A	DS-WP-A，B	DS-WP-B			
	DS-WPM-A	DS-WPM-B	DS-WPM-B			
		DS-COVU-A，B				
报警与事件管理	AE-N-A	AE-N-I-B	AE-N-I-B			
	AE-ACK-A	AE-ACK-B	AE-ACK-B			
	AE-INFO-A	AE-INFO-B	AE-INFO-B			
	AE-ESUM-A	AE-ESUM-B				
时间安排	SCHED-A	SCHED-E-B	SCHED-I-B			
趋势	T-VMT-A	T-VMT-I-B				
	T-ATR-A	T-ATR-B				
设备与网络管理	DM-DDB-A，B	DM-DDB-A，B	DM-DDB-B	DM-DDB-B		
	DM-DOB-A，B	DM-DOB-A，B	DM-DOB-B	DM-DOB-B		
	DM-DCC-A	DM-DCC-B	DM-DCC-B	DM-DCC-B		
	DM-TS-A	DM-TS-B Or DM-UTC-B	DM-TS-B Or DM-UTC-B			
	DM-UTC-A					
	DM-RD-A	DM-RD-B	DM-RD-B			
	DM-BR-A	DM-BR-B				
	NM-CE-A	DM-CE-A				

从表 5-5 可以看出，各类标准 BACnet 设备由于功能不同，支持的互操作域（IA）也是不同的。BACnet 操作员工作站（B-OWS）功能最为丰富，支持所有互操作域的功能，其余次之，直到 BACnet 智能传感器（B-SS）功能最为简单，只支持数据共享互操作域中的一个 BIBB——DS-RP-B。由此也可看出，本章所引用的"智能温度传感器"就属于 BACnet 智能传感器（B-SS）类别的设备。

标准 BACnet 设备的概念非常直观，可以很容易被一般工程技术人员所应用。例如，当建筑设备自控系统需要一个传感器时，可以在不知晓 BIBB 概念的前提下，可以直接在标准 BACnet 设备类型中选用“BACnet 智能传感器（B-SS）”即可。因此，标准 BACnet 设备的概念可以使 BACnet 互操作说明和设计更加容易，以提高互操作说明和设计的效率。

但是，由于标准 BACnet 设备的类别有限，则有可能出现选用标准 BACnet 设备“大材小用”的情况。这种情况虽然不符合工程经济的原则，但在实际工程中是允许的，也是经常出现的情况。如果要使选用的 BACnet 设备正好适用，就必须利用基本的 BIBB 概念进行说明和设计。

（3）互操作测试与 PICS 文档

BACnet 协议实现一致性声明 PICS

概述性说明

时　间：
开发商名称：
产品名称：
产品型号：
应用软件版本号：_____　固件版本号：_____ BA Cnet协议版本号：___
功能简介：____

互操作性说明

BACnet标准设备类型（附录L）：
☐ BACnet工作站 (B-OWS)
☐ BACnet楼宇控制器 (B-BC)
☐ BACnet高级应用控制器 (B-AAC)
☐ BACnet专用控制器 (B-ASC)
☐ BACnet智能传感器 (B-SS)
☐ BACnet智能执行器 (B-SA)
支持 BACnet 互操作基本块 (BIBB)：

BACnet 协议内容说明

分段参数：
☐ 支持分段请求　　窗口大小________
☐ 支持分段响应　　窗口大小________
支持的BACnet标准对象类型：
对任意一个BACnet 对象均要求填入如下内容：
(支持可选择的属性表
(可以用BACnet 服务进行“写”操作的属性表
(专用属性、属性标识符及功能列表
(取值范围有限制的属性表
(是否可以用BACnet 服务进行动态生产或删除

数据链路层选择项：
☐ BACnet IP.（附录J）
☐ BACnet IP,（附录J），外部设备
☐ ISO　8802－3，以太网
☐ ANSI/ATA　878.1,2.5Mb,ARCnet
☐ ANSI/ATA　878.1,RS-485　ARCnet, 波特率:_________
☐ MS/TP master, 波特率：________
☐ MS/TP slave, 波特率：_9.6kbps__
☐ Point-T o-Point,EIA-232, 波特率：________
☐ Point-T o-Point,moden, 波特率：________
☐ LonTalk, 传输介质：________
Other:__________
设备地址连接（捆绑）：
是否支持静态设备连接？☐是 ☐否
连网功能选项：
☐ 路由器
☐ IP隧道路由器
☐ BACnet/IP广播管理设备 (BBMD)
☐ 是否支持外部设备注册？　是　　否
支持字符集：
☐ ANSI X3.4　☐ IBM/Microsoft DBCS　☐ ISO 8859-1
☐ ISO 10646(UCS-2)　☐ ISO 10646(ICS-4)　☐ JIS c6226

其他说明

若是网关设备，说明支持非BACnet协议类型：
____
____

(*a*)

智能温度传感器协议实现一致性声明 PICS

时　间：　2006年5月
开发商名称：　建鑫数字化楼宇实验室
产品名称：　智能温度传感器
产品型号：　Smart-T-1.0
应用软件版本号：V1.0　固件版本号：V1.0　BACnet协议版本号：V1.3
功能简介：
主要用于空气温度测量，测量精度为±0.1℃，更新时间为1s（可更改）。
BACnet标准设备类型：
☐ BACnet 工作站 (B-OWS)
☐ BACnet 楼宇控制器 (B-BC)
☐ BACnet 高级应用控制器 (B-AAC)
☐ BACnet 专用控制器 (B-ASC)
☐ BACnet 智能传感器 (B-SS)
☒ BACnet 智能执行器 (B-SA)
支持 BACnet 互操作基本块 (BIBB)：DS-RP-B
分段参数：
☐ 支持分段请求　　窗口大小________
☐ 支持分段响应　　窗口大小________
支持的BACnet标准对象类型：
1. **Device** 对象
不支持 Create Object, Delete Objec 动态生成或删除。
支持可选属性：Location, Description.
可写属性：无
扩展属性：无
限制取值范围的属性：无
2. **Analog Input** 对象
不支持Create Object, Delete Object动态生成或删除。
支持可选属性：Description, Device_Type, Update_Interval, Min_Pres_Value, Max_Pres_Value, Resolution.
可写属性：Update_Interval
扩展属性：无
限制取值范围的属性：无
数据链路层选择项：
☐ BACnet IP.（附录J）
☐ BACnet IP,（附录J），外部设备
☐ ISO　8802-3，以太网
☐ ANSI/ATA　878.1,2.5Mbps, ARCnet
☐ ANSI/ATA　878.1,RS-485 ARCnet, 波特率，________
☐ MS/TP master, 波特率，________
☒ MS/TP slave, 波特率，_9.6kbps__
☐ Point-To-Point, EIA-232, 波特率，________
☐ Point-To-Point, modem, 波特率，________
☐ Lon Talk, 传输介质，________
☐ Other,　__________
设备地址连接（捆绑）：
是否支持静态设备连接？☐是 ☒否
连网功能选项：
☐ 路由器
☐ IP隧道路由器
☐ BACnet/IP 广播管理设备 (BBMD)
是否支持外部设备注册？☐是 ☒否
支持字符集：
☒ ANSIX3.4　☒ IBM/Microsoft DBCS　☒ ISO 8859-1
☒ ISO 10646(UCS-2)　☒ ISO 10646(ICS-4)　☐ JIS c6227

(*b*)

图 5-17　PICS 标准格式和内容

符合 BACnet 标准的设备产品是 BACnet 标准应用的基础，为了保证不同厂家开发的 BACnet 设备具有良好的互连和互操作性能，通常要求进行互操作测试，并实施产品认证制度。目前 BACnet 产品认证标准为“ANSI/ASHRAE 135.1-2003，Method of Test for Conformance to BACnet”，该标准也是 ISO 标准（ISO 16484-6）。

PICS（Protocol Implementation Conformance Statement）文档即为“协议实现一致性声明”文档，用于描述BACnet设备所具有的互操作功能及其特性的说明性文件，因而该文档是说明和设计互操作系统时选择恰当设备的依据。PICS文档通常由设备开发和制造厂商提供，但为了文档的统一和方便使用，BACnet标准对该文档的格式和内容进行了严格的规定。图5-17（*a*）是PICS文档的标准格式和内容，图5-17（*b*）则是本章引用智能温度传感器的PICS文档。

上述三个说明和设计BACnet互操作集成系统的基本方法从不同层次、不同角度对应用BACnet标准进行了技术上的规范，并形成了BACnet标准的应用技术体系。BIBB方法具有最高的灵活性和准确性，但应用该方法时必须对BACnet标准的内容有较好的理解。标准BACnet设备是非常实用的工程方法，应用这种方法可能会造成某些互操作功能的冗余，但具有极高的工作效率，易于被工程技术人员所接受。互操作测试与PICS文档是从设备级层次上对互操作功能的描述，是保证系统互操作功能的基础。

5.3 LonWorks技术

5.3.1 简介

LonWorks技术是美国Echelon（埃施朗）公司20世纪80年代后期推出开发和设计自控网络节点或设备以及自控网络系统集成的技术平台（platform），是一套完整的自控网络解决方法和方案，已广泛应用于工业过程、交通运输、建筑设备和家庭自动化领域。这个技术平台包括如下几个组成部分：

1）LonTalk通信协议——ANSI/EIA 709.1标准；

2）专用硬件——Neuron Chip（神经元芯片）和Transceiver（收发器）等；

3）专用软件和工具——Neuron C，NodeBuilder和LonBuilder等；

4）LonMark互操作标准——LonMark Interoperability Guidelines（LonMark互操作指南）。

其中，LonTalk通信协议由Echelon公司开发，是LonWorks技术的核心和LonWorks节点或设备实现互操作功能的标准，现已成为开放性的美国国家标准和电气工业协会的标准（ANSI/EIA 709.1）。虽然LonTalk还得到了其他行业和组织的认可，ANSI和EIA的认可仍然是LonTalk到目前为止得到的标准地位最高的认可。Neuron芯片是实现LonTalk通信协议的大规模集成电路芯片，最初授权Motorola和Toshiba两家半导体制造商生产，现在主要由Cypress和Toshiba（东芝）两家生厂。收发器是Neuron芯片与通信介质之间的接口设备，基本上也是由专业公司生产的，故也可以称为专用硬件。Neuron C是开发LonWorks节点或设备的专用开发程序语言，NodeBuilder和LonBuilder是LonWorks节点或设备的开发工具和系统集成工具。LonMark互操作标准是由LonMark International协会制定和维护的LonWorks互操作规范和标准。

严格地说，LonMark互操作标准不是LonWorks技术体系的一部分，但LonWorks技术中的开发工具和系统集成工具是严格遵循这个标准的，并且LonMark互操作标准也是为LonWorks技术服务的。因此，为了完整性，通常将LonMark互操作标准也作为LonWorks技术的一个不可缺少内容。

由于 LonWorks 技术是商业公司推出的产品，作为一个商业产品，不论其技术水平是否先进，但必须具备易用的特点。LonWorks 技术体系就是这个易用性原则的产物，Echelon 为了简化对 LonTalk 通信协议的应用，一方面采用专用硬件将 LonTalk 通信协议进行固化，既可以屏蔽 LonTalk 通信协议的复杂技术细节，又可以获得专利权，保护了自己的利益；另一方面推出开发和应用 LonTalk 通信协议的专用开发工具和系统集成工具，既可以提高开发 LonTalk 通信协议产品和应用 LonTalk 网络的效率，又可以通过提供工具和服务达到控制核心技术和赢利的目的。这两方面的内容就形成了 LonWorks 技术体系的两大内容。从应用的角度来看，尽管 LonTalk 通信协议非常复杂，但通过专用硬件和软件使应用者不必关心其技术细节。尽管该标准涉及的内容错综复杂，但通过专用开发软件和工具得到了极大的简化。这样，应用者就不必过多关注 LonWorks 技术细节，就可以快速地开发和应用 LonWorks 技术。

在系统集成方法上，Echelon 采用了“从群众中来，到群众中去”的策略，也是相当高明的。Echelon 利用代表最广大用户利益和要求的 LonMark International 协会制定互操作规范和标准，然后在其专用开发工具和系统集成工具实现这些规范和标准，使这些工具不断升级，从而再次赢利和“指引”用户。

正是由于简单易用的特点，LonWorks 技术得到了全世界的广泛应用。为了规范 LonWorks 技术的开发和应用，1994 年 5 月在 Echelon 公司倡导下由 LonWorks 技术社团成立了 LonMark 协会，其主要目标是制定和维护应用 LonWorks 技术的互操作标准——“LonMark 互操作指南”和测试、认证符合 LonMark 标准的产品设备。随着 LonWorks 技术用户的增长，2003 年 9 月 LonMark 协会更名为“LonMark International”。1993 年 LonWorks 技术推广到我国，2005 年 3 月在 LonMark International 的帮助下我国成立了“LonMark China（LonMark 中国分会）”，同年底 LonMark International 在北京建立代表处，并暂时委托德国 TEMA 技术市场开发公司监管。

由此可知，虽然 LonWorks 技术和 BACnet 标准都是解决建筑设备自控网络的方法和方案，但两者采用了不同的技术路线。前者通过专用硬件和软件提供应用功能模块和工具，使其应用简单快捷。后者则没有专用模块和工具，其应用就没有前者简单快捷。这就犹如盖房子一样，如果利用预制构件（如预制门、窗、板等），只需简单的拼装过程就可以迅速地盖好房子。但如果没有预制构件，利用水泥、沙子和钢筋等原料就相当费时和困难。用预制构件盖房子虽然简单快捷，但缺少灵活性，并且必须向预制构件生产者支付资金。利用水泥、沙子和钢筋等原料虽然费时和困难，但只要有优秀的建筑师和技艺高超的工匠，就可以非常灵活地营造出精巧的房屋，除原料费用外，不必支付其他材料费。因此，采用 LonWorks 技术就必须购买专用硬件和软件，从而不能开发出具有自主知识产权的产品及其系统，虽然可以暂时赢得利益和市场，但从长远的观点来看，失去的是核心竞争力。而采用 BACnet 标准就可以开发出具有自主知识产权的产品和系统，虽然比较困难，但得到的是核心竞争力。

那么，什么是 LonWorks 网络？什么是 LonWorks 设备？以及 LonMark 图标（）的作用是什么？简单地说，LonWorks 网络就是符合 LonTalk 通信协议（ANSI/EIA 709.1）体系结构的自控网络，有时也称为“LonTalk 网络”。LonWorks 设备就是利用 Echelon 公司提供的专用硬件和软件开发并符合 LonTalk 通信协议的网络节点或设备。LonWorks 设备具有

LonTalk 通信协议定义的互操作功能，但 LonTalk 通信协议并没有定义 LonWorks 设备如何进行互操作过程，因而符合 LonTalk 通信协议互操作功能的 LonWorks 设备在系统集成时不一定能很好地进行互操作过程，或者很难使之进行互操作过程。原因是不同 LonWorks 设备实现 LonTalk 互操作功能的子集有可能不同，实现的方式也有可能不同。为了克服这种现象，LonMark 协会制定了利用 LonWorks 技术开发 LonWorks 设备的规范和标准。符合这个规范和标准并由 LonMark 协会测试和认证的 LonWorks 设备就称为"LonMark 认证设备（LonMark-certified device)"，并允许在该设备上使用 LonMark 图标。因此，LonWorks 设备是具有互操作功能的设备，但在系统集成时不一定能很好地进行互操作过程。而使用 LonMark 图标的 LonMark 认证设备则在系统集成时就可以较为容易地进行互操作过程。显然，LonMark 认证只说明设备更容易进行系统集成，但并不是开发 LonWork 设备所必需的。

5.3.2 LonTalk 通信协议

与其他自控网络通信一样，LonTalk 通信协议也是应用自控网络的一种解决方法或方案，其目标仍然是在通信的基础上实现自控网络节点或设备的互操作。要实现这个目标，仍然必须定义符合该解决方法或方案的自控网络拓扑结构，并建立节点或设备的信息模型、确定互操作方式和系统集成方式，只不过采用的技术路线和策略有所不同，从而形成不同的技术内容，并表现出不同的功能特性和技术特点。由于其系统集成方式的内容分离成单独的 LonMark 标准，故本节仍按"体系结构与网络拓扑结构"、"信息模型"和"互操作模式"的顺序进行介绍，有关系统集成方式的内容在"5.3.5 LonMark 互操作标准"中进行介绍。

5.3.2.1 体系结构和网络拓扑结构

LonTalk 通信协议是一个分层的对等（peer-to-peer）通信协议。表 5-6 是 LonTalk 体系结构和功能分配表。

LonTalk 体系结构和功能分配表 **表 5-6**

层次	OSI-RM		服　务	LonTalk 功能	Neuron 芯片
7	应用层		网络应用	标准网络变量类型（SNVT）	应用 CPU（CPU-3）
6	表示层		数据表示	网络变量（NV），外部帧传输	网络 CPU（CPU-2）
5	会话层		远程控制	请求/响应，认证，网络管理，连接恢复	
4	传输层		端对端传输	应答、非应答、广播、认证等	
3	网络层		传输分组	地址与路由，网络管理	
2	数据链路层	LLC 层	帧结构	帧结构，数据解码，CRC 检查	MAC CPU（CPU-1）
		MAC 层	介质访问	优先级 P-坚持 CSMA	
1	物理层		电路连接	介质，电气接口	

从表 5-6 可以看出，LonTalk 通信协议是完全符合 OSI-RM 模型分层原则的，但各层具体功能分配是有所不同的。

（1）物理层

LonTalk 支持多种通信介质——双绞线（Twisted Pair，TP）、电力线（Power Line，PL）、

无线射频（Radio Frequency，RF）、红外线（Infrared，IR）、同轴电缆（Coaxial Cable，CX）和光纤（Optical Fiber，OF）等。通信介质通常抽象地称为“信道（Channel）”，不同介质具有不同的通信速率、通信距离和不同的收发器。其中，Echelon 生产 TP 和 PL 收发器；Motorola 生产 RF 收发器，RF 收发器工作于 400～470MHz（许可）和 900Mhz（未许可）两个频段；MicroSym 生产 OF 收发器；Fasirand 生产 IR 收发器。表 5-7 是常用通信介质的特性表。

常用通信介质的特性表　　表 5-7

类　型	介　质	数 据 速 率	最 大 距 离
TP/XF-1250	双绞线，总线型	1.25Mbps	130m（最不利情况下）
TP/XF-78	双绞线，总线型	78kbps	1330m（最不利情况下）
TP/FT-10	双绞线，自由拓扑	78kbps	500m（无中继器）或 1000m（一个中继器）
PL-2X	电力线	5kbps	约 500m（与环境有关）

由于采用了不同的通信介质和收发器，LonTalk 物理层也有不同的电气编码。如，Neuron 芯片在单端工作模式时通信端口通常为差分式曼彻斯特编码。

（2）数据链路层

LonTalk 采用带优先级可预测的 P 坚持 CSMA（Predicative P-Persistent CSMA）算法进行介质访问控制，既有效地提高了通信介质的通信能力，又可以有选择性提供优先机制以实现对重要数据信息（或急迫信息）的实时响应能力。帧结构由控制段、地址段和用户数据段和 CRC 段组成，根据自控网络传输数据量小的特点，规定用户数据段最大长度为 228 字节。

（3）网络层

LonTalk 网络层主要功能为网络管理和路由两种功能。其网络管理包括网络地址分配、节点查询、路由表配置、网络认证和流量控制等。路由功能是所有网络必备的功能，LonTalk 为了实现灵活的路由功能，不仅定义了如图 5-18 所示的网络拓扑结构，而且还定义了许多复杂的概念和功能。以下仅介绍与实际应用有关的内容。

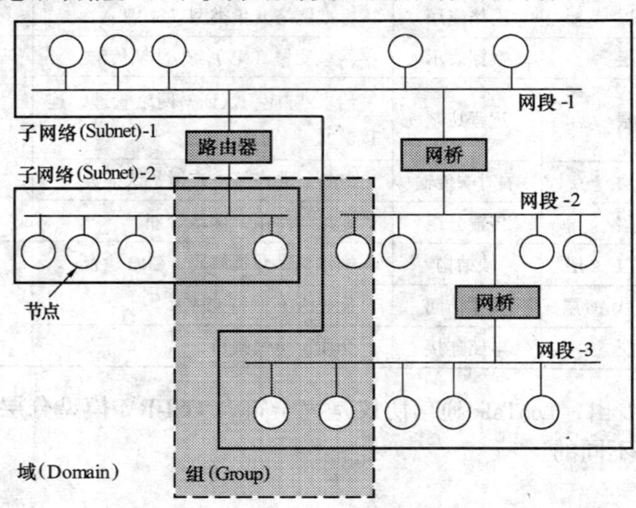

图 5-18　LonTalk 网络拓扑结构图

从图 5-18 可以看出，网段通过网桥连接形成“子网（Subnet)”，子网通过路由器连接形成“域（Domain)”。在一个域中，由不同子网上的节点（node）可形成“组（Group)”，其中每个节点称为“组成员（member)”。

为了灵活支持信息传输，LonTalk 协议采用了一种使用域、子网和节点地址的分级编址方式。这种编址方式可以编址整个域、单个子网或单个节点。为了支持广播，LonTalk 协议还采用了组地址方式同时对多个节点进行编址。

1）域地址（或域 ID） 域是 LonTalk 网络节点的逻辑集合，多个域可以共用同一物理通信介质（或信道)。由于 LonTalk 通信只限于同一域内的节点，因此，一个域就形成了一个虚拟网络。这样，域地址可以防止不同虚拟网络中节点之间的干扰。例如，两座建筑的建筑设备自控系统同时使用无线网络，且无线频率相同，则这两座建筑共用同一物理通信介质或共用同一信道（Channel)，为了防止两个建筑设备自控网络节点间的互相干扰，就可以将不同的建筑设备自控网络节点分配在不同的域中。

同一网络节点可以属于一个或两个域。属于两个域的节点具有两个域地址，可以用于两个域间的通信网关（Gateway)。LonTalk 协议不支持域间通信，但可以通过同属于两个域的节点利用专用应用程序实现两个域间的数据通信。

一个域有一个域 ID 标识。域 ID 可以配置成 0、1、3 或 6 个比特位。6 比特位的域 ID 可以确保域 ID 惟一。但 6 比特位的域 ID 增加了通信开销，因此，在不可能发生域 ID 冲突时，尽可能用位数少的域 ID。例如，在一个只有一个物理网段形成的 LonTalk 网络中，就可以省略域 ID。

2）子网络地址 在 LonTalk 网络中，一个域最多有 255 个子网络，每个子网络具有一个惟一的编号，该惟一编号即为子网络地址。

3）节点地址 在 LonTalk 网络中，一个子网络最多有 127 个节点。在一个子网络中，每个节点具有一个惟一的编号，该惟一编号即为节点地址。

4）组地址 组是一个域中节点的逻辑集合，是有效地进行广播的地址形式。与子网络不同的是，节点可以任意分组，并可以跨越任意信道、网桥和路由器等。一个节点可以属于不同的组，但最多不能超过 15 个组。组地址用 1 字节进行编码，因此一个域最多可以有 256 个组。

5）Neuron 芯片 ID（Neuron ID） Neuron ID 是 Neuron 芯片在出厂时就固化在芯片里的 48 比特位编号，它在全球范围内是惟一的，并且在其生命期内是不会变化的，故可以用 Neuron ID 对网络节点进行编址。但 Neuron ID 只支持一对一的信息传输，并且路由器的路由表较为庞大。另外，当节点被其他不同 Neuron ID 的节点替换（如原来节点发生故障进行更换）时，必须全部更改与之有关的路由表，不仅繁琐，而且有可能遗漏。因而该编址方式不宜作为路由表使用。但由于这种编址方式在节点进行其他编址之前就可以进行通信，故主要用于节点安装和配置过程之中。

为了实现灵活和强大的路由功能，LonTalk 协议根据网络拓扑结构组成单元编址的特点定义了五种节点编址方式，并形成如图 5-19 所示的网络地址编码结构图。

从图 5-19 可以看出，LonTalk 网络地址编码长度是可变的，从而使不同源（source）地址和目的（destination）地址之间的地址编码空间得到优化，避免了同一长度编码所带来的负面影响。有关路由算法请参阅 ANSI/EIA 709.1 标准正文。

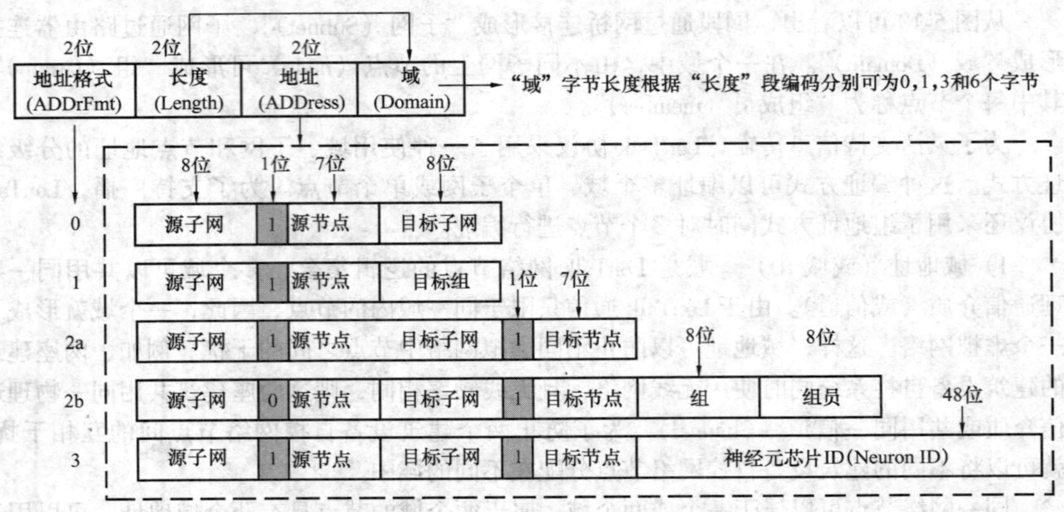

图 5-19　LonTalk 网络地址编码结构图

根据上述网络拓扑结构和节点编址方式，LonTalk 协议对网络规模具有如下规定或总结：

域中的子网络	255
子网中的节点	127
域中的节点	$127 \times 255 = 32385$
网络系统中的域	2^{48}
网络系统中的节点	$2^{48} \times 32285$
组中的成员：	
非确认或重复	无限制
确认或要求响应的	63
域中的组	255
网络的信道	无限制
网络变量报文的字节	31
显示报文的字节	228
文件最大长度（字节）	2^{32}

（4）传输层

在传输层，LonTalk 协议主要定义了如下四种服务，以适应不同网络响应时间、安全性和可靠性场所的要求。

1）确认服务或请求/应答服务（Acknowledged or Request/Respone）　这种服务通常要求对方进行确认或应答，是可靠性的信息传输。当对方在规定的时间内没有确认或应答时，发起方开始重新发送。若重发次数超过规定的次数，则传输失败，并通告相关进程进行处理。

2）无确认重复服务（Unacknowledged/Repeated）　这种服务为了保证对方能正确收到发送的信息，不需要对方进行确认或应答，采用多次向对方发送的方式进行信息传输，重发次数可事先设定。这种服务的可靠性比确认服务或请求/应答服务差些，但其开销有时较之少些。

3）无确认服务（Unacknowledged） 这种服务只向对方发送一次，并且不需要确认或应答。虽然其可靠性低，但具有极高的传输效率。这种服务通常用于需要较高传输性能、网络带宽有限及对报文丢失不敏感的场合。

4）优先服务（Priority） 这种服务通过预先设定的优先级，按报文的优先级进行传输。利用该服务可以发送紧急报文，以实现对紧急事件的实时处理。为了保证紧急报文的实时传输，这种服务必须预留一定的通信带宽，因而这种服务是以损失通信带宽为代价来实现紧急报文传输的。

(5) 会话层

在会话层中，除定义网络管理及其接口外，LonTalk 协议最具特色的功能是认证（authentication）功能。认证功能可以防止非法访问和操作。认证功能是在节点安装和配置时通过设置一个 48 比特位密钥来确定的。有关认证过程可参阅 ANSI/EIA 709.1 标准正文。

(6) 表示层

LonTalk 协议在表示层定义了报文数据的编码，包括网络变量（Nerwork Varibke，NV）报文编码和显示报文编码。其中，网络变量（NV）是 LonTalk 协议中最为重要的概念，并可称为“隐式报文（implicit message）”，是传输互操作功能信息的主要方式之一。而显示报文（explicit message）可以用于传输应用程序的任意数据。

(7) 应用层

LonTalk 协议主要定义了标准网络变量（Standard Network Variable Type，SNVT）和一个文件传输协议。其中，SNVT 是由 LonWorks 技术标准化的网络变量，它将 LonTalk 网络节点互操作的语义进行了标准化，使网络节点具有更好的互操作性。文件传输协议主要用于传输应用程序间的数据流。

从 LonTalk 协议的体系结构可以总结出，LonTalk 协议在网络拓扑结构、寻址方式、冲突检测、优先级响应和报文服务等方面均有自己独特的技术优势，可以支持多节点、多信道、不同速率和高负载的自由拓扑结构的自控网络系统。尽管 LonTalk 协议具有非常高深的技术含量，但通过 Neuron 芯片，使用者可以在无需知道这些技术细节的情况下快速应用 LonTalk 技术。这种非常实用的方式是现有其他自控网络无法超越的。

5.3.2.2 信息模型——通信地址模型

信息模型是自控网络节点或设备的抽象表示，必须具有“网络可见”和“可识别”的特征。在 LonTalk 协议中，虽然没有提及网络节点“信息模型”的概念，但从通信过程对节点的识别方式来看，LonTalk 协议采用了面向数据（Data-oriented）建模方式对网络节点进行建模——通信地址模型。从 LonTalk 协议体系结构的网络层可知，LonTalk 协议具有完善的地址模型，如图 5-19 所示。

由于 LonTalk 协议采用了面向数据的通信地址模型，在一个域中，一个 LonTalk 网络节点通常只能为一个 LonWork 设备，不能像 BACnet 网络可以在一个节点中建立多个“虚拟设备”，因而在 LonWorks 技术中一般没有“虚拟 LonWorks 设备”的概念。

但如果一个节点同时属于不同的域，由于该节点在不同域中具有不同的地址模型，该节点在逻辑上可以形成多个 LonWorks 设备。但这种方式与“虚拟设备”所体现出的意义是完全不同的。

5.3.2.3 互操作模式——NV 和 SNVT

根据互操作基本原理可知，面向数据的信息模型既可以采用面向数据的互操作模式，也可以采用直接式命令互操作模式，但不宜采用间接式命令互操作模式。从 LonTalk 协议的表示层和应用层可知，LonTalk 协议采用了面向数据的互操作模式。

面向数据互操作模式网络节点间传输的信息是“数据”，而不是“命令”，并且传输数据所具有的语义是描述系统状态的。在面向数据互操作模式的自控系统中，当节点监听并收到一个系统状态参数时，就自动按预先确定的对应关系触发一个动作或执行一个控制过程。如果将这个原理应用到 LonTalk 协议中，就形成了 LonTalk 协议的互操作模式和互操作处理流程。

在 LonTalk 协议中，网络节点间传输互操作语义的数据称为“网络变量（NV）”。网络变量从形式上来看，只是一个具有基本类型的简单数据，如整数、实数等。但从互操作功能上来看，网络变量是描述自控网络系统状态的某个参数，除具有数值大小外，通常还具有单位。另外，对网络变量赋值的实质是引发节点间互操作信息的传输过程，即网络变量赋值的节点将网络变量的数值按规定的编码形成隐式报文，并通过网络发送到捆绑这个网络变量的节点。当捆绑这个网络变量的节点监听并收到这个网络变量，就按预定的处理流程进行互操作过程。显然，一个网络变量可以同时与多个网络变量进行捆绑。

所谓“捆绑（bind）”，就是利用网络安装与配置管理软件工具将一组包含节点地址、网络变量类型等信息的网络管理报文发送到需要接收该网络变量信息的节点，这些节点就将收到的有关节点地址、网络变量的信息写入节点的地址表和网络变量配置表中。

节点的地址表和网络变量配置表在 Neuron 芯片的 512 字节的 EEPROM 中，这样即使节点掉电，配置信息也不会丢失。但由于 EEPROM 容量有限，一个节点最多可以捆绑 62 个网络变量。这对于以 Neuron 芯片为核心的小系统来说，这并不是一个非常重要的限制。如果某个节点需要捆绑的网络变量很多，就可以采用基于主机系统的结构（参见图 5-23b），这种结构可以捆绑多达 4096 个网络变量。

由于网络变量形成的隐式报文没有对网络变量所隐含的单位进行编码，为区分网络变量的种类和相应的单位，也为了更好地规定网络变量的语义和提高互操作性能，就有必要对网络变量进行标准化，规定网络变量的种类（或索引）和相应的单位，从而形成“标准网络变量类型（SNVT）”。例如，温度测量可以采用摄氏度（℃）、华氏度（℉）、热力学温标（K）等单位，测量压力可以采用 Pa、kPa、MPa、mm 水柱等单位，这样同一数据由于单位不同所有的语义是不同的，就必须通过标准网络变量 SNVT 进行区分。到目前为止，LonMark 已定义了 187 个 SNVT（包括 4 个保留网络标准），表 5-8 列出了部分 LonMark 的标准网络变量 SNVT。

标准网络变量 SNVT 表（部分） **表 5-8**

索引号	名 称	参 数	数据类型	编码长度	有效范围	分辨率	单 位
…							
16	SNVT _ length	长度	实数	2 字节	0～65535	0.1	m
17	SNVT _ length _ kilo	长度	实数	2 字节	0～65535	0.1	km
…							
30	SNVT _ press	表压力	实数	2 字节	－3276.8～3276.7	0.1	kPa
…							
39	SNVT _ temp	温度	实数	2 字节	－274.0～6279.5	0.1	℃
…							

有关利用 SNVT 进行互操作的原理可以用图 5-20 的例子进行说明。图 5-20 是 LonWorks 技术教学中经常引用的例子——用“信息开关”控制电灯工作状态。信息开关和电灯控制器是 LonWorks 网络上的两个节点。假设信息开关中有一个输出型的“nv _ switch”网络变量，电灯控制器中有一个相同类型的输入型“nv _ lamp”网络变量。这两个网络变量具有相同的类型，在进行安装和配置时，通过系统集成工具将这两个网络变量进行逻辑连接。这个逻辑连接过程即为“捆绑”，并且捆绑只能在系统安装和配置阶段进行和完成。

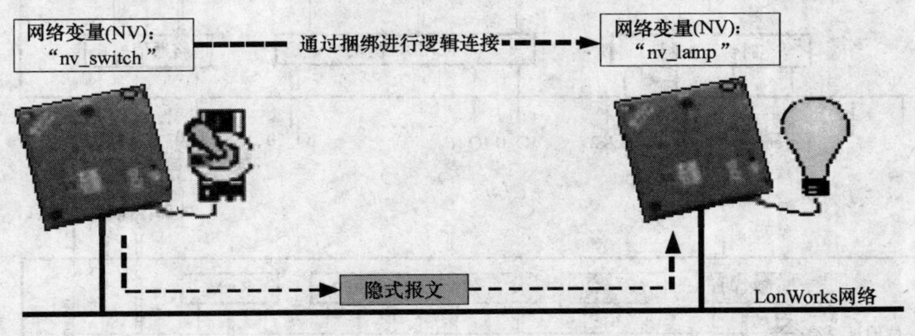

图 5-20　LonWorks 互操作示意图

当信息开关的按钮动作时，就触发信息开关对其“nv _ switch”输出网络变量进行重新赋值，使该网络变量值与按钮状态一致。这个重新赋值过程就会引发信息开关将“nv _ switch”输出网络变量的值以隐式报文的方式发送给捆绑这个网络变量的电灯控制器。当电灯控制器监听并收到这个隐式报文后，就根据电灯控制器的应用程序流程进行处理，并产生相应的动作，使电灯的工作状态与信息开关的状态一致，从而实现两个设备的互操作。

正是由于 LonWorks 网络在安装和配置时需要对网络中所有关联的网络变量进行捆绑，从逻辑上看，LonWorks 网络就是由网络变量相互连接而形成的逻辑网络，一个输出网络变量与一个或多个具有相同类型的输入网络变量相连接，这就好像“管道连接”。当发生互操作过程时，互操作信息——网络变量（NV）从“管道的一端流向另一端”。因而有人在对比 LonWorks 技术和 BACnet 标准时戏称“LonWorks 是‘管道工（Plumber）’发明的技术，BACnet 是‘计算机怪才（computer geek）’创立的标准”。

5.3.3　专用硬件

尽管 LonTalk 协议是开放的标准，也允许第三方以任意形式在任意计算机系统上实现，正因为如此，LonTalk 协议才由专利（proprietary）标准转化为开放（open）标准，并成为 ANSI 和 EIA 标准（ANSI/EIA 709.1），在 http：//global.ihs.com 网站花费 330 美元，就可以获得该标准文档，但在以 LonTalk 为基础的应用领域基本上仍是 LonWorks 技术一统天下。作为一个商业产品，LonWorks 技术就难免有专用硬件配套销售。与 LonWorks 技术相关的专用硬件有许多，如 Neuron 芯片、收发器、i.Lon 等。其中，Neuron 芯片是 LonWorks 技术最为重要的专用硬件，是本节的主要介绍内容。收发器一般仅为电子产品，故不作介绍。i.Lon 硬件参见“5.3.6　LonWorks 与 Internet”。

Neuron 芯片是 Echel on 公司设计的专利产品，其功能是固化 LonTalk 协议，并预留部分资源供用户开发应用逻辑。最初授权 Motorola 和 Toshiba 生产，现在主要由 Cypress 和 Toshiab 生产。Neuron 芯片有 3150 和 3120 两个系列，图 5-21 为 Neuron 芯片结构图。

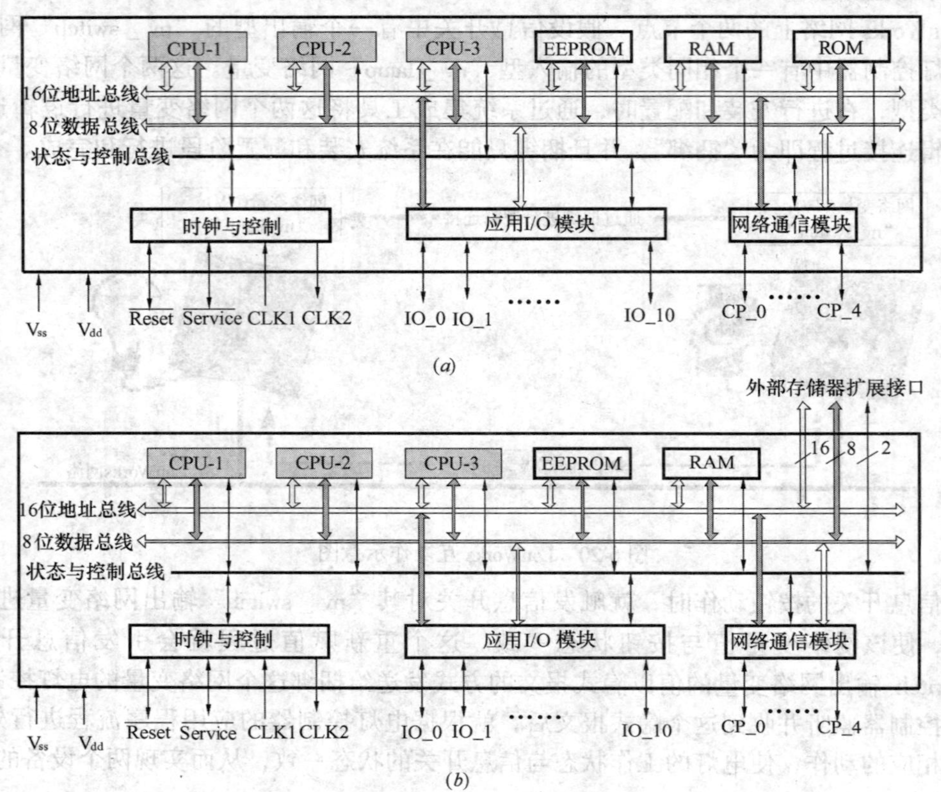

图 5-21 Neuron 芯片结构图

（*a*）3120 体系结构图；（*b*）3150 体系结构图

从图 5-21 可以看出，3120 芯片没有外部存储器扩展接口，适用于功能较少的控制场所。3150 芯片无 ROM，但提供了外部存储器扩展接口，可用于功能较多的大型控制场所。

除上述体系结构差别外，这两个系列芯片的功能是基本相同的。本节从实用的角度只介绍该芯片的 CPU 和管脚（Pin）功能。

（1）CPU

从 LonTalk 协议体系结构（表 5-6）可知，Neuron 芯片的 3 个 CPU 共同完成 LonTalk 协议功能。CPU-1 为“MAC CPU”，主要完成 LonTalk 协议栈的第 1～2 层协议功能，即执行介质控制访问控制（MAC）算法和协调与 CPU-2 的通信。CPU-2 为“网络 CPU”，主要完成 LonTalk 协议栈的第 3～6 层协议功能，即执行网络变量处理进程、寻址、会话进程、事务认证、软件定时、网络管理和路由器的功能，同时协调与 CPU-1 和 CPU-3 的通信。CPU-3 为“应用 CPU”，主要完成 LonTalk 协议栈第 7 层协议功能，以及在任务调节操作系统（OS）的管理下执行用户开发的逻辑应用程序。

另外，Neuron 芯片不仅仅是一个简单的硬件系统，只固化了 LonTalk 协议软件，而是一个复杂的片上系统（System on Chip，SOC）。为了管理 3 个内部 CPU 和调度执行用户开发的应用程序，Neuron 芯片内部还配置了硬件和进程管理的专用操作系统。在这个操作系统的管理下，Neuron 芯片可以执行如下功能。

1）不断运行一个内部多任务调度程序（Scheduler），允许程序员（用户）以非常直观的方式描述事件驱动的任务——应用逻辑，同时按优先级控制这些任务的执行顺序。任务调度流程如图 5-22 所示。这个任务调度程序是 Neuron 芯片操作系统的系统程序，它决定了应用程序的基本结构，应用程序的开发必须符合这个基本结构，这就是 Echelon 公司推出 Neuron C 专用程序语言的最根本原因。虽然程序员不直接调用这个系统程序，但程序员开发的应用程序必须符合这个系统程序的要求，并且能被这个系统程序进行调度和执行。

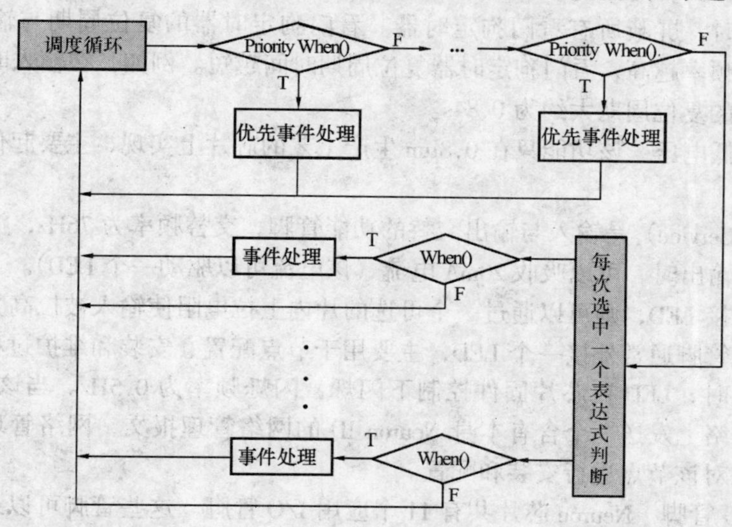

图 5-22　任务调度流程图

2）将网络变量赋值过程转化为隐式报文通信过程，减轻了程序员对 LonTalk 协议软件的调用过程，从而极大地避免错误和提高开发效率。

3）提供一个运行时刻函数库，具有事件检查、输入/输出、网络通信、硬件管理以及标准函数等调用接口，为程序员开发功能复杂的应用程序、测试及控制硬件提供支持。

4）同时提供 15 个软定时功能。在专用操作系统的管理下，Neuron 芯片可以提供毫秒（ms）级和秒（s）级两种定时器。

（2）管脚（Pin）

按 I/O 功能分，从图 5-21 可以看出，Neuron 芯片的管脚分为时钟与控制、应用 I/O 和通信接口三大类。

1）时钟与控制管脚　在 Neuron 芯片中有一振荡器，利用 CLK1 和 CLK2 管脚外接一晶振器，可产生输入时钟，输入时钟范围为 625 ~ 10MHz，有效输入时钟通常为 10MHz、5MHz、2.5MHz、1.25MHz 和 625kHz。时钟精度要求为 ±1.5%或更高，以保证节点能够准确同步位时钟，保证节点通信准确。

复位管脚（Reset）是一漏极开路、低电平有效的双向 I/O 管脚，其内部的电流源为一上拉电阻。复位管脚既可以被外部信号置为低电平（有效状态），也可以在内部控制下产生低电平。

复位管脚有效时，Neuron 芯片进行各种初始过程以保证所有过程从头开始运行。Neuron 芯片初始化过程非常复杂，包括程序堆栈初始化、存储器初始化和自检、通信端口初始化以及调度初始化等。引起复位的内部控制有如下几种情况：

(a) 软件　应用程序或网络管理复位命令（来自网络管理器）。

(b) 看门狗（Watchdog）定时器超时　为保证由于偶然因素软件出错和存储器故障时不死机，Neuron 芯片为 3 个 CPU 各提供 1 个看门狗定时器。软件正常运行时，系统程序会周期性地复位看门狗定时器，从而保证看门狗定时器不超时。如果死机时，则看门狗定时器不能周期复位，当看门狗定时器超时，就使 Neuron 芯片复位重新启动。但在 Neuron 芯片处于睡眠模式时，屏蔽所有看门狗定时器。看门狗定时器的复位周期与输入时钟成反比，即输入时钟频率越高，看门狗定时器复位周期时间越短。例如，在输入时钟为 10MHz 时，看门狗时钟的复位周期大约为 0.84s。

(c) 检测到低电压　该功能只在 0.8μm 生产工艺的芯片上实现，主要起低电压保护作用。

服务管脚（Service）是输入与输出交替的功能管脚，交替频率为 76Hz，波形占空比为 50%。当其作为输出时，可以吸收 20mA 电流（该电流可以驱动一个 LED）。当其作为输入时，如果没有外接 LED，则可以通过一个可选的片内上拉电阻使输入被拉高为高电平而进入无效状态。该管脚通常外接一个 LED，主要用于节点配置、安装和维护过程中。当节点未配置网络地址时，LED 在芯片固件控制下闪烁，闪烁频率为 0.5Hz。当该管脚接地时，节点会主动在网络上发送一个含有本身 Neuron ID 的网络管理报文，网络管理设备将使用该报文中的信息对该节点进行安装和配置。

2）应用 I/O 管脚　Neuron 芯片共有 11 个应用 I/O 管脚。这些管脚可以通过应用程序配置成 34 种不同的功能对象，允许程序员根据需要灵活加以配置，从而方便实际应用。按功能对象的 I/O 方向来分，可以分为“输入”、“输出”和“双向”三大类；按功能对象的类型来分，可以分为“直接 I/O 对象”、“串行 I/O 对象”、“并行 I/O 对象”和“定时器象/计时器 I/O 对象”四大类。表 5-9 列出了各种功能对象的基本配置和特点。

应用 I/O 对象类型参照表　　**表 5-9**

对象类型	对象名称	对应管脚	I/O 值（信号）
直接 I/O 对象	Bit Input/Output（位输入/输出）	IO _ 0 ~ IO _ 10	0 或 1
	Byte Input/Output（字节输入/输出）	IO _ 0 ~ IO _ 7	0 ~ 255
	Leveldetect Input（电平检测输入）	IO _ 0 ~ IO _ 7	逻辑 0 电平检测
	Nibble Input/Output（半字节输入/输出）	IO _ 0 ~ IO _ 7 中任意相邻 4 个管脚	0 ~ 15
串行 I/O 对象	BitShift Input/Output（位移输入/输出）	IO _ 7，IO _ 8 以外的任意一对相邻管脚	最多 16 位时钟数据
	I²C Input/Output（I²C 输入/输出）	IO _ 8 ~ IO _ 9	最多 255 个字节的双向串行数据
	Magcard Input（磁卡编码输入）	IO _ 0 ~ IO _ 9	磁卡阅读机输出的数据流，编码标准 ISO 7811 Track 2
	Magtrack1 Input（磁轨 1 输入）	IO _ 0 ~ IO _ 9	磁卡阅读机输出的数据流，编码标准 ISO 3554 Track 1

续表

对象类型	对象名称	对应管脚	I/O值（信号）
串行I/O对象	Serial Input（半双工串行输入）	IO_8	8比特位，传输速率可为600、1200、2400、4800b/s
	Serial Output（半双工串行输出）	IO_10	（同上）
	Touch Input/Output（Dallas接触输入/输出）	IO_0~IO_7	最多2048比特位
	Wiegand Input（维甘德输入）	IO_0~IO_7任意相邻一对管脚	Wiegand卡阅读器的编码数据流
	Neurowire Input/Output（全双工同步串行I/O）	IO_0~IO_10	最多256比特位双向串行数据
定时器/计数器I/O对象	DualSlope Input（双积分输入）	IO_0~IO_1，IO_4~IO_7	双积分A/D转换电路的比较器输出
	Edgelog Input（边沿跳变时间间隔序列输入）	IO_4	有跳变的输入数据流
	Infral Input（红外输入）	IO_4~IO_7	红外解调器的编码数据流
	Ontime Input（逻辑电平持续时间输入）	IO_4~IO_7	脉宽0.2μs~1.678s
	Period Input（周期输入）	IO_4~IO_7	周期0.2μs~1.678s
	Pulsecount Input（脉冲计数输入）	IO_4~IO_7	0.839s期间内最多65535个输入边沿
	Quadrature Input（正交编码输入）	IO_4~IO_7	±16383编码（Gray码）
	Totalcount Input（累加计数输入）	IO_4~IO_7	0~65535边沿输入
	Edgedivide Output（分频输出）	IO_0，IO_1，IO_4~IO_7	输出频率=（输入频率/敲定数）
	Frequency Output（频率输出）	IO_0，IO_1	0.3Hz~2.5MHz的方波
	Oneshot Output（单稳态输出）	IO_0，IO_1	脉宽0.2μs~1.678s
	Pulsecount Output（脉冲计数输出）	IO_0，IO_1	计数值0~65335
	Pulesewidth Output（脉宽输出）	IO_0，IO_1	占空比0~100%
	Triac Output（可控硅触发输出）	IO_0，IO_1，IO_4~IO_7	相对于输入边沿的输出脉冲延时
	Triggeredcount Output（计数触发输出）	IO_0，IO_1，IO_4~IO_7	通过对输入边沿计数控制输出脉冲

从表5-9可以看出，应用I/O管脚在应用程序的配置下，可以配置成支持电平、脉冲、频率、编码等多种信息模式的应用I/O对象。当选用恰当的外围器件与Neuron芯片连接时，就可以直接连接各种输入设备（如键盘、A/D转换器、温度传感器、压力传感器、开关量、转速计等）、输出设备（如马达、阀门、显示器、继电器、可控硅、变频器等）以及其他处理器等，从而形成完整的网络节点。

表5-9涉及了许多概念和名词，其具体技术细节和应用开发技术已超过了本书的范

围，有兴趣者可以参阅有关资料继续深入学习。

3）通信管脚　Neuron 芯片的通信端口由 CP _ 0 至 CP _ 4 五个管脚组成，通过应用程序配置成“单端（Single-ended）”、“差分（differential）”和“专用（Special purpose）”三种通信模式，并可直接与多种通信介质接口——收发器连接，以实现较宽范围内的数据通信。表 5-10 列出了各种模式的管脚定义。

通信端口管脚定义表　　**表 5-10**

管　脚	驱动电流(mA)	单端模式	差分模式	专用模式
CP _ 0	1.4	RX(in)	RX + (in)	RX(in)
CP _ 1		RX(out)	RX-(in)	TX(out)
CP _ 2	40	TX 使能(out)	TX + (out)	位时钟(out)
CP _ 3		睡眠(out)	TX-(out)	睡眠(out)或唤醒(in)*
CP _ 4	1.4	CDet(in)*		帧时钟(out)

注：RX——接收器；TX——发送器；Cdet——冲突检测；*——可选择。

(a) 单端模式　单端模式是最常用的一种通信模式，用于实现收发器与多种通信介质的连接，广泛应用于 RF、IR、OF 和 CX 等通信介质的接口场所。这种模式的通信接口一般使用差分式曼彻斯特编码进行通信。

(b) 差分模式　在差分模式下，Neuron 芯片的内置收发器能够配合外部无源部件有区别地驱动和监听双绞线介质。差分模式在大多数场所与单端模式类似，主要区别是驱动/接收电路被设置为差分线路传输，以提高抗干扰能力。

(c) 专用模式　在一些专用场合，Neuron 芯片只提供没有编码和同步头部信息的原始报文，这就需要一个智能型的收发器在通信介质与 Neuron 芯片之间处理报文信息。发送时，智能传感器将 Neuron 芯片的原始报文进行编码，并加入同步头部信息，然后驱动通信介质进行发送。接收时，则将从通信介质接收的报文去掉同步头部，重新转换为 Neuron 芯片要求的编码后交给 Neuron 芯片。

从上面的处理过程来看，智能收发器是具有信息处理功能的专用计算机系统，一般采用“握手协议”方式与 Neuron 芯片进行交互。专用模式的收发器一般为专利产品，如 Echelon 公司的 PL 型收发器，且具有许多如下特性：

(a) 能够从 Neuron 芯片设置其工作参数；

(b) 能够向 Neuron 芯片报告其工作参数；

(c) 多种通信操作；

(d) 多位传输速率操作；

(e) 使用前向纠错编码；

(f) 需要特殊的同步头部信息和帧格式的介质调制技术。

鉴于专用模式收发器的特殊要求，Echelon 公司要求专用模式的收发器必须与 Neuron 芯片捆绑销售。否则，Echelon 公司不予授权。因此，专用模式是一种受限制的通信模式。

根据上述介绍，对 Neuron 芯片的基本功能和特性及相应的收发器有了一定的认识，同时也更深刻地认识到，利用 Neuron 芯片是开发和应用 LonTalk 通信协议最有效的途径，Neuron 芯片是开发 LonWorks 技术产品的核心器件。综合上述内容，也不难总结出如图5-23

所示的 LonWorks 节点硬件结构原理图。其中，图 5-23（*a*）是基于 Neuron 芯片的节点硬件结构原理图，图 5-23（*b*）是基于主机系统的节点硬件结构原理图。基于主机系统的节点可以具有非常强大的功能，显然，其开发技术是较为复杂的。

在 LonWorks 节点硬件结构中，电源、晶振和扩展外部存储器以及收发器等通常为标准配置，变动较少。只有应用 I/O 接口器件的变化最为灵活和复杂，应根据实际情况进行设计和选用适当的器件。

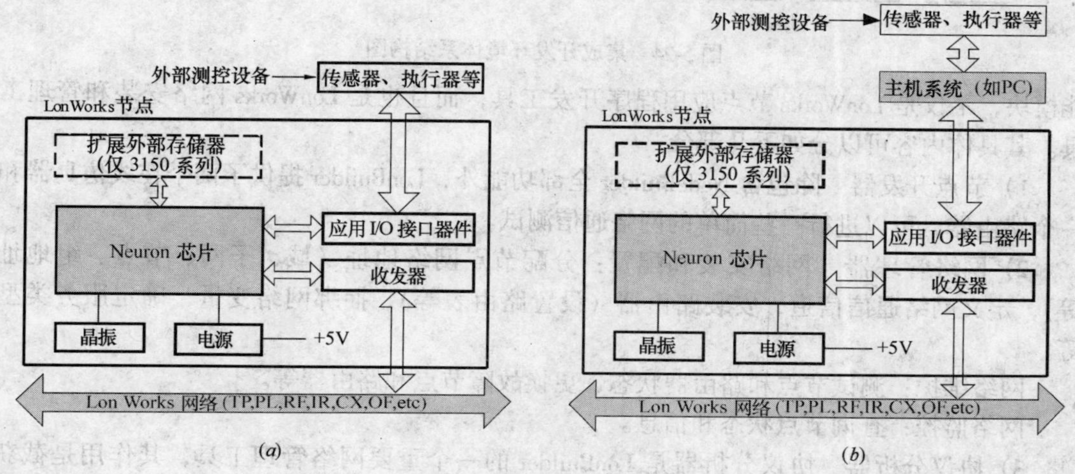

图 5-23 LonWorks 节点硬件结构原理图
（*a*）基于 Neuron 芯片的结构图；（*b*）基于主机系统的结构图

5.3.4 专用软件和工具

为了支持 Neuron 芯片开发和及 LonWorks 网络系统应用，LonWorks 技术建立了如图 5-24所示的集成开发环境（Integrated Development Environment）。根据这个集成开发环境，Echelon 公司提供了许多 LonWorks 节点开发软件和工具以及 LonWorks 网络安装、配置和系统集成管理工具，以满足不同用户的需求。其中，NodeBuilder 和 LonBuilder 是最为常用的开发和管理工具。NodeBuiler 是完整的节点开发工具，LonBuilder 不仅是强大的节点开发工具，而且也是 LonWorks 网络安装、配置和集成的管理工具。除这两种开发和网络管理工具外，Echelon 公司还提供其他形式的节点开发和网络管理工具，如 LonManager，LonMaker 以及 LNS（LonWorks Network Service）技术等。由于篇幅有限，只介绍 NodeBuilder 和 LonBuilder 两种常用工具的基本功能，以及 Neuron C 专用开发程序语言，以便读者尽可能快地了解开发工具和网络管理工具，以及必要的开发技术。

5.3.4.1 NodeBuilder 和 LonBuilder

NodeBuilder 是单个 LonWorks 网络节点的应用程序开发工具，包含如图 5-24 所示的项目管理器、源代码编辑器、Neuron C 编译器、Neuron C 调试器和一个包含硬件的在线节点仿真器。利用 NodeBuilder，程序员可以进行 Neuron C 程序的开发和调试，生成可下载文件或可供 EEPROM 编程器烧制的二进制映像文件。利用在线仿真器也可以进行仿真测试。

LonBuilder 是 LonWorks 技术中最主要的开发工具，基本上包含了图 5-24 所示的所有功

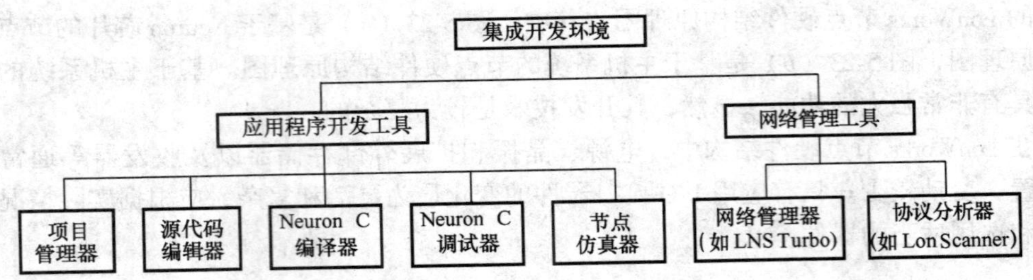

图 5-24 集成开发环境体系结构图

能模块，不仅是 LonWorks 节点应用程序开发工具，而且也是 LonWorks 网络安装和管理工具。其具体内容可以分如下几部分：

1）节点开发器　除包含 NodeBuilder 全部功能外，LonBuilder 提供了两个在线仿真器和一个路由器，可以进行一些简单的网络通信测试。

2）网络管理器　网络安装和配置：分配节点网络地址（域、子网、节点、组地址等），定义网络通信信道，安装路由器（设置路由表等），捆绑网络变量，确定服务类型等。

网络维护：测试节点和路由器状态，更换故障节点和路由器等。

网络监控：查询节点状态和信息。

3）协议分析器　协议分析器是 LonBuilder 的一个重要网络管理工具，其作用是截获网络节点的通信报文，并将其转换为人可阅读的信息，以便观察和分析。同时，协议分析器也可以统计和计算报文流量、带宽利用率、碰撞率和出错率，作为调整网络参数的参考。

4）例子程序和开发板　包含一些可供练习的开发板、应用程序模块和演示程序。

5.3.4.2　Neuron C

Neuron C 是专用于 Neuron 芯片应用程序设计的开发语言，它在 ANSIC（即标准 C）的基础上针对 Neuron 芯片特点进行剪裁和扩展而形成的 C 语言。Neuron C 为 LonWorks 分布式环境提供了特定的对象集合和访问这些对象的内部函数库，还提供了内部类型检查，是开发 LonWorks 网络的最有效程序语言。

所谓剪裁，就是删除或修改了 ANSI C 中一些的内容。这就造成 Neuron C 与 ANSI 存在如下具体的区别：

1）Neuron C 不支持 C 语法或操作意义上的浮点运算，但重新定义了一个符合 IEEE 754 标准的浮点库。

2）数据类型定义更加明确。short int 类型为 8 位，long int 类型为 16 位，并且 int 类型缺省为 short int。

3）不支持 register 和 volatile 定义。

4）不支持将结构体（structure）和联合体（union）作为过程参数或作为函数的返回值。

5）不支持网络变量（NV）、计时器、I/O 对象类的指针。

6）在预编译时，只有 Neuron C 宏被扩展后，其参数才能被重复扫描，因而，Neuron C 的宏操作符“#”和“##”在嵌套的宏表示式中出现时，不能像 ANSI C 定义的那样产生相应的结果。

7）网络变量名和报文标签限定在16个字符之内。

8）包含 <stddef.h>，<stdlib.h> 和 <limits.h> 三个标准头文件，除部分标准库函数（如 memcpy（）和 memset（）等）保留外，不包含其他标准函数库（如文件 I/O 和存储分配函数等）。

9）增加支持二进制常数，并以 0B<Binary> 的形式进行定义。如 0B1001 等于十进制 9。

10）不支持在分离的编译单元中包含多个源文件，但支持 # include 预处理指令。

11）不支持预处理指令 # if，# elif 和 # line，但支持 # ifdef，# else 和 # endif 预处理指令。

12）程序结构不再使用 main（）函数结构，而是由 when（）语句和函数组成。一个 Neuron C 程序总是从一个 when（）语句开始执行。

所谓扩展，就是 ANSI C 语法的基础上增加新功能。具体功能扩展如下：

1）一个新的对象类——网络变量（NV），通过隐式报文（implicit message）简化节点间的数据通信和数据共享。

2）一个新的语句类型——when 语句，引入事件（event）并定义事件的优先级。

3）新对象类型——I/O 对象类型，使对 Neuron 芯片的 I/O 操作更加直观和标准化。

4）支持直接报文传输——显式报文（explicit message），用于直接访问 LonTalk 协议的基础服务。

从 Neuron C 对 ANSI C 的剪裁和扩展来看，Neuron C 应是 Neuron 芯片上运行效率最高的编程语言。以下介绍 Neuron C 的主要特点。

（1）Neuron C 应用程序结构

由于 Neuron 芯片为一个功能强大的片上系统（SOC），其操作系统的调度程序是该片上系统的主运行程序，该主运行程序的流程如图 5-22 所示，任务是调度程序员开发的 Neuron C 应用程序。因此 Neuron C 应用程序不可能是一个在 Neuron 芯片上运行的独立程序，而是一个系统调度程序的一个模块（module）。这就是 Neuron C 应用程序不再使用 main（）函数结构的原因，由 Neuron C 编写的源程序只是被 Neuron C 编译器编译成符合系统调度程序接口（interface）要求的二进制模块，当通过专用下载程序烧制到 Neuron 芯片时，就将应用程序模块与系统调度程序进行了连接。这样当系统调度程序运行时，就会运行应用程序。

（2）when 语句和事件

Neuron 芯片的系统调度程序是基于事件驱动的。事件是通过如下 when 语句来定义的。

```
When（表达式）
  {
     Neuron  C代码;
  }
```

当一个 when 语句的表达式为‘TURE’时，其所包含的 Neuron C 代码程序就被调度运行。When 语句中的一段 Neuron C 代码通常称为“任务（task）”。

在 Neuron C 中，事件分为预定义事件和用户定义事件两大类。其中，预定义事件包含系统级事件、I/O 对象事件、定时器事件、网络变量事件（隐式报文事件）和显示报文事件等五个类别。用户定义事件与预定义事件并没有严格的逻辑功能区别，但预定义事件的代码空间较小，因此应尽可能使用预定义事件。

每个预定义事件都用惟一的关键字来区分，如：

flush _ completes　　　　//当所有输出事务完成
io _ changes　　　　//当某个 I/O 对象的输入值发生改变
in _ in _ ready　　　　//并行中输入数据准备好
……
nv _ update _ occurs　　　　//输入网络变量接收到新值
nv _ updata _ completes　　　　//输出网络变量发送完成
……
timer _ expries　　　　//定时器定时到期
……

(3) I/O 对象

Neuron 芯片有 11 个 I/O 管脚（pin），并可以设置为 34 种 I/O 对象（object），参见“表 5-9”。在使用 Neuron 芯片时必须根据实际应用对 I/O 管脚进行设置，使之成为满足功能的 I/O 对象。在 Neuron C 中，这些管脚分别命名为 IO _ 0，IO _ 1，…，IO _ 10。在缺省情况下，没有说明的管脚是不被使用的，处于高阻抗的非活动状态。

Neuron C 提供设置 I/O 对象的函数有：io _ change _ init（），io _ edgelog _ preload（），io _ in（），io _ in _ request（），io _ out（），io _ request（），io _ preserve _ input（），io _ select（），io _ set _ clock（）和 io _ set _ direction（）等，这些 I/O 函数可以在应用程序代码直接调用。

由于 I/O 对象与 I/O 管脚不是一一对应关系，要定义一个 I/O 对象，就必须说明该 I/O对象与哪些 I/O 管脚有关，并且必须给 I/O 对象定义一个名字。显示定义一个 I/O 对象的语句格式为

pin type [option…] io _ object _ name;

其中，pin——为 IO _ 0 ~ IO _ 10 的一个。一般来说，管脚只出现一个管脚说明中，但对于并行对象，一个 I/O 管脚名可以出现在多个说明语句中。

Type——指定 I/O 对象类型。

Option——为可选参数。每个 I/O 对象类型可以使用选择项进行详细说明，多选择项可以按任意顺序列出。当没有选择项时，所说明的 I/O 对象按缺省项进行定义。

io _ object _ name——用户为 I/O 对象分配的名字，应符合 ANSI C 标识符要求。

由于 I/O 管脚是有限的硬件资源，应特别注意由 I/O 管脚定义而形成 I/O 对象的应用限制，如，一个 Neuron 芯片最多可定义 16 个 I/O 对象等。有关详细限制在此不作介绍。

(4) 网络变量（隐式报文）与显式报文

在 LonTalk 协议中，网络变量是互操作的最基本形式。要使用网络变量，就必须定义网络变量。对于基于 Neuron 芯片的节点，最多可定义 62 个网络变量，对于基于主机的节点，则可以定义多达 4096 个网络变量。网络变量定义的语法结构如下：

network input | output [netvar-modifier] [class] type

[connect _ info] identifier [= initial _ value];

或

network input|output [netvar-modifier] [class] type

[connect _ info] identifier [array _ bound] [= initial _ value];

其中，

network——网络变量关键字。

input|output——表示网络变量的 I/O 方向。

netvar _ modifier——修饰字，有 sync，polled 和 sd-string 三个，其中，sync 与 polled 不能同时使用。sync 表示网络变量为同步网络变量，若同步网络变量赋值，所有赋值按顺序一一发送，不允许丢失。Polled 表示网络变量为轮询网络变量，该修饰符仅被输出网络变量使用。只有当某个节点的输入网络变量与该输出网络变量捆绑时，全节点对该输入网络变量调用 poll（）函数时，该输出网络变量值才被发送。sd-string 用于设置一个网络变量的自标识字符，最长为 1023 个字符。这个修饰符在网络变量定义时只能出现一次，并且放在 sync 和 polled 之后。

class——说明网络变量的存储类型。如果没有说明，则网络变量为全局网络变量，并全存储在 Neuron 芯片的 RAM 之中。

type——说明网络变量的类型。网络变量类型与一般变量类型基本相同，如 long int、char、enum、数组，等等。另外，网络变量类型还可以为标准网络变量类型（SNVT）。

connection _ info——定义网络变量的连接信息。

identifier——网络变量名。

initial _ value——网络变量初始值。

在 LonTalk 中，对网络变量的操作就会产生网络报文的传输，由网络变量产生的报文称为“隐式报文”，其作用是传递互操作信息，编码格式是固定，长度不超过 31 字节，具有简单、可靠和快捷的优点。但当节点需要传输较长的信息时，且传输的信息一般不是用于节点间的互操作，就可以选用显示报文传输。

显示报文长度可达 228 字节，其传输过程是直接调用 LonTalk 通信协议 1～6 层提供的通信功能直接将信息传输到目标节点。这种通信过程与数据网络的通信过程是一样，不关注传输信息的语义，只是简单地将信息从源地址传输到目的地址。在 Neuron C 中，定义了相关的构造显式报文对象（如 msg _ in 和 msg _ out 对象）和发送与接收显式报文的函数（如 msg _ send（），msg _ cancel（），msg _ recieve（），resp _ send（）等等）。这些内容不再介绍。

根据上述介绍，可以用 Neuron C 对图 5-21 所示的 LonWorks 网络进行开发。Neuron C 源代码如图 5-25 所示。该开发实例中用到的事件与函数均在上述内容提及，在此不再解释。

5.3.5 LonMark 互操作标准

LonWorks 技术提供了开发 LonWorks 设备的各种专用硬件和软件工具，但并没有规定开发一个具体 LonWorks 设备的内容。这样，不同的开发者就可以利用 LonWorks 技术工具开发出不同功能的 LonWorks 设备。当多个 LonWorks 设备在互操作功能上没有“交集”，或

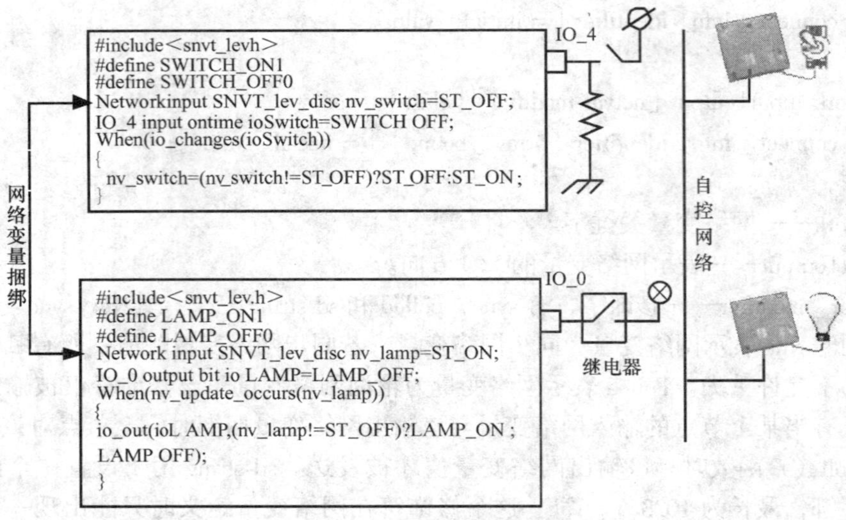

图 5-25　开发实例图

互操作功能不具有“对称性（symmetry）”时，就不可能实现这两个设备的互操作。即使是同样功能的设备，也可能由于选用的网络变量类型不同而不能进行互操作。例如，在图 5-25 中，如果某个信息开关的外部控制功能与该图中信息开关相同，但其应用程序设计的网络变量不是“SNVT_lev_disc”类型，即使用该信息开关取代原信息开关，并在物理上与电灯控制器互连，也由于不能进行网络变量捆绑，就不可能实现互操作。这说明，即使有再好的技术，也必须制定应用技术的规范和标准。那么，LonWorks 技术应用规范和标准如何制定？其具体内容又是什么呢？

早在 1994 年 5 月由 Echelon 倡导成立了由 LonWorks 技术用户参与的“LonMark 协会”，即现在的“LonMark International”。该协会致力于 LonWorks 技术产品的互操作和系统集成应用两方面的规范和标准，以保证来自不同厂商用 LonWorks 技术开发的 LonWorks 产品具有良好的互操作性，以及 LonWorks 产品在系统集成应用的简洁性。LonMark 协会总结和分析了大量 LonWorks 技术应用经验，提出了一系列概念、规范和标准。由于 LonMark 协会的规范和标准在 LonWorks 技术中并没有强制性，因而其规范和标准通常称为“指南（Guideline）”或“准则”。另外，LonMark 协会还进行产品设备的认证工作。符合并通过 LonMark 协会标准的产品设备称为“LonMark 设备”，并准许使用 LonMark 图标。到目前为止，已有近 700 种产品设备获得了 LonMark 认证。可以看出，LonMark 设备是符合 LonMark 标准的 LonWorks 设备，只不过 LonMark 设备具有更好的互操作性和系统集成应用的简洁性。

经过多年的努力，LonMark 协会在一些基本概念的基础上提出了如下两个互操作指南：

1）LonMark Layer 1 ~ 6 Interoperability Guidelines（LonMark 1 ~ 6 层互操作指南）

2）LonMark Application-Layer Interoperability Guidelines（LonMark 应用层互操作指南）

前者用于规范 LonMark 设备的通信互连，后者用于规范 LonMark 设备的互操作和系统集成应用。这两个指南目前最新版本为 3.4，本书只介绍后者的基本原理和主要内容。

（1）互操作

为了实现 LonMark 设备的互操作，LonMark 协会同样采用了面向对象设计与分析（OOA&D）的方法提出了“LonMark Profile（LonMark 简表）”和“LonMark Object（LonMark 对象）”的两个基本概念。

一个自控设备可以分为一个或多个基本功能单元——功能模块（Functional Block），每个功能模块不论其内容结构如何，但从其功能行为来看，均表现为接收输入数据，处理数据和输出数据三个过程。其中，输入数据可以分为操作（operation）数据和配置（configuration）数据，而输出数据一般只为操作数据。显然，输入/输出网络变量是输入/输出数据中的操作数据，配置数据用于设置网络变量、功能模块或整个自控设备的功能行为。

输入数据可以来自网络，也可以来自与之相连接的硬件设备，还可以来自该自控设备内部的其他功能模块。相应地，其输出既可以面向网络，也可以面向与之相连接的硬件设备，还可以面向该自控设备内部的其他功能模块。

如果将功能模块的功能标准化，则该功能模块就称为“LonMark Object（LonMark 对象）”。也就是说，一个 LonMark 对象是一个 I/O 功能标准化的功能模块。

那么如何描述功能模块呢？众所周知，同一功能的设备可以采用不同的内部结构来实现，所以描述功能模块时不可能描述其内部结构和数据处理过程，只能从功能模块所表现的 I/O 行为外部结构来描述，即详细描述输入和输出数据的类型及其所蕴含的互操作语义和功能。这种描述在 LonMark 术语中就称为“Functional Profile（功能简表）”。同样的道理，标准化的 Functional Profile 就称为“LonMark Profile（LonMark 简表）”，或描述 LonMark 对象的功能简表就称为“LonMark Profile”。因此，LonMark 简表是描述 Lonmark 对象的模板，而 LonMark 对象则是 LonMark 简表的具体实现。图 5-26 为 LonMark 简表描述 LonMark 对象的标准图形表示。

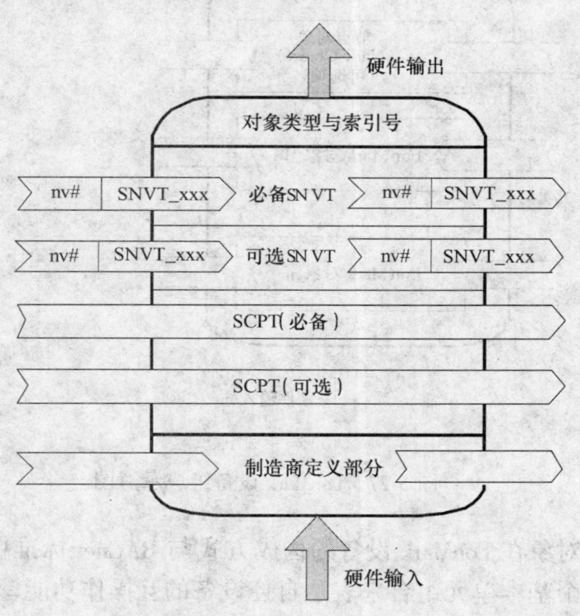

图 5-26　LonMark 对象的标准图形表示

从图 5-26 可以看出，LonMark 简表通过标准网络变量类型（SNVT）而不是任意网络变量（NV）类型、标准配置变量类型（SCPT）而不是任意配置变量（CP）类型、以及生产厂商自定义 I/O 三个部分描述 LonMark 对象。其中，SNVT 和 SCPT 均分必备和可选两类。必备 SNVT 和 SCPT 规定了 LonMark 对象的基本互操作功能，可选 SNVT 和 SCPT 是 LonMark 对象的扩展互操作功能。由此可以看出，LonMark 简表通过定义 LonMark 对象的 SNVT 和 SCPT 类型使其互操作功能的种类或类别标准化，通过定义 LonMark 对象的 SNVT 和 SCPT 数量使其互操作功能的范围标准化。只有如此，才能避免因网络变量（NV）和配置变量（CP）类型不同而产生设备间互操作功能无“交集”或无“对称性”的情况，从而保证设备的互操作功能。

根据上述原理，LonMark 协会定义了许多通用型（generic）的 LonMark 对象类型，这些 LonMark 对象类型用对象类型索引号进行标识，如节点对象（Node Object，类型索引为 0）、开环传感器对象（Open Loop Sensor，类型索引为 1）、闭环执行器对象（类型索引为 4），等等。同时，也定义了许多 LonMark 设备类型，这些 LonMark 设备类型包括 HVAC 设备类（如 VAV 控制器、风机盘管控制器等）、照明设备类（如开关、恒光控制器、场景控制器等）、制冷设备类（如除霜控制器、蒸发控制器等）以及传感器设备类（如温度传感器、CO_2 探测器、人体探测器等）四个大类，数量超过 70 种。LonMark 设备既可以由一个或多个 LonMark 对象，如图 5-27 所示，也可以单独用 LonMark 简表方式进行定义，此时用 LonMark 简表索引号（类型索引号 ID > 10）进行标识，如 HVAC 温度传感器（LonMark 简表索引号为 1040）。

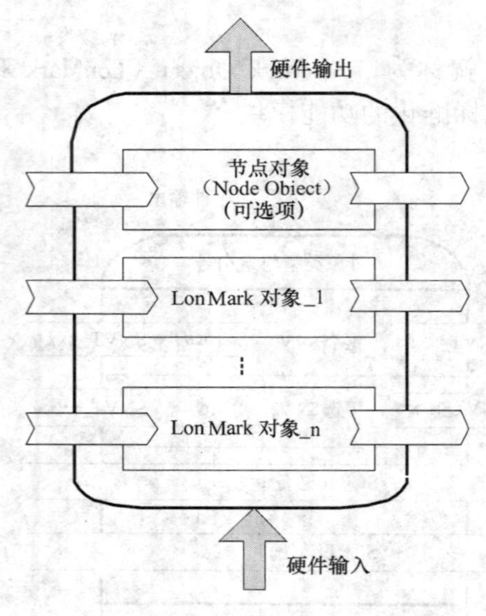

图 5-27　LonMark 设备组成示意图

在 LonMark 设备组成对象中，节点对象（类型索引为 0）是一个非常特殊的对象，该功能模块定义了网络工具（tool）测试和管理设备中其他功能模块或对象的接口，提供节点文件传输服务功能，同时还具有时钟设置、报警和管理工作日程的功能。但节点对象并不是每个 LonMark 设备所必需的，当 LonMark 设备存在多个 LonMark 对象时，则节点对象是必需的。但如果 LonMark 设备只有一个 LonMark 对象时，则该 LonMark 设备没有节点对象，此时该 LonMark 设备必须具备其他相应的机制，提供相当于节点对象的功能。

从上述介绍可以看出，LonMark 对象在 LonMark 设备的构成方式与 BACnet 标准中的对象是相同的，均是通过"对象"这个基本单元组合来表达自控设备的互操作功能，LonMark 指南中"节点对象（Node object）"的功能与 BACnet 标准的"设备对象（Device object）"相类似，均要求是惟一的，只不过前者并不是必备的，而后者是必备的。

另外，在设备级互操作的层次上，BACnet 标准利用 BIBB 概念只定义了 6 个类别的标准 BACnet 设备，而 LonMark 标准则利用 LonMark 简表的描述方法定义了 70 多种标准的 LonMark 设备，例如，风机盘管控制器（FCU）、变速电机驱动器（VFD）、风阀执行器等，并且 LonMark 设备种类还在不断增长。这说明 LonMark 标准是通过对具体设备（而不是一类设备）的互操作功能进行定义来保证互操作的，这种定义比 BACnet 标准更加细致和严格，70 多种标准的 LonMark 设备基本可以精确地满足建筑设备自控领域的互操作要求。

（2）系统集成应用

上述方法只定义了 LonMark 设备在互操作功能上的要求，但没有说明如何应用 Lon-

Mark 设备，如何进行系统集成，即没有说明网络工具（如安装工具、运行维护工具等）如何自动识别设备的互操作内容——LonMark 对象及其 SNVT、SCPT 和厂商自定义的内容。可自动识别设备互操作内容在设备应用、系统集成和运行维护中是非常重要的。如果通用型的网络工具能自动识别设备的互操作内容，那么就可以知道如何应用该设备，这样至少有助于系统集成和运行维护管理，甚至可以自动进行系统集成。同样的道理，如何才能使设备的互操作内容可以自动识别呢？

在 LonMark 标准中，通过定义"设备接口（device interface)"和"设备接口文件（device interface file)"来实现自动识别 LonMark 设备的互操作内容。

设备接口是 LonMark 设备"在 LonWorks 网络可见的"互操作接口，由 LonMark 设备基本信息和外部输入/输出所组成。设备接口文件则是描述设备接口的文件，其主要作用一是提供 LonMark 设备本身不能提供的信息，如 SNVT 和 SCPT 的名字（name）等；二是可在 LonMark 设备未接入自控网络时提供必要的自控系统设计、安装和调试信息。从这个作用来看，LonMark 设备接口文件的作用与 BACnet 标准 PICS 文档相同，只不过两者采用的方式和具体内容不同，但两者"异曲同工"或"殊途同归"，描述的均是设备外部接口信息，其目标均是易于系统集成和工程应用。

在 LonMark 设备中，设备接口由如下项目所组成，并可由网络工具通过 LonWorks 网络或设备接口文件直接读出。

1）Neuron 芯片 ID（Neuron ID）：LonMark 设备惟一的标识符。

2）标准程序 ID（Standard Program ID）：LonMark 设备接口惟一的标识符。

3）设备信道 ID（Device Channel ID）：可选项，LonMark 设备支持信道类别的标识符。

4）设备安装位置域（Device Location Field）：可选项，由 6 个字节组成，是描述 LonMark 设备安装位置的字符串或编号。

5）设备自描述文档字符串（Device Self-documentation String）：描述 LonMark 设备功能模块的字符串。

6）设备配置属性（Device Configuration Properties）：描述配置 LonMark 设备及其功能模块的配置属性。

7）功能模块（Functional Blocks）：描述 LonMark 设备的逻辑组成。

在设备开发过程中，设备接口文件一般由 LonWorks 开发工具自动生成，并具有文本形式（＊.XIF）、二进制形式（＊.XFB）和优化形式（＊.XFO）三种。其中，文本形式的设备接口文件是设备接口文件的主要形式，并具有严格的结构形式（有兴趣者可以参阅"LonMark 网站相关资料"），有些开发工具可以将文本形式的设备接口文件转化为二进制形式文件或优化形式文件。如，LNS 网络操作系统可以将文本形式转化为二进制形式和优化形式，XIF32BIN 软件工具可以将文本形式转化为二进制形式。优化形式的设备接口文件具有高效访问设备接口文件的功能，但不同网络工具可以有不同存储形式和访问方式的优化文件。

5.4 XML/Web Services 技术

从 20 世纪 80 年代开始，建筑设备自控系统从没有通信协议的"荒芜之地"发展到今天通信协议“百花齐放”的场面。这本应是一件好事，但针对工程实践，我们所面临的困境不是没有实用的通信协议，而是实用的通信协议“太多”，以至于无法辨别最适用于具体实际应用的通信协议。另外，随着信息技术应用的不断深入，建筑设备自动化系统也经常要求作为更大信息系统的一个子系统，例如，建筑设备自动化系统是建筑智能化系统（或智能建筑系统）的一个子系统，而建筑智能化系统又要求是企业级（enterprise-wide）管理信息系统一个子系统。这就要求建筑设备自动化系统除自身具有良好的集成性能外，还必须具有与其他信息系统集成的外延能力。

时代的发展就要求我们必须思考建筑设备自动化的发展方向，尤其应该审视建筑设备自控网络的发展方向。虽然我们无法预测建筑设备自动化的未来，但我们回头看一下过去，重新认识一下发展过程中的里程碑，总结一下历史，多多少少可以找到对其发展的共识，感悟到最新的发展动态。

从上述内容可以看出，建筑设备自控网络是完全建立在信息技术（IT）基础之上的，其发展与信息技术息息相关。图 5-28 直观地说明了自控网络与数据网络的发展过程。

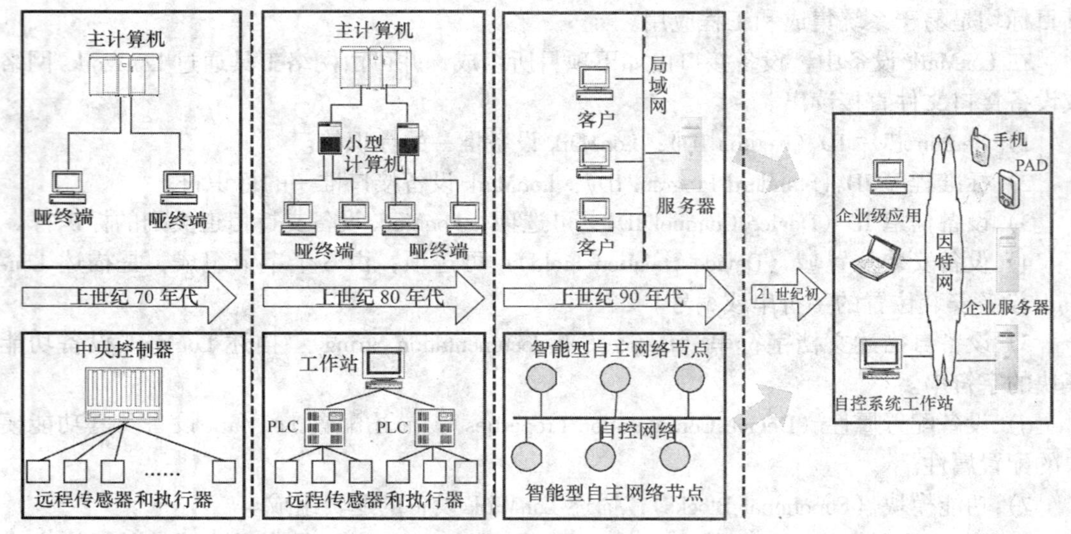

图 5-28　数据网络与建筑设备自控网络发展过程示意图

从图 5-28 可以看出，虽然自控网络在实时性和互操作功能上有别于数据网络，但自控网络的发展与数据网络的发展是相似的，并且统一于企业级应用（Enterprise Application）。面对企业级应用，如果采用“网关（gateway）”方式集成完全不同类型的应用程序和系统，其难度是相当惊人的，其复杂度是难以想像的。这就迫使业界必须提出新的企业应用系统集成模式和方法。随着微电子技术和通信技术的发展，当电子器件价格不断下降，计算处理能力和通信带宽不断提升时，出现了以 XML（eXtensible Markup Language，可扩展标记语言）为基础的 XML/Web Services 建模和系统集成技术。当 XML/Web Services 技术在建筑设备自控网络中得到研究和应用时，建筑设备自控网络从专用系统（Proprietary System）发展到当今的历程就可以总结为图 5-29 所示的过程。

值得说明的是，图 5-29 并非按时间座标进行排列，而是根据建筑设备自控网络的目

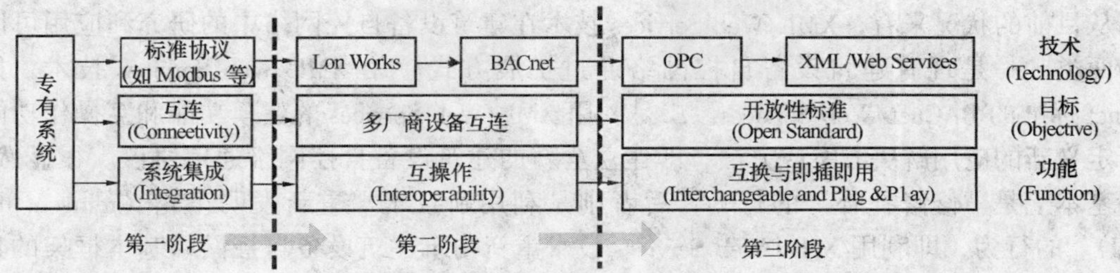

图 5-29　建筑设备自控网络演化示意图

标和功能发展过程进行排列的，其中也有许多重叠和交叉的地方，如 BACnet 和 LonWorks 的目标除实现多厂商设备互连外，也具有开放性标准的作用。从图 5-29 可以看出，建筑设备自控系统当前的最高目标和功能是采用完全开放的标准，并实现设备可互换（Interchangeable）和即插即用（PNP）的功能，这也基本上是建筑设备自控网络的终极目标和功能。要实现建筑设备自控网络的最高目标和功能，BACnet 和 LonWorks 由于先天缺陷是无能为力的，OPC 也由于与 Microsoft 公司的 Windows 平台有关而受到限制。显然，目前只有 XML/Web Services 才是实现建筑设备自控网络终极目标和功能最有前途的技术。

XML 是互联网联合组织（World Wide Web Consortium，W3C）于 1982 年发布的一种标准，与 HTML（Hyper Text Markup Language，超文本标记语言）一样是 SGML（Standard Generalized Markup Lauguage，标准通用标记语言）的一个子集，以文本方式按一定的语法和词汇描述和定义各种模型和知识。这种文本描述和定义不仅是“人可读的”，而且也是“机器可读的”。由于 XML 既继承了 SGML 的强大功能，又具有 HTML 的易用性，因此自推出以来，迅速得到了软件开发业界的支持，受到了程序开发人员的欢迎，显示出了强大的生命力。

Web Services 是一类以 XML 为基础的软件组件，这类软件组件通过良好的接口定义，其服务功能无需直接映射到底层，就可以在网络环境中进行互操作，并且具有“独立于平台（platform）、语言（Language）和通信协议（Protocol）”的特性。正是由于这种互操作功能和良好的独立特性是各种类型应用程序进行系统集成所需要的，Web Services 在企业应用集成系统中得到了越来越多的应用。

可以预见，XML/Web Services 要实现上述功能和特性，必然会采用数量众多的技术标准与协议，必定具有庞大的技术内容和复杂的体系。有关 XML/Web Services 较为详细的介绍及其在建筑设备自控网络中的应用请参阅“第 6 章系统集成”。在此应发现或可以得到的结论是，XML/Web Services 所具有的建模功能及其特性、以及在网络环境中的互操作功能及其特性也正是建筑设备自控网络应用所需要的，即利用 XML 建立建筑设备自控网络节点或设备的信息模型，利用 Web Services 定义建筑设备自控网络节点或设备的互操作模式和系统集成方式。因此，XML/Web Services 技术开始在建筑设备自控网络中得到研究和应用就是顺理成章的事情。

正如数据网络最初没有考虑自控网络所具有的互操作功能及实时特性一样，自控网络最初也没有意识到将来与数据网络的互连，更没有考虑到 Internet 的广泛应用。因此，当自控网络与数据网络在企业应用的要求下趋向于“融合”时，自控网络也必须要适应这种发展趋势，从而研究和应用 XML/Web Services 技术。

从目前的状况来看，XML/Web Services 技术在建筑设备自控网络中的研究和应用可以分为两类，一是现有建筑设备自控网络通过扩展方式应用 XML/Web Services 技术，如 BACnet 标准的 BACnet/Web Services。二是利用 XML/Web Services 的建模功能和互操作功能重新定义新的应用解决方案或方法，即建立全新的建筑设备自控网络通信协议。很显然，前者基本上是“修修补补”的行为，后者则是利用新技术“重新发明车轮（reinvent the wheel)”的行为，即利用 XML/Web Services 技术重新构筑建筑设备自控网络基本框架的具体内容——通信方式、信息模型、互操作模式和系统集成方式。这方面的有关内容仍请参阅“第 6 章系统集成”。

但是，XML/Web Services 技术的应用必须具备两个前提——TCP/IP 通信和 XML 文本语言处理。要实现两个前提，就必须以强大的计算资源和高速的计算处理能力为支撑条件。因此 XML/Web Services 所提供的强大功能是有代价的——高速运算、大容量存储和高通信带宽。很显然，这些代价在成本非常敏感的现场级控制设备中是不可能得到满足的，至少在今天技术和经济水平下是不现实的。例如，一个现场级温度传感器如果具备 TCP/IP 通信和 XML 文本处理能力，则其硬件资源通常应配置计算能力强大的 CPU 和大容量的存储器以及较高的通信带宽，再加上必备的软件，其性能/价格比就不可能在实际应用中得到认可。因此，从当前技术和经济水平来看，XML/Web Services 在自控领域中的应用是不可能延伸到现场级和控制级的。这也就是说，XML/Web Services 技术在当前状况下是不可能取代 BACnet 标准和 LonWorks 技术的，但可以提供集成这两种主流标准和技术以及其他协议的通用平台。

尽管如此，随着 IT 技术的发展，尤其是微电子技术的发展，当计算成本、传输成本和存储成本降低到一定的时候，也许这种技术会延伸至自控网络系统的最低层，从而成为建筑设备自控网络的统一标准，并最终实现建筑设备自控设备的互换和即插即用的终极目标和功能。

5.5 小　　结

建筑设备自控网络是建筑设备自动化的核心和基础，是建筑设备自动化最具特色的精髓内容，也是建筑设备自动化有别于其他自控领域或学科的本质所在，亦是建筑设备自动化的根本和灵魂。本章建筑设备自控网络通信协议的通信方式、信息模型、互操作模式和系统集成方式等四个方面对建筑设备自控网络进行了抽象分析和研究，揭示了建筑设备自控网络及其通信协议的本质和基本框架。这个基本框架具有普遍性，现有和未来的自控网络及其通信协议无不是这个基本框架的具体内容，新技术的应用也无非是“旧桃换新符”——利用新技术重新构筑这个基本框架的具体内容。

BACnet 标准和 LonWorks 技术是建筑设备自控网络领域的主流标准和技术。本章较为系统地介绍和分析了各自的体系结构、技术特点和主要内容，也介绍了它们的最新发展动向。这些内容是继续深入学习和研究的基础，同时，本章介绍和分析的方法具有一般性的指导意义，可以作为读者将来更深入学习这两个主流标准和技术的参考方法，值得推荐，希望起到抛砖引玉的作用。

虽然对 BACnet 标准和 LonWorks 技术的基本内容进行了介绍和分析，但这两个标准和技术分别具有庞大的内容和复杂的体系，还有许多内容是不可能在此罗列的。例如，BACnet 标准和 LonWorks 技术与 Internet 的互连技术：BACnet 标准的 BACnet/PAD（BACnet/Internet Protocol Packet-Assembler-Disassemblers：BACnet /Internet 协议包封装/拆装设备）互连技术和 BACnet/IP 技术以及 BACnet/Web Services 技术；LonWorks 的 i.Lon 互连技术。有兴趣读者可以借鉴上述参考方法进行更深入的学习和研究。

XML/Web Services 技术是现代 IT 技术的一个重要内容，以其开放性、标准性和简便性在 IT 业界得到了广泛应用，并正向所有自控领域及其系统集成应用高速渗透。建筑设备自控网络利用 XML/Web Services 技术正是这种发展趋势的具体表现，体现了建筑设备自动化系统由自动化监控向综合信息管理的发展方向。本章依照建筑设备自控网络的基本内容简单地分析了 XML/Web Services 技术在建筑设备自动化领域的可行性，分析了 XML/Web Services 技术在目前技术和经济水平下的应用方式和限制，同时也预测了这种最新技术的应用前景。

思考题

1. 简述建筑设备自控网络的核心技术及其主要内容。
2. 在建筑设备自动化系统集成中，简述建筑设备自控网络通信标准的作用，并说明标准化自控网络通信标准的作用和意义。
3. 简述 BACnet 标准的体系结构和基本内容。
4. 简述 BACnet 标准中“对象（Object）”的作用，并以一个具体的“标准对象（standardized object）”为例加以说明。
5. 简述 BACnet 应用层服务的分类及其功能。
6. 简述 BACnet 系统中标准 BACnet 设备的分类及其功能。
7. 简述 BACnet 应用层编码原理与方法。
8. 说明 BACnet 系统集成中 PICS（Protocol Implementation Conformance Statement）文档的作用。
9. 简述 LonWorks 技术的体系结构和基本内容。
10. 论述 LonWorks 技术中网络变量的实质和作用。
11. 简述 LonMark 互操作标准实现互操作的基本方法及相应的内容。
12. 论述 XML/Web Services 技术对 BACnet 和 LonWorks 的影响。

第6章 系 统 集 成

建筑设备自动化系统是建立在建筑设备自控网络之上、并利用系统集成软件将智能建筑内各个独立的监控系统进行系统集成而形成的综合监控和管理系统。要使建筑设备自动化系统实现上述功能，就必须对建筑设备自动化系统的集成模式（mode）进行总结和分析，探索具有综合监控和管理功能的智能建筑设备自动化系统集成模式。

所谓“系统集成”，并不是各子系统功能的简单相加或罗列，而是将各子系统功能进行科学配置、优化和综合，形成更强大的系统功能，从而满足用户对目前和未来功能的要求，体现出系统集成的意义。性能优良的智能建筑设备自动化集成系统可以最佳地发挥各种建筑设备的技术功能和得到最经济的系统建造成本。自智能建筑出现以来，智能建筑设备自动化系统的集成模式和技术随着IT技术的发展而不断更新，并且随着IT技术标准化程度的提高而不断得到简化和具有通用性。

从20世纪80年代建筑设备自动化领域引入微处理器（microprocessor）技术以来，智能建筑设备自控技术已走过了20多年的发展里程。建筑设备自控产品从没有通信功能的独立控制器发展成为具有通信功能的网络控制器，建筑设备自动化系统从单一建筑设备的自动控制系统发展到多建筑设备自动控制系统的集成系统。随着智能建筑功能发展的要求，不仅要求建筑设备自控系统本身高效集成，而且还要求与其他系统（如企业办公管理信息系统）高效集成。这是智能建筑设备自动化系统从建筑设备自动化监控向综合企业信息管理发展的必然趋势，因而分析和研究建筑设备自动化系统的集成技术及其模式是非常必要的。

本章对目前建筑设备自动化系统的集成模式进行总结和分析，并研究各种建筑设备自动化系统集成模式的特点和应用场所，一是为建筑设备自动化系统集成提供技术指导和评估基础，二是探索建筑设备自动化系统集成技术的发展趋势，为我国智能建筑的健康和快速发展提供技术导向的作用。

6.1 系统集成概述及原则

从第一个基于微处理器的智能建筑设备自控产品问世以来，建筑设备自动化的发展就与IT技术的发展密切相关，可以说，IT技术的发展是推动建筑设备自动化发展的动力。最初，建筑设备自控产品是没有通信功能的孤立控制器，其作用只是对某一个建筑设备或系统进行监控。当建筑设备自动化系统的要求提高后，如能量管理、系统协同运行等，建筑设备自动化就引入了网络技术，建筑设备自控产品也相应地加入了通信功能，从而形成了基于自控网络通信协议技术的智能建筑设备自动化系统。

在基于自控网络通信协议技术的建筑设备自动化系统中，自控网络通信协议是建筑设备自动化系统集成技术的关键。最初的自控网络通信协议是专用的（proprietary）通信协议，由各生产厂商单独制定，并专用于自己的建筑设备自控产品，不对外开放，甚至将专用自控网络通信协议作为技术或商业秘密加以保护。随着市场的发展，业界认识到通用型开放性自控网络通信协议的商业价值。于是一些具有技术实力的厂商或公司向业界公开自己的自控网络通信协议，希望得到业界的大量采用而成为事实性的标准。时至今天，至少有几十种的自控网络通信协议已“粉墨登场”。众多的自控网络通信协议固然促进了建筑设备自动化及其系统的发展，但也给建筑设备自动化系统集成带来了困难，不仅给用户和业主增加了经济负担，而且系统扩展和升级受限于生产厂商，甚至有些“用心不良”的厂商利用专用系统的特点对用户和业主进行欺诈。因此，从建筑设备自动化的发展和用户及业主迫切需求来看，建筑设备自动化系统必须朝着标准开放和系统集成的方向发展。图6-1可以形象地说明建筑设备自动化分散系统与集成系统的比较情景。

图 6-1　分散系统与集成系统情形比较情景图

（图片摘自 http：//www.bacnet.org）

那么什么是建筑设备自动化系统集成呢？简单地说，建筑设备自动化系统集成就是将建筑内各种不同功能的建筑设备自动化子系统在逻辑和功能上集中在一个统一的运行环境之中，以实现信息综合，资源共享，高效地实现建筑设备的运行和管理，最大限度地发挥各种建筑设备的功能和性能，以达到如下主要目标：

（1）信息综合与共享，以提高建筑设备实时信息利用率，发挥增值服务功能，提高物业管理水平和质量。

（2）建筑设备统一管理，一方面可以减少管理人员的人数，提高管理效率，降低人员培训的费用；另一方面可以加强对建筑内各种事件，尤其是重大突发事件（如火灾）的综合协调和控制能力，使建筑安全性能得到极大提高和物业管理现代化。

（3）优化建筑设备运行，一方面在确保建筑内部环境高品质的前提下，减少建筑设备运行维护费用和能耗，节省运行成本；另一方面还可以使设备长期处于最优状态，提高建筑设备的可靠性和延长设备的使用寿命，提升固定资产的价值。

随着技术的进步和生活水平的提高，对建筑设备自动化系统的要求也会越来越高。鉴于当前技术和经济水平，建筑设备自动化系统应根据实际情况进行实施，切勿盲目跟进，应坚持如下主要原则：

（1）实用性原则

由于建筑的地域、用途与功能不同，建筑设备自动化系统的总体结构和功能需求也有所不同。因此，建筑设备自动化系统应根据具体情况和需求制定实用和可行的集成方案，以避免不必要的功能影响必备的主要功能。

（2）可实施性原则

由于技术、资金和市场等多种因素的影响，建筑设备自动化系统集成必须建立在技术可行的原则上。当然，最好还应兼顾系统未来扩展和功能提升的需求。

(3) 开放性原则

开放性原则决定建筑设备自动化系统的标准性和互操作性，不仅是决定建筑设备自动化系统初投资的主要因素，而且是运行维护管理和系统扩展、升级的关键因素，因此开放性原则是建筑设备自动化系统全寿命周期内持续发挥影响作用的关键因素，应作为主要考虑因素进行评估和研究。

(4) 经济性原则

经济性是任何实际工程项目必须考虑的原则。这就要求建筑设备自动化系统必须从实际情况出发，进行全寿命周期成本（LCC）综合评价，尽可能使建设费用和运行维护管理费用经济合理，尤其应注意初投资与运行维护费用之间的相互制约关系，应合理平衡两者之间的关系，使建筑设备自动化系统的全寿命周期成本最优。

(5) 可靠性原则

可靠性也是任何实际工程项目必须考虑的原则。这就要求系统集成必须采取多种措施，以保证系统具有高可靠性和高容错能力，系统应能够不间断运行，尤其对重大突发事件（如火灾、恐怖事件等）具有极高的可靠性和处理能力。

(6) 先进性原则

建筑设备自动化领域基本上是一个技术不断发展和更新的信息领域，这就要求系统集成时必须采用与技术发展潮流相适应的技术和产品，使系统保持相对的先进性，以保证系统具有良好的性能及未来扩展和升级的可能性。

6.2 面向协议的集成模式

智能建筑经过二十余年的发展，虽然主流标准只有 BACnet 国际标准和 LonWorks 技术，但这两个主流标准和技术也是不兼容的。由于市场利益的驱动，国内外代表这两个标准和技术的两大阵营曾发生过激烈的“战斗”，至今还“硝烟未尽”。根据其他自控领域的经验，建筑设备自动化领域在短期内不可能出现统一的协议标准，多种协议标准仍将并存，并在未来相当长的时间内延续这种局面。

在多标准并存的建筑设备自动化系统中，最早出现的系统集成模式就是面向自控网络通信协议（protocol-oriented）的集成模式。这种集成模式的核心就是自控网络通信协议的转换，实现自控网络通信协议转换的互连设备往往称为“网关（gateway）”。图 6-2 是这种集成模式的基本结构图，其中，运行集成系统主界面的工作站通常是基于建筑设备自动化系统中的主通信协议的。这种集成模式在目前已得到了广泛的应用，尤其在已建系统中用另一种不同协议标准扩展时就必须采用这种技术进行系统集成。

从系统集成的层次来看，建筑设备自控网络数据通信协议是对建筑设备自控节点（即通信实体）和互操作模式的抽象描述。不同的通信协议通常采用不同的描述方式和信息模型，并具有不同的互操作模式，有的通信协议采用面向对象（object-oriented）的信息模型和基于命令（based-command）的互操作模式，这种通信协议在描述建筑设备自控设备时采用具有一定层次的数据结构，如 BACnet 和 EIB-obis 标准。而有的通信协议采用面向数据（date-oriented）的信息模型和基于数据（based-data）的互操作模式。面向数据的信息模型

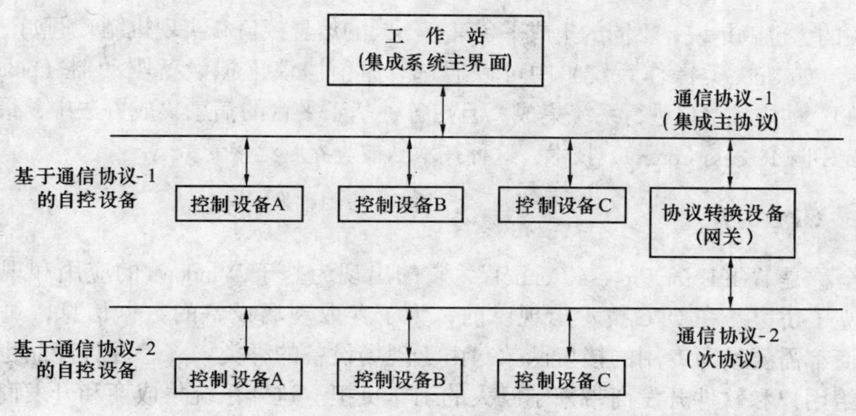

图 6-2 面向协议的集成系统基本结构图

也称为“面向寄存器（register-oriented）信息模型”，其结构是“扁平（flat）”的，即描述建筑设备自控设备的信息模型不具有层次化的数据结构，如 MODBUS 和 LonTalk 标准。因此，面向协议的集成模式是以“抽象信息模型”为中心的，其实质上是协议描述信息模型和互操作模式的转换。由于建筑设备自控网络通信协议均是以二进制方式描述信息模型和互操作模式的，因而这种集成模式是在二进制编码（binary encoding）的层面上进行的。

面向协议的建筑设备自动化系统集成模式在早期的智能建筑中应用较为普遍。这种集成模式建立在二进制编码基础之上，相对其他集成模式具有较高的运行效率。但正是由于这种集成模式是在二进制编码基础上进行的转换，当集成系统中存在多种通信协议标准时，这种集成模式的代价就会太大，并且存在模型和互操作模式转换不完全的现象。同时，当非集成主标准系统（次协议系统）扩展时，升级网关的代价较大。因此面向协议的建筑设备自动化系统模式一般用于小规模的建筑设备自动化系统。

另外，也正是由于面向协议的系统集成模式是在二进制信息基础上的系统集成，往往还会使建筑自动化系统成为“信息孤岛”，与企业管理信息系统集成困难。随着 IT 技术的发展，为了克服这种集成模式的缺点，出现了“面向平台”的集成模式。

6.3 面向平台的集成模式

面向平台（platform-oriented）的集成模式是以“标准信息接口”为核心的，通过定义自控网络中通信实体信息交换的标准接口（standard interface），以屏蔽不同通信协议对通信实体信息模型和互操作模式的差异。不论通信协议对通信实体进行何种模型描述和采用何种互操作模式，只要提供标准的信息集成接口，则可以在这个标准接口上实现信息的集成，从而实现控制系统信息共享和互操作的集成目标。

与面向协议集成模式相比，面向平台的集成模式是一种较高层次上的集成模式。面向平台的集成模式通过信息交换的标准接口还可以实现自控系统与企业应用系统（如办公管理系统 OAS）的集成，这种优点正好符合自控系统与信息管理系统集成的发展趋势。因而这种技术目前正处于高速发展和日益成熟的阶段。

面向平台的集成模式虽然屏蔽了信息模型的差异，但目前标准接口的实现是与信息集成平台密切相关的。也就是说，不同的集成平台具有不同的信息接口和实现机制，例如，在有些操作系统平台（如 Unix 类操作系统）中可以通过“通信协议虚拟设备驱动器（protocol virtual device driver)”的内核接口进行系统集成。但在各种基于平台的信息集成方法中，最为著名的是 OPC（OLE for Process Control）技术，这种技术已被业界广泛接受。

6.3.1 OPC 简介

OPC 全称是“OLE for Process Control”，它的出现为基于 Windows 的应用和现场过程控制应用建立了桥梁。在 OPC 技术出现以前，为了存取现场设备的数据信息，每一个应用软件开发商都需要编写专用的接口函数。由于现场设备的种类繁多，并且产品也会不断升级，往往给用户和软件开发商带来了巨大的工作负担。这样系统集成商和开发商急切需要一种具有高效性、可靠性、开放性、可互操作性的“即插即用（PnP)”的设备驱动程序。在这种情况下，OPC 标准应运而生。

OPC 是一个业界标准，是世界上技术领先的自动化软硬件厂商与 Microsoft 公司合作开发的。目前由 OPC 基金会（OPC Foundation，OPC-F）管理这个标准，该基金会包括了世界范围内几乎所有的控制系统、仪表和工艺控制系统厂商。

早期的 OPC 标准是由提供工业应用软件的五家公司（Fisher-Rosement，Intellution，Rockwell Software，Intuitive Technology 和 Opto22）所组成的 OPC 特别工作小组于 1995 年所开发的，Microsoft 同时作为技术顾问给予了支持。OPC 基金会在 1996 年 9 月 24 日在美国达拉斯举行了第一次理事会，并在同年 10 月 7 日在美国芝加哥举行的第一次全体大会上宣告正式成立。之后，为了普及和进一步改进 1996 年 8 月完成的 OPC 数据访问标准版本 1.0，开始了全球范围的活动。现在的 OPC 基金会的理事会由 Fisher-Rosement，Honeywell，Intellution，RockwellSoftware，National Instrument 以及欧洲代表的 Siemens 和远东代表的 Toshiba 所组成。

6.3.2 OPC 基本原理

OPC 标准以 Microsoft 公司的 OLE/COM 技术为基础，它的制定是通过提供一套标准的 OLE/COM 接口完成的。其中，OPC 技术采用的是 OLE（Object Linking and Embedding，对象链接与嵌入）2 技术，允许多台微机之间交换文档、图形等对象；COM 是“Component Object Model”的缩写，是所有 OLE 机制的基础。COM 是 Windows 平台为了实现与编程语言无关的对象而制定的标准，该标准将 Windows 下的对象定义为独立单元，可不受应用程序限制自由访问这些单元。这种标准可以使两个应用程序只通过对象化的接口通讯，而不需要知道对方是如何创建的。例如，用户可以使用 VC ++ 语言创建一个 Windows 对象，它支持一个标准化接口，通过该接口，任意用户可以访问该对象提供的各种功能。这样用户就可以使用 VB、C、Pascal 或其他语言开发访问这个对象的应用程序。在早期 Windows 系统中，COM 标准只用于本机 Windows 对象的访问，后来扩展到可访问本机以外的其他对象，一个应用程序所使用的对象可分布在网络上，这个扩展被称为 DCOM（Distributed COM）。从 OLE/COM 组合来看，如果将 COM 可以看作为 Windows 对象的“信息模型”，那么 OLE 就是访问和控制 Windows 对象的“互操作模式”。因此，OLE/COM 也是典型的面向对象分析和设计（OOA&D）方法的产物。

基于 OLE/DCOM 的强大功能，就完全可以在 Windows 平台上创建一个开放的、可互操作的自控系统软件标准——OPC 标准，这就是 OPC 产生的最初原因。其目标是采用客户/服务器（C/S）模式，由自控硬件生产厂家（OEM）或专业软件开发商（第三方）开发访问硬件设备的 OPC 标准接口，并以 OPC 服务器的形式提供给用户，而用户只需按同一标准访问方式就可以访问不同厂商的硬件设备，从而可以完成系统集成，提高系统的开放性和互操作性。

为了实现上述功能，OPC 以 OLE/COM 技术为基础，定义了一组接口规范，它包括 OPC 自动化接口（Automation Interface）和 OPC 定制接口（Custom Interface），如图 6-3 所示。OPC 自动化接口建立在 OLE 技术之上，是基于脚本（Script）编程语言而定义的标准接口，可以使用 Visual Basic、Delphi、PowerBuilder 等编程语言开发 OPC 服务器的客户应用程序。利用这种接口开发客户程序较为容易，但不能充分发挥和控制 OPC 服务的功能。OPC 定制接口是基于 COM 的接口，可以提供强大的控制功能和获得较高的性能，是专门为 C ++ 等高级编程语言而制定的标准接口。

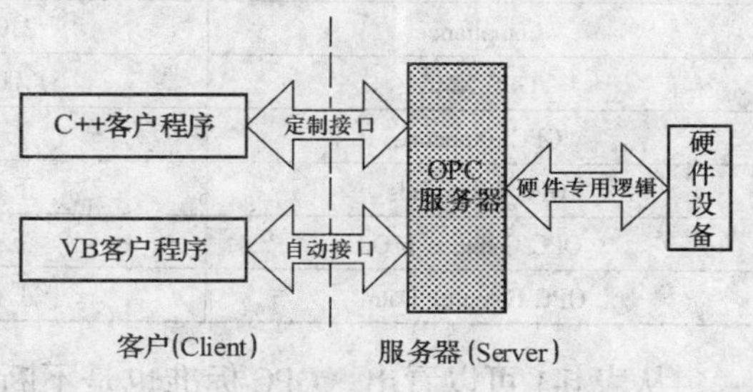

图 6-3　OPC 接口原理图

根据图 6-3 所示的原理，则 OPC 标准的应用模型如图 6-4 所示。其中，应用程序作为 OPC 接口的客户端，硬件驱动程序作为 OPC 接口的服务器端。另外，每一个 OPC 客户端应用程序可以连接多个 OPC 服务器，反过来，每一个 OPC 服务器可以为若干个 OPC 客户端应用程序提供数据。

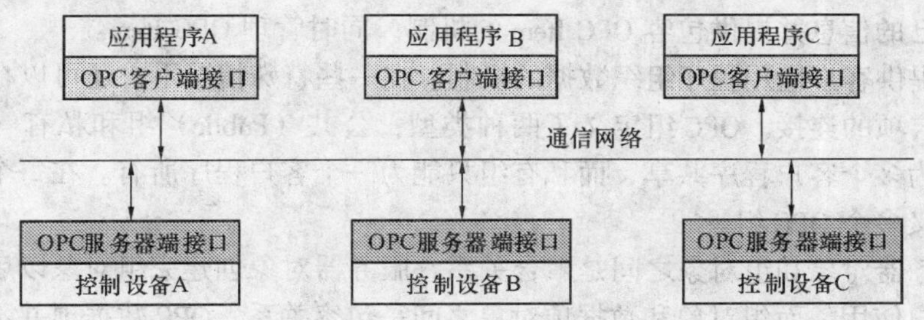

图 6-4　OPC 应用模型示意图

从图 6-4 可以看出，OPC 标准将分布式访问硬件设备的方法分开为“服务器”和“客户”两部分，无论是给硬件供应商还是给软件开发商都带来了好处，首先硬件供应商无需考虑应用程序的多种需求和传输协议，它只需提供一套符合 OPC 服务器规范的程序组，无需考虑应用开发人员需求。其次软件开发商也无需了解硬件的结构和操作过程，无需开发繁琐和复杂的设备驱动程序。总之，OPC 扩展了硬件设备的概念，将其延伸为标准的逻辑访问接口，只要符合这个标准，OPC 客户都可以与之进行数据交换。

6.3.3　OPC 基本内容

由于 OLE/COM 最初是数据网络环境的软件开发基本架构和模型，基于 OLE/COM 的 OPC 技术就必须针对自控网络的特点和功能在 OLE/COM 的基础上进行扩展和规范化。这些扩展和规范化的内容就形成如表6-1所示的基本体系和内容。

OPC标准内容表 **表6-1**

标 准	版 本	内 容
Data Access	3.0，2.0，1.0	数据存取规范
Alarms and Events	1.10，1.00	报警和事件规范
Historical Data Access	1.0	历史数据存取规范
Batch	2.0，1.0	批量过程规范
Security	1.0	安全性规范
Compliance	2.0，0.2	数据访问标准的测试工具
OPC XML	1.00，0.18	过程数据的XML规范
OPC eXchange	1.0	数据交换规范
OPC Commands	正在开发	命令规范
OPC Common I/O	正在开发	公共I/O规范
OPC Complex Data	正在开发	复杂数据规范

从表6-1可以看出，OPC标准也是不断发展的，既有非常成熟和实际可应用的内容，也有正在发展的内容，还有正在开发的内容。在这里只简单介绍其主要内容和正在发展的内容。

(1) 数据存取规范（Data Access Specification）

这项内容是OLE/COM技术的基本内容，OPC标准只是利用这个基本内容重新定义了3类基本的OPC对象：OPC Server（OPC服务器）、OPC Group（OPC组）和OPC Item（OPC项）。OPC Server对象维护服务器的信息，同时也是OPC Group对象的包容器。OPC Group对象维护自己的信息并提供包容OPC Item的机制，同时管理OPC Item。

OPC组提供客户应用程序组织数据的机制。在一些特殊情况下，还可以在组里建立客户应用程序与项的连接。OPC组定义了两种类型：公共（Public）组和私有（Private）组。公共组可以为多个客户程序共享，而私有组只能为一个客户程序所有。在每个组里，客户程序可以定义多个OPC组。

OPC服务器对象和组对象之间是聚合关系，服务器对象创建完组对象以后，返回组对象指针供客户使用。而组对象和数据项对象之间是包容关系，OPC数据项并不提供对外接口，客户程序不能直接对它进行操作，所有的操作都是通过组对象进行的。

下面以定制接口为例分别简单介绍这3类对象。所谓“对象”，在Windows环境中均是用C++的“纯虚函数”定义的函数指针表，这些虚函数在它们的继承类——组件对象中实现，并用指向该组件对象的接口指针进行标识。不同的组件对象由于其功能特性不同，函数指针表中的虚函数将有不同的实现。但对客户程序来说，这些组件对象均可以通过指向组件对象的接口指针进行查询和访问。这就是Windows对象的基本特点和调用Windows对象的基本方法。当然，作为一个功能强大的软件开发模型，其具体细节是非常庞大和复杂的，以至当今还没有多少人能真正窥探到Windows的真正奥秘，但对Windows对象有了一定的认识，就可以理解如下的基本概念，并可以在应用的层面上进行一些有益的工作。

1) OPC服务器对象　OPC服务器对象是OPC服务器的关键对象，客户程序首先创建服务器对象，通过返回的接口指针来调用相应的接口函数，实现相应的功能。它提供的连接如下：

IUnknown 接口：它是 COM 组建的标准接口，所有的接口都必须继承它，其作用是实现接口查询和引用计数的功能。

IOPCServer 接口：它是 OPC 服务器的主要接口，可以实现添加，查询和删除组对象的功能，以及获取服务器的状态信息。

IOPCCommon 接口：它可以为一个特定的客户/服务器通信设定和查询本地标识，这个接口可以被其他所有的服务器如报警和事件服务器所使用。

IOPCItemProperties 接口：它可以被客户程序用来浏览项标识（ITEMID）的现有属性并读取这些属性的当前值。

IConnectionPointContainer 接口：它可以连接到客户端的 IOPCShutdown 接口，当服务器需要关闭时，通知客户程序释放所有的连接和接口。

IOPCServerPublicGroup 接口：是可选接口，用来管理公共组。公共组的数据项可以被许多客户所共享，公共组可以由服务器和客户创建。一旦客户与公共组建立连接，就可以像操作局部组一样操作公共组，并不影响其他的客户连接该公共组，但是客户程序不能添加和删除公共组内的 OPC 项。

IOPCBrowseServerAddressSpace 接口：可选接口，提供客户程序浏览服务器中数据项的功能，给出项标识（ITEMID）的有效定义。

IpersistFile 接口：可选接口，允许客户装载和保存服务器的配置，如 DCS 数据库、通信的波特率、PLC 站地址等。

2）OPC 组对象　OPC 组对象提供了客户程序组织数据的手段，客户程序进行数据存取是以组对象为单位的。它的接口如下：

IUnknown 接口：功能见 OPC 服务器对象。

IOPCGroupStateMgt 接口：提供客户管理整个组对象的状态，允许客户改变服务器的数据刷新率。

IOPCPublicGroupStateMgt 接口：可选接口，用于将局部组转换为公共组，客户程序先创建局部组，然后通过这个接口转化为公共组。

IOPCItemMgt 接口：允许客户添加、删除和控制组对象所包容的数据项。

IOPCSyncIO 接口：客户程序访问服务器数据时可以采用同步或异步方式。IOPCSyncIO 允许客户程序对服务器执行同步存取操作，接口中的读写操作函数必须在所有数据都读写完以后才可以返回。

IOPCAsyncIO 和 IOPCAsyncIO2 接口：允许客户进行异步存取操作，有多个操作时将进行排队处理，当一个操作完成以后立即返回通知客户程序以便它继续运行。这两个接口功能相似，区别在于 IOPCAsyncIO2 是和 IConnectionPointContainer 接口结合使用的，而 IOPCAsyncIO 是和 IDataObject 接口相关联的。IOPCAsyncIO2 将取代 IOPCAsyncIO。

IConnectionPointContainer 接口：提供的功能与 IDataObject 相似，但是实现起来比较简单，同时也提供了 IDataObject 接口所没有的一些功能。

IDataObject 接口：OPC 规范要求服务器的组对象来实现这个接口。它允许客户程序和组对象之间用 OPC 数据流格式进行高效的数据传输。

3）OPC 项　OPC 项代表与服务器中数据的连接，它并不是数据源，而仅仅是与数据源的连接。数据源分为来自数据存储区的内存数据和来自现场设备的设备数据。

OPC 项代表与服务器里数据源的连接。从定制接口的角度来看，一个 OPC 项不能被 OPC 客户程序作为一个对象来进行操作，因此，在 OPC 项中没有定义外部接口。所有对 OPC 项的操作都具有通过 OPC 项的包容器 OPC 组或 OPC 项的定义来进行的。

每个数据项的数据结构包括 3 个成员变量：数据值（value）、数据品质（quality）和时间戳（time stamp）。数据值的类型是 VARIANT，而品质的类型是由现场总线具体而定的。

（2）报警与事件处理规范（Alarm & Events Specification）

这项内容是自控系统必须处理的内容。OPC 报警与事件处理规范（Alarms and Events Specification）提供一种由服务器程序现场报警和事件通知客户程序的机制，使工控软件可以按照统一的标准处理现场的各种报警事件。

报警和事件规范主要支持两种类型的服务器：一种是简单事件服务器，它可以检测报警事件并通知 OPC 客户程序；另一种是复杂事件服务器，它除了提供以上的功能外，还可以对报警和事件进行分类和过滤等操作。

OPC 事件服务器主要包括 OPC 事件服务对象（OPC Event Server）、OPC 事件预定对象（OPC Event Subscription）以及 OPC 事件区域浏览对象（OPC Event Area Browser）。

OPC 事件服务器对象是服务器程序暴露的主要对象。OPC 客户可以通过该对象的 IOPCEventSever 接口查询服务器提供的事件类别和参数以及对状态进行管理。任何支持 IOPCEventServer 接口的 COM 对象都可作为 OPC 事件服务器，因此可以通过在 OPC 数据存取服务器对象来发挥双重作用。

当客户程序指定某个需要得到通知的待定事件时，它通过 OPC 事件服务器对象创建事件预定对象。一个客户可指定多个事件，因此可创建多个该对象。

（3）历史数据存取规范（Historical Data Access Specification）

OPC 历史数据存取规范（Historical Data Access Specification）提供一种通用的历史数据引擎，可以向感兴趣的用户和客户程序提供额外的数据信息。目前大多数历史数据系统采用接口分发数据（Tear-off）。OPC 历史数据存取规范将历史信息看成某种类型的数据，用统一的标准把不同的应用层次的数据集合起来。

目前，OPC 规范支持以下几种历史数据服务器：简单趋势数据服务器和复合数据压缩和分析服务器。简单趋势数据服务器只提供原始数据和简单的存储功能。数据一般是 OPC 数据存取服务器提供的数据类型，通常是［value，quality］的形式。复合数据压缩和分析服务器能够提供与原始数据一样的数据压缩功能，还能提供数据汇总和数据分析功能，如平均值、最大值、最小值等。支持数据刷新及历史纪录的刷新，另外，保存历史数据的同时还可以记录对数据的注释信息。

由于历史数据和实时数据不同，历史数据存取规范只定义了历史服务器对象（OPCHDA Server Object）和历史数据浏览对象（OPCHDA Browser Object）。历史服务器对象提供了同步和异步存取历史数据的方法。历史数据浏览器对象通过历史数据对象的 IPOPCHDA Server 接口创建，它为客户程序提供了浏览历史数据地址空间的方法。

（4）安全性规范（Security Specification）

OPC 服务器包含重要的现场数据和控制参数，如果这些数据被误修改将会产生无法预料的后果，因此需要建立安全规范，防止未授权的操作。OPC 安全性规范使所有的 OPC 服务器遵循统一的安全标准，从而实现了不同厂商提供的 OPC 服务器的集成。

（5）OPC 技术展望——OPC XML

随着 Internet 技术的迅猛发展和企业信息管理系统对互操作性要求的提高，基于 OLE/COM 技术的 OPC 标准由于如下原因也无法满足企业发展的要求。为此，OPC 基金会开始以 XML 为基础着手制定一系列新的标准——OPC XML 接口规范。

缺少跨平台通用性。由于 COM/DCOM 对 Microsoft 平台的依赖性，使得 OPC/COM 接口很难被应用到其他平台上。

较难与 Internet 应用程序集成。由于网络防火墙会过滤掉大多数基于 COM 传输的数据，因此 OPC/COM 不能与 Internet 应用程序进行交互。

较难与企业应用程序连接。企业应用程序（例如 ERP）需要实时的工业现场数据，这些数据通常来自具有 OPC/COM 接口的服务器。但是这些上层应用程序大多没有与 OPC/COM 服务器交互的 OPC/COM 接口，因而不能进行连接。

2003 年 7 月 12 日，OPC 基金会正式发布了 OPC XML-DA（Data Access）规范 1.0 版，这是 OPC 基金会推出的第 1 个 OPC XML 接口规范。其他 OPC/COM 接口，如报警事件（AE）接口和历史数据访问（HDA）接口，将来也会作为 XML 接口被重新设计，并有相应的规范发布。OPC 基金会刚刚发布的 OPC-DX（OPC 数据交换）接口规范在设计之初就同时具备了 COM 和 XML 两个接口。

OPC XML-DA 规范采用基于 XML 的 Web Services 概念，用 SOAP（简单对象访问协议）作为对应用程序共享消息进行包装的标准协议，使用 WSDL（Web 服务描述语言）对 Web 服务进行描述。OPC 客户端和服务器之间通过 HTTP 协议传输 Web 服务。OPC XML-DA 规范的主要组成部分是 OPC XML-DA Schema，其中定义了构成 OPC XML Web 服务的数据类型、结构和方法等，此外，规范还对通信协议、发现机制、错误处理、互操作性等底层细节进行了规定。

OPC XML-DA 是在 Web Services 技术基础上制定的全新的接口规范，所有支持 Web Services 的编程工具（如 Microsoft 的 Visual Studio.NET 和 Sun 的 SunONE 等）都可以用来编写 OPC XML-DA 接口。这些新的编程工具能够极大地提高编程效率，并带来网络应用方面的丰富功能。此外，OPC 基金会还提供了 OPC XML-DA 服务器和客户端的示例代码，以方便用户的开发。因此，一旦 OPC XML-DA 规范在数据定义、互操作性等方面得到完善，将很容易被直接应用到控制现场。

6.3.4 基于 OPC 的系统集成结构

从 OPC 的技术要求来看，OPC 必须运行在 Windows 平台中，这就限制了 OPC 技术在现场级设备和绝大多数控制级设备中的应用。因此，OPC 技术通常用于管理级的系统集成。当建筑设备自动化系统由不同通信协议的自控网络组成时，其集成结构通常如图 6-5 所示。

OPC 是以 OLE/COM 机制作为应用程序的通信标准，具有语言无关性、代码重用性、易于集成性等优点。OPC 标准规范了接口函数，不管现场设备以何种形式存在，客户都以统一的方式去访问，从而保证软件对客户的透明性，使得用户完全从低层的开发中脱离出来，从而使采用 OPC 规范设计系统具有如下好处：

(1) OPC 规范以 OLE/COM 技术为基础，而 OLE/COM 支持 TCP/IP 等网络协议，因此可以将各个子系统从物理上分开，分布于网络的不同节点上。

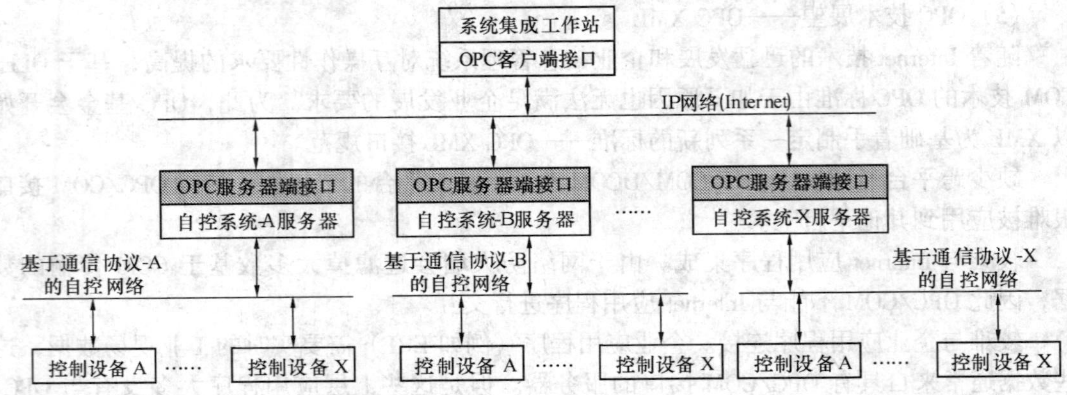

图 6-5 基于 OPC 的系统集成基本结构图

(2) 按照面向对象的原则，将一个应用程序（OPC 服务器）作为一个对象封装起来，只将接口方法暴露在外面，客户以统一的方式去调用这个方法，从而保证软件对客户的透明性，使得用户完全从低层的开发中脱离出来。

(3) OPC 实现远程调用，使得应用程序的分布与系统硬件的分布无关，便于系统硬件配置和组态，从而将系统复杂性大大简化，可以大大缩短软件开发周期，提高软件运行的可靠性和稳定性，便于系统的升级与维护。

(4) OPC 规范了接口函数，不管现场设备以何种形式存在，客户都以统一的方式去访问，从而实现系统的开放性，易于实现与其他系统的接口。

OPC 技术是面向平台集成模式的典型范例，虽然这种集成模式起源于工业过程控制，也广泛应用于智能建筑管理系统领域。例如，Siemens 公司的 APOGEE 系统、我国浙大中控的 AdvBMS 集成管理软件系统以及西安协同软件（集团）股份有限公司的 SynchroBMS 系统等均采用了这种集成模式。

面向平台的集成模式虽然在较高层次上实现了控制系统的集成，但这种集成模式与平台密切相关。另外，随着建筑设备自动化系统从自动化监控向综合信息管理的发展，面向平台的集成模式同样存在与企业管理信息集成的困难，不能进行跨平台集成，也不能大规模地实现对建筑设备自动化系统的综合管理。为了实现跨平台的系统集成，并将建筑设备自动化系统纳入整个企业信息管理系统，又出现了下述“面向 Web”的集成模式。

6.4 面向 XML/Web Services 的集成模式

随着“数字城市”、“数字地球”等数字化社会发展的需要，IT 业界出现了资源共享和系统集成的 XML/Web Services 新技术。这种现代 IT 技术可以实现各种信息资源的共享和系统集成，具有“平台无关、协议无关和语言无关”的特点，且应用部署灵活、应用程序间耦合性弱的优点。于是这种新技术同样在各行各业产生了深远的影响，被称为信息技术的“第三次革命”。这次信息技术革命在建筑设备自动化系统中的应用就产生了面向

Web的系统集成模式。目前，XML/Web Services技术已在电子政务、电子商务、远程教育、卫生医疗等领域得到了广泛应用。从其应用领域和发展趋势来看，它将会成为“数字城市”的基础。建筑设备自动化系统作为“数字城市”的一个“细胞”，采用XML/Web Services技术进行系统集成则是其必然的发展结果。

我们几乎每天都离不开Web，但对Web的真正内涵却不甚了解。我们常用Web浏览器（browser），就以为浏览器是Web的全部内涵，从而导致有些人认为基于Web浏览器的智能建筑集成系统就是“面向Web集成模式”的集成系统。确实，Web浏览器利用HTML技术极大地改变了我们使用Web的方法，但Web浏览器只是Web内涵的一个极小部分，目前绝大部分基于Web浏览器的建筑建筑设备自动化集成系统实质上并不是面向Web集成模式的集成系统，而是通过“数据嫁接”方式提供一个Web浏览器作为人-机界面的“包装”系统。真正面向Web的集成模式是当前所有系统集成领域正在经历的革命性技术。

现阶段大多数基于Web浏览器的建筑设备自动化集成系统之所以不是面向Web集成模式的系统，主要原因有两点，一是这种系统只是利用Web浏览器访问静态数据，而这种静态数据通常早已存储在某个数据库（并布置在Web上）之中。二是数据库中存储的数据是由其他集成模式（通常为上述两种集成模式）所产生或生成的。因此，基于Web浏览器的建筑设备自动化集成系统只是在其他集成模式建立的集成系统之上加入Web浏览器作为人-机操作界面的系统。虽然目前绝大部分基于Web浏览器的系统不是面向Web集成模式的系统，但这种系统提供统一的人-机界面，还可以利用Web浏览器的客户/服务器模式在Web上实现远程监控功能。因而在面向Web集成模式的集成系统中也通常采用Web浏览器作为人-机主界面，并通过Web浏览器实现远程控制和管理。

XML/Web Services作为一种IT技术，以其开放性、标准性和简便性在IT业界得到了广泛应用，并正向所有自控领域及其系统集成应用快速渗透。建筑设备自动化经过近20余年的发展，其理论和技术得到了较大的发展，BACnet和LonWorks技术已成为该领域的主流标准和技术，并已大量和成功地在实际工程得到了应用。但是，当IT技术及其相关领域发展使Ethernet/TCP/IP/XML等技术越来越便宜时，就对建筑设备自动化领域的应用技术产生了强烈的冲击，并大量向该领域渗透。从而产生了如下需求：

（1）要求建筑设备自动化系统利用企业已有或已存在的intranet（企业内部互联网）或Internet。

（2）要求建筑设备自动化系统直接与企业管理信息系统集成，并直接将建筑设备自动化系统的实时数据用于企业的运行、管理和决策。

（3）要求建筑设备自动化系统与其他IT系统一样符合开放性的标准。

显然，存在许多技术可以满足上述需求，例如，BACnet和LonWorks均通过不同的方式进行了IP技术扩展，并可直接与IP网络互连。但可以肯定的是，这些自控网络通信标准的扩展技术并不是最优的。随着以XML/Web Services技术为基础的现代IT技术在企业应用集成（Enterprise Application Integration，EAI）中的成功应用，这种新技术也必然会在建筑设备自动化领域找到“用武之地”，同时也将是目前满足上述需求最有前途的解决方案。其中，EAI是通过建立底层结构来集成整个企业的异构系统、应用和数据源，它涉及多方面的内容，如界面集成、数据集成和工作流集成等。EAI的产生可以追溯到那些提供双向解决方案以满足在企业内部的 ERP、CRM、SCM、数据库、数据仓库以及其他重要的内部系统之间无缝共享和交换数据的需要。EAI 应用如图 6-6 所示。

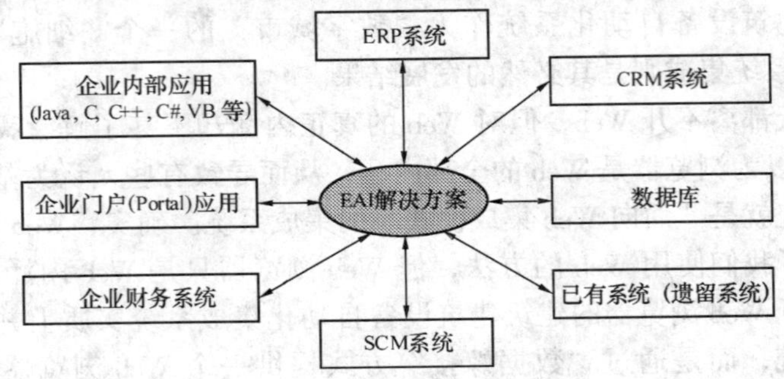

图 6-6　EAI 应用示意图

可以说，XML/Web Services 是现有应用面向 Internet 的延伸，也是现有 Internet 应用面向更好互操作的扩展。XML/Web Services 技术已成功应用于电子商务、远程教育等领域。在建筑设备自动化领域，XML/Web Services 技术已在近两年的 AHR EXPO（空调、供热和制冷世界博览会）上展示了实用的产品和进行了大规模学术研讨。这表明，利用 XML/Web Services 技术进行智能建筑集成系统集成正是这种发展趋势的具体表现，代表着智能建筑管理系统由自动化监控向综合信息管理的发展方向。

6.4.1　XML/Web Services 技术应用方式

根据自控网络互操作和系统集成的基本要求，当 XML/Web Services 技术在建筑设备自动化领域应用时，也必须利用该技术重构系统节点或设备的信息模型、确定互操作模式以及系统集成方法等方面的基本内容。因此，在建筑设备自动化中利用 XML/Web Services 技术的具体内容可以如下：

（1）信息模型。信息模型是系统节点或设备进行数据共享的基础，是对共享数据的抽象描述。这种抽象描述在现代 IT 技术中通常采用面向对象分析和设计（OOA&D）的方法，利用 XML 的自描述、自包含功能对数据信息模型的数据类型（type）、单位（unit）、命名空间（name space）、精度（accuracy）等属性进行定义。

（2）互操作服务。根据 ASHRAE Guideline 13-2000 Specifying Direct Digital Control Systems（DDC 系统说明与设计规范）对建筑设备自动化互操作的定义，XML/Web Services 技术对建筑设备自动化系统互操作服务的定义，不仅仅涉及数据共享（Data Sharing）服务，而且还应包括报警与事件管理（Alarm & Event Management）服务、运行日程安排（Scheduling）服务和设备与网络管理（Device & Network Management）服务等。在 XML/Web Services 技术，互操作服务通常按 SOAP（Simple Object Access Protocol，简单对象访问协议）标准进行定义。

（3）网络管理。随着技术的发展，现代建筑设备自动化系统必须支持设备自动识别（identify）和发现（discovery）、远程配置、设备自检和远程管理等网络管理功能，这些功能与系统集成、配置、运行和维护管理密切有关，是系统易用性和开发标准型系统集成工具与运行管理工具的必备功能。要实现这种功能，就必须利用 XML 对设备接口（Device Interface）进行定义，以取代与协议相关的二进制编码形式的设备接口。如 LonMark 规范中定义的设备接口，BACnet 标准中的 PICS 文档。只有采用 XML 语言并规定其文档形式，才能使网络管理具有自动化和智能化的特点。

（4）安全及其他。对于自控网络设备的操作一般要求操作权限验证，这种安全要求通常涉及认证（authentication）和加密（encryption）两个方面的内容。此外，建筑设备自动化系统作为自动化系统的一个具体应用，也必定还具有自动化系统的其他共性特点和要求，如操作日记，因此建筑设备自动化系统必须不断吸收相关领域的科技成果，以完善自身的功能。

由此可见，XML/Web Services 作为现代 IT 的一个重要发展技术，可用于建筑设备自动化领域的各个方面，既可以单独重新构造建筑设备自动化系统，也可以与其他技术结合，用于建筑设备自动化的不同层面。如利用 XML/Web Services 技术可以在系统集成层面对其他各种协议的自控网络（如 BACnet 自控网络与 LonWorks 自控网络）系统进行系统集成。值得说明的是，系统集成层面的应用是 XML/Web Services 技术在目前的主要应用之一。因此，为了较好地理解 XML/Web Services 在建筑设备自动化系统中的应用，有必要对 XML/Web Services 技术体系和基本原理进行介绍。

6.4.2 XML/Web Services 简介

XML/Web Services 技术是当今 IT 业界的焦点，并得到了 IT 业界的全力支持。例如，Microsoft 推出的 .NET、IBM 推出的 WebSphere 和 Sun 推出的 SunOne 均是对 XML/Web Services 技术的支持。那么，什么是 XML/Web Services 技术？首先引用 XML/Web Services 工作组对其定义：“一个 Web 服务就是可以被 URI（Uniform Resource Identifier，统一资源标识符）识别的软件应用，它的接口和绑定可以通过 XML 文件进行定义、描述和发现，并且通过基于 XML 消息与其他软件应用进行交互，软件应用交互的 XML 消息由基于 Internet 的通信协议进行传输”。这个定义描述了一种全新的分布式计算方式，强调基于 XML 来解决异构分布计算问题。其主要目标是在现有各种异构平台的基础上构筑一个“平台无关、语言无关，协议无关”的通用技术层，通过这个技术层，各种平台上的应用可以互相连接和集成，从而实现互操作功能。

XML/Web Services 技术是一系列 Web 应用技术（这就是 Services 为复数的原因），这些 Web 应用具有“自包含、自描述和模块化”的特点，可以在 Web 上发布、部署和自动调用。为了实现这个目标，Web Services 定义了一系列技术用于描述访问 Web 服务软件组件、访问方法以及如何发现 Web 服务的方法和过程。图 6-7 是面向 Web Services 技术应用的体系架构图。

从图 6-7 可以看出，Web Services 应用体系架构描述了 Web Services 在 Internet 上部署的逻辑关系。Web Services 在网络上的部署涉及如下三个角色：

1）服务提供者——发布自己的服务，并且对服务请求进行响应。

2）服务使用者——需要某种服务的应用软件，是查找、调用 Web 服务的请求者。服务请求可以是 Web 浏览器，也可以是没有用户界面的应用程序发出。

3）服务注册中心——服务提供者向这里发布服务说明，服务请求者在这里查询服务，并得到与服务绑定的信息。绑定过程可以是静态绑定，也可以是动态绑定。

同时，要完成一个 Web 服务，三个角色之间要进行如下三种操作：

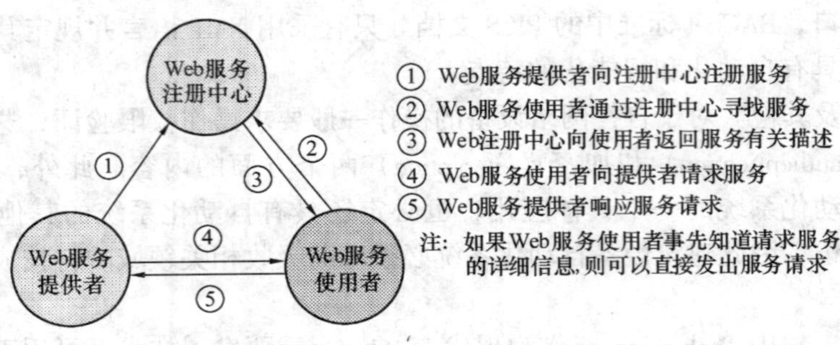

图 6-7　Web Services 应用体系架构图

1）发布。为了能够访问服务，必须首先发布服务说明，服务的请求者才能够找到它。到底把服务说明发布到哪里，或者以什么方式发布，这是由应用程序的具体要求决定的。该操作也可称为“注册”。

2）查找。在查找操作中，服务的请求者可能会直接得到服务说明，也可能会向服务的注册处查询服务说明的位置。查找操作可以出现在服务请求者生命周期的两个不同阶段：设计时刻和运行时刻。前者获得服务的接口说明在应用程序的开发时就固定下来，属于静态绑定过程；后者获得服务的绑定和定位在服务调用过程之中，属于动态绑定过程。

3）绑定。在绑定操作中，服务的请求者在运行时刻使用服务说明中的绑定信息定位、连接和调用服务，启动与服务的交互，调用服务的方法。

具体地说，“Web 服务提供者”首先在网络上发布自己的服务，即将自身提供的 Web 服务在公认的“Web 服务注册中心”进行注册；然后，“Web 服务使用者”从注册中心寻找所需要的 Web 服务，当发现所需的 Web 服务后，就根据注册中心提供的信息与 Web 服务提供者进行绑捆和调用，Web 服务提供者根据请求，向 Web 服务使用者返回服务结构，从而实现 Web 服务应用的互操作。

从 XML/Web Services 定义及其应用体系架构的交互过程可以总结出 XML/Web Services 具有如下优点：

（1）良好的封装性：XML/Web Services 是一种部署在 Web 上的对象，具备对象的良好封装性。对于使用者而言，它能且仅能看到该对象提供的功能列表。

（2）松散耦合性：这一特征源于其良好的封装特性，只要 XML/Web Services 调用的界面接口不变，不管其实现平台如何变化和迁移，对于其服务调用者来说都是透明的，服务调用者不会有任何改变。

（3）可发现性：XML/Web Service 应用体系架构提供了一种机制，便于服务提供者公布其服务，同时供服务请求者查找服务。

（4）使用标准协议规范：XML/Web Services 使用开放的标准和协议进行描述、传输和数据编码，客户可以在任何平台上使用 XML/Web Services。

（5）高度可集成能力：由于 XML/Web Services 完全采取简单的、易理解的标准 Web 协议作为组件界面描述和协同描述的规范，完全屏蔽了不同平台、不同协议、不同语言之间的差异，因此无论是 CORBA、DCOM、RMI 还是 EJB 都可以通过这种标准协议进行互操作。

上述介绍了 XML/Web Services 的部署和交互过程，如果深入研究 Web 服务的交互过程，就不难发现上述交互过程的每一操作必须具备对应的交互规则——“协议”，并且只有通过协议才能完成上述交互过程。否则，上述操作过程就没有通用性或标准性，就不能具有高度可集成的能力。因此，XML/Web Services 必须定义与操作过程有关的一系列协议，这些协议必须解决 Web 服务的功能描述或 Web 服务在注册中心的存储方式、Web 服务提供者如何发布或注册服务、Web 服务请求者如何查询服务和如何绑定服务，以及 Web 提供者如何进行响应等问题。将上述需求进行分析和研究后，就形成了如图 6-8 所示的 XML/Web Services 技术架构和相应的协议栈。

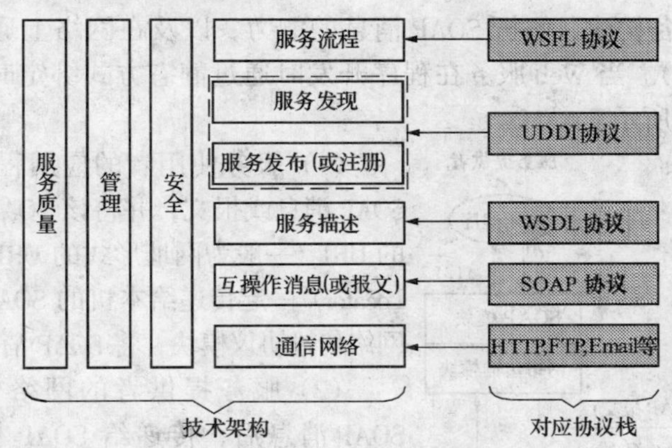

图 6-8 XML/Web Services 技术架构和协议栈

在图 6-8 中，除 Web 服务流程的 WSFL 协议没有得到统一的认可外，下面协议在 XML/Web Services 技术体系中得到了公认，并成为必备协议。

(1) 统一说明、发现和集成（UDDI，Universal Description，Discovery and Integration）协议

在使用 Web 服务之前首先必须知道 Web 服务在 Internet 上的位置，这就需要提供一个定位 Web 服务的技术。“Web 服务目录”则是一个有效的 Web 服务定位技术，通过 Web 服务目录，Web 服务提供者将提供的 Web 服务发布出来供使用者查找。这种目录本身也可以是一种 Web 服务，它可以接收来自程序的查询，并把结果返回给 Web 使用者。从这个意义上来看，Web 服务目录相当于 Web 服务的“门户（Portal）”。

为了规范 Web 服务目录，业界制定了以 XML 为基础的“统一描述、发现和集成（UDDI，Universal Description，Discovery and Integration）协议”。其中，对 Web 服务的统一描述采用以 XML 为基础的“Web 服务描述语言（WSDL，Web Service Description Language）”进行描述。UDDI 协议定义了一种发布和实现 Web 服务相关信息的标准方法，利用这个协议可以开发具有商业特性的 UDDI 注册中心——Web 服务注册中心。

(2) 简单对象访问协议（SOAP，Simple Object Access Protocol）

Web 服务三个角色之间的交互过程是通过交换“消息或报文”进行的，为了对交换消息或报文的格式、语义和编码进行规范，业界定义了以 XML 为基础的“简单对象访问协议（SOAP）”。SOAP 是一种简单的、轻量级的基于 XML 文件互操作协议，通过定义消息或报文的结构框架、数据类型编码规则和过程调用规则在网络应用程序之间进行结构化数据交换和互操作过程。

(3) HTTP、FTP、Email 等传输协议

SOAP 是网络应用程序间互操作的消息或报文，这种消息或报文必须通过网络传输协议进行传输。从原理上讲，只要能传输 XML 文件的传输协议均可以用于这个目的，因此 HTTP、FTP 和 Email 等传输协议均可用于传输 SOAP 的 XML 文件，应根据具体实际情况进行选用。考虑到 HTTP 在 Internet 上的普通使用，HTTP 协议基本上成为 Web Services 的事实传输网络协议。

根据上述 XML/Web Services 的体系结构和各个协议的作用，任意网络应用（application）必须具备构建、解析 SOAP 消息的能力，以及在网络上通信的能力（包括接收、发送 SOAP 消息）。当 Web 服务在程序开发时通过静态方式绑定时，则网络应用之间的交互过程如图 6-9 所示。

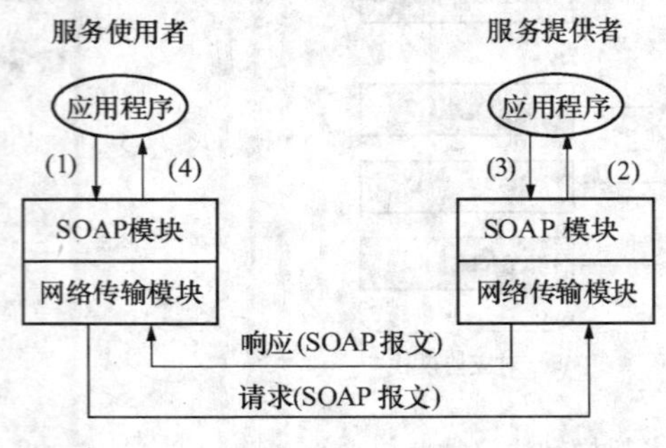

图 6-9 Web Services 交互过程示意图

（1）服务使用者的应用程序用 XML 创建一条 SOAP 消息或报文，并将该 SOAP 消息与服务提供者的 URI（一般为网址形式的 URL——Uniform Resource Locator）一起传递给本机的 SOAP 模块，该模块调用网络传输协议模块，将 SOAP 消息发送出去。

（2）服务提供者的网络传输协议模块接到 SOAP 消息后，传递给 SOAP 模块。SOAP 模块对 SOAP 按 XML 编码规则进解码，然后将 SOAP 消息的信息和互操作语义交给服务提供者的应用程序。

（3）服务提供者根据接收 SOAP 消息的信息和语义进行处理，并生成处理结果。然后将处理结果转换为响应 SOAP 消息，并通过本机 SOAP 模块和网络传输协议模块返回给服务使用者。

（4）服务使用者在接到响应 SOAP 消息后，由本机的 SOAP 模块进行解析后交给服务使用者的应用程序进行处理。

综上所述，除网络传输协议作为通信工具外，其他协议均是基于 XML 机制的，因此 XML 是 Web Services 技术的基础。从实用的角度，以下只简单介绍 XML 和 SOAP，为继续深入学习 XML/Web Services 技术奠定基础。

6.4.3 XML 基础

XML（eXtensible Markup Language，可扩展标记语言）是一种可扩展标记（tag）的描述语言，具有自描述的特性，用于对数据进行结构化的信息描述，是 Internet 上数据交换的事实标准。XML 是对 SGML（Standard Generalized Markup Language，结构化通用标记语言）进行简化而形成的一种可扩展标记语言，继承了 SGML 的灵活性和强大的描述功能，具有自描述和可扩展的特性。众所周知，HTML 也是对 SGML 进行精简而形成的标记描述语言，并早已在 Web 中得到了大量应用。为什么 Internet 数据交换的事实标准是 XML，而不是 HTML，也不是 SGML 呢？

简单地说，SGML 虽然功能强大，但过于复杂，不易于处理和传输，尤其是处理 SGML 的程序过于复杂。而 HTML 虽然简单，但其功能有限。只有 XML 结合了两者的优点，是目前最适应于 Internet 数据交换的描述语言。

SGML 是所有标记语言的起源，HTML 与 XML 都是由 SGML 衍生而来的。SGML 定义了基本的标记语法，还允许建立自己的标记元素。要利用SGML来描述特定文件，就可以根据需要创造出一组适当的标记元素和文件结构。因此SGML具有灵活和通用的优点。

表面上看来，SGML似乎是最完美的描述语言。但SGML语法太过复杂，致使描述效率较低，同时处理与显示SGML信息的软件也变得非常复杂和庞大。这说明，SGML具有不易在Web上传输和应用程序开发困难的缺点。这就需要特别针对网络传输和处理与显示过程设计一个有效的SGML子集。1996年，W3C的XML工作小组开发出这套子集，命名为可扩展标记语言（XML）。XML删除了SGML中复杂且不常用及不利于在Web传送的选项功能，因而使用者可以很容易地定义属于自己的文件类型，程序设计员也能在更短的时间开发XML相关应用程序。

HTML是一种专为Web网页显示及浏览而设计的固定标记的描述语言，可移植性与简易性是HTML的两大特征。HTML文件除了包含文字信息外，还可包括声音、影像等多媒体信息。另外，HTML的超链接除网页内链接外，也包括网页之间的链接。

虽然从第一版HTML以来，这些预先定义好的HTML元素已经有了相当大的扩充，HTML仍然不能满足多种形式文件描述的需求。例如，下面所列的就是一些无法使用HTML来做适当描述的文件。

(1) 非传统组件（标题、段落、串行、表格等等）所组成的文件。如音乐乐谱、数学方程式等文件。

(2) 数据库数据。如书籍的存货清单。你可以使用HTML网页来储存并显示静态的数据库信息（如书籍列表）。然而，如果用户希望进行排序、筛选、搜寻以及利用其他方法来处理这些信息，那么所有需要处理的信息均需要进行标记。由于HTML的标记是固定的，HTML就缺乏完成这项工作所需的标记元素。

XML是W3C在1996年底提出的标准。XML的制定是为了弥补HTML的不足，使得在Web上能够传输、处理各类复杂的文件。当建立XML文件时，可以定义自己的标记元素并以任意的名字为它们命名，而不是只能使用那些受限制的预先定义好的标记元素组，实现了“可扩展(extensible)”的特性。因而使用XML可以描述任意形式的文件，从音乐乐谱到数据库。当用来描述数据库时，XML拥有两项凌驾于传统数据库格式（如Access.mdb或dBase.dbf格式）的优点：XML是“人可读的（human-readable)”，而且它是根据众所周知、开放式的标准所建立的。总之，XML具有简单、可扩展、可互操作和开放的优点。

通过上述介绍，可以看出HTML和XML的主要区别为：HTML只用于Web页面显示结构的描述，不对数据本身进行描述，即只描述数据在页面上的位置、字体、颜色等显示信息，实现的是“人与机器”之间的交互界面，因而HTML不能用于机器间的通信，只提供了“人-机界面”的功能。这就是目前采用Web浏览器作为“人-机界面”的主要原因。而XML不仅描述标记可以自由扩展，而且更表现在使用功能和方式上的根本不同。XML是一种文本形式的“元语言（meta-language)”——用于对数据的信息（information of data）进行描述的语言，这种描述不仅是“人可读的”，而且也是“机器可读的（machine-readable)”。XML描述的数据不仅可以在机器间传输，而且可以被机器所“理解”，进而可以实现“机器与机器”的互操作。因而XML可以用于“机器间（machine-to-machine)”的通信，其数据描述功能比HTML强大。

正是由于XML作为一种“文本编码”工具可以实现机器间的互操作，XML才被广泛应用于 IT 系统集成领域。当然，同一 XML 文档通过不同的转换和处理也可以转换为不同 HTML 文档，从而实现不同的显示页面。事实上，XML 文件可以通过一定的转换处理（如 XSL）变换为 HTML 文件，并在 Web 浏览器中显示。

那么，XML 是如何描述数据信息？为什么说 XML 文件是自描述（self-document）性的？XML 作为一个标记描述语言，其文件的每一个组成元素均具有“开始标记 + 描述内容（可选）+ 结束标记”的标记结构，图 6-10 为这种标记结构的一个元素结构示例。

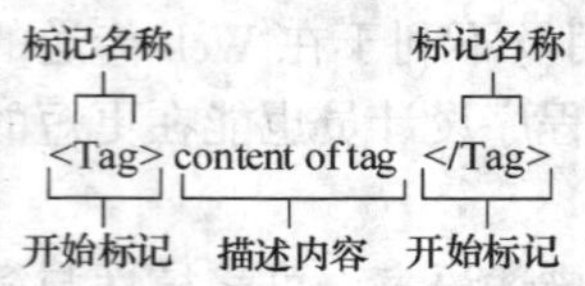

图 6-10　标记文件元素结构图

在 XML 中，标记的种类和名称不是固定的，而是根据描述内容可以自由选择具有一定语义的标记名称，这说明 XML 不仅是可扩展的，而且也可以很好地描述所描述内容的意义或语义。例如，下面 XML 文件可以很好地描述一个书库的有关书目的内容：书名（TITLE），作者（AUTHOR），出版社（PUBLISHER），页数（PAGES）和价格（PRICE）。而在 HTML 中，标记的种类和名称是固定的。如“< H2 > content of tag < /H2 >”为 HTML 文件的一个描述元素，该元素在 Web 浏览器中将“H2”标记所标记的内容“content of tag”以二级标题形式进行显示。

```
< ? xml version = “1.0”? >
  < INVENTORY >
    < BOOK >
        < TITLE > The Adventures of Huckleberry Finn < /TITLE >
        < AUTHOR > Mark Twain < /AUTHOR >
        <  PUBLISHER  > mass market paperback < / PUBLISHER  >
        < PAGES > 298 < /PAGES >
        < PRICE > $ 5.49 < /PRICE >
      < /BOOK >
      < BOOK >
        < TITLE > Moby – Dick < /TITLE >
        < AUTHOR > Herman Melville < /AUTHOR >
        <  PUBLISHER  > trade paperback < / PUBLISHER  >
        < PAGES > 605 < /PAGES >
        < PRICE > $ 4.95 < /PRICE >
      < /BOOK >
      < BOOK >
        < TITLE > The Scarlet Letter < /TITLE >
        < AUTHOR > Nathaniel Hawthorne < /AUTHOR >
        <  PUBLISHER  > trade paperback < / PUBLISHER  >
        < PAGES > 253 < /PAGES >
        < PRICE > $ 4.25 < /PRICE >
      </BOOK >
  < /INVENTORY >
```

从上述 XML 例子可以算出，XML 文件的标记名称具有一定的意义或语义，从而达到自描述的功能。这种自描述功能不仅具有“人可读”的特性，而且还可以很容易地进行计算机自动分析和提取“语义”，是“机器可读的”。这就为计算机自动进行其他处理（如排序、查询，以及显示等）提供了必备的基础。

另外，从上例也可以看出，XML 文件的组织是树状层次结构，即一个单一顶层（根）元素（在这个范例中是 INVENTORY），顶层元素下面可以有多个子元素（在这个范例中是 BOOK），每个子元素下面还可以多个子子元素（在这个范例中是 TITLE，AUTHOR…）。上述 XML 文件的结构可以如图 6-11 所示。其中，顶层元素通常称为“文件元素（document element）”或“根元素（root element）”。

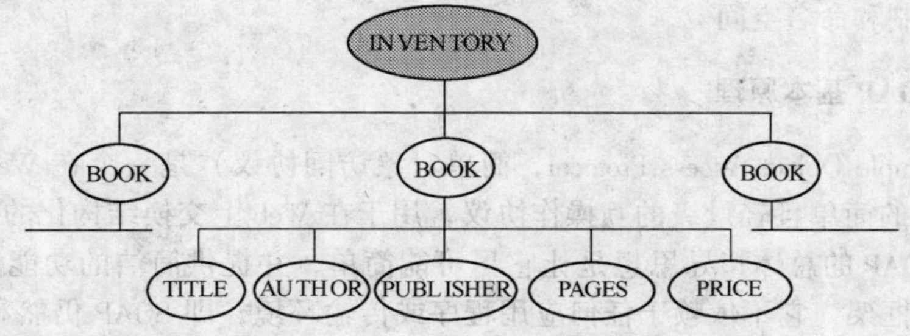

图 6-11　XML 文件结构例图

从上述介绍可以看出，XML 文件的标记具有结构、语义和样式的意义和作用。标记将 XML 文件分成树状层次结构，XML 文件由标记元素树所构成，这说明标记具有规定 XML 文件结构形式的作用。同时，标记将描述的内容赋予一定的意义或语义，将描述的内容与实际事件联系起来，起到自描述的功能。另外，当计算机显示 XML 文件时，同一标记元素的内容应具有相同的显示方式，这说明 XML 标记对其显示也具有决定性的作用。样式是任意标记语言均应具有的基本功能和作用。因此，XML 通过“组成元素结构”和“文件层次结构”来描述数据信息的。其中，组成元素描述了数据的内容及其属性，定义了所描述数据的语义；树状层次结构使 XML 具有规范性，使 XML 具有标准化的处理过程，易于开发处理程序。

总之，XML 作为一种描述数据的元语言，具有如下特性和优点：

(1) XML 只是结构化的文本，不仅是“人可读的”，而且是“机器可读的”。

(2) XML 描述数据的信息，既可以用于数据显示（如在 Web 浏览器中的显示），也可以用于其他各种更高级的处理。相反，HTML 只是一种描述数据在 Web 浏览器中显示信息的描述语言，即 HTML 语言只描述数据的显示格式，并不描述“数据的信息”。

(3) 由于 XML 描述数据的信息，因而可以转变成任何其他格式。

(4) 由于 XML 只是“明文文本”，则 XML 不能由某一公司占有或控制，即 XML 具有开放的特性。

(5) 可和任何计算机协同工作，即可以在任意操作系统（OS）平台下进行处理。

(6) 无需专用的调试工具，即只需文本工具就可以进行调试。

(7) 经过优化便于互联网传输，也可以穿过防火墙。

(8) 可应用于任何数据类型。

显然，XML 作为一种通用的标记语言，其基本内容除上述结构外，还有许多其他相关技术内容，如 DTD（Document Type Definition，文档类型定义），XML Scheme（从字面上可以译为“模式、大纲、计划”等）以及与显示有关的 CSS（Cascading Style Sheet，级联样式单）和 XSL（eXtensible Style Language，可扩展样式语言）等。

根据 XML 的基本原理，当利用 XML 进行某一专业领域信息的描述时，就必须定义相应的标记元素种类和名称，即 XML 应用的命名空间（Name Space）。由于 XML 并没有固定的标记元素或命名空间，这就会产生标记同一语义信息的标记元素可以有不同的命名。例如，标记“TEMP”和“TEMPERATURE”均可用于对“温度”进行标记。目前许多标准组织或协会（如 ASHRAE，LonMark，CABA 等）正在致力于这一问题的解决，并制定了许多通用的命名机制和命名空间。

6.4.4 SOAP 基本原理

SOAP（Simple Object Access Protocol，简单对象访问协议）是一个在 Web 环境中使用 XML 交换数据的简单且轻量级的互操作协议，用于在 Web 上交换结构化的信息和互操作信息。设计 SOAP 的总体指导思想是让它尽可能简单，并提供简洁的功能。这个协议定义了一个消息框架，它不依赖于任何应用程序或传输环境，即 SOAP 仍然利用 XML 的描述功能定义了一种相当简单的访问机制，利用这个简单的机制，部署在不同位置的应用程序就可以交互信息、产生互操作，进而达到系统集成的功能。由此可以看出，XML 只是利用其自描述功能对 SOAP 的交互信息进行编码，SOAP 是应用程序之间交互的消息或报文。

由于 SOAP 建立在标准协议之上，因此它可以根据现有的 Internet 结构，选择各种应用均支持的基本 Internet 协议进行通信。从这一点来看，XML/Web Services 的协议栈将应用程序之间的交互信息或互操作信息与通信传输分开。这也说明了 SOAP 具有简单而强大的特点，它不需要更改 Internet 现在的基本结构，就可以让 Web 服务被广泛地访问。

那么什么是 SOAP？简单地说，SOAP 是用 XML 文件进行编码且用于应用程序间交互的消息或报文。也就是说，一个 SOAP 消息或报文就是一个 XML 文件，只不过这个 XML 文件描述的是应用程序间进行交互所必需的信息。因此，SOAP 的结构必须满足 XML 文件树状阶层结构，有一个根元素和多个子元素。

在 SOAP 标准中，SOAP 的结构如图 6-12 所示。

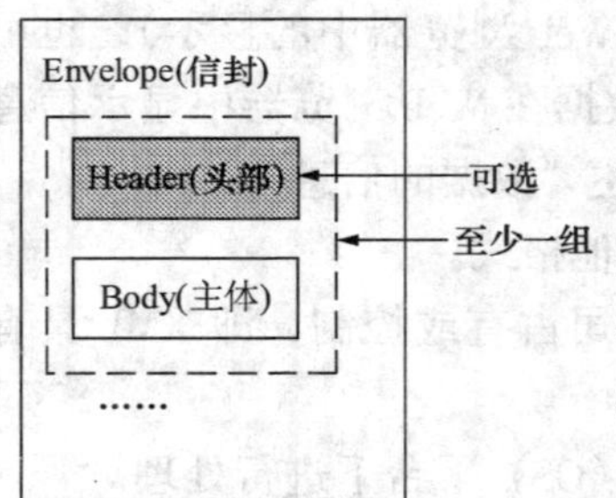

图 6-12 SOAP 结构示意图

从图 6-12 可以看出，一个 SOAP 文件由一个 Envelop 根元素、一个可选的 Header 子元素和一个 Body 子元素组成。Envelope 根元素对 SOAP 消息的标记元素命名空间及其编码模式进行定义，Header 定义接收者处理消息的方法及安全信息等，Body 定义了应用程序交互的真正信息。图 6-13 为一个 SOAP 消息示例。

在图 6-13 中，第 1 行提供了 XML 版本信息以及字符编码信息；第 2～8 行是 SOAP 消息的 SOAP 信封，其中，第 2 行定义了 SOAP 的编码风格，并将三个标记元素命名空间与其对应的命名空间前缀绑定起来。第 3～7 行是 SOAP 消息的 SOAP 主体。其中，getValue 是 Web 服务的调用名称，roomID 是该调用的参数。这两个元素由 hust：ese：bas 命名空间进

```
<?xml version = "1.0" encoding = "UTF-8" ? >
<SOAP-ENV: Envelop
    SOAP-ENV: encodingStyle = "http://schemas.xmlsoap.org/soap/encoding/"
        xmlns:SOAP-ENV = http://schemas.xmlsoap.org/soap/envelope/"
        xmlns:xsd = "http://www.w3.org/2001/XMLSchema"
        xmlns:xsi = http://www.w3.org/2001/XMLSchema-instance>
    <SOAP-ENV:Body>
        <bas:getValue xml:bas = "hust:environment:bas">
            <roomID xsi:type = "usd:integer">206</roomID>
        </bas:getValue>
    </SOAP-ENV:Body>
</SOAP-ENV:Envelope>
```


图 6-13　SOAP 消息示例

行定义。

从 SOAP 的结构可以看出，SOAP 为了实现应用程序交互的目标，必须具备如下四部分的功能：

（1）SOAP 信封装（envelop），信封定义了 SOAP 消息描述的内容，是谁发送的，谁应当接受并处理它以及如何处理它们的框架。

（2）SOAP 编码规则（encoding rules），用于表示应用程序需要使用的数据类型。

（3）SOAP RPC 表示（RPC representation），表示远程过程调用和应答的协定。

（4）SOAP 绑定（binding），定义传输 SOAP 的底层通信协议。

SOAP 是应用程序交互的消息或报文，只包含与实现平台无关及语言无关的互操作信息，不是一个可执行的程序，理解这一点是非常重要的。SOAP 既没有包含明确的编程指令，也没有限制开发人员去使用特定的编程语言，比如 VB，.NET，Java 或 C# 等。因此，任何可以理解 SOAP 结构和 XML 的编程语言都能用于实现 SOAP 协议。另外，由于 SOAP 结构比较简单，处理基本的 SOAP 消息不需要大量的代码，不论是发送还是接收 SOAP 消息都几乎不需要特别的软件。因此，SOAP 得到了大量的开发和应用。

当然，XML/Web Services 技术除上述两个基础技术之外，其他技术（如 XML Schema，WSDL，UDDL 等）也是非常重要的，是充分发挥 XML/Web Services 功能的。

6.4.5　XML/Web Services 系统集成结构

综上所述，XML/Web Services 技术包括许多新技术，但其核心技术主要是 XML 和 SOAP。这两项技术虽然同样也包含很多内容，其作用却可以简单地总结为，XML 用于数据和模型描述，SOAP 用于数据访问和互操作。根据这两项技术的作用，可以准确地推导出利用 Web Services 技术进行多协议系统集成的基本原理：首先，利用 XML 数据和模型描述功能将某个具体协议所描述的建筑设备自控设备信息模型进行转换或映射，形成一种与“平台、语言和协议无关”的“自包含和自描述”信息模型。然后利用 SOAP 数据访问和互操作功能对 XML 描述的模型进行访问，从而实现多协议系统的系统集成。图 6-14 是利用这种技术进行系统集成的基本结构图。

当利用 XML/Web Services 技术作为智能建筑管理系统解决方案时，不仅可以解决目前系统集成时现场通信协议或标准的争议，使之相互补充、协调发挥功用，而且可以使系统

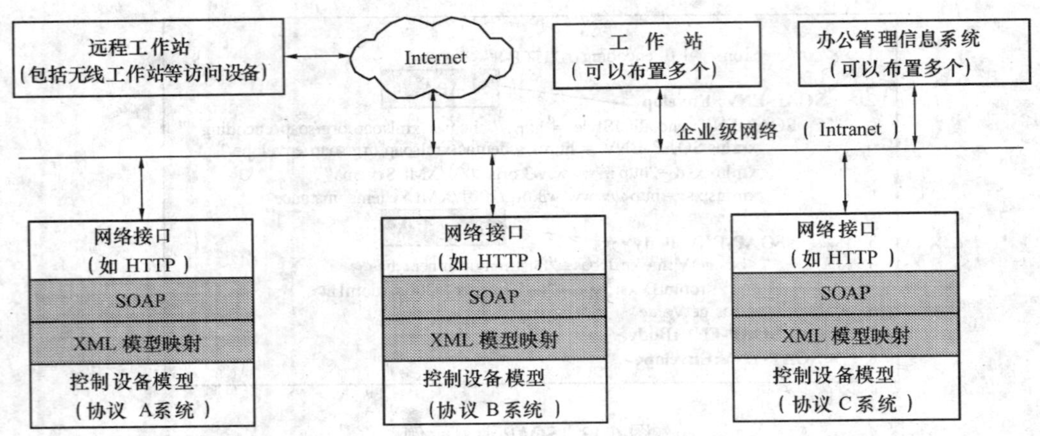

图 6-14 面向 Web 的集成系统基本结构图

集成更加灵活、应用部署更加自由，集成规模更大，功能更加强大。例如，利用 XML/Web Services 技术将智能建筑集成系统与物业管理系统集成时，在无需安装任何专用应用程序的情况下，用户只要获得授权，就可以随时查询物业管理的费用，用户也可以自由控制为其服务的建筑设备和系统，甚至个人也可以直接在自已的桌面（desktop）上直接控制自已区域的环境与设备，真正实现“以人为本”的功能。这就是 XML/Web Services 集成模式应用部署自由所产生强大功能之一。

总之，XML/Web Services 技术对智能建筑管理系统的影响远远超过了 BACnet 标准和 LonWorks 标准的影响。但是，如何在建筑自动化领域应用 XML/Web Services 技术呢？XML/Web Services 技术是非常通用的技术，如果生产厂商或开发商各自按自己的方式进行开发和应用，也是不可能在复杂的网络环境中真正实现互操作的。正是如此，不少标准组织或协会正在将已有的建筑设备现场总线通信标准进行 XML/Web Services 技术扩展，或制定相应的 XML/Web Services 技术应用标准。其中最有影响的标准组织或协会有 ASHRAE、LonMark 国际协会（LonMark International）和 CABA（Continental Automation Building Association，北美大陆建筑设备自动化学会）三个。

LonMark 国际协会是一个致力于 LonWorks 标准互操作的全球性协会，最早制定了用于 LonWorks 标准的 XML/Web Services 技术标准。但该技术标准的地位与 LonWorks 标准的地位一样，没有得到 ISO 组织的认可。于是该协会又联合了一些其他公司成立了 CABA，旨在制定基于 XML/Web Services 技术的 oBIX（open Building Information eXchange，开放建筑设备信息交换标准）指南或标准。

由于 BACnet 标准是建筑设备自动化的 ISO 标准，ASHRAE 学会的工作成果将是 ISO 标准之一，因而 ASHRAE 学会的动作是比较慎重和相对缓慢的。经过公开审阅后于 2004 年末正式公布了基于 Web Services 技术的 BACnet/WS 标准。该标准分为两个部分，第一部分定义了一个基于 Web Services 技术的数据模型和接口，这个数据模型和接口是“协议中性（protocol neutral）”的，既可以用于 BACnet 标准，也可以用于 Konnex，MODBUS，LonWorks 和其他任意专用协议，并且具有“本地化”功能。因而第一部分是通用的，适用于所有现场总线通信协议或标准。第二部分则定义了 BACnet 与 Web Services 之间的消息映射机制，属于 BACnet 标准的一个补充内容。

CABA 是由一些北美地区从事 BACS 多年的专家发起的 BAC 协会，旨在制定与建筑设备自控现场总线技术标准无关的 XML/Web Services 技术——oBIX。oBIX 技术主要应用于智能建筑管理系统领域，也适合于建筑设备自动化的其他信息领域。为了使 oBIX 技术成为产业界认可的标准，CABA 将 oBIX 的制定工作于 2004 年中期移交了 OASIS 组织。OASIS（Organization for the Advancement of Structured Information Standards）是一个制定和应用基于 XML/Web Services 技术电子商务标准的全球非盈利标准组织。目前 CABA 作为该组织的一个技术分会进行 oBIX 指南制定工作，并于 2006 年发布了 oBIX1.0 草案版本。

正是由于有了上述的工作，智能建筑管理系统不再是以建筑设备自控网络数据通信协议标准技术为核心，而是在现代 IT 技术的框架下“淡化”建筑设备自控网络数据通信协议标准技术的作用，使各个建筑设备自动化现场总线技术标准“和平共处”，优势互补，共同完成智能建筑管理系统的功能。这就是说，无论是开放（open）标准，还是专有（proprietary）标准，只要符合现代 IT 技术的集成标准，均可以用于智能建筑及其系统集成。因而继续争论现场总线技术标准的优劣，或否定所有现场总线技术标准，重新制定一个属于“自己的”标准是没有意义的。

从上面的分析可以看出，面向 XML/Web Services 的集成模式也是一种信息模型转换技术，但这种集成模式是高层次上对信息模型进行转换，并且转换后的信息模型是用 XML 描述的。XML 描述是一种自包含和自描述的“文本”文件，与平台和语言无关，并独立于底层具体协议，不仅自然直观，具有“人可读性”，而且更重要的是具有“计算机可读性”，即 XML 模型是“计算机-计算机”的信息模型，是计算机可以“理解”的模型。从而使这种信息模型摆脱了与平台和协议有关的专用格式的束缚，实现了与平台无关、语言无关、协议无关的目标。

由于 XML/Web Services 技术具有平台无关、语言无关、协议无关的特性，不仅可以用于建筑设备自动化系统的集成，还可以用于建筑设备自动化系统与智能建筑中其他智能子系统的集成，实现所有建筑智能系统的集成。也正是由于这种技术具有“众所周知和开放”的特点，这种技术也是建设“数字城市”的基础。在数字城市的基础上，智能建筑集成系统不仅可以实现对建筑设备进行综合优化监控和管理，而且还可以与城市公共安全管理系统进行信息共享，自动实现与城市公共安全设施的联动功能。

值得指出的是，从理论上可以直接利用 XML/Web Services 技术对建筑设备自控设备进行模型描述和数据通信。虽然这种技术的编码格式比具体协议所定义的专用格式灵活，但其编码效率低。这表明这种技术需要较多的计算资源，较大的传输带宽和较强的处理能力。这种需求进而说明，在目前状况下这种技术不太适用于现场级（field level）的应用或直接对建筑设备自控设备进行模型描述。因此，在目前状况下，Web Services 技术不会取代 BACnet 或 LonWorks 等具体标准，只是具体通信标准的补充和扩展。尽管如此，在国外已有这方面大量的研究和尝试。随着 IT 技术的发展，尤其是微电子技术的发展，当处理成本、传输成本和存储成本降低到一定的时候，也许这种技术会延伸至建筑设备自控系统的最底层，从而成为真正的“统一标准”。

从智能建筑管理系统模式的发展过程可以看出，智能建筑的发展与 IT 技术的发展是息息相关的，并且 IT 技术是智能建筑发展的推动力。在 IT 技术的推动下，智能建筑已进入了 Web 时代，因而研究和应用的焦点已不再是对现场总线通信协议或标准的优劣评价和争论，而应是在认同差异的基础上利用最新 IT 技术寻求最好的系统集成解决方案或集成方式，使智能建筑集成系统真正成为企业集成应用（EAI，Enterprise Application Integration）的一个有机部分，在更高层次上有效地利用智能建筑的信息资源，并扩展和提升智能建筑的智能化水平。

从上述智能建筑管理系统的发展趋势来看，智能建筑管理系统技术的重点已由原来的建筑设备自控网络数据通信协议技术标准转移到了以现代 IT 技术为主的系统集成技术标准。我国已经错过了参与建筑设备自控网络数据通信协议技术标准的机会，今天现代 IT 技术的发展又一次给予了我们参与智能建筑管理系统技术的机遇。如何看待这个机遇，采取怎样的行动，应是值得我们深思的课题。

6.4.6 XML/Web Services 典型应用介绍

时代已迈进了 21 世纪，Internet 越来越多地为人们带来更多的便利性，也更融入社会生活的每个角落，并极大地改变了社会生活方式。在建筑设备自动化领域，以 Web 浏览器作为“人-机界面”的集成系统是建筑设备自动化系统的发展趋势，但目前在市场上常见的这种系统需要设置两台服务器，其中一台为系统服务器，另一台为网页服务器（Web Server）

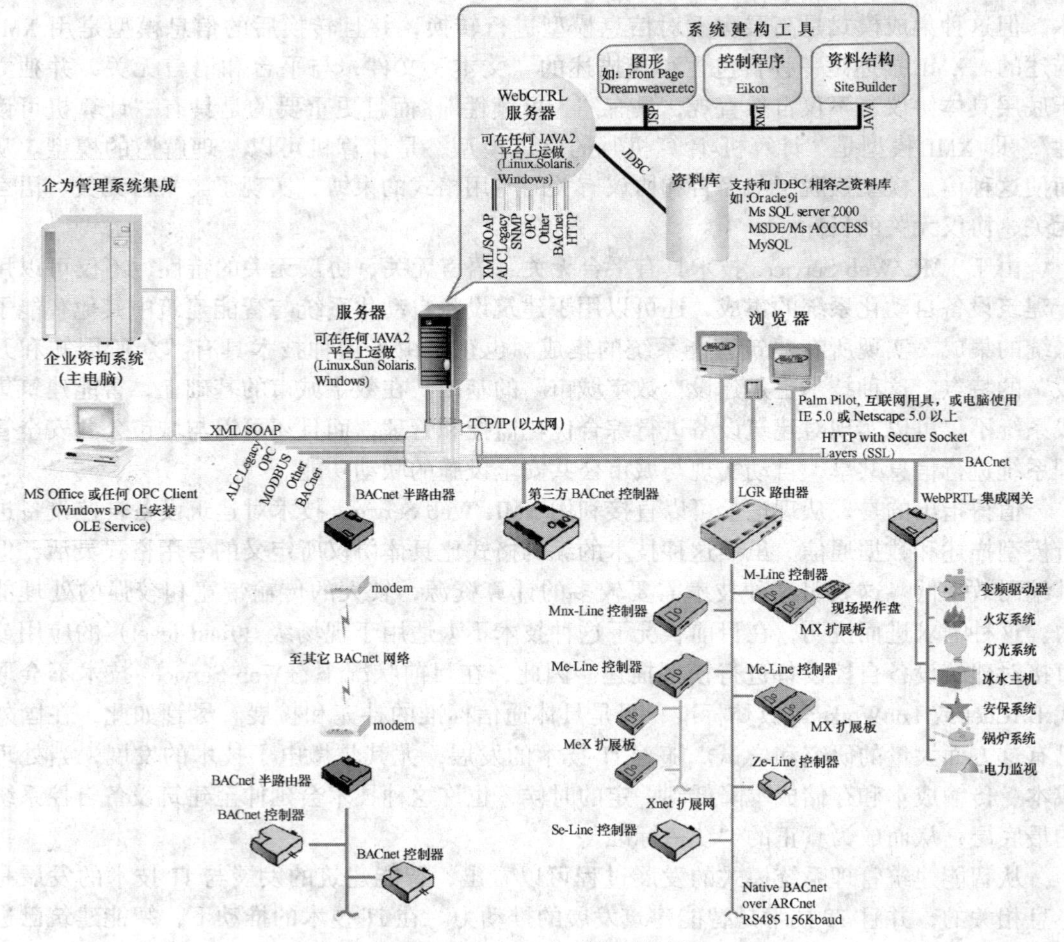

图 6-15 WebCTRL 系统结构图

的系统。这种系统大都是以数据“嫁接”方式运行，作为“人-机界面”的 Web 浏览器提供的功能是非常有限的。虽然真正基于 XML/Web Services 技术的建筑设备自动化集成系统屈指可数，但建筑设备自动化系统由自动化监控向综合信息管理发展、并最终成为企业级管理信息系统一个有机部分的必然趋势将会使 XML/Web Services 技术得到广泛应用。

美国 Automated Logic corporation（ALC，奥莱斯公司）成功地利用 XML/Web Services 技术开发了新一代楼宇自控系统——WebCTRL 系统。WebCTRL 是一套核心使用 XML/Web Services 技术设计而成的应用产品，任何支持 Web 标准的浏览器浏览（如 Internet Explore 6.x，Netscape Navigator 6.x）的系统都可以成为一个全功能的人-机操作界面。图 6-15 为 WebCTRL 的系统结构图。在 WebCTRL 系统中，使用的浏览器是和一般上网所使用的是一样的，不需要再附加任何额外的插件。

在 WebCTRL 中，利用 Web 浏览器可以进行操作者管理，权限管理，系统监视，参数修正，趋势图，使用图形接口的日程管理、程序下载、图形化编程、树状结构浏览，控制器管理，系统组态管理等等功能。支持 Web 浏览器的系统既可以是我们常见及使用的 PC，也可以是一些新型“非 PC”系统，如 WebPads、无线 PDA、WAP 和其他支持这些标准的移动式系统。

WebCTRL 系统是一套业内领先的建筑设备自动化系统，提供非常直观（intuition）的操作界面及强大的控制功能。图 6-16 为一个操作界面示例图。利用 WebCTRL，可以在世界的任何地方通过标准的 Web 浏览器（不需要特定的软件或外加组件的浏览器）对 WebCTRL 系统进行如下操作：

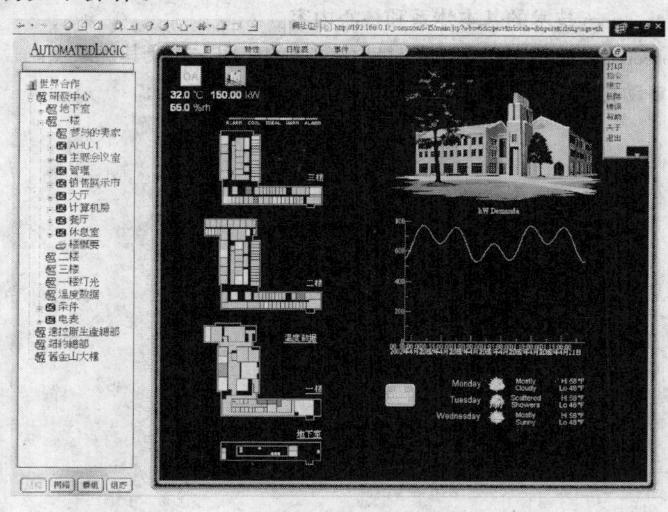

图 6-16 WebCTRL 操作界面示例图

操作者管理	查看及确认警报及事件
树状地理层次引导	系统组态设定及管理
动态图形，数据显示及操作	控制网络及控制器管理
设定及改变日程表	群组设定
趋势图显示	控制器程序下载

6.5 小　结

本章结合智能建筑和IT技术的发展过程，对智能建筑管理系统集成模式进行了分类和介绍，将众多的智能建筑管理系统集成技术归纳为“面向协议”、“面向平台”和“面向XML/Web Services”三类系统集成模式，总结了各类系统集成模式的基本框架，并对各类系统集成模式的原理、技术特点以及应用进行了较为深入研究。同时也论述和说明了智能建筑管理系统由自动化监控向综合信息管理的发展趋势及其实现技术——XML/Web Services技术，并对其核心技术XML和SOAP进行了较为详细的介绍，同时也分析和展望了XML/Web Services技术在建筑设备自动化中的应用方式及其前景。

本章也说明了建筑设备自动化技术与IT技术之间的关系，提示了IT技术推动建筑设备自动化发展的规律。其目的，一是为建筑设备自动化系统提供技术指导和评估基础，二是探索建筑设备自动化系统集成模式的发展规律，为学习和感悟建筑设备自动化发展趋势提供必要的探索和素材。

思 考 题

1. 简述建筑设备自动化系统集成的意义和发展动态。
2. 分析和比较建筑设备自动化系统集成的基本方法及其各自优缺点。
3. 简述OPC技术的基本体系及其主要内容。
4. 简述XML/Web Services技术的基本体系和核心内容。
5. 简述XML/Web Services技术在建筑设备自动化领域的应用方式及其优缺点。
6. 论述建筑设备自动化的发展趋势。

第7章　综 合 布 线 系 统

智能建筑的蓬勃兴起，使得传统的布线系统已不能满足智能建筑所要求的便利、高效、快捷、安全和舒适等功能特征，人们迫切需要开放的系统化综合布线系统。20世纪80年代末期，美国电话电报（AT&T）公司贝尔（Bell）实验室首先推出了以SYSTIMAX™ PDS（建筑与建筑群综合布线系统）为代表产品的结构化综合布线系统（Structured Cabling System，SCS）。由此，综合布线系统开始在智能建筑中得到了广泛的应用，已成为现代建筑设备自动化系统必备的基础设施，并被称为智能建筑的“神经系统”。

7.1　综合布线系统概述

综合布线系统（Premises Distribution System，PDS），是建筑物与建筑群综合布线系统的简称，它是指一幢建筑物内或建筑群体中的信息传输媒介系统，它将相同或相似的缆线（如双绞线、同轴电缆或光缆）以及连接硬件（如配线架、适配器）按照一定关系和通用秩序组合，最终集成为一个具有可扩展性的柔性整体，构成一套标准的信息传输系统。

综合布线是一个模块化、灵活性极高的建筑物内或建筑群之间的信息通道，它既能使语音、数据、图像设备和交换设备与其他信息管理系统彼此相连，也能使这些设备与外部通信网相连接。它包括建筑物外部网络或电信线路的连接点与应用系统设备之间的所有线缆及相关的连接部件。综合布线由不同系列和规格的部件组成，其中包括传输介质（电缆、光缆）、相关连接硬件（如配线架、连接器、插头、插座、适配器）以及电气保护设备等。这些部件可用来构建各种具体用途的子系统，不仅易于实施，而且能随需求的变化平稳升级。一个设计良好的综合布线对其服务的设备应具有一定的独立性，并能互连许多不同应用系统的设备，如模拟式或数字式的公共系统设备，也能支持图像等（电视会议、监视电视）设备。

综合布线系统一般是以通信自动化（Communication Automation，CA）为主的结构化布线系统。今后，随着科学技术的发展，综合布线的工程和内容会逐步得到提高和完善，并形成能真正充分满足智能化建筑所需的综合布线系统。

7.1.1　综合布线系统特点

综合布线系统具有传统的非结构化固定布线系统所无法比拟的若干特性和优点。

（1）开放性

对于传统的布线方式，只要用户选定了某种设备，也就选定了与之相适应的布线方式和传输介质。若更换另一设备，那么原来的布线基本上需要全部更换。对一个已经完工的建筑物，这种变化既困难又增加大量的投资。综合布线采用开放式的体系结构，接口全部采用国际标准，能直接满足大多数综合布线系统需求。同时，配备了大量齐全的线架、转换器和线缆，可以连接语音、数据等各种系统，具有高度的综合容纳性，十分有利于设计、施工和运行管理。

（2）兼容性

综合布线的首要特点是它的兼容性。以前在一座大楼内的语音或数据线路进行布线时，常用不同厂家的电缆、配线插座及接头等，而连接这些不同配线的插座及端子板各不相同，彼此互不相容。一旦需要改变终端机或电话机位置时，就必须敷设新的线缆，以及安装新的插座和接头。综合布线将语音、数据与监控设备的信号线经过统一的规划和设计，采用相同的传输介质、信息插座、交连设备、适配器等，把这些不同的信号综合到一套标准的布线中。由此可见，这个布线比传统布线大为简化，这样可节约大量的物资、时间和空间。在使用时，用户可不用定义某个工作区的信息插座的具体应用，只把某种终端设备（如个人计算机、电话、视频设备等）插入这个信息插座，然后在管理区和设备间的交连设备上做相应的接线操作，这个终端设备就被接入到各自的系统中了。

（3）模块化

综合布线从设计、安装都严格按照模块化要求进行，各个子系统之间均为模块化积木式连接，各个元器件均可简单地插入或拔出，使系统的搬迁、扩展和重新安置极为方便。

（4）灵活性

传统的布线方式是封闭的，其体系结构是固定的，若要迁移设备或增加设备相当困难且麻烦，甚至是不可能的。综合布线采用标准的传输线缆和相关连接硬件，模块化设计，因此所有通道都是通用的。每条通道可支持终端，如以太网工作站及令牌网工作站（采用五类双绞线连接方案，可支持以太网及 ATM 等）。所有设备的开通及更改均不需改变布线，只需增减相应的应用设备以及在配线上进行必要的跳线管理即可。另外，组网也可灵活多样，甚至在同一房间可以有多台用户终端，如以太网工作站和令牌网工作站并存，为用户组织信息流提供了必要的条件。

（5）可靠性

传统的布线方式由于各个应用系统互不兼容，因而在一个建筑物中往往要有很多种布线方案。故各类信息传输的可靠性要由所选用的布线可靠性来保证，各应用系统布线不当时会造成交叉干扰。综合布线采用高品质的材料和组合压接的方式构成一套高标准信息传输通道，所有线缆和相关连接件均通过 ISO 认证。每条通道都要采用专用仪器测试链路阻抗及衰减，以保证其电气性能。应用系统布线全部采用点到点端接，任何一条链路故障均不影响其他链路的运行，为链路的运行维护及故障检修提供了方便，从而保证了应用系统的可靠运行。各应用系统采用相同的传输介质，因而可以互为备用。

（6）经济性

综合布线开放式体系结构的整体设计，提高了网络线缆综合利用率，比传统布线减少了大量重复预留。未来可以随时加入各种新技术、新设备，无需日后花费巨资扩容或重建网络，保护了最初投资。模块化、开放式的产品结构和高品质的产品质量，降低了日常维护的人力、物力、财力投入，节省了运行费用。

7.1.2 综合布线系统组成

综合布线系统是一种分层星形拓扑结构，可以划分为 6 个子系统：工作区子系统、水平子系统、干线子系统、管理子系统、设备间子系统、建筑群子系统，具体结构如图 7-1 所示。

（1）工作区子系统（Work Location）

工作区子系统是放置应用系统终端设备的地方，它由终端设备连接到信息插座的连线（或接插线）组成。它用接插线在终端设备和信息插座之间搭接，包括信息插座、信息模块、网卡和连接所需的跳线，通常信息插座采用标准的 RJ45 头，按照 T568B 标准连接。

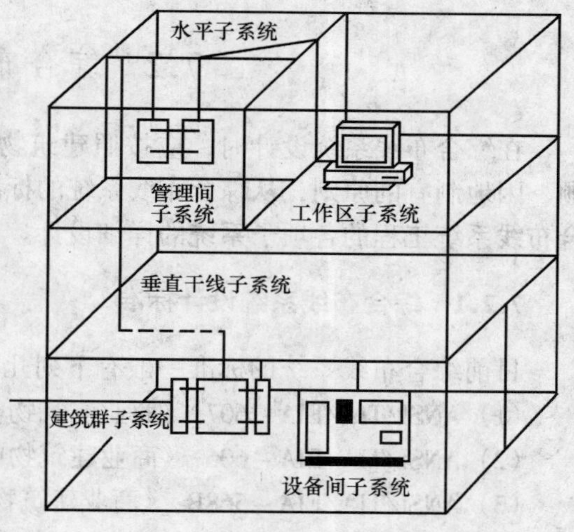

图 7-1　综合布线系统结构图

（2）水平子系统（Horizontal）

水平子系统是从工作区的信息插座开始到管理间子系统的配线架，将干线子系统经楼层配线间的管理区连接并延伸到用户工作区的信息插座，一般为星形结构。水平子系统的线缆一端接在配线间的配线架上，另一端接在信息插座上。水平子系统多为 4 对双绞电缆。这些双绞电缆能支持大多数终端设备。在需要较高带宽应用时，水平子系统也可以采用“光纤到桌面”的方案。

（3）管理子系统（Administration）

管理间子系统亦称为管理子系统，它由设备间的电缆、连接器和相关支撑硬件组成。管理间为连接其他子系统提供手段，它是连接垂直干线子系统和水平干线子系统的设备。其主要设备是配线架、HUB、机柜和电源，相当于电话系统中每层配线箱或电话分线盒部分。

（4）干线子系统（Backbone）

垂直干线子系统由导线电缆和光缆以及将此光缆连到其他地方的相关支撑硬件组成，也称为骨干子系统。它提供建筑物的干线电缆，线缆一般为大对数双绞电缆或多芯光缆，以满足现在以及将来一定时期通信网络的要求。干线子系统两端分别端接在设备间和楼层配线间的配线架上，负责连接管理间子系统到设备间子系统。

（5）设备间子系统（Equipment）

设备间是在每一幢大楼的适当地点放置综合布线线缆和相关连接硬件及其应用系统的设备，同时进行网络管理以及安排管理人员值班的场所。设备间子系统由综合布线系统的建筑物进线设备、电话、数据、计算机各种主机设备及安防配线设备等组成。为便于设备搬运，节省投资，设备间最好位于每一座大楼的中间。在设备间内，可把公共系统用的各种设备，如电信部门的中继线和公共系统设备（如 PBX）互连起来。设备间子系统还包括建筑物的入口区的设备或电气保护装置及其连接到符合要求的建筑物的接地装置。它相当于电话系统机房内配线部分。

（6）建筑群子系统（Campus）

建筑群子系统是将一个建筑物中的电缆延伸到另一个建筑物的通信设备和装置，通常由光缆和相应设备组成，它支持楼宇之间通信所需的硬件，如电缆、光缆以及防止电缆上的脉冲电压进入建筑物的电气保护装置等。它相当于电话系统中的电缆保护箱及各建筑物之间的干线电缆。

7.2 综合布线系统设计

在综合布线系统设计时，应按照建筑物的特点和客观需要，结合实际，采取统筹兼顾、因地制宜的原则，从综合布线系统的标准、规范出发，在总体规划的基础上，进行综合布线系统工程的各项子系统的详细设计。

7.2.1 综合布线系统设计标准

目前综合布线系统的标准一般有下列几种：

（1）ANSI/TIA/EIA－607：《商业建筑物电信布线接地及接线要求》。

（2）ANSI/TIA/EIA－606：《商业建筑物电信基础设施管理标准》。

（3）ANSI/TIA/EIA－568B：《商业建筑物电信布线标准》。

（4）ANSI/TIA/EIA－570A：《住宅电信布线标准》。

（5）ANSI/TIA/EIA－568A：《商业建筑电信路径和空间标准》。

（6）ISO/IEC11801：《信息技术——用户建筑物综合布线》。

2000年2月我国国家质量技术监督局和中华人民共和国建设部联合发布国家标准《建筑与建筑群综合布线系统工程设计规范》（GB/T 50311—2000）和《建筑和建筑群综合布线系统工程验收规范》（GB/T 50312—2000）；2003年7月建设部批准《智能建筑工程质量验收规范》（GB 50339—2003）为国家标准，这标志着我国综合布线系统工程的设计、施工、测试已走向正规化、标准化。

7.2.2 综合布线系统设计等级确定

对于建筑物与建筑群的工程设计，应根据实际需要，选择适当的综合布线系统。一般可根据非屏蔽对绞缆线（Unshielded Twisted Pair，UTP）、屏蔽对绞缆线（STP）和光纤缆线（Fiber Cable）以及相关支撑的硬件设备材料的选择定为三种不同的布线系统等级，它们是：

（1）基本型综合布线系统

基本型布线系统适用于配置标准较低的场所，通常可采用铜芯缆线组网，以满足语音或语音与数据综合和传输速率要求较低的用户，基本型布线系统要求能够全面过渡到数据的异步传输或综合型布线系统。它的基本配置为：

1）每一个工作区有1个信息插座（每$10m^2$设1个信息插座）；

2）每一个工作区有一条4对UTP水平布线系统；

3）完全采用110A夹接式硬件，并与未来的附加设备兼容（譬如美国AVAYA科技公司的SYSTIMAX产品）；

4）每一个工作区的干线电缆至少有2对双绞线。

（2）增强型综合布线系统

增强型布线系统适用于中等标准的场所，布线要求不仅具有增强的功能，而且还具有为增加功能提供发展的余地，增强型布线系统不仅支持语音和数据的应用，还支持图像、影像、影视、视频会议等。增强型布线系统可先采用铜芯缆线组网，并能够利用接线板进行管理，以满足语音或语音与数据综合且传输速率一般的用户。它的基本配置为：

1）每一个工作区有 2 个以上信息插座（每 10m² 设 2 个信息插座）；

2）每一个信息插座均有水平布线 4 对 UTP 系统；

3）具有夹接式（110A）或接插式（110P）交接硬件；

4）每一个工作区的电缆至少有 3 对双绞线。

（3）综合型综合布线系统

综合型布线系统适用于配置较高的场所，布线系统不但采用铜芯对绞电缆，而且为了满足高质量的高频宽带信号，还采用光纤缆线和双介质混合体缆线（铜芯缆线和光纤线混合成缆）组网。它的基本配置为：

1）在建筑、建筑群的干线或水平布线子系统中配置光缆；

2）在每一个工作区的水平配线电缆内配有 4 对双绞线；

3）每一个工作区的干线电缆中应有 3 对以上的双绞线。

夹接式交接硬件系指夹接、绕接固定连接的交接。接插式交接连接硬件系指用插头、插座连接的交接。

综合布线连接件能满足所支持的语音、数据、视频信号的传输要求。设计人员在设计系统时，应按照智能建筑物中的用户近期和远期的通信业务及使用要求、计算机网络及使用要求、建筑物物业管理人员的使用要求、设备配置和内容进行全面评估，并按用户的投资能力及使用要求进行等级设计，从而选用合适的综合布线缆线及有关连接硬件设施。选用缆线及相关连接件的各项指标应高于综合布线设计指标，才能保证系统指标得以满足。但不一定越高越好，若选得太高，会增加工程造价，而选得太低，则不能满足工程需要，所以应当恰如其分。若采用屏蔽措施，则全通道所有部件都应选用带屏蔽的硬件，而且应按设计要求作良好的接地，才能保证屏蔽效果。还应根据其传输速率，选用相应等级的缆线和连接硬件。

基本型配置、增强型配置或综合型配置是一种配置划分的参考依据，应结合工程特点选用。若某些特殊的情况下，这三种配置都不适合，则应按照实际情况进行设计。

7.2.3 综合布线设计要领

综合布线随着科技的发展和新产品的问世而逐步完善并走向成熟。在设计时，提出并研究近期和长远的需求是非常必要的。一定要从实际出发，不可脱离实际，盲目追求过高的标准，造成浪费。系统设计的第一步应与建筑设计同步进行，即要求建筑设计时考虑设置建筑物中的综合布线系统的基础设施。综合布线系统的基础设施包括设备间、楼层管理间和介质布线系统。故进行综合布线系统设计首先应确定设备间的位置与大小、确定干线及水平线的路由及布线方式、确定建筑物电缆入口位置，以便建筑设计时能综合考虑设备间、楼层管理间及电井的位置，确定布线需用的管线槽盒。

综合布线系统的设计人员在系统设计开始时，应做好以下几项工作：

（1）评估和了解智能建筑物或建筑物群内办公室等场所用户的信息通信需求。

（2）评估和了解智能建筑物或建筑物群物业管理用户对弱电系统设备布线的要求。

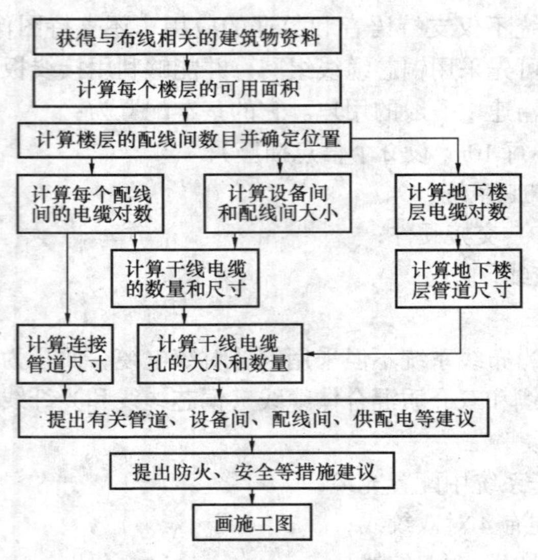

图 7-2 综合布线设计流程图

(3) 了解弱电系统布线的水平与垂直通道、各设备机房位置等建筑环境。

(4) 根据上述情况来决定采用适合本建筑物或建筑物群的布线系统设计方案和布线介质及相关配套的支撑硬件（如一种方案为铜芯缆线和相关配套的支撑硬件；另一种方案为铜芯缆线和光纤缆线综合以及相关配套的支撑硬件）。

(5) 完成智能建筑中各个楼层面的平面布置图和系统图。

(6) 根据所设计的布线系统列出材料清单。

综合布线系统设计步骤流程图可参见图 7-2 所示。

一个完善而合理的综合布线的目标是：在既定时间内，允许在集成过程中提出新的需求时，不必再去进行水平布线，以免损坏建筑结构或装饰。

7.2.4 工作区子系统设计

(1) 工作区子系统概述

工作区是指一个独立的需要设置终端设备的区域，如图 7-3 所示。综合布线系统中的工作区由配线（水平）布线系统的信息插座延伸到工作站终端设备处的连接电缆及适配器组成，包括装配软线、连接器和连接所需的扩展软线，并在终端设备和输入输出之间搭接。它相当于电话系统中电话机及其连接到电话插座的用户线部分。工作区的终端设备可以是电话、数据终端、计算机，也可以是检测仪表、传感探测器等。实例如图 7-4 所示。

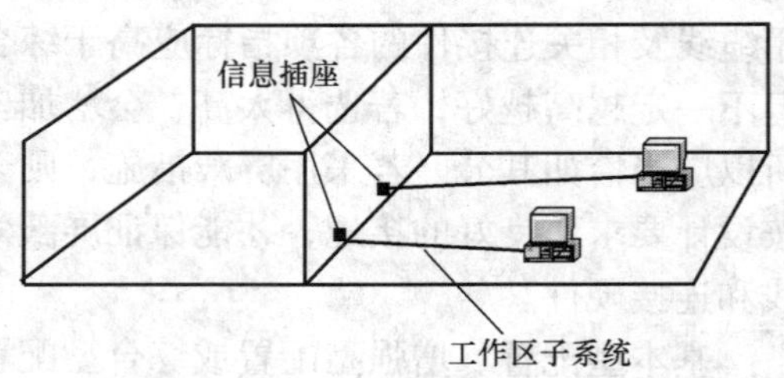

图 7-3 工作区子系统

工作区子系统定义元件
数据设备
语音设备
终端连接子系统定义元件

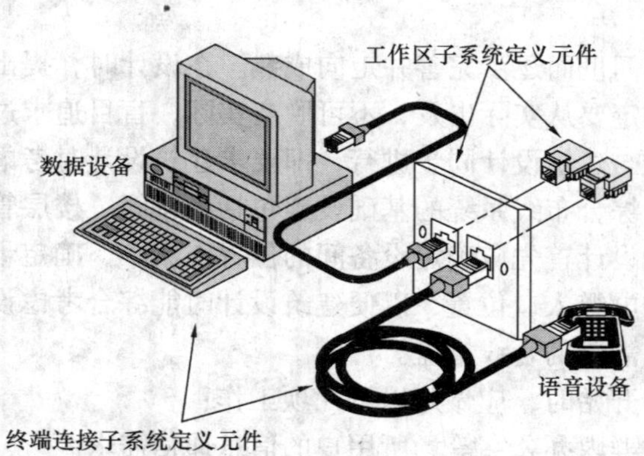

图 7-4 工作区子系统中的插座连接

工作区的电话、计算机、监视器及控制器等终端设备可用接插线直接与工作区的每一个信息插座相连接，但由于接口形状或信号的差异，一些终端设备则需要选择适当的适配器和平衡/非平衡转换器进行转换才能连接到信息插座上。

(2) 工作区子系统的设计要求

工作区布线一般为非永久的布线方

式，随着应用终端设备的种类而改变。从系统的整体性和系统性来看，工作区布线也是整个布线系统中不可缺少的组成部分。故在综合布线系统工程设计中，应根据技术先进、经济合理的原则，科学合理地确定信息插座的数量。有关的设计规范中对工作区的设计也提出了一些要求。

1）确定布线系统中信息插座的数量。一个工作区的服务面积可按 5～10m² 计算（一般为 10m²），每个工作区可以设置一部电话或一台计算机终端，或者既有电话又有计算机终端，也可根据用户提出的要求并结合系统的设计等级进行设置。

2）应根据楼层（用户）类别及工程提出的近、远期终端设备要求来确定每层的信息点（TO）数，信息点数及位置的确定应考虑终端设备将来可能产生的移动修改、重新安排以及一次性建设和分期建设的方案选定（应为将来扩充留出一定的富裕量）。

3）信息插座必须具有开放性，与应用无关。工作区的信息插座应达到如下要求：工作区的任何一个插座都应该支持电话机、数据终端、计算机、电视机、传真机以及监视器等终端设备的设置和安装。信息插座目前一般选用国际标准的 RJ45 插座。

4）工作区子系统的信息插座技术指标必须符合相关标准，比如衰减、串扰（包括近端串音 NEXT 及远端串音 FEXT）、回波损耗等。购买的网卡类型接口要与线缆类型接口保持一致。

5）信息插座应距离地面 300mm 以上，信息插座与计算机的距离保持在 5000mm 以内。为便于有源终端设备的使用，信息插座附近设置单相三孔电源插座。信息插座与电源插座布局如图 7-5 所示。

（3）工作区适配器的使用

通过选择适当的适配器，可使综合布线系统的输出与各厂家所生产的终端设备保持完整的电气兼容性。

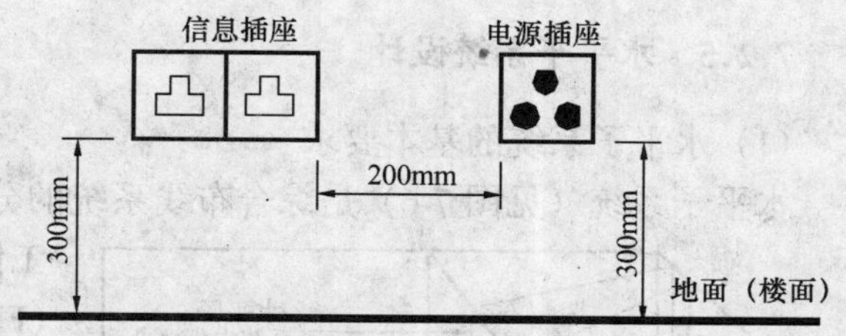

图 7-5　信息与电源插座的布局

应用系统的终端设备与水平子系统信息插座之间连通的最简单方法是用接插线。如电话可用两端带连接插头（RJ45 或 RJ11）的软线直接插到近处插座上。而某些终端设备因插头、插座不匹配，或线缆阻抗不匹配，不能直接插到信息插座上。这就需要选择适当的适配器和平衡/非平衡转换器进行转换，使应用系统的终端设备与综合布线水平子系统的线缆和信息插座匹配。

适配器是一种使不同尺寸或不同类型的插头与水平子系统的信息插座相匹配，提供引线的重新排列，允许大对数电缆分成较小的对数，使电缆间互连的设备。平衡/非平衡适配器是一种将电气信号由平衡转换为非平衡或由非平衡转换为平衡的器件。在综合布线中，通常指双绞电缆和同轴电缆之间的阻抗匹配。

1）工作区适配器的选配原则　单一信息插座上进行两项服务时，应用“Y”形适配器；当拓展 ISDN 业务时，可用网络终端或终端适配器；在设备连接时采用了不同的信息插座，应加适配器；当工作区中所用电缆类别与设备所需的电缆类别不一致时，应加适配器；对于光电信号间的转换，可采用光/电转换适配器；解决不同网络的兼容性时，可用协议转换适配器。

各种不同的终端设备或适配器均安装在信息插座之外工作区的适当位置。

2）常用适配器类型及应用　适配器类型及配接如表 7-1 所示。

常用适配器类型及其应用　**表 7-1**

适配器名称	型　号	特　点
平衡/非平衡适配器	353A	为 8 针脚模块化插座与 BNC 连接器提供网络耦合器
	353M	以多个 BNC 连接器对应于 4 对双绞线的适配接至 25 针小型带状插座
匹配适配器	369A	为 8 针脚插座与 8 针脚模块化插头的连接提供网络阻抗匹配
端接适配器	366A（配合 365A）	一端带双股电缆插头，另一端配有 8 针脚插座
连接适配器	400K	一端为 8 针脚插座，另一端为 6 针脚、2 针脚两种插座，6 针脚两个插座接微机，2 针脚两个插座接普通电话
	361A	一条双股同轴电缆，一端为 8 针脚模块化插座，另一端为两个连接器：TNC、BNC
桥接适配器	367A	具有复接的 8 个端口，用在同一房间的所有工作终端桥接在一个端口上
保护适配器	355A 355B	一端为 8 针脚模块化插座，另一端为 25 针脚 EIA 连接器。它通过保护电阻、二极管线路，将 RS-232C　25 针脚连接器与 8 针脚模块化插座匹配连接

在工作区，把应用系统的终端设备连接到信息插座上的常用接插线，可以按照应用系统的终端设备型号来选择。

7.2.5　水平子系统设计

（1）水平子系统的基本要求

水平子系统（见图 7-6）是综合布线系统的分支部分，具有面广、点多等特点。它由工作区用的信息插座及其至楼层配线架（FD）以及它们之间的缆线组成。水平子系统设计范围遍及整个智能化建筑的每一个楼层，且与房屋建筑和管槽系统有密切关系；水平子系统设计涉及水平子系统的传输介质和部件集成，在设计中应注意相互之间的配合。

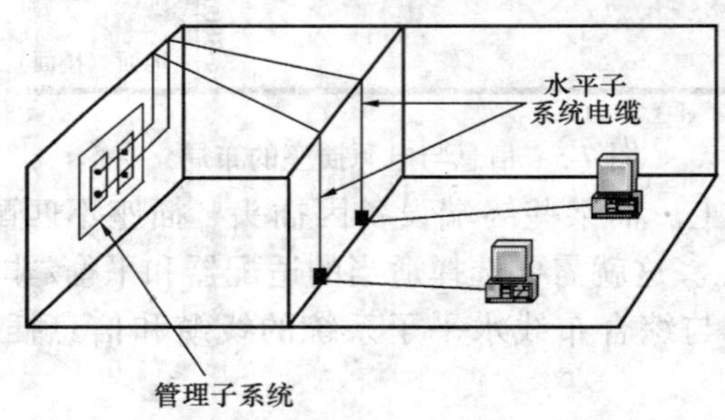

图 7-6　水平子系统

水平子系统的设计包括网络拓扑结构选择、设备配置、缆线选用和确定最大长度等内容，它们各自独立，但又密切相关，在设计中需综合考虑。水平子系统的网络结构都为星形结构，它是以楼层配线架（FD）为主节点，各个信息插座为分节点，二者之间采取独立的线路相互连接，形成以 FD 为中心向外辐射的星形线路网。这种网络结构的线路较短，有利于保证传输质量，降低工程造价和维护管理。

布线线缆长度等于楼层配线间或楼层配线间内互连设备电端口到工作区信息插座的缆线长度。水平子系统的双绞线最大长度为 90m。工作区、跳线及设备电缆总和不超过 10m，即 $A+B+E\leqslant 10$m。图 7-7 给出了水平布线的距离限制。

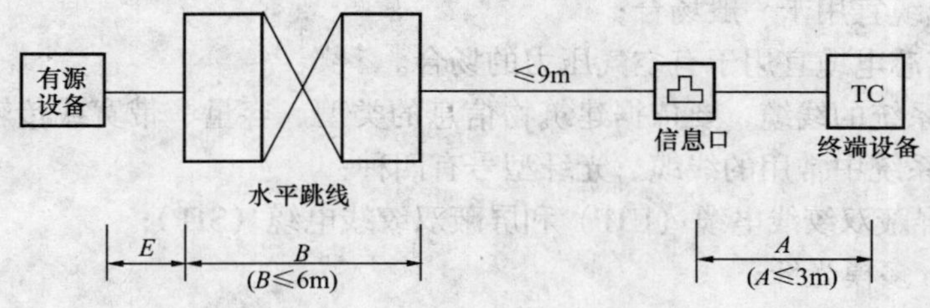

图 7-7 水平子系统布线距离

当需要有转换接点 TP（Transition Point）的情况，布线距离如图 7-8 所示。设计者要合理安排好弱电竖井的位置，如水平线缆长度超过 90m，则要增加 IDF（楼层配线架）或弱电竖井的数量。

设计水平子系统时，确定水平布线方案、线路定向和路由，要考虑建筑物的结构、布局和用途，以使路由简短，施工方便。

在水平布线通道内，关于电信电缆与分支电源电缆要说明以下几点：

1）可以用电源管道障碍（金属或非金属）来分隔电信电缆与电源电缆。

2）屏蔽的电源导体（电缆）与电信电缆并线时不需要分隔。

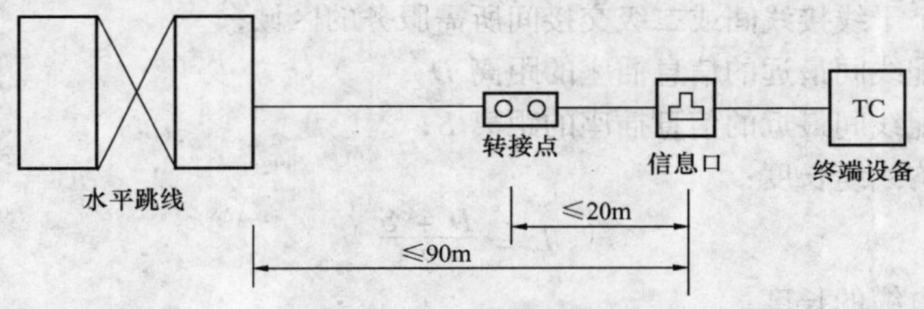

图 7-8 有转换接点的布线规格

3）在工作站的信息口或间隔点，电信电缆与电源电缆的距离最小应为 60mm。

4）对非屏蔽的电源电缆，最小的距离为 100mm。

(2) 水平子系统的设计原则

水平子系统应根据用户对工程提出近期和远期的终端设备要求、每层需要安装的信息插座数量及其位置、终端将来可能产生移动、增加和重新安排的预测情况、一次性建设或分期建设的方案等要求进行设计。

水平子系统应采用 4 对双绞线和 8 针脚模块化插座，在高速率应用的场合，也可采用光缆及其连接硬件。水平子系统应根据整个系统的要求，在交接间或设备间的配线设备上进行连接，以构成语音、数据、图像、建筑物监控等系统并进行管理。

一个给定的综合布线设计可采用多种类型的信息插座。信息插座应在内部做固定线连接。为了在交叉连接处便于链路管理，不同类型的信号应规定在相应的线缆对上传输，并用统一的色标表示。为了适应语音、数据、多媒体及监控设备的发展，语音及监控部分应选用较高类型的双绞电缆，数据及多媒体部分应选用光缆。设计水平线缆走向应便于维护和扩充。

(3) 水平子系统的线缆及选择

水平子系统线缆宜按下列原则选用：

1）普通型线缆宜用于一般场合；

2）填充型实芯电缆宜用于有空气压力的场合。

选择水平子系统的线缆，要依据建筑物信息的类型、容量、带宽或传输速率来确定。在水平干线布线系统中常用的线缆、光纤型号有四种：

1）100Ω 非屏蔽双绞线电缆（UTP）和屏蔽双绞线电缆（STP）；

2）50/125μm 多模光纤；

3）62.5/125μm 多模光纤；

4）8.3/125μm 多模光纤。

在水平子系统中，也可使用混合电缆。采用双绞电缆时，根据需要可选用非屏蔽双绞电缆或屏蔽双绞电缆，一般不宜采用同轴电缆。在一些特殊场合，可选用阻燃、低烟、无毒等线缆。随着微电子技术的发展，应用系统设备都已使用标准接口，如 RJ45 插座。另外，10Mbps 或 10Mbps 以下低速数据和话音传输，可采用 3 类双绞电缆；10Mbps 以上高速数据传输，可采用 5 类或 6 类等双绞电缆。高速率或特殊要求的场合可采用光纤。由于距离不是很远，所以多模光缆便可满足要求，且价格比单模光缆便宜。

水平子系统的线缆长度按如下步骤确定：

1）确定线缆布线方法和线缆的走向；

2）确定每个干线接线间或二级交接间所需服务的区域；

3）确定离配线间最远的信息插座的距离 D；

4）确定离配线间最近的信息插座的距离 S；

5）计算平均线缆长度：

$$L = \frac{D + S}{2}$$

6）计算总电缆的长度：

$$R = L \times (1 + 10\%) + \text{端接容差}(6000 \sim 12000\text{mm})$$

7）根据通信行业标准 YD/T 926.1—1997 的规定，水平电缆的最大长度为 90m。

（4）水平子系统的信息插座

1）信息插座的类型选择　信息插座（TO）是终端（工作站）与水平子系统连接的接口。TO 一般应为标准的 RJ45 型插座，并与线缆类别相对应，TO 面板规格应采用国家标准。多模光纤插座宜采用 SC 或 ST 接插形式（SC 为优选形式），单模光纤插座宜采用 FC 接插形式。

按性能差别，信息插座可分为以下类型，可根据实际功能需要选用。

（a）3 类信息插座模块　支持 16Mbps 信息传输，适合语音应用。

（b）5 类信息插座模块　支持 155Mbps 信息传输，适合语音、数据、视频应用。

（c）超 5 类信息插座模块　支持 622Mbps 信息传输，适合语音、数据、视频应用。

（d）6 类信息模块　支持 1000Mbps 信息传输，适合语音、数据、视频应用。

（e）千兆位信息插座模块　支持 1000Mbps 信息传输，适合语音、数据、视频应用。

（f）光纤插座（FJ）模块　支持 1000Mbps 以上信息传输，适合语音、数据、视频应用。

凡能安装 RJ45 型插座的地方，均可安装 FJ 型插座。

（g）多媒体信息插座　支持 1000Mbps 信息传输，适合语音、数据、视频应用。可安装 RJ45 型插座或 SC、ST 和 MIC 型耦合器。

2）信息插座的配置方式　信息插座的配置与综合布线系统的类型等级、传输速率和采用的缆线有关，其配置原则宜按下列标准选用：

（a）单个 3 类线连接的 8 针信息插座（RJ45），用于基本型低速率信息传输系统。

（b）单个 6 类线连接的 8 针信息插座（RJ45），用于基本型高速率信息传输系统。

（c）两个 3 类线连接的 8 针信息插座（RJ45），用于增强型低速率信息传输系统。

（d）两个 6 类线连接的 8 针信息插座（RJ45），用于增强型高速率信息传输系统。

（e）光缆连接的多媒体信息插座用于综合型高速率信息传输系统。

根据建筑物结构和用户的需要，确定每个楼层配线间和二级交接间的服务区及可应用的传输介质。根据信息种类和传输率确定信息插座类型和安装方式。根据楼层平面图计算可用的空间来确定信息插座位置。

3）信息插座的接线方式　一般来说，信息插座有两种连接接线标准。它们分别是 EIA/TIA T568A 和 EIA/TIA T568B（这两种接线标准均与国际 ISO/IEC 708—1 标准兼容），如图 7-9 所示。

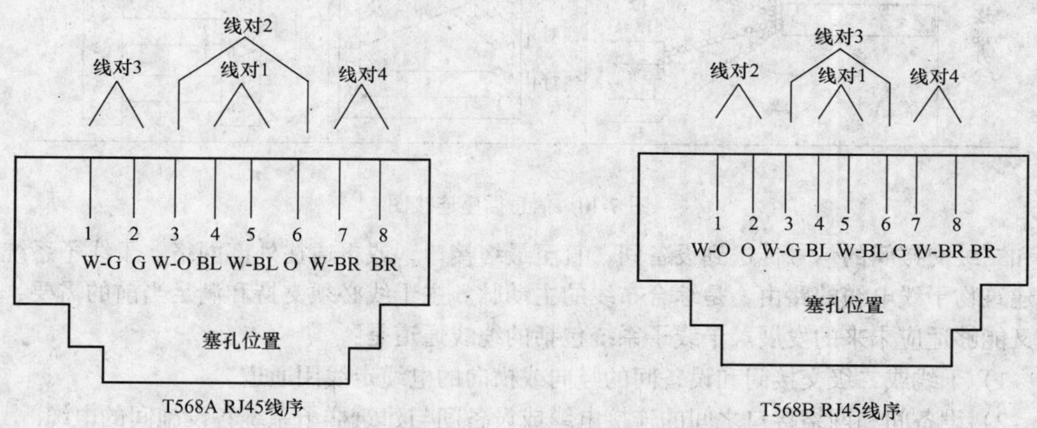

图 7-9　标准信息插座 8 针引线、线对安排正视图

8 针模块化信息输入/输出（I/O）插座是为所有的综合布线系统推荐的标准 I/O 插座。它的 8 针结构为单一 I/O 配置提供了支持数据、语音、图像或三者的主组合所需的灵活性。每条双绞线电缆必须都终接在工作区的一个 8 脚（针）的模块化插座（插头）上。

4）信息插座的链路连接　RJ45 头的压线连接与信息模块压线相同，也采用 568A 或 568B 这两种方式。整个工作区终端与信息插座、水平布线系统的连接形成的布线链路连接方式如图 7-10 所示。

信息插座的布设可采用明装或暗装式，在条件可能的情况下宜采用暗装式。信息插座应在内部做固定线连接，不得空线、空脚，终接在 TO 上的 5 类双绞线电缆开绞度不宜超过 13mm。要求屏蔽的场合插座须有屏蔽措施。

7.2.6　干线子系统设计

（1）干线子系统概述

干线子系统是（Backbone Subsystem）建筑物内部的主干传输电缆，它把来自各个接线

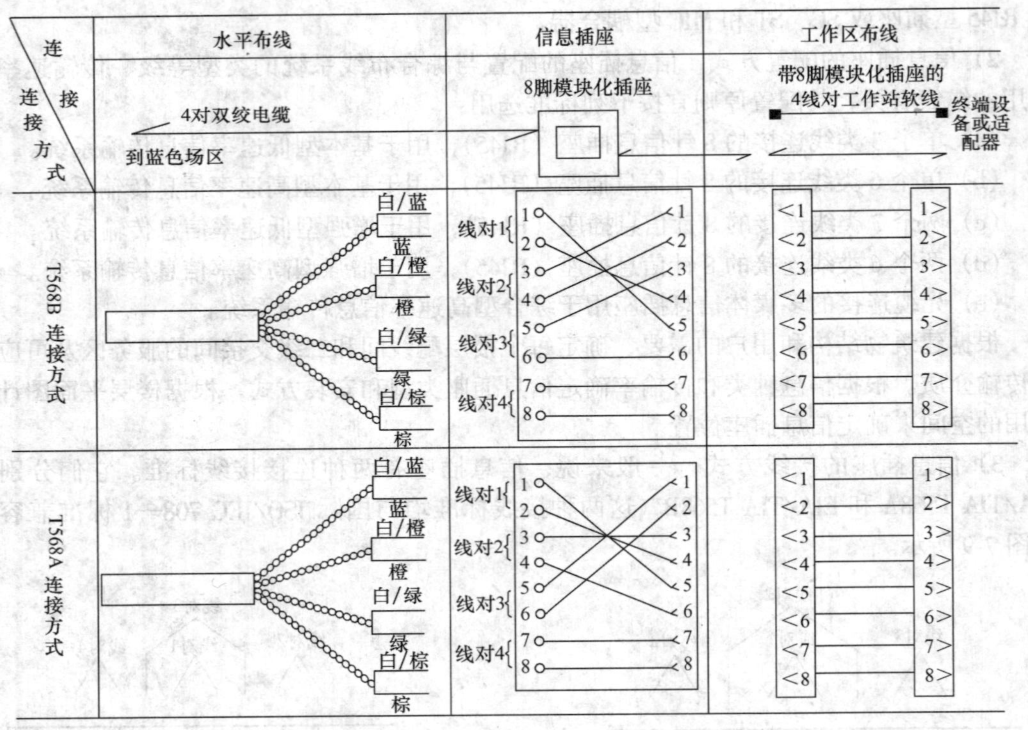

图 7-10 信息插座连接图

间和二级交接间的信号传送到设备间，直至最终接口，或再通往外部网络。干线子系统提供建筑物干线电缆的路由，是综合布线的主动脉。主干线必须支持和满足当前的需要，同时又能够适应未来的发展。干线子系统包括的缆线通道是：

1）干线或二级交接间和设备间的竖向或横向的电缆走线用通道。

2）设备间和网络接口之间的连接电缆或设备间与建筑群子系统各设施间的电缆。

3）干线接线间与各二级交接间之间的连接电缆。

4）主设备间和计算机主机房之间的干线电缆。

主干缆线是当今通信系统中关键的链路。一条主干缆线发生故障时，有可能使几百个用户受到影响。故主干布线的设计是关系全局的问题，必须予以充分的重视。

（2）干线子系统设计原则及步骤

1）干线子系统设计的基本原则：

（a）干线子系统中的主干线路总容量的确定应根据综合布线系统中语音和数据信息共享的原则和采用类型的等级（即基本型、增强型和综合型）进行估计推算，并适当考虑今后的发展余地。

（b）干线子系统中，不允许有转接点。从楼层配线架到建筑群配线架间只应通过一个配线架，即建筑物配线架。当综合布线只用一级干线布线进行配线时，放置干线配线架的二级交接间可以并入楼层配线间。

（c）干线是建筑物内综合布线的主馈缆线，是楼层之间垂直缆线的统称。与干线子系统有关的两个重要参数是介质的选择和干线对数的确定。介质的选择包括铜缆和光缆的选择，这是根据系统所处环境的限制和用户对系统等级的考虑而定的；干线对数的确定则主要根据水平配线对数的大小以及业务和系统的情况来定。

（d）干线电缆可采用点对点端接，也可采用分支递减端接以及电缆直接连接。如果设备间与计算机机房处于不同的地点，而且需要把语音电缆连至设备间，把数据电缆连至计算机机房，则应在设备中选取干线电缆的不同部分来分别满足不同路由语音和数据的需要。

（e）干线子系统应选择干线电缆最短、最安全和最经济的路由。弱电缆线不应布放在电梯、供水、供气、供暖、强电等竖井中。

（f）在大型建筑物中，干线子系统可以由两级甚至三级组成，但不应多于三级。

按照 EIA/TIA 568 标准和 ISO/IEC 11801 国际布线标准，干线子系统布线最大距离如图 7-11 所示。

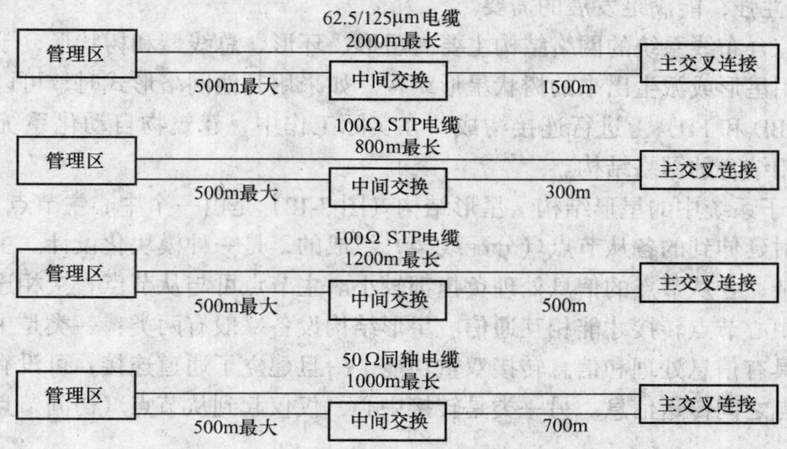

图 7-11 干线子系统布线标准

2）干线子系统的设计步骤　干线子系统设计的目标是选择干线线缆最短、最安全和最经济的路由，必须既满足当前的需要，又适应今后的发展。干线子系统通常可按下列步骤进行设计：

（a）确定每层楼的干线要求。

（b）总结整栋楼的干线要求。

（c）确定从每一楼层到设备间的干线电缆的路由。

（d）确定干线交接间与二级交接间之间的接合方法。

（e）根据选定的接合方法确定干线线缆的尺寸。

（f）确定加横向线缆所需的支撑结构。

（3）干线子系统的结构设计

综合布线系统由主配线架（BD 或 CD）、分配线架（FD）和信息插座（TO）等基本单元通过线缆连接组成。主配线架放在设备间，楼层配线间原则上应每层设置，信息插座装在工作区。规模比较大的建筑物，在主配线架与分配线架之间也可设置中间交叉配线架，中间交叉配线架安装在二级交接间。连接主配线架和分配线架的缆线称为主干线；连接分配线架和信息插座的缆线称为水平线。

综合布线系统中的接点分为两类：转接点（TP）和访问点（AP）。设备间、楼层配线间、二级交接间内的配线管理系统及其有源设备等属于转接点，它们在布线系统中只是用于转接和交换所传送的信息。访问点（AP）是设备间的系统集成中心设备和信息插座所连接的终端设备，它们作为在系统中信息传送的源节点和目标节点。

节点常和工件区的终端设备联系在一起，一个信息点既可以连接一台数据或语音设备，也可以连接一台图像设备，当然也可以连接传感器之类的设备。结构的选择常和建筑物的结构以及访问控制方式密切相关。节点的连接方式不同，可得到不同的结构。综合布线系统网络结构的选择，是由综合布线系统传输信息量的多少、安全可靠要求、建筑结构和技术经济合理等因素来决定的。在网络结构选择时应遵循以下要求：

1）安全可靠、检测维修方便。

2）灵活通融、有利于增加和拆移。

3）适应性强，能满足发展的需要。

目前，综合布线系统的网络结构主要有星形、环形、总线型和树状形，干线子系统设计时一般采用星形或派生出来的树状星形结构。如采用其他网络形式时，可以在节点（即配线架 CD、BD 和 FD）上进行连接构成。在实际工作中，建筑物自动化系统常常采用星形和总线型相结合的网络结构。

1）干线子系统中的星形结构　星形结构（图 7-12）是由一个中心主节点（主配线架）及其向外辐射延伸到的各从节点（分配线架）组成的，是一种模块化设计。主节点的控制设备较为复杂，各从节点的信息处理负担都较小。主节点可与从节点直接相连，而从节点之间必须经中心节点转接才能相互通信。星形结构设备一般有两类：一类是中心主节点的接口设备，具有信息处理和信息转接双重功能。一旦建立了通道连接，可没有延迟地在连通的两个节点之间传送信息。另一类是转接中心，仅仅起到从节点（访问节点）间的连通作用。

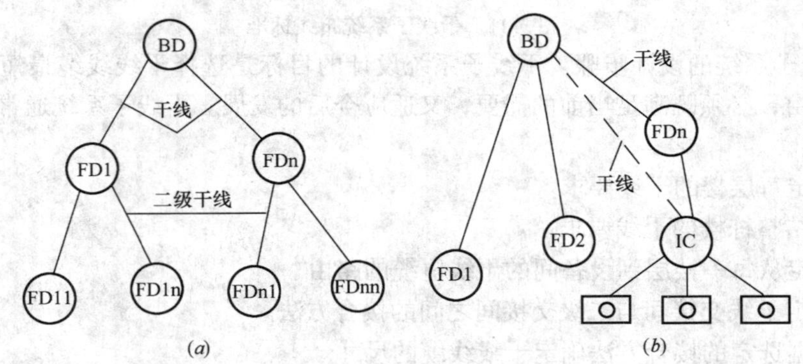

图 7-12　干线星形结构

（*a*）干线星形结构；（*b*）干线经二级交接间的星形结构

目前智能大厦的计算机主干网在主节点配置一台主交换机，在每个楼层配线间配置交换器或集线器，通过水平电缆连接足够数量的工作站（设备）。楼层配线间的交换器或集线器与主交换机连接起来。若布线距离超过规定的最大距离，可使用有源设备，如网桥（Bridge）、集线器（HUB）、中继器（Repeater）等设备来延长距离。

随着交换技术的不断发展（尤其是 ATM 的发展），越来越要求综合布线采用星形结构。在图 7-12（*a*）中星形结构是将各个楼层配线间（从节点）连接到一个主设备间（主节点）的结构。在这种结构中，只有一级交叉连接。另一种结构是从节点（楼层配线间）经中间跳接，再与主节点（设备间）相连，在这种结构中，最多也只能允许有两级交叉连接，见图 7-12（*b*）。需要注意的是，在干子系统中仅有两种跳接，即主跳接（Main Cross-Connect，MC）和中间跳接（Intermediate Cross-Connect，IC）。两个楼层配线间之间的相互连接必须通过三个以下的配线架，单一的跳接必须达到主跳接。

2）干线子系统中的总线型结构　总线型结构采用公共主干线作为传输介质，所有的楼层配线架都通过相应楼层配线间的设备硬件接口连接到主干线（总线）上。任何一个楼层配线间的设备发送信号都可以沿着主干线传播，而且能被所有其他楼层配线间的设备接收。图 7-13 表示的就是总线结构。智能建筑中消防报警系统经常采用这种结构。

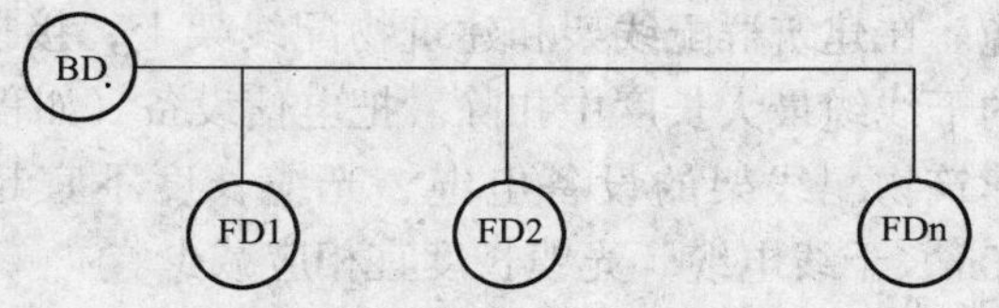

图 7-13　总线结构

因为所有的楼层配线间共享一条主干传输链路，所以一次只能有一个楼层配线间的设备传输信息。这种结构通常采取分布式访问控制策略来决定哪一个楼层配线间的设备可以发送信息。发送时，发送信息的设备将信息分成组，然后一次一个地发送这些分组，直到所有分组发送完毕为止，然后才开始下一个楼层配线间的设备的信息发送。当分组经过各楼层配线间的设备时，目的楼层配线间的设备将识别分组的地址，然后记下这些分组的内容。这种结构减轻了通信处理的负担。它仅是一个无源的传输介质，而通信处理分布在各节点上进行。

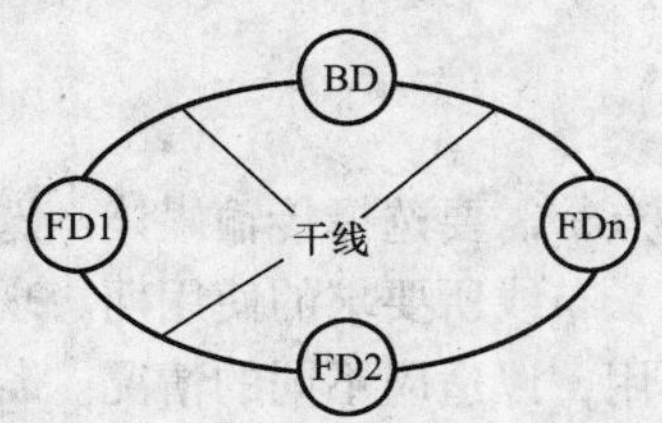

图 7-14　环形结构

3）干线子系统中的环形结构　在环形结构中，各节点通过楼层配线间的有源设备相接形成环形通信回路，各节点之间无主从关系。各个楼层配线间的有源设备都与两条链路相连。有源设备是一种比较简单的设备，比如在计算机网络中，通常采用中继器、集线器或网桥，也可以采用路由器。这种链路可以是单环的，也可以是双环的。图 7-14 表示了干线子系统的环形结构。

每个节点都是通过一个有源设备连接到布线通道上的，信息以分组的方式发送。由于多个节点共享一个环，可采用分布式访问控制方式，以决定每个节点的设备在什么时候可以把信息放在环上。

4）干线子系统中的树状形结构　树状形结构实际是星形结构的发展和扩充，也是一种分层结构，具有主（根）节点和各从（分支）节点。它适用于分层控制系统，也是集中式控制的一种。各节点按层次进行连接处于最高层次的节点，其可靠性要求也最高。当某一节点发送信息时，主（根）节点接受该信号，然后再重新广播发送到综合布线的各从（分支）节点。图 7-15 就是这种树状形结构。

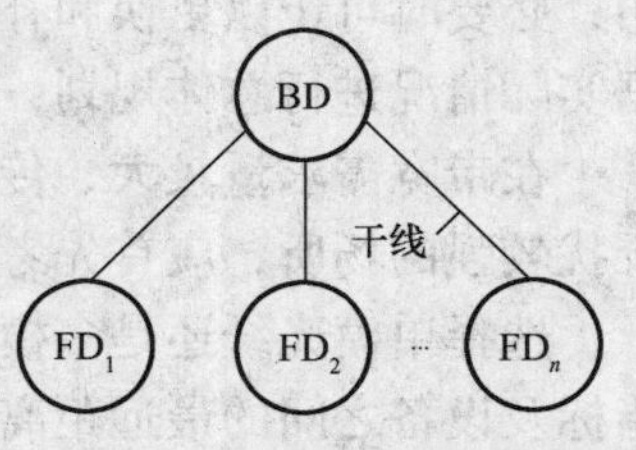

图 7-15　树状形结构

（4）干线子系统的布线距离

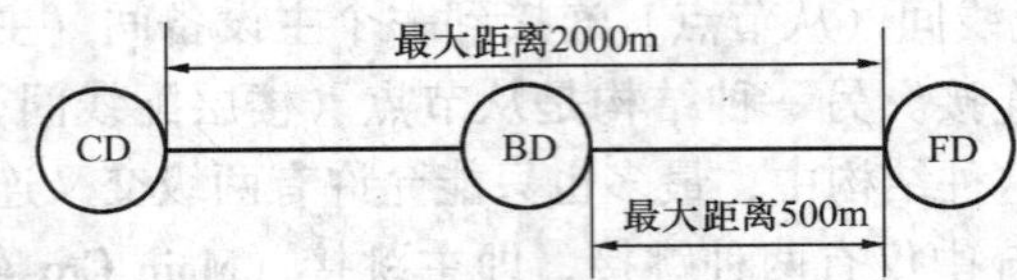

图 7-16 干线子系统布线最大距离

综合布线干线子系统布线的最大距离应符合如图 7-16 所示的要求，即建筑群配线架（CD）到楼层配线架（FD）间的距离不应超过 2km，建筑物配线架（BD）到楼层配线架（FD）的距离不应超过 500m。采用单模光缆时，建筑群配线架到楼层配线架的最大距离可以延伸到 3km。采用 6 类双绞电缆时，对传输速率超过 1kMbps 的高速应用系统，布线距离不应超过 90m。否则应选用单模或多模光缆。在建筑群配线架和建筑物配线架上，接插线和跳线的长度超过 20m 的长度应从允许的干线缆最大长度中扣除。把电信设备（如程控用户交换机）直接连接到建筑群配线架或建筑物配线架的设备电缆、光缆长度不宜超过 30m。如果使用的设备电缆、光缆超过 30m，干线电缆、光缆长度宜相应减少。

为使路由安全并符合网络结构的要求，满足用户信息点和缆线分布的需要，建筑物干线子系统的垂直主干路由位置和管理区域应力求使干线电缆的长度最短。常将设备间主配线架放置于大楼的中间位置，使得从设备间到各层交换间的路由距离不超过 100m。

若安装长度超过了规定的距离限制，就要将其划分几个区域，每个区域由满足要求的干线来支持，进行二级干线交接。当每个区域的相互连接都超出了这个标准范围时，一般要借用设备或借鉴应用广泛的新技术来加以解决。当某些特殊的系统超过了这个最大距离而不能正常运行时，主干布线的传输介质中也可加入中继器等有源器件进行信号中转。延伸业务可能从远离配线架的地方进入建筑群或建筑物。延伸业务引入点到连接这些业务的配线架间的距离，应包括在干线布线的距离之内。若有延伸业务接口，与延伸业务接口位置有关的特殊要求也会影响这个距离，应记录所用缆线的型号和长度，必要时还应提交给延伸业务提供者。

(5) 干线子系统的线缆及选择

干线子系统布线应能满足不同用户的需求。根据应用特点，需要选择传输媒体。选择媒体一般是基于如下考虑的：业务的灵活性、布线的灵活性、布线所要求的使用期、现场大小和用户数量。每条特定介质类型的电缆都有其特点和作用，以适应不同的情况。若一种类型的电缆不能满足同一地区所有用户的需要时，就必须在主干布线中使用一种以上的介质。在这种情况下，不同介质将使用同一位置的交叉连接设备。

一般地，干线线缆可选择 100Ω 双绞电缆（UTP 或 FTP）、62.5/125μm 多模光缆、50/125μm多模光缆和 8.3/125μm 单模光缆几种传输介质，它们可单独使用也可混合使用。

针对语音传输一般采用 3 类大对数双绞电缆（25 对、50 对等），针对数据和图像传输采用多模光纤或 5 类及以上大对数双绞电缆。主干缆线通常应敷设在开放的竖井和过线槽中，必要时可予以更换和补充。在设计时，对主干线子系统一般以满足近期需要为主，根据实际情况进行总体规划，分期分步实施。

在带宽需求量较大、传输距离较长和保密性、安全性要求较高的干线以及雷电、电磁干扰较强的场所，应首先考虑选择光缆。

选择单模光纤还是多模光纤，要考虑数据应用的具体要求、光纤设备的相对经济性能指标及设备之间的最远距离等情况。多模光纤以发光二极管（LED）作为光源，适合的局域网速度为 622Mbps，可提供的工作距离从 300～2000m 不等，与利用激光器光源在单模光纤上工作的设备相比更加经济实惠。由于发光二极管的工作速度不够快且不足以传送更高频率的光脉冲信号，所以在千兆字节的高速网络应用中需要采用激光光源。因此单模光纤可以支持高速应用技术及较远距离的应用情况。根据单模光纤和多模光纤的不同特点，大楼内部的主干线路宜采用多模光纤，而建筑群之间的主干线路宜采用单模光纤。

5类（及以上）大对数双绞电缆容易引入线对之间的近端串扰（NEXT）以及它们间的近端串扰的叠加问题，这对于高速数据传输是十分不利的。还有5类（及以上）25对缆线在110配线架上的安装比较复杂，技术要求较高，可以考虑采用多根4对5类及以上双绞电缆代替大对数双绞电缆。

(6) 干线子系统的接合方法

主干线路的连接方法（包括干线交接间与二级交接间的连接）主要有点对点端接、分支结合和混合连接3种。

1）点对点端接法　点对点端接法是最简单、最直接的线缆接合方法，每根干线电缆直接延伸到楼层配线间，如图7-17所示。此连接只用一根电缆独立供应一个楼层，其双绞线对数或光纤芯数应能满足该楼层的全部用户信息点的需要。主要优点是主干路由可采用容量小、质量轻的电缆单独供线，没有配线的接续设备介入，发生障碍时容易判断和测试，有利于维护管理，是一种最简单直接的相连方法。缺点是电缆条数多、工程造价增加、占用干线通道空间较大。各个楼层电缆容量不同，安装固定的方法和器材不一会影响美观。

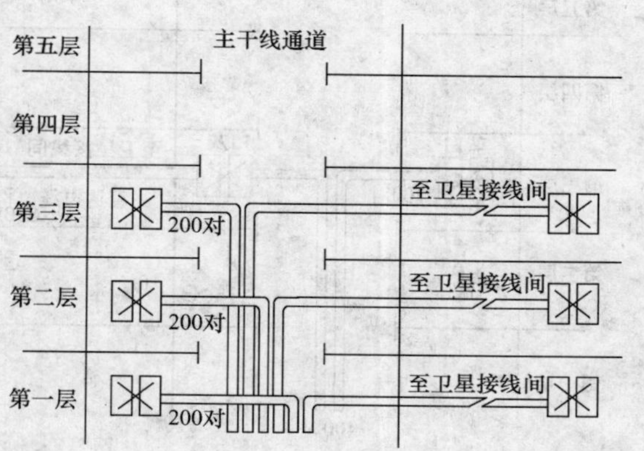

图 7-17　点对点端接布线图

2）分支接合方法　分支连接是采用一根通信容量较大的电缆，再通过接续设备分成若干根容量较小的电缆分别连到各个楼层，如图7-18所示。分支连接接合方式的主要优点是干线通道中的电缆条数少、节省通道空间，有时比点对点端接方法工程费用少。缺点是电缆容量过于集中，电缆发生障碍波及范围较大。由于电缆分支经过接续设备，在判断检测和分隔检修时增加了困难和维护费用。对于这种接合方法可分为两种情况，即单楼层接合与多楼层接合。

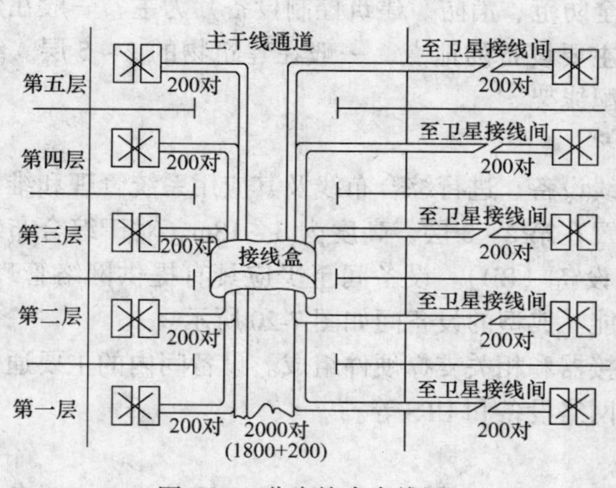

图 7-18　分支接合布线图

(a) 单楼层接合：当干线接线间只用作通往各远程通信（卫星）接线间的电缆的过往点时，就采用单楼层接合方法，即干线接线间里没有提供端接I/O用的连接硬件。一根电缆通过干线通道而到达某个指定楼层，其容量足以支持该楼层所有接线间的通信需要。用一个适当大小的绞接盒把这根主电线与粗细合适的若干根小电缆连接起来，并把这些小电缆分别连到各个卫星接线间。

(b) 多楼层接合：该方法通常用于支持5个楼层的通信需要（以每5层为一组）。一根主电缆向上延伸到中点（第3层），在该楼层的干线接线间里装上一个接合盒，然后用它把主电缆与粗细合适的各根小电缆分别连接在一起，再把各个电缆分别连接至上下各两层。

3) 混合连接：这是一种在特殊情况下采用的连接方法（一般有二级交接间），通常采用端接与连接电缆混合使用的方式，在卫星接线间完成端接，同时在干线接线间实现另一套完整的端接，如图7-19所示。在干线接线间里可以安装所需的全部110型硬件，建立一个白场——灰场接口，并用合适的电缆横向连往该楼层的各个卫星接线间。

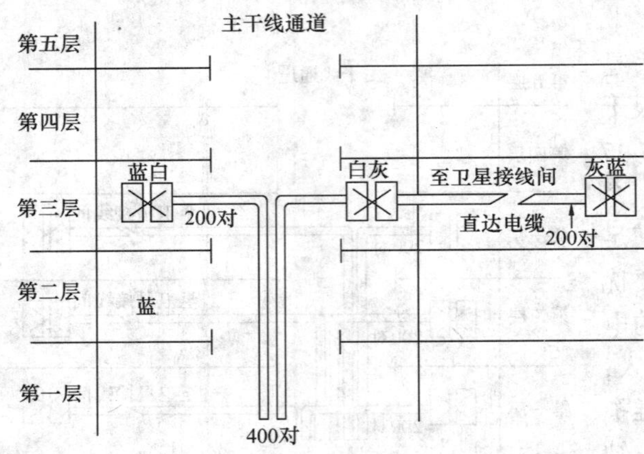

图7-19　混合式连接方式布线图

直接连接是特殊情况使用的技术：一种情况是一个楼层的所有水平端接都集中在楼层配线间，以便能更加方便地管理路由线路；另一种情况是楼层配线间分配线架太小，需在主配线架上完成端接。由于增加了连接节点，在选用时应进行技术经济比较后再来确定。

在上述接合方法中采用哪一种，这需要根据网络结构、设备配置情况、电缆成本并结合工作所需的劳务费来全面考虑。在一般的综合布线系统工程设计中，为了保证网络安全可靠，应首先选用点对点端接方法。当然，在经过成本分析后证明分支接合方法的成本较低时，也可以采用分支接合方法。

7.2.7　设备间子系统设计

在一栋办公楼，一般都有计算机机房、控制室和弱电间。弱电间以敷设弱电线缆为主；控制室以放置监视和控制设备（如安全防范、消防、建筑控制设备）为主，一般在建筑物低层；计算机机房是放置计算机系统主要设备的地点，一般在建筑物的2~5层。综合布线的设备间、配线间主要放置线缆和配线架。

(1) 设备间子系统概述

设备间是每一栋建筑物用以安装进出线设备、进行综合布线及其应用系统管理和维护的场所。在高层建筑物内，设备间通常设置在第2~3层，高度为3~18m。对于综合布线工程设计，设备间主要是安装建筑物配线设备（BD）。设备间至少应具有提供网络管理、设备进线和管理人员值班的场所等三个功能。典型的设备间如图7-20所示。

综合布线的设备间子系统由电源、连接器和相关支撑硬件组成。设备间内的主要通信设备包括数字程控交换机、大型计算机、网络设备和UPS等。

(2) 设备间的基本要求

一个设计良好的设备间可支持独立建筑或建筑群环境下的所有主要通信设备。设备间可支持程控用户交换机（PBX）、通信和文件服务器、计算机和控制器、主站、集线器、路由器、网关和其他支持局域网和广域网连接的设备，设备间还起外部通信线缆端接点的作用。就此用途来说，设备间也是放置通信接地板的最佳选择位置，接地板用于接地导线与接地干线的连接。

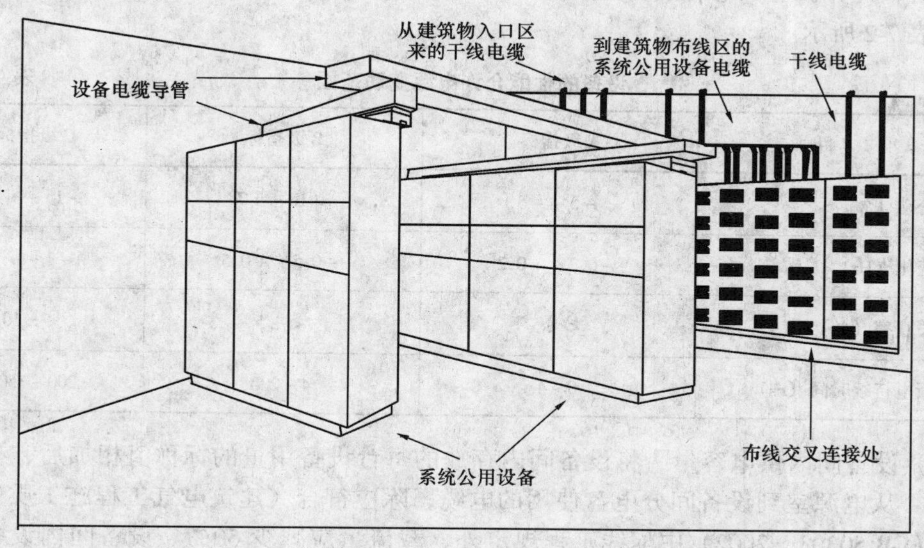

图 7-20 设备间子系统

1）位置的要求　设备间是外界引入（包括公用通信网或建筑群体间主干布线）和楼内布线的交汇点，是综合布线系统的关键部分。设备间位置的选择应考虑以下几个因素：

（a）要求干线路由最短，应尽量使设备间建在建筑物平面及其综合布线综合体的中间位置。

（b）设备间尽可能靠近建筑物电缆引入区和网络接口。

（c）设备间尽量选择便于接地的位置。

（d）设备间尽量远离高强振动源、强噪声源，远离强电磁场干扰源，远离有害气体（如 SO_2、H_2S、NH_3、NO_2）及腐蚀、易燃、易爆物等场所。

（e）设备间尽量避免设在建筑物的高层或地下室，其上方不应有卫生间、水箱等有水设施。

设备间位置及大小应根据设备数量、规模、最佳网络中心等因素，综合考虑确定。建筑群（或大楼）主交接间（MC）宜选在建筑群中最主要的一座楼内，且最好离电信公用网最近，若条件允许，最好将主交接间与大楼设备间合二为一。

2）结构要求　设备间主要设备有数字程控交换机、计算机等，设备间要有足够的空间。当主交接间和设备间两者合二为一时，总面积应不小于分立时的面积要求之和。设备间最小使用面积不得小于 $10m^2$。设备间的净高依设备间使用面积的大小而定，一般为 2.5～3.2m。门的大小至少为高 2.1m，宽 900mm，主交接间与设备间的门开启方向须向外。楼板承重能力为：A 级≥$500kg/m^2$；B 级≥$300kg/m^2$。

3）电源要求　设备间的电源通常采用直接供电与不间断电源（UPS）供电相结合的方式，可采用集中供电方式。

（a）设备间供电电源应为工频 50Hz、电压 380V/220V 的三相五线制式或三相四线制/单相三线制。为了操作配线间中的通信设备，配线间内应设置不少于两个 220V、10A 带有接地极的扁圆孔多用电源插座，应用设备较多时还应适当增加。设备间内安放计算机通信设备时，计算机主机电源系统应按设备的要求设计。依据设备的性能允许参数的变动范围，如表 7-2 所示。

设备的性能允许电源变动范围 **表 7-2**

项　目	A 级指标	B 级指标	C 级指标
电压变动（%）	−5～+5	−10～+7	−15～+10
频率变化（Hz）	−0.2～+0.2	−0.5～+0.5	−1～+1
波形失真率（%）	<±5	<±5	<±10
允许断电持续时间（ns）	0～4	4～200	200～1500

（b）设备间内供电容量　将设备间内存放的每台设备用量的标称值相加后，再乘以系数$\sqrt{3}$。从电源室到设备间分电盘使用的电缆，除应符合《建筑电气工程施工质量验收规范》（GB 50303—2002）中配线工程规定外，载流量应减少 50%。设备间内设备用的配电柜应设置在设备间内，并应采取防触电措施。设备间内的各种电力电缆应为耐燃铜芯屏蔽电缆。各电力电缆（如空调设备）供电电缆不得与双绞线走向平行。交叉时，应尽量以接近于垂直的角度交叉，并采取阻燃措施。各设备应选用铜芯电缆，严禁铜、铝混用。若不能避免时，应采用铜铝过渡头连接。设备间电源所有接头均应镀铅锡处理，冷压连接。

配线间通常还放置各种不同的电子传输设备、网络互连设备等。这些设备的用电质量要求较高，最好由设备间的不间断电源供电或设置专用不间断电源，其容量与配线间内安装的设备数量有关。

此外，配线间还对温度和湿度、空气质量、照明、噪声、电磁场干扰、安全以及消防等方面均具有一定的要求。具体内容可参阅相关规范和标准。

（3）设备间的设计原则

设备间作为建筑通信线缆入口使用的情况下，还可作为楼外铜缆与电信部门引入电缆分界点安装主保护器的场合。设计设备间时应考虑下列要点：

1）设备间位置及大小应根据设备数量、规格、最佳网络中心等因素，综合考虑确定。

2）设备间设备的布置应遵循“强弱电分排布放、系统设备各自集中、同类型机架集中”的原则。

3）在较大型的综合布线系统中，一般将计算机主机、程控用户交换机、建筑物自动化控制设备分别设置机房，把与综合布线密切相关的硬件或设备放在设备间。计算机网络系统中的互连设备，如路由器、交换机等，离设备间的距离不宜太远。

4）设备间内的所有总配线设备宜采用色标以区别各类用途的配线区。

5）建筑物的综合布线系统与外部通信网连接时，应遵循相应的接口标准，并预留安装相应接入设备的位置。

（4）设备间的线缆敷设

设备间内线缆的敷设方式，主要有活动地板、预埋管路、机架走线架和地板或墙壁内沟槽等方式，应根据房间内设备布置和缆线经过走向的具体情况，分别选用不同的敷设方式。

1）活动地板方式　这种方式是缆线在活动地板下的空间敷设，由于地板下空间大，电缆容量和条数多，路由自由短捷，节省电缆费用，缆线敷设和拆除均简单方便，能适应线路增减变化，有较高的灵活性，便于维护管理。但造价较高，会减少房屋的净高，对地板表面材料也有一定要求，如耐冲击性、耐火性、抗静电、稳固性等。活动地板敷设方式目前有两种：正常活动地板，高度为300～500mm；简易活动地板，高度为60～200mm，一般在建筑建成后装设。

2）预埋管路方式　这种方式是在建筑的墙壁或楼板内预埋管路，其管径和根数根据缆线需要来设计。穿放缆线比较容易，维护、检修和拆建均有利，造价低廉，技术要求不高，是一种最常用的方式。预埋管路需在建筑施工中决定，缆线路由受管路限制，不能变动，在使用中会受到一些限制。

3）机架走线架方式　这种方式是在设备（机架）上沿墙安装走线架（或槽道）的敷设方式，走线架和槽道的尺寸根据缆线需要设计，不受建筑设计和施工限制，可在建成后安装，便于施工和维护，有利于扩建。

4）地板或墙壁内沟槽方式　这种方式是缆线在建筑中预先建成的墙壁或地板内的沟槽中敷设，沟槽的断面尺寸大小根据缆线终期容量来设计，上面设置盖板保护。这种方式造价较低，便于施工维护，有利于扩建。但在与建筑设计和施工协调上较为复杂。

（5）配线间的设计

配线间（交接间）是干线子系统与水平子系统转接的地方。应从干线所服务的可用楼层面积来考虑并确定干线通道及楼层配线间的数目。

1）楼层配线间的设计：

(a) 配线间位置确定　楼层配线间的主要功能是供水平布线和主干布线在其间互相连接。设计人员应慎重考虑以最小的空间覆盖最大的面积。楼层配线间最理想的位置是位于楼层平面的中心，这样更易保证所有的配线（水平）缆线不超过规定的最大长度90m。如果配线缆线的长度超出最大限值，就应该采用双通道或多个通道的干线子系统，设计时应使干线子系统垂直通道设置在配线间内或其紧邻处，或采用分支配线间与配线间干线相连接的二级交接间。

(b) 配线间的布局　楼层配线间是水平缆线与主干缆线之间互连的具体位置，是由主接线引出的主干缆线的转接点。此转接可以是跳线架与配线架之间的跳接；也可以是楼层配架与主干配线架之间通过集线器（HUB）的跳接。楼层配线间可安装附加设备，如视频分配硬件和设备、控制面板和相关布线。楼层配线间的理想布局是，水平缆线由一侧空间入线，主干缆线从相对一侧入线，使水平缆线和主干缆线并排跳接，水平缆线和主干缆线路径相互区别并保持独立。

设计配线间规格和整体尺寸时，应考虑到所有潜在硬件。硬件和设备的布局必须考虑所有机架、机柜，机架固定和墙上固定硬件的维护间距。墙壁固定框架、机架、配线架和端接设备应放在易于连接和维护的位置。在设计楼层配线间布局时应留有步行通道、水平路由、主干路由及电源缆线的分布空间等。

(c) 配线间的面积　当布线系统单独设置配线间时，典型的面积为 1.8m^2（长 1.5m，宽 1.2m）的扁长管道间，可安放 200 个单孔信息插座的工作区所需的楼层挂墙式配线架或 19 英寸标准机柜式配线架以及相关的连接硬件设备。其面积要求应符合表 7-3 的规定，也可根据设计需要确定。

配线间和二级交接间的面积　　**表 7-3**

工作区信息点数量（个）	配　线　间		二级交接间	
	数　量	面积（m^2）	数　量	面积（m^2）
≤200	1	1.5×1.2	1	0
201～400	1	2.1×1.2	1	1.5×1.2
401～600	1	2.7×1.2	1	1.5×1.2

当楼层配线间兼作楼层弱电（电信）间时，干线在配线间内安放弱电各个通信设备，如集线器（HUB）、路由服务器、监控报警等分接设备时，其面积不应小于 8～10m^2。

配线间面积通常不应小于 1.8m^2，若端接的工作区信息点超过 200 个，则可将原楼层配线间面积增大为 1.3m 深×2.4m 宽或者为 1.2m 深×3.0m 宽，或在该楼层增加 1 或 2 个二级交接间。凡工作区信息点数量超过 600 个的地方，则需要增加一个配线间。任何一个配线间最多可支持两个二级交接间。二级交接间通过水平干线子系统与楼层配线间或设备间相连。配线间的设计方法与设备间的设计方法相同，只是使用面积比设备间小。配线间兼作设备间时，其面积不应小于 10m^2。

2）二级交接间的设计：当水平工作面积较大，给定楼层配线间所要服务的信息插座离干线的距离超过 90m，或每个楼层信息插座超过 200 个时，可考虑设置一个二级交接间。二级交接间的设计方法与配线间相同。

在设置二级交接间后，干线线缆与水平线缆连接方式有两种情况。一种是二级交接间起水平线缆转接的作用。这时干线线缆端接在楼层配线间的配线架上，而水平线缆一端接在楼层配线间的配线架上，另一端还要通过和二级交接间配线架连接后，再端接到信息插座上。另一种情况是二级交接起干线子系统与水平子系统转接的作用。这时干线线缆延伸直接接到交接间的配线架上，而这时的水平线缆一端接在二级交接间的配线架上，另一端接在信息插座上。

7.2.8　管理子系统设计

管理是针对设备间、交接间和工作区的配线设备、缆线、信息插座等设施，按一定模式进行标识和记录的规定。内容包括管理方式、标识、色标、交叉连接等。这些内容的实施，将为今后的系统维护、管理带来很大的方便，有利于提高管理水平和工作效率。

用户工作区的信息插座是水平子系统布线的终点，是语音、数据、图像、监控等设备或器件连接到综合布线的通用进出口点。综合布线管理人员可在配线连接件区域调整交接方式，通过安排或重新安排线路路由，让传输通道延伸到建筑物内部的各个工作区，并经信息插座连接应用终端。只要在配线连接件区域调整交接方式，就可管理整个应用系统终端设备，实现综合布线的灵活性、开放性和扩展性。

(1) 管理子系统的基本要求

规模较大的综合布线系统宜采用计算机进行管理，规模较小的综合布线系统宜按图纸资料进行管理。在每个交接区实现线路管理的方式是在各色标区域之间按应用的要求，采用跳线连接。管理子系统中干线配线管理宜采用双点管理双交接。管理子系统中楼层配线管理应采用单点管理。

配线架的结构取决于信息点的数量、综合布线系统网络性质和选用的硬件。应根据光缆的芯数及规格、形式确定光端箱规格、形式。交接设备跳接线连接方式宜符合下列规定：对配线架上一般不经常进行修改、移位或重组的相对稳定的线路，宜采用卡接式接线方法。对配线架上经常需要调整或重新组合的线路，宜使用快接式插接线方法。

建筑物配线柜（架）(BD) 的规模宜根据楼内信息点数量、用户交换机门数、外线引入线对数、主干线缆对数来确定，并应留出适当的空间，供未来扩充之用。在交接间内配线柜（架）应留有一定的裕量空间以备容纳未来扩充的交接硬件设备。根据信息点（TO）的分布和数量确定交接间及楼层配线架（FD）的位置和数量，FD 的接线模块应有 20%～30%左右的裕量。

综合布线使用 3 种标记：电缆标记、区域标记和接插件标记。基中接插件标记最常用，可分为不干胶标记条或插入式标识两种，供选择使用。

色标是用来区分配线设备的性质，标识按性质排列的接线模块、表明端接区域、物理位置、编号、容量、规格等，以便维护人员在现场一目了然地加以识别。对设备间、交接间和工作区的配线设备、缆线、信息插座等设施，按一定模式进行标识和记录，宜符合下列规定。

1）在配线架上应具有用于标记管理的插槽或标牌。

2）综合布线的每条电缆、光缆、配线设备、端接点、安装通道和安装空间均应给定惟一的标志。标志中可包括名称、颜色、编号、字符串或其他组合。

3）电缆和光缆的两端均应标明相同的编号。

4）设备间、交接间的配线设备宜采用统一的色标区别各类用途的配线区。

5）规模较大的综合布线系统宜采用计算机进行管理，简单的综合布线宜按图纸资料进行管理，并应做到记录准确、及时更新、便于查阅。

(2) 管理交连方案

所谓管理就是指线路的跳线连接控制，通过跳线连接可安排或重新安排线路路由，管理整个用户终端，从而实现综合布线系统的灵活性。管理交连方案有单点管理和双点管理两种。

(a) 单点管理：单点管理属于集中型管理，是指在整个网络系统中只有一个“点”可以进行线路交连操作，其他连接点采用直接连接，一般均设在设备间（交换机房、主机房或交接房）内，采用星形网络。例如，设备（MDF）使用跳线连接，而楼层配线间分配线架（IDF）使用直接连接。

(b) 双点管理：双点管理属于集中、分散型管理，即在网络系统中有两个“点”可以进行线路交连操作，其他连接点使用直接连接。除了在设备间有一个管理点之外，在配线间仍有一级管理交连（跳线)。这是管理子系统普遍采用的方法，适用于大中型系统工程。例如：MDF 和 IDF 使用跳线连接。

在不同类型的建筑物中管理子系统常采用单点管理一次交连、单点管理二次交连、双

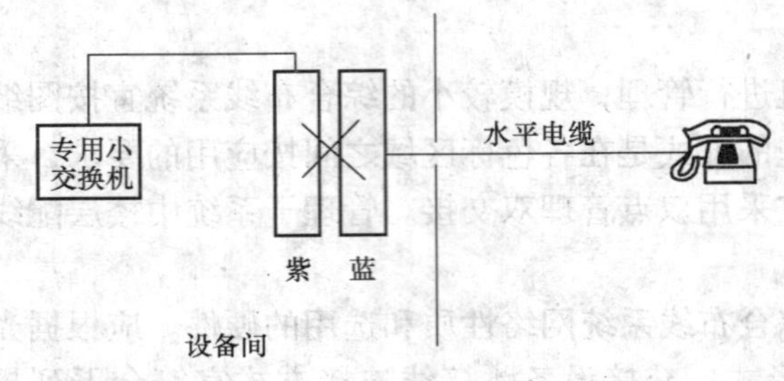

图 7-21　单点管理一次交连

点管理二次交连、双点管理三次交连和双点管理四次交连等方式。

1）单点管理一次交连　指在设备间的交换设备或互连设备附近，线路通常不进行跳线管理，直接连至用户工作区。它的结构如图 7-21 所示。这种方式使用的场合较少，工程规模较小，网络结构简单，用户信息点数量不多，且较分散，密度也不均匀，一般只有少量主干线路，甚至不设主干布线子系统和楼层配线架，而直接采用水平布线子系统。

2）单点管理二次交连　在通信业务种类和用户信息点数量较多、分布密度较集中和固定时，一般均有主干布线子系统，这种通信网络结构宜采用单点管理二次交连方式，也是一般综合布线系统推荐的管理方式。单点管理二次交连指在设备间里的交换设备或互连设备附近，通过线路不进行跳线管理，直接连至配线间里的第二个接线交接区。如果没有配线间，第二个交连可放在用户间的墙壁上，如图 7-22 所示。

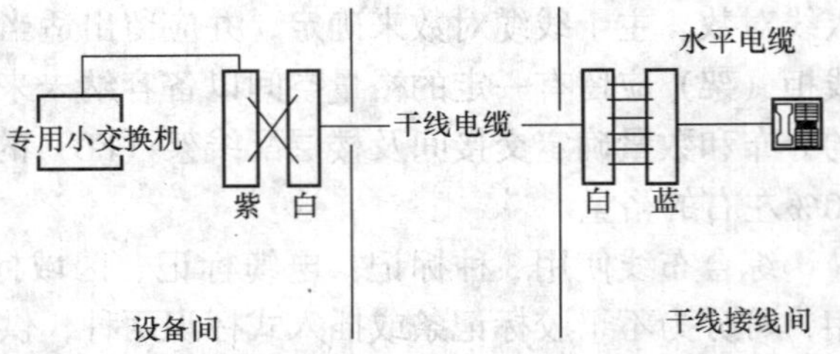

图 7-22　单点管理二次交连
（二次交连在用户区用接插线实现）

3）双点管理二次交连　对于低矮而又宽阔的建筑物（如机场、大型商场），管理规模较大、管理结构较复杂，这时多采用二级交接间，设置双点管理二次交连。双点管理除了在设备间里有一个管理点之外，在配线间仍有一级管理交接（跳线）。在二级交接间或用户房间的墙壁上还有第二个可管理的交接。二次交接要经过二级交接设备。第二个交连可能是一个连接块，它对一个接线块或多个终端块（其配线场与专用小交换机干线电缆水平电缆站场各自独立）的配线和站场进行组合，如图 7-23 所示。

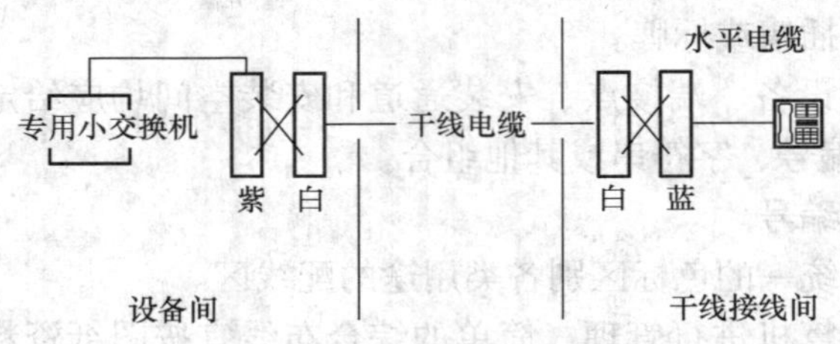

图 7-23　双点管理二次交连
（二次交连用作配线间的管理点）

4）双点管理三次交连　若综合布线系统工程规模较大，智能建筑为大、中型单幢高层建筑且楼层面积较大，通信网络结构较复杂，通信业务种类和用户信息点数量较多时，还可以采用双点管理三次交连方式，如图 7-24 所示。

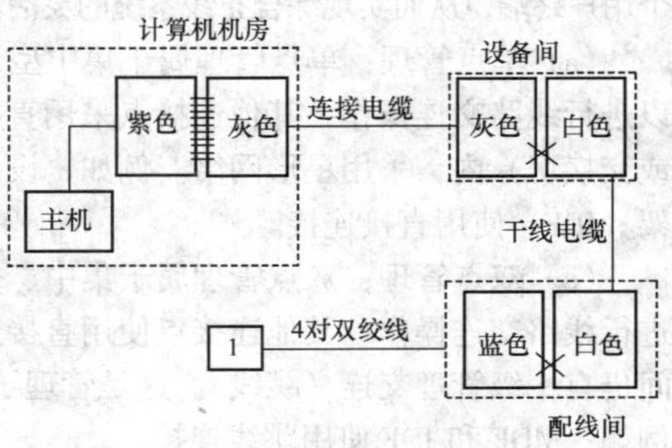

图 7-24　双点管理三次交连

5）双点管理四次交连　对于综合布线系

统规模极大、通信网络结构复杂（如特大型或重要的智能建筑或由多幢建筑组成群体的校园式小区，且有建筑群主干布线子系统）、通信业务种类和用户信息点较多，且有二级交接间，采用双点管理四次交连的方式，如图 7-25 所示。这种网络维护管理方式分散，技术要求很高，必须加强科学管理制度，以适应通信网络结构复杂和用户信息需求多变的需要，增加通信网络的应变能力。

综合布线中使用的电缆管理，一般不应超过 4 次交连。

(3) 管理标记方案

1) 色标场管理　在每个管理区，实现线路管理的方法是采用色标标记，即在配线架上，将来自不同方向或不同应用功能的设备的线路集中布放并规定了不同颜色的标记区域，称之为色标场。

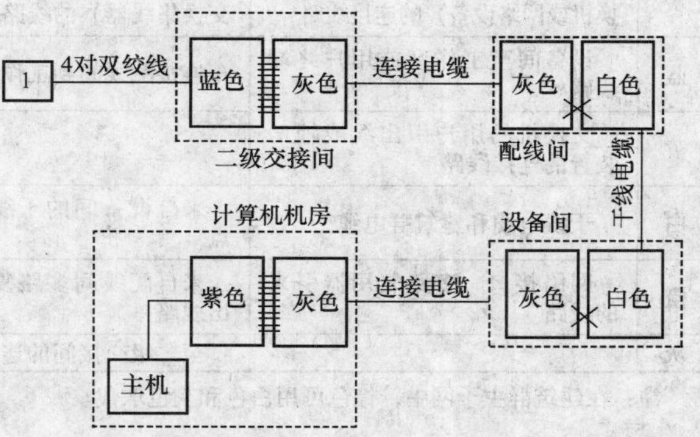

图 7-25　双点管理四次交连

在各色标场之间接上跨接线或接插线，这些色标分别用来标明该场是干线电缆、水平电缆还是设备端接点。这些场通常分配给指定的配线模块，而配线模块则按垂直或水平结构进行排列。若场的端接数量很少，则可以在一个配线模块上完成所有的端接。在管理点端接时，可按照各条线路的识别颜色插入色条，以标示相应的场。

综合布线系统的管理标识设计一般遵从《商业建筑物电信基础设施管理标准》(ANSI/TIA/EIA—606 标准)。AT&T Uniform Wiring Plan 早期开发了一套单点和双点线路管理的标记方案，该方案以前是支持 AT&T System 85 的安装而制定的。其标识和 ANSI/TIA/EIA—606 所规定的色谱（如表 7-4 所示）相一致。虽然它是专门针对特定的系统，但其思路和步骤可以作为开发适合于任何综合布线系统的安装标记方案的范本，用户可以修改套用。

管理色标　　**表 7-4**

颜色	功能	颜色	功能
紫	公用主设备（PBX、LANS、MUX）	灰	二级主干网
绿	公共网连接（例公共网络和辅助设备）	蓝	水平布线
黄	辅助的和综合的设备	红	重要电话设备或为将来预留
棕	建筑群主干网	橙	分界点（例公共网终接点）
白	一级主干网		

注：在建筑群主干网中，棕色可用白色和灰色取代。

目前在设备间、配线间、二级交接间里常用的色标规定如表 7-5 所示。对一个工程中应根据具体情况统一规定，以便于维护管理。

图 7-26、图 7-27 所示分别是典型的配线间电缆连接及其色标、二级交接间电线连接及其色标。图 7-28 所示是典型的配线方案，从图中可以看出每个管理点上，相关色区应相邻放置，连接块与相关色区相对应，接插线与相关色区相对应。

图 7-29 所示的是典型的综合布线 6 个部分（电缆）的连接及其色标示意图。

统一色标规定　　表 7-5

色别	设备间	配线间	二级交接间
绿	网络接口的进线侧，即来自电信局的输入中继线或网络接口的设备侧		
紫	来自系统公用设备（如分组交换机或网络设备）的连接线路	来自系统公用设备（如分组交换集线器）的线路	来自系统公用设备（如分组交换集线器）的线路
蓝	设备间至工作区或用户终端线路	连接配线间到工作区的线路	自交换间连至工作区的线路
黄	交换机的用户引出线或辅助装置的连接线路		
白	干线电缆和建筑群电缆	来自设备间的干线电缆端接点	来自设备间的干线电缆的点对点端接
橙	网络接口、多路复用器引来的线路	来自配线间多路复用器的输出线路	来自配线间多路复用器的输出线路
灰		至二级交接间的连接线缆	来自配线间的连接电缆端接

注：在建筑群主干网中，棕色可用白色和灰色取代。

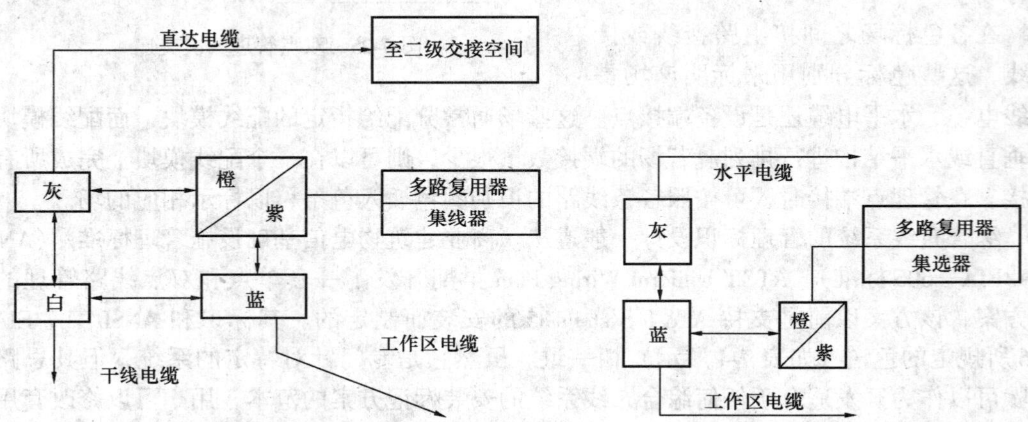

图 7-26　典型的配线间电缆连接及其色标　　图 7-27　二级交接间电缆连接及其色标

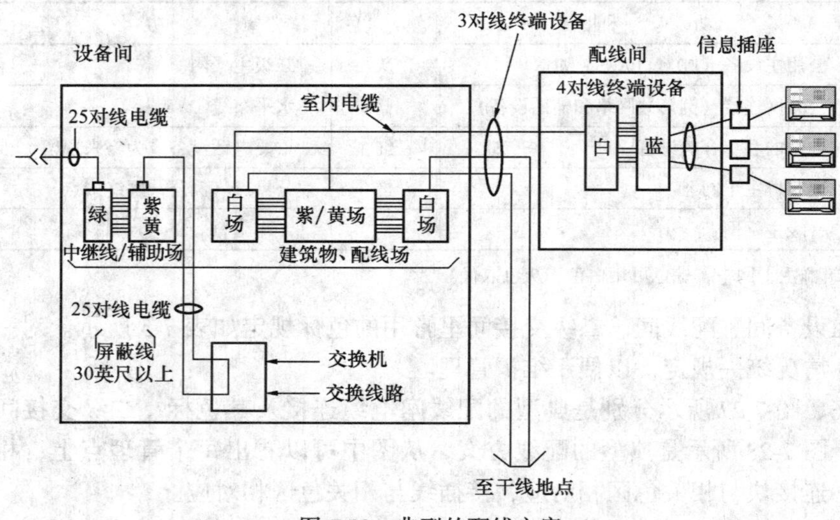

图 7-28　典型的配线方案

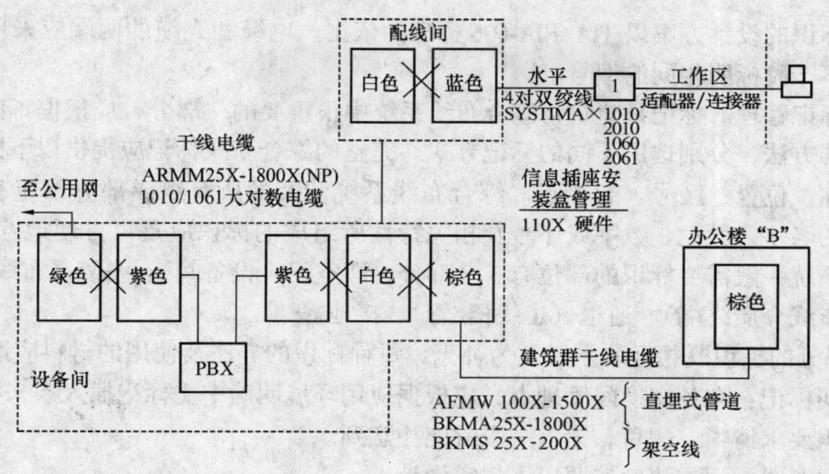

图 7-29 综合布线 6 个部分（电缆）的连接及其色标

2）管理标记 在综合布线中，应用系统的变化会导致连接点经常移动、增加和变化。没有标识或使用了不恰当的标识，都会使最终用户必须付出更高的维护费用来解决连接点的管理问题。建立合理的标识系统对于综合布线来说是一个非常重要的环节，可进一步完善和规范综合布线工程。标识系统建立与维护工作贯穿于整个布线工程。

（a）综合布线的标记系统 综合布线系统通常利用标签来进行标记管理。标签的类型分为三种：

粘贴型：背面为不干胶的标签纸，可以直接贴到各种物体的表面上。粘贴型标签应满足 UL969 中所规定的清晰、磨损和附着力的要求。

插入型：通常是硬纸片，由安装人员在需要时取下来使用。

特殊型：用于特殊场合的标签，像条形码、标记牌等。

综合布线系统使用了三种标记方式：电缆标记、场标记和插入标记。

电缆标记：主要用于交连硬件安装之前标识电缆的起点和电缆的终点。

场标记：用于设备间、配线间和二级交接间的配线接续设备，以区别接续设备连接电缆的区域范围。

插入标记：用于设备间和二级接线间的连接硬件（连接模块）上，它是用颜色来标识端接电缆的起点。

插入标记所用的底色及其含义如下：

白色：实现干线和建筑群电缆的连接。端接于白场的电缆布置在设备间与楼层配线间及二级交接间之间或建筑群内各建筑物之间。

橙色：多路复用器输出。

灰色：配线间与二级交接间之间的连接电缆或各二级交接之间的连接电缆。

紫色：来自 PBX 或数据交换机之类的公用系统设备连线。

蓝色：对工作区的信息插座实现连接。

黄色：来自控制台或调制解调器之类的辅助设备的连线。

绿色：来自电信局的输入中继线。

布线标识的设计方案以 TIA/EIA-606 标准为依据。电缆和光缆的两端应采用不易脱落和磨损的不干胶标明相同的编号。

(b) 标记管理　标记是建筑物综合布线系统中很重要的一部分，应根据不同的应用场合和连接的方法，分别选用不同的标记方式。完整的综合布线标记应提供以下的信息：建筑物的名称、位置、区号、起始点。综合布线系统涉及的所有组成部分都应有明确的标识。它们的名字、颜色、数字或序号及相关特性所组成的标识应是可方便地互相区分的。综合布线系统一般需要标识的部位有 5 个部分，即空间（设备间）、线缆（布线介质）、端接硬件（布线介质终端）、通道（走线槽/管）、接地。

5 个部分的标识既相互联系又互为补充，每种标识的方法及使用的材料应区别对待。

①空间标记：在各交换间管理点，应根据应用环境明确中文标记插入条来标出各个端接场。标识要求清晰、醒目，让人一眼就能注意到。

配线架布线标记方法应按照以下规定设计：

FD 出线：标明楼层信息点序列号、房间号。

FD 入线：标明来自 BD 的配线架号或集线器号、缆号和芯/对数。

BD 出线：标明去往 FD 的配线架号或集线器号、缆号。

BD 入线：标明来自 CD 的配线架号、缆号和芯/对数（或外线引入的缆号）。

CD 出线：标明去往 BD 的配线架号、缆号和芯/对数。

CD 入线：标明由外线引入的缆线号和线序对数。

配线架和面板的标识除了清晰、简洁易懂外，还要美观。当使用光纤时应明确标明每芯的衰减系数。使用集线器时应标明来自 BD 的配线架号、缆号、芯/对数，去往 FD 的配线架号、缆号。端子板的端子和配线架的端口都要编号，此编号一般由配线箱代码、端子排（或 Patch Panel）的块号以及块内端子（或端口）编号组成。此编号要在一些管理文档中使用。

②线缆标记：对于线缆的标识，尤其是跳线标识要求使用带有透明保护膜（带白色打印区域和透明尾部）的耐磨损、抗拉的标签材料，防止线缆的弯曲变形以及经常磨损导致标签脱落和字迹模糊不清。要求在线缆的两端都进行标识，对于重要线缆，每隔一段距离都要进行标识，另外在维修口、接合处、牵引盒处的电缆位置也进行标识。

③端接硬件标记：信息插座上每个接插口位置上应用中文明确标明“语音”、“数据”、“控制”、“光纤”等接口类型及楼层信息点序列号。信息插座的一个插孔对应一个信息点编号。信息点编号一般由楼层号、区号、设备类型代码和层内信息点序号组成。

④通道标记：各种管道、线槽应有良好的明确的中文标记系统。

⑤接地标记：接地的标识要求清晰、醒目。

标记方案必须作为技术文档的一个重要部分予以存档，才能对线路进行有效地管理。系统管理人员应该与负责各管理点线路重新安排的技术人员或其他人紧密合作，随时随地做好各种记录。

7.2.9 建筑群干线子系统设计

几幢相邻建筑物或一个建筑物园区间有相关的语言、数据、图像和监控等系统，可用传输介质和各种支持设备（硬件）连接在一起。其连接各建筑物之间的传输介质和各种相关支持设备（硬件）组成综合布线建筑群干线子系统。

建筑群干线子系统提供建筑群之间通信设施所需的硬件包括电缆、光缆和防止电缆浪涌电压进入建筑物的电气保护设备。建筑群之间还可采用无线通信手段，如微波、无线电通信等。

(1) 建筑群干线子系统的基本要求

1）建筑群干线子系统的作用。

(a) 连接不同楼宇之间的设备间（子系统)。

(b) 实现大面积地区建筑物之间的通信连接，并对电信公用网形成惟一的出、入端口。

在进行建筑群干线子系统的规划和设计时，必须分析建筑群干线子系统的工程和范围与特点，考虑建筑群干线子系统设计的注意事项，符合建筑群干线子系统设计的基本要求。

建筑群干线子系统是智能化建筑群体内的主干传输线路，在设计中必须注意以下两点：

(a) 建筑群干线子系统中除建筑群配线架（CD）等设备装在室内外，所有线路设施都设在室外，且建在有公用道路的校园式地区、街坊或居住小区内，故传输线路的建设原则、系统分布、建筑方式和工艺要求以及与其他管线之间的综合协调等，应纳入相应的建设规划内。在已建或者在建的居住小区内，如已有地下电缆管道或架空通信杆路时，应尽量设法利用。这样可使小区内的地下管线设施减少，有利于环境美观和小区布置。

(b) 由于综合布线系统必须与外界联系，通过建筑群干线子系统对外连接，一般与公用通信网连成整体。必须从保证整个通信网质量来考虑，不应以局部的需要利益为基点，而使全程全网的传输质量受到影响。建筑群干线子系统与一般小区内的通信管线要求相同。室外传输线路部分必须执行本地网通信线路的规定。

2）建筑群干线子系统的基本要求。

(a) 建筑群主干布线设计时，应根据建筑群体的信息需求的数量、时间和具体地点，采取相应的技术措施和实施方案，要使传输线路建成后，保持相对稳定，且能满足今后一定时期各种新的信息业务发展需要。

(b) 建筑群和建筑物的干线电缆、主干光缆布线的交接不应多于两次。从楼层配线架（FD）到建筑群配线架（CD）之间只应通过一个建筑物配线架（BD)。

(c) 线路路由选择应尽量短捷、平直，并照顾用户信息点密集的建筑群，以节省建设投资。线路路由应沿较永久性的道路敷设，并应符合有关标准规定和其他地上或地下各种管线以及建筑间的最小净距要求。除因地形或敷设条件限制，必须与其他管线合沟或合杆外，通信传输线路与电力线路应分开敷设，并保持一定的间距。

(d) 主干布线子系统设计应结合所在地区（校园或居住小区）的整体布局和传输线路的系统分布，应有计划地实现传输线路的隐蔽化和地下化。建筑物之间的缆线尽量采用地下管道或电缆沟敷设方式。

(e) 建筑群干线子系统是建筑群体综合布线系统的骨架，它必须根据所在地区的总体规划布置（包括道路和绿化等布局）和用户信息点的分布等情况来设计。

(f) 建筑群干线电缆、光缆、公用网和专用网电缆、光缆（包括天线馈线）进入建筑物时，都应设置引入设备，并在适当位置的终端转换为室内电缆、光缆。引入设备还应包括必要的保护装置。引入设备宜单独设置房间，如条件合适也可与 BD 或 CD 合设。

(g) 建筑群干线子系统的主干传输线路分支到各幢建筑的引入段落，应以地下引入为主。若采用架空方式（包括墙壁电缆引入方式），应尽量采取隐蔽方式引入。

(h) 引入管道的管孔数量或预留洞孔尺寸应适当考虑备用量，以便今后发展。为保证通信安全和有利于维护管理，要求建筑设计和施工单位在引入管道或预留洞孔的四周做好防水和防潮等技术措施，以免污水和潮气进入房屋。

(2) 建筑群干线子系统的设计步骤

建筑群干线子系统的设计可按照如下步骤来进行：

1) 了解敷设现场的特点。例如，建筑群大小、工地地界等。

2) 确定线缆的一般参数。例如，起点位置、端接点位置、建筑物和每幢建筑物的层数、每个端接点所需的双绞线对数和光纤纤芯数，以及有多个端接点的每幢建筑物所需的双绞线总对数和光缆数，等等。

3) 确定建筑物的线缆入口。建筑物的线缆入口区为其他建筑物或当地电信部门延伸过来的电缆提供一个端接入口。入口区是一个封闭的房间或一墙空间，通常位于建筑物的最低层（很多情况在地下室）。有时电气保护设备、电子设备、网络接口以及到设备间的干线电缆也在这里实现交连。因此，建筑物的线缆入口区有时也与设备间放在一起。

4) 确定明显障碍物的位置，以确定最优的线缆布线方法。

5) 确定主线缆路由和备用线缆路由，通过比较，从中选择最优的路由方案。

6) 选择所需线缆的类型和规格。如果需用管道，应确定其规格和材料。如果需用钢管，应选择其规格、长度和类型。

7) 确定每种方案所需的劳务费，计算每种设计方案的成本：总时间 × 当地的工时费。

8) 确定每种方案所需的材料成本，选择最经济、最实用的设计方案。注意：如果涉及到干线线缆，应把有关的成本和设计规范也列进来。

(3) 建筑群主干线缆的设计

建筑群各楼宇主干线缆，应根据各建筑对通信线路的要求进行设计。

1) 建筑群语音网主干线缆　对于建筑群语音网主干线一般应选用大对数电缆，由于成本方面的考虑，目前一般选用已远远能满足语音速率需求的 3 类大对数电缆。其容量（总对数）应根据相应建筑物内的语音点数的多少来确定，原则上每个电话信息插座至少配 1 对对绞线，还应考虑预留不少于 20% 的裕量。

实际上，对于一幢大楼并非所有的语音线路都经过建筑群主接线间连接程控用户交换机（PBX），通常总会有部分直拨外线。对这部分直拨外线既可进入建筑群主交接间统一管理，也可以结合当地电信部门的线路规划，采用单独的电缆经各自的 BD 就近直接连入公用市话网。

建筑群主接线间程控用户交换设备与市话局中继线的确定，应符合电信部门的有关规定，中继线数量通常需要与电信部门协商后才能确定，一般可按总机容量的 5% ~ 10% 考虑。

2) 建筑群数据网主干线缆　一般应选用单模室外光缆。由于整个建筑群园区布线较为复杂，而光纤介质适应的网络技术种类较多，可扩展性最好，因此应首先予以考虑。干线传输电缆的设计必须既满足当前的需要，又适应今后的发展。

整座大楼的干线子系统的缆线数量仍然是根据各楼宇信息插座的密度及其用途来确定的。从目前的应用实践来看，园区数据网主干光缆可根据建筑物的规模大小及其对网络运行速度高低的要求分别选择6~8芯、10~12芯甚至16芯以上的单模室外光缆，室外光缆的类型以松套型、中央束管式为首选。另外，建筑群主干缆线还应考虑预留一定的缆线做备用信道，这对于综合布线系统的可扩展性和可靠性来说是十分必要的。

建筑群数据网主干缆线当使用光缆和电信公用网连接时，一般也应采用单模光缆，芯数应根据综合通信业务的需要确定。

建筑群数据网主干线缆如果选用双绞线时，一般应选择高质量的大对数双绞线。从CD至BD，当使用双绞线电缆时，总长度不应超过1500m。为保证网络信号的传输质量，建筑群和建筑物的干线电缆、主干光缆布线的交接不应多于两次。从楼层配线架（FD）到建筑群配线架（CD）之间只应通过一个建筑物配线架（BD）。

3）建筑群各楼宇主干线缆的统计　在各建筑物主干电缆、光缆确定的基础上设计每根缆线两端（即主配线架的设备间端和设备间及建筑群接入端）的配线管理设备，并依此设计制作建筑群主干缆线及配线设备统计表格。统计表格应反映园区建筑物的多少，每根缆线的规格、容量、起点、终点，配线架规格、数量，并简要说明缆线敷设方式。

7.3　综合布线系统的电气保护与接地设计

7.3.1　综合布线系统电气防护设计

（1）综合布线系统采取防护措施的必要性和重要性

综合布线系统是否采取防护措施，主要是基于电磁兼容来考虑的。所谓电磁兼容（EMC）是指电子设备或网络系统能够在比较恶劣的电磁环境中工作，具有一定的抵抗电磁干扰的能力，同时不能辐射过量的电磁辐射，干扰周围其他设备及网络的正常上作。

随着通信技术的发展，外界电磁环境日趋恶劣，新的电磁干扰源不断产生，数据通信速率迅速增长，通信包括语音、数据及高质量的图像信号，同时局域网工作频率也在迅速提高。但高频信号既易受到电磁干扰，又易产生电磁辐射。过量的电磁辐射除了干扰周围其他系统正常工作外，还存在一个信息失密问题，不能保证网络的安全运行。为此，在综合布线系统工程设计中，必须根据智能化建筑和智能化小区所在环境的具体情况和建设单位的要求，进行具体的调查研究，选用相应的防护措施。

（2）各种缆线与配线设备的选用原则

在进行防护时，各种缆线和配线设备的选用是关键的，在防护中应注意以下几点：

1）了解工程现场实际情况和调查周围的环境条件，根据工程现场具体条件测定各种技术参数（如干扰场强度和噪声信号电平等），并要求对照标准中规定的各项指标，选用设备和器材以及采取相应的防护措施。

2）若综合布线系统的周围环境干扰场强度较低，且综合布线系统与其他干扰源的间距符合规范的各项规定时，可以选用非屏蔽缆线系统和非屏蔽配线设备。

3）若综合布线系统的周围环境干扰场强度较强，本着技术先进、经济合理、安全适用的原则，在满足电气防护各项指标的前提下，应首先选用屏蔽缆线和屏蔽配线设备或采用必要的屏蔽措施进行布线，以抑制外来的电磁干扰。

4）若综合布线系统的周围环境干扰场强度很高，采用屏蔽系统也无法满足各项标准的规定时，应采用光缆系统。光缆布线具有最佳的防电磁干扰性能，既能防电磁泄漏，也不受外界电磁干扰的影响。在电磁干扰较严重的情况下，是比较理想的防电磁干扰的布线系统，但目前光缆及光电转换设备价格较高。

5）在选用缆线和配线设备等硬件时，应保证其一致性和统一性。例如选用超 5 类，则各种缆线和配线设备（包括连接硬件）都应采用超 5 类；若选用屏蔽系统，则各种缆线和连接硬件都应采用屏蔽的，且应作良好的系统接地，以保证其整体性和完整的系统性。

6）综合布线系统的缆线和设备选用应该近期目标和远期目标相结合。

7）若局部地段与电力缆线等平行敷设，或接近电动机、电力变压器等干扰源，且不能满足最小净距的要求时，可采用钢管或金属线槽等措施做局部屏蔽或 360°全程屏蔽处理。

(3) 电气防护的物理间距

根据我国国家标准《智能建筑设计标准》（GB/T 50314—2000）和《智能建筑群综合布线系统工程设计规范》（GB/T 50314—2000）的相关规定，有关综合布线系统的防护标准要求，目前应按以下几点考虑：

1）在系统的布线区域内，当存在场强大于 3V/m 电磁干扰时，应采取防护措施。

2）智能建筑应采用总等电位联结，各楼层的智能化系统设备机房、楼层弱电间、配线间、楼层配电间等的接地采用局部等电位联结。

3）布线系统中应避免有线电视等线缆对非屏蔽布线线缆及配线设备的同频干扰。有同频干扰时，应对有线电视等线缆采取有效屏蔽措施或采用屏蔽布线线缆和屏蔽配线设备。

4）综合布线系统与各相关的干扰源应保持一定的间隔距离。当要求的间距不能保证时，应采取防护措施。

5）综合布线电缆与附近可能产生高电平电磁干扰的电动机、电力变压器等电气设备之间应保持必要的间距。

综合布线电缆与电力电缆等干扰源的间距应符合表 7-6 的要求。

综合布线电缆与电力电缆的间距 **表 7-6**

类　别	与综合布线接近状况	最小净距（mm）
380V 电力电缆 <2kV·A	与缆线平行敷设	130
	有一方在接地的金属线槽或钢管中	70
	双方都在接地的金属线槽或钢管中	10
380V 电力电缆 2～5kV·A	与缆线平行敷设	300
	有一方在接地的金属线槽或钢管中	150
	双方都在接地的金属线槽或钢管中	80

续表

类　别	与综合布线接近状况	最小净距（mm）
380V 电力电缆 ＞5kV·A	与缆线平行敷设	600
	有一方在接地的金属线槽或钢管中	300
	双方都在接地的金属线槽钢管中	150

注：1. 当 380V 电力电缆＜2kV·A，双方都在接地的线槽中，且平行长度≤10m 时，最小间距可以是 10mm。

2. 电话用户存在振铃电流时，不能与计算机网络在一根双绞电缆中一起运用。

3. 双方都在接地的线槽中，是指两个不同的线槽，也可在同一线槽中用金属板隔开。

墙上敷设的综合布线电缆、光缆或管线与其他管线的间距应符合表 7-7 的要求。

墙上敷设的综合布线电缆、光缆及管线与其他管线的间距　　表 7-7

其他管线	最小平行净距（mm）	最小交叉净距（mm）
	电缆、光缆或管线	电缆、光缆或管线
避雷引下线	1000	300
保护地线	50	20
给水管	150	20
压缩空气管	150	20
热力管（不包封）	500	500
热力管（包封）	300	300
燃气管	300	20

注：如墙壁电缆敷设高度超过 6000mm 时，与避雷引下线的交叉净距应按下式计算：

$$S \geqslant 0.05L$$

式中　S——交叉净距，mm；

L——交叉处避雷引下线距地面的高度，mm。

6）综合布线系统采用屏蔽缆线时，全系统所有部件都应选用带屏蔽的硬件，所有屏蔽层应保持连续性，采取全程屏蔽。

7）综合布线系统采用屏蔽系统时，须有良好的接地系统，且符合保护地线的接地电阻位，单独设置接地体时，不应大于 4Ω；采用联合接地体时不应大于 1Ω。

8）综合布线系统采用屏蔽系统时，每一楼层的配线柜都应采用适当截面的导线单独布线至接地体，也可采用竖井内集中用铜排或粗铜线引到接地体。导线的截面应符合标准，接地电阻也应符合规定。屏蔽层应连续且宜两端接地，若存在两个接地体，其接地电位差不应大于 1Vr·m·s（有效值）。综合布线的接地系统采用竖井内集中用铜排或粗铜线引至接地体时，集中铜排或粗铜线应视作接地体的组成部分，按接地电阻限值计算其截面。

9）综合布线的电缆采用金属槽道或钢管敷设时，槽道或钢管应保持连续的电气连接，在两端应有良好的接地。

10）当电缆从外面进入建筑物时，电缆的金属护套或光缆的金属件均应有良好的接地。

11）综合布线系统有源设备的正极或外壳，与配线设备的机架应绝缘，并用单独导线引至接地汇流排，与配线设备、电缆屏蔽层等接地宜采用联合接地方式。

7.3.2 系统接地

为保证电气设备可靠、安全地正常运行，在故障情况下有效地进行保护，将电路中的某点通过一定的手段与大地可靠地连接起来称为接地。与大地直接接触的金属导体叫做接地体或接地极，连接接地体或设备接地部分的导线叫做地线。综合布线系统作为智能建筑不可缺少的基础设施，其接地系统的好坏将直接影响到综合布线系统的运行质量。

(1) 接地的种类

1) 直流工作接地：也称信号接地或逻辑接地，是指为了确保弱小信号类的电气、电子设备（如计算机中心机房）具有稳定的基础电位（即零电位参考点）而设置的接地。上述设备对干扰极为敏感，必须对其进行更加细致的抗干扰处理。

2) 交流工作接地：为保证电力系统和电气设备达到正常工作要求而进行的接地。220/380V 交流电源中性点的接地即为交流工作接地。

直流接地普遍采用的最好方法是网格接地，即信号基准电位网。计算机系统的直流地是数字电路或系统的基准电位，但不一定是大地电位。若把该接地系统经一低阻通路接至大地，则该地线系统的电位即可视为大地电位，称为直接接地（通常要求接地电阻≤4Ω)。若地线系统不与大地相接，而是与大地严格绝缘（绝缘阻抗一般应在 1MΩ 以上），则称为直流地悬浮。悬浮对解决来自交流电网的干扰，提高计算机系统的可靠性是有效的，但在静电感应、电磁感应以及雷击等外界干扰因素的影响下，这个悬浮的基准电位仍会出现浮动而不稳定，从而影响系统的稳定运行。不同的计算机系统对直流地的处理方式不同，但从安全角度而看，直流地应直接接地。

直流网格接地就是用一定截面积的铜带（厚 1～1.5mm，宽 25～35mm)，在防静电地板下交叉排成 600mm×600mm 的方格，其交叉点与活动地板支撑的位置交错排列，铜带的每个交叉点用锡焊焊接或用螺钉压接在一起，在铜带下应垫厚 2～3mm 以上的绝缘橡皮或聚氯乙烯板等绝缘物体，使直流网格接地和大地绝缘。

3) 屏蔽接地：是为了防止干扰磁场与电子线路发生磁耦合而产生相互影响，故将设备内外的屏蔽线、屏蔽线缆的屏蔽层及屏蔽房间的屏蔽体进行接地，称为屏蔽接地。

4) 保护接地：为保障人身安全、防止间接触电而将设备外露可导电部分接地。所谓设备外露可导电部分是指正常情况下与带电体绝缘的金属外壳、机壳或面板、钢筋混凝土电杆和金属杆塔等部分。

通常情况下设备外壳、机壳等是不带电的，但发生故障（如电源线绝缘损坏）造成电源的供电相线与外壳等导电金属部件短路时，这些金属部件或外壳就形成了带电体，若没有良好的接地，则带电体和地之间就会产生很高的电位差。如果人不小心触到这些带电体，就会通过人身形成电流通路，产生触电危险。故必须将金属外壳和地之间作良好的电气连接，使机壳和地等电位。保护接地还可防止静电的积聚。

5) 静电接地：为消除工作过程中产生的静电而进行的接地，称为防静电接地。导静电地面、活动地板、工作台面和座椅垫套必须进行静电接地。静电接地的连接线应有足够的机械强度和化学稳定性。导静电地面和台面采用导电胶与接地导体粘接时，接触面积不宜小于 $10cm^2$。静电接地可以经限流电阻及连接线与接地装置相连，限流电阻的阻值宜为

1MΩ。

6）防雷接地/过电压保护接地：为消除雷击和过电压的危害而设的接地，称为防雷接地/过电压保护接地。

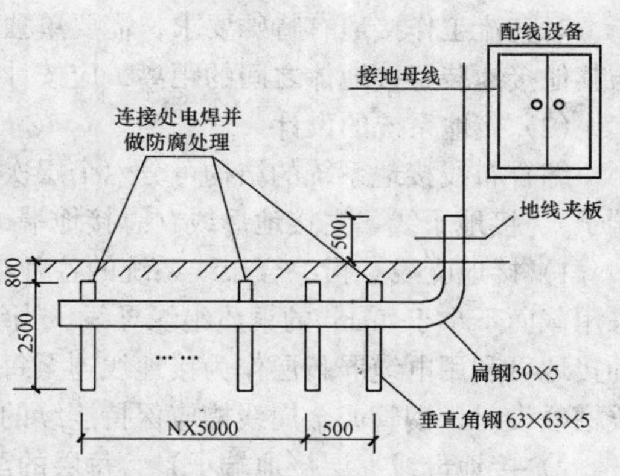

图 7-30 单独接地方式

综合布线系统的接地系统主要有直流工作接地（逻辑接地）、交流工作接地、安全防护接地、屏蔽保护接地、防雷保护接地等五种。若单独设置，除防雷接地的接地电阻一般要求≤10Ω，屏蔽接地的接地电阻一般要求≤30Ω（也有一些系统要求屏蔽接地的接地电阻≤1Ω）外，其余几种接地的接地电阻均要求≤4Ω。为了防止它们之间的互相干扰，一般要求交流接地、直流接地、保护接地这三种都必须单独与大地相连，三种接地点相互的距离不得小于15m。为防止电力传输线对地线可能产生的电磁干扰，要求其他电力线不能与地线并行走线。但在现代建筑中，独立设置上述几种接地系统而保持相应的间距是不容易的，所以规范推荐采用联合接地（如图7-31所示，请与图7-30所示的单独接地方式作比较），即将防雷接地、交流工作接地、各种装置外壳、金属管外皮及高频电子设备的信号接地统一接到共用的接地装置上。当综合布线采用联合接地系统时，通常利用建筑柱主筋作防雷接地引下线，而接地体一般利用建筑物基础内钢筋网作为自然接地体，使整幢建筑的接地系统组成一个笼式的均压整体。联合接地的接地电阻要求≤1Ω。

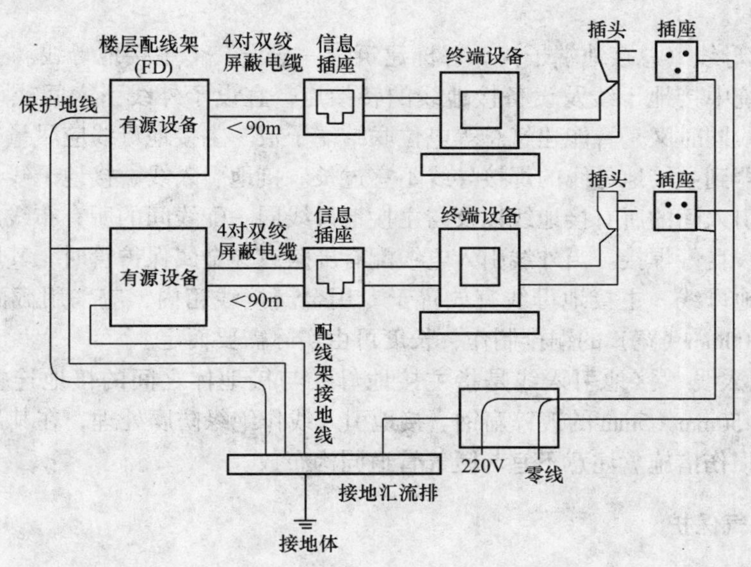

图 7-31 联合接地方式

与各接地系统分开设置相比，联合接地方式具有以下优点：

1）当建筑物遭受雷击时，楼层内各点电位比较均匀，人员及设备的安全得到较好保障。同时大楼的框架结构对中波电磁场能提供 10 ~ 40dB 的屏蔽效果。

2）容易获得较小的接地电阻。

3）节约金属材料，占地少，不会发生矛盾。

对直流工作接地有特殊要求，需要单独设置接地装置的计算机系统，其接地电阻值及与其他接地装置接地体之间的距离，应按计算机系统及有关规范的要求确定。

(2) 接地系统的设计

综合布线接地系统的结构可分六个层次进行设计，包括接地支线、接地母线（层接地端子）、接地干线、主接地母线（总接地端子）、接地引入线、接地体。

1）接地支线　指综合布线系统的各种设备与接地母线之间的连线，所有接地支线均采用截面不小于 $4mm^2$ 的铜质绝缘导线。当综合布线系统采用屏蔽电缆布线时，信息插座的接地可利用电缆屏蔽层作为接地线连至每层的配线架。若综合布线的电缆穿钢管或金属线槽敷设时，钢管或金属线槽应保持连续的电气连接，并应在两端具有良好的接地。

2）接地母线（层接地端子）　每层的配线间内设专用金属接线箱，内置铜排作为接地母线，以连接各设备接地线。接地母线是水平子系统接地线的公用中心连接点，同时也是配线间局部等电位连结端子板。每层的楼层配线架及其他金属机架应与本楼层接地母线相焊接。接地母线采用铜母线时，最小尺寸宜为 6mm（厚）×50mm（宽），长度视工程实际需要而定。为减小接地电阻，在将导线固定到母线之前，对母线应做镀锡处理。

3）接地干线　接地干线是由主接地母线（总接地端子）引出，连接所有层接地母线的接地导线。接地干线应采用截面不小于 $16mm^2$ 的绝缘铜芯导线。当建筑物中用多个垂直接地干线时，垂直接地干线之间每隔三层及顶层需要与接地干线等截面的绝缘导线相焊接。当接地干线的接地电位差大于 1Vr·m·s（有效值）时，楼层配线间应单独用接地干线接至主接地母线。

4）主接地母线（总接地端子）　每栋建筑物一般设一个主接地母线。主接地母线作为布线接地系统中接地干线及设备接地线的转接点，宜设于外线引入间或设备间内。此外，主接地母线同时又是智能建筑总等电位联结端子板。主接地母线应尽量布置在直线路径上，从保护器到主接地母线的焊接导线不宜过长。接地引入线、接地干线、直流配电屏接地线、外线引入间的所有接地线以及与主接地母线同一配线间的所有布线用的金属架均应与主接地母线良好焊接。当外线引入电缆配有屏蔽或穿金属保护管时，其屏蔽或金属管应焊接至主接地母线。主接地母线宜放置于专用金属接线箱内，应采用截面尺寸不小于 6mm（厚）×100mm（宽）的铜排制作，长度可由实际需要而定。

5）接地引入线　接地引入线是指主接地母线与接地体之间的接地连接线，采用厚 40mm×4mm 或 50mm×5mm 的镀锌扁钢。接地引入线作绝缘防腐处理，在其出土部位采用适当的防机械损伤措施。注意不宜与暖气管道同沟布放。

7.3.3　电气保护

当通信线路（包括建筑群主干布线子系统的缆线）从建筑外面引进屋内，通信电缆有可能受到雷击、电源接地、电源感应电动势或地电动势升高等外界的影响，必须采取安全保护措施，防止发生各种损害和事故。当线路处于以下任何一种危险环境中时，应对其进行过压/过流保护：

（1）雷击引起的危险影响。

（2）工作电压超过 250V 的电源线路碰地。

（3）感应电势上升到 250V 以上而引起的电源故障。

（4）交流 50Hz 感应电压超过 250V。

满足下面任何一个条件的，可认为遭雷击的危险影响可以忽略不计：

（1）该地区年雷暴日不超过 15d，而且土壤电阻率小于 100Ω·m。

（2）建筑物之间的直埋电缆短于 42m，且电缆的屏蔽层在电缆两端处都可靠接地。

（3）电缆完全处于已经接地的临近高层建筑物或其他高层结构提供的保护伞之内，而且电缆有良好的接地装置。

电缆的导线上可能会出现各种各样的电压，若连接设备为其提供了对地的低阻通路，它就不足以使过压保护器动作，但所产生的电流可能会损坏设备甚至引起火灾事故。例如 220V 电力线可能不足以使过电压保护器放电，却有可能产生大电流进入设备。必须在采取过压保护的同时，采用过电流保护。当线路出现过电流时，即自动切断线路。为了方便维护，应采用能自复的过电流保护器。目前过电流保护器有热敏电阻和雪崩二极管可供选用，但价格昂贵，一般不予采用，而通常选用热线圈和熔断器。这两种保护具有相同的电气特性。但两者工作原理不同，热线圈在动作时，将导体接地，将电流引入大地；而熔断器在动作时，将导体断开，即电路中断。

在一般情况下，过流保护器的电流值为 350～500mA 时将起作用。在布线系统中一般采用熔断丝保护器，在日常使用和维护管理时较方便，价格也较便宜。

7.3.4 防火保护

为了防火防毒，在智能建筑中的易燃区域和电缆竖井内，综合布线系统所有的电缆或光缆应选用阻燃型或设有阻燃护套；在大型公共场所宜采用阻燃、低烟、低毒的电缆或光缆；相邻的设备间或交接间亦应采用阻燃型配线设备，相关连接硬件也应采用阻燃型。如果缆线穿放在不可燃的管道内，或在每个楼均采用切实有效的防火措施（如用防火涂料或板材堵封严密），不会发生蔓延火势时，可以采用非阻燃型的。

如果采用防火、防毒的缆线和连接件，则火灾发生时，不会或很少散发有害气体，对于救火人员和疏散都较为有利。但是目前上述性能的缆线价格较高，不宜大量推广，只在限定的易燃区域和电缆竖井中采用。若防火和防毒电缆价格下降，应适当推广。

目前，阻燃防毒的缆线有以下几种：

（1）低烟阻燃型（LSLC），比 LSNC 型稍差些，情况与 LSNC 类同。

（2）低烟非燃型（LSNC），不易燃烧，释放 CO 少，低烟，但释放少量有害气体。

（3）低烟无卤型（LSOH），有一定阻燃能力。在燃烧时，释放 CO，但不释放卤素。

（4）低烟无卤阻燃型（LSHF-FR），不易燃烧，释放 CO 少，低烟，不释放卤素，危害性小。

此外，还有 FEP 和 PFA 氟塑料树脂制成的电缆可供选择。若综合布线系统的电缆或光缆穿放在钢管等非燃烧的管材内时，可考虑采用一般的普通外护。若缆线所在环境既有腐蚀性，又有雷击的可能时，选用的电缆或光缆除了要有外护套层外，还应有复式铠装层。这种外包铠装层具有较好的防腐蚀和防雷击性能。其缺点是价格高，且因其铠装层重量大，缆身单位重量过大，影响穿放施工进度，因此，不宜在管道中穿放或长距离安装敷设。

7.4 小 结

本章介绍了综合布线系统的基本概念以及系统的特点、组成。在综合布线系统的总体规划指导下，布线系统的设计通常包括工作区子系统、水平子系统、干线子系统、设备间子系统、管理间子系统和建筑群子系统的分析和设计。在进行布线系统设计时，应注意各子系统的关联关系，协调统一，紧密配合，切不可互相脱节或发生矛盾，避免造成不应有的损失和遗留难以弥补的后患。

本章还介绍了综合布线系统的电气防护、系统接地和防火保护等内容。综合布线系统要求在强电（电流冲击）和弱电（电磁干扰）两个方面都应得到切实可靠的保护。

思 考 题

1. 请简单描述综合布线系统的概念。

2. 综合布线系统具有哪些子系统，各子系统分别具有什么特点?

3. 我国常用的综合布线标准有哪些?

4. 试述综合布线设计的一般原则和一般步骤。

5. 工作区子系统包括哪些设备? 工作区适配器的选用原则是什么? 如何确定连接器、信息插座的数量?

6. 配线子系统的设计的原则是什么? 如何计算配线子系统的线缆用量?

7. 干线子系统的设计原则是什么? 并说出其设计步骤。

8. 水平干线子系统有哪几种布线方法? 各有什么特点? 应用于何种建筑物?

9. 垂直干线子系统的设计范围是什么? 一般应怎样布线?

10. 应如何确定设备间的位置?

11. 建筑群子系统通常有哪几种布线方法? 各有什么特点?

12. 简述综合布线系统的电气防护原则。综合布线系统的屏蔽要求、接地要求的必要性和具体要求是什么?

第8章 施 工 与 管 理

自第一座智能建筑于1984年在美国出现以来，世界各国已建造了大量的智能建筑。我国的第一座智能建筑是1990年由日商投资建造的出租式办公楼——北京发展大厦。随后，中国建成了上海博物馆、广州世贸中心、首都机场航站楼、上海证券大厦、上海金茂大厦等一批具有相当智能水平的大型公共建筑。为尽快缩短与发达国家之间的差距，国家科技部已经把信息与自动化的发展列入21世纪初我国重点发展的技术方向之一。

随着我国经济的持续发展，我国智能建筑一方面已从早期的办公写字楼建筑向宾馆、医院、体育场馆、住宅、厂房等领域扩展；另一方面随着智能建筑建设范围的扩大与数量的增加，智能建筑正向智能住宅、智能小区、智能城市发展。预计今后十年内我国智能建筑及智能小区的发展数量和速度将达到世界之最。因而学习和掌握有关建筑设备自动化系统施工与管理的知识是非常重要的。

8.1 相关设计、验收规范及标准

智能建筑的设计、施工、验收必须严格按照相应的规范、标准进行，否则，智能建筑的质量无法保证。目前，我国的标准可分为三类。

（1）国家标准　有国家工程建设标准和国家推荐性标准两种；

（2）行业标准　有行业工程建设标准、行业推荐性标准和内部标准三种；

（3）学会或行业协会推荐性标准。

8.1.1 相关规范及标准

在颁布第一个智能建筑设计国家标准《智能建筑设计标准》（GB/T 50314—2000）和《智能建筑工程质量验收规范》（GB 50307—2002）以前，20世纪90年代我国也颁布了许多有关智能建筑系统的设计规范、施工验收规范。但都是以某一子系统为内容单一编撰发行的。

（1）消防类

《高层民用建筑设计防火规范》（GB 50045—1995）（最新版本为2005年版）

《人民防空工程设计防火规范》（GBJ 98—1997）

《火灾自动报警系统设计规范》（GB 50116—1998）

《消防通信指挥系统设计规范》（GB 50313—2000）

《火灾自动报警系统施工及验收规范》（GB 50116—1992）

《火灾报警控制器通用技术条件》（GB 4717—1993）

《消防联动控制设备通用技术条件》（GB 16806—1997）

《气体灭火系统施工及验收规范》（GB 50263—1997）

《泡沫灭火系统施工及验收规范》（GB 50281—1998）

（2）公共安全类

《安全防范工程程序与要求》（GA/T 75—1994）

《民用闭路监视电视系统工程技术规范》（GB 50198—1994）

《防盗报警中心控制台》（GB/T 16572—1996）

《入侵探测器通用技术条件》（GB 10408.1—2000）

《防盗报警控制器通用技术条件》（GB 12663—2001）

（3）有线电视类

《有线电视广播系统技术规范》（GY/T 06—1992）

《有线电视系统工程技术规范》（GB 50200—1994）

（4）计算机网络类

《电子计算机机房设计规范》（GB 50174—1993）

《中国公用计算机互联网工程设计暂行规定》（YD 5037—1997）

《公用计算机互联网工程验收规范》（YD 5070—1998）

（5）通信类

《市内通信全塑电缆线路工程设计规范》（YD 9—1990）

《城市住宅区和办公楼电话通信设施设计标准》（YD/T 2008—1993）

《本地电话网用户线线路工程设计规范》（YD 5006—1995）

《本地电话网通信管道与通道工程设计规范》（YD 5007—1995）

《城市住宅建筑综合布线系统工程设计规范》（CECS119：2000）

《电信网光纤数字传输系统工程施工及验收暂行技术规定》（YD 44—1989）

《通信管道工程施工及验收技术规范》（YDJ 39—1990）

《市内通信全塑电缆线路工程施工及验收技术规范》（YD 2001—1992）

《城市住宅区和办公楼电话通信设施验收规范》（YD 5048—1997）

《本地网通信线路工程验收规范》（YD 5051—1997）

《通信管道和电缆通道工程施工监理暂行规定》（YD 5072—1998）

《通信用多模光纤系列》（GB/T 12357—1999）

《通信用单模光纤系列》（GB/T 9771.1～.5—2000）

（6）综合布线类

参见“第7章综合布线系统”

（7）其他

《民用建筑电气设计规范》（JBJ/T 16—1992）

《城市居住区规划设计规范》（GB 50180—1993）

《建筑物防雷设计规范》（GB 50057—1994）

《住宅设计规范》（GB 50096—1999）

《自动化仪表工程及验收规范》（GBJ 93—1996）

上述标准、规范为早期智能建筑的发展起到一定的规范和管理作用，但智能系统是由各子系统“按需集成”的整体系统，仅仅依靠这些规范显然是不够完备的。

8.1.2 智能建筑规范、标准

有关智能建筑标准一般为非强制性执行标准，但智能建筑标准反映了一个国家或地区在建筑领域中应用高新技术的水平和状况。

1995 年 7 月，上海华东建筑设计研究院制订出《智能建筑设计标准》，1996 年 3 月被上海市建委批准为上海市地方标准；

1997 年，建设部发布了《建筑智能化系统工程设计管理暂行规定》；

1998 年，建设部发布了《智能建筑设计及系统集成资质管理规定》；

1999 年，我国开始建设智能住宅小区。建设部于 1999 年 12 月发布了《全国住宅小区智能化系统示范工程建筑要点与技术导则》；

2000 年 10 月，国家建设部和国家质量监督局共同制定、颁布了我国第一个智能建筑设计国家标准《智能建筑设计标准》(GB/T 50314—2000)；

2001 年，“城市规划、建设与管理数字化工程”列入国家“十五”科技攻关重点项目计划；

2002 年，我国颁布了《智能建筑工程质量验收规范》(GB 50307—2002)；

《智能建筑设计标准》(GB/T 50314—2000) 较为科学、准确地定义了智能建筑的概念，并提出智能化系统集成的设计思想。《智能建筑工程质量验收规范》(GB 50339—2003) 的正式实施，才使智能建筑有了真正意义上统一的验收规范。自此，智能建筑的建设进入了高速、正规的发展之路。至今，我国智能建筑相关标准仍在发展和重新制定之中。

8.2 建筑设备自动化系统施工安装过程

作为智能建筑重要的子系统，建筑设备自动化系统涉及多学科、多工种、多工序的实施、协调和管理，在智能建筑的建设中必须予以高度的重视。但仅就建筑设备自动化系统施工安装过程总体而言，基本上可以分为四个步骤：准备阶段、施工阶段、系统调试运行阶段、竣工验收阶段。

8.2.1 准备阶段

施工准备阶段主要是熟悉、审阅图纸，了解建设方和设计方意图，结合国家规范、行业要求，进行深化设计。施工准备阶段还应注意建筑设备自动化系统工程与土建、水、电、暖等相关专业施工图纸的配合，如土建图纸的预留预埋，与水、电、暖专业的结合点(尤其是强电与弱电的衔接)、安装位置、安装顺序等。一般而言，施工准备阶段应包含下述内容：

(1) 技术准备

1) 组织专业技术人员熟悉施工图，做好图纸会审工作。

2) 编制各安装工程关键工序、特殊工序的作业指导书，向施工人员进行技术交底。

3) 编制施工方案。

施工方案的编制可按图 8-1 进行。

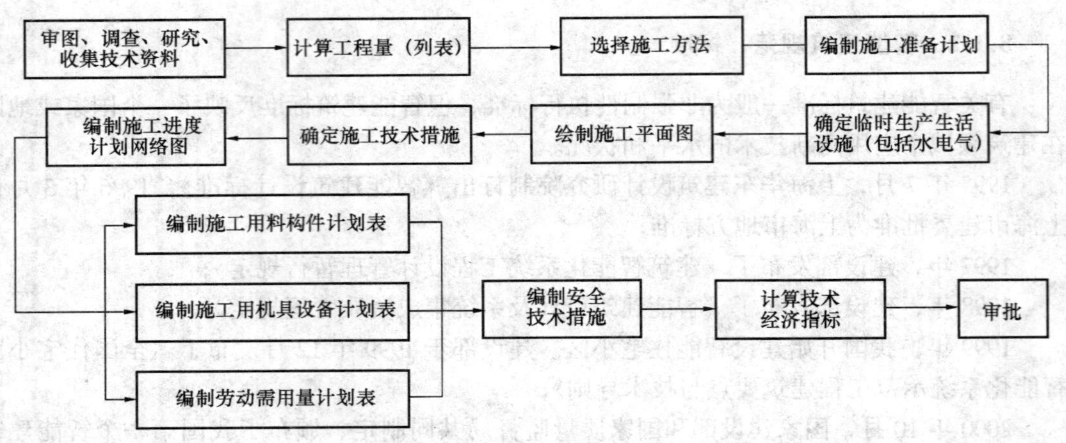

图 8-1　施工方案编制流程图

（2）机械设备准备

制定主要施工机具及测试仪器计划表。

建筑设备自动化系统施工常用机械设备　　　　**表 8-1**

类别	序号	设备名称	类别	序号	设备名称
一、主要机具	1	电动套丝机	二、主要仪器	11	钳型电流表
	2	电动液压煨弯机		12	万用表
	3	液压开孔机		13	兆欧表
	4	手电钻		14	水准仪
	5	电锤		15	步话机
	6	交直流电焊机		16	接地电阻测试仪
	7	电缆压接钳		17	打标机
	8	手动弯管器		18	电脑
	9	砂轮切割机			
	10	架梯			

（3）劳动力准备

按总进度计划要求，制定劳动力需用计划，特殊工种上岗前进行培训和交底，要求持证上岗。

（4）材料准备

施工队伍进场前，编制总体设备订货计划及材料购置计划，及时送建设方代表审核。依据总进度计划，合理组织材料采购和进场。

（5）现场准备

1）开工前办理施工许可证及与交通、电力、市政、电信、城管、公安等部门建立工作联系制度，以便及时协调解决可能出现的问题。

2）临时设施。主要办公、材料仓库等必备设施统一安排在施工现场，施工人员居住、食堂应与建设方协商解决。

3）施工用水、电。提供施工过程中需用的临时水、电。

8.2.2 施工阶段

施工阶段必须严格按照施工规范和要求进行安装施工。同时要根据土建工程的进度，做好管线的预留预埋，做好接地、屏蔽等预埋工作。根据水、电、暖等相关专业安装工程的进度，做好相关设备的安装，相关管线、桥架的安装，如传感器、阀门、执行器等的安装。施工阶段需做好施工记录（主要为隐蔽工程的施工、验收记录)、检验记录（绝缘电阻、接地电阻)。

8.2.3 系统调试、试运行阶段

调试、试运行阶段应根据设计图纸及相关检测、验收规范、要求进行各项性能、功能检测。调试过程应有详细调试记录、系统运行记录。调试试运行阶段应给建设方提供详细操作、维护手册，提供全面、完善的技术培训。

8.2.4 竣工验收阶段

竣工验收在系统试运行一个月以上，资料验收合格后方能进行，竣工验收前系统集成商需提交以下必需的技术文件。

(1) 竣工图。

(2) 设计变更文字记录。

(3) 施工记录（主要为隐蔽工程的验收记录)。

(4) 检验记录（绝缘电阻、接地电阻)。

(5) 调试记录。

(6) 一个月试运行记录。

(7) 操作、维护手册。

工程验收由设计院专业工程师、建设方、施工方和相关专家组成。依据国家规范、规定和系统运行情况，进行综合验收，不合格处限期整改，直到完全合格。竣工报告由施工方提交。

8.3 建筑设备自动化系统设备安装

8.3.1 建筑设备监控系统

建筑设备监控系统的设计、施工、调试、验收与智能建筑的其他系统有着较大的区别。在设计上，必须明确监控对象及范围，编制出监控点表。监控点表是指导系统设计、系统施工、系统调试、系统验收的重要依据。在施工上，由于涉及各类传感器、电动阀门的安装，就必须与其他工种密切协调、配合。在调试和验收上，也必须在监控对象的调试、竣工完成以后完成。可以说，建筑设备监控系统是智能建筑设计牵涉对象最多、施工安装最为繁琐的一个系统。

8.3.1.1 系统监控点表

建筑设备监控系统的监控点表的绘制一般需要经历以下步骤：

(1) 确立系统监控范围

通常，建筑设备监控系统的监控范围包括：受控对象的数量、特性、在建筑物内的位置、所属子系统等（详细内容可以参照“表 10-1××会展中心建筑设备监控系统监控范围统计表”）。

(2) 绘制受控对象的控制原理图

控制原理图是对受控对象的控制、监测进行的描述，一般含：冷热源系统、空调系统、给排水系统、变配电系统、照明系统、电梯系统等（详细内容可以参见“第 3 章建筑设备监控系统”）。

(3) 填写控制点表

根据被控对象的范围、控制原理图，整理出建筑设备监控系统的控制点表（具体表格形式可以参见“表 10-2××会展中心建筑设备监控系统控制点表”）。

8.3.1.2　系统安装、施工

根据系统的监控点表，配置出建筑设备监控系统所需要的控制器、传感器、电动阀门、风门执行器等设备，控制器的配置要结合被控对象的地理分布位置情况进行，合理配置。如：以美国 Honeywell 公司的 EXCEL5000 系统为例，其中型控制器 Excel100 的控制点数为 36 点，如新风机组或空调机组分布的地理位置相近，同楼层相邻、相近，或不同楼层同一位置，则可以考虑在满足控制器冗余点的基础上，用一台 XL100 控制器同时控制 2～3 台新风机组或空调机组。

依据控制点表，可得到控制系统图，根据控制系统图、监控点表、控制原理图，作出建筑设备监控系统的管线平面施工图。监控点表、控制系统图、控制原理图、管线平面施工图是系统安装、施工的重要依据，也是将来系统调试、验收的依据。

建筑设备监控系统的安装、施工可分为：传感器的安装、电动阀门阀体的安装、电动执行器的安装、控制器的安装、线缆的敷设、中央管理工作站的安装。

(1) 传感器的安装

在建筑设备监控系统中，常用的传感器有：室内温度传感器、室外温度传感器、室内湿度传感器、室外湿度传感器、风道温度传感器、风道湿度传感器、水管温度传感器、水管压力传感器、流量传感器、水流开关、风压差开关、液位开关、电流变送器、电压变送器、有功功率变送器、电量变送器、功率因数变送器等，下面就常用传感器的安装进行叙述。

1) 室内温度、湿度传感器：

(a) 用途：室内温度传感器用于采暖、通风、空调系统的室温测量；

(b) 安装位置：安装在房间内墙，远离门窗和热源，采用屏蔽线，安装高度距地 1.4m，在建筑主体施工时预埋钢管及接线盒。

(c) 安装方法：导线敷设可用 ϕ20 电线管及接线盒，采用金属软管与传感器连接，传感器导线使用屏蔽线。

(d) 室内湿度传感器用于房间湿度的测量，其他同房间温度传感器。

2) 室外温湿度传感器。室外温湿度传感器通常是将电容式相对湿度传感器与 Pt1000 湿度传感器组合在一起，装在同一外壳内。

（a）用途：室外温湿度的测量，如：空调系统中新风机组中室外温湿度的测量；

（b）安装位置：空调系统新风进风口附近。

（c）安装方法：导线敷设可用 $\phi 20$ 电线管及接线盒，采用金属软管与传感器连接，传感器导线使用屏蔽线。

3）风道温度传感器：

（a）用途：测量空调机组、新风机组的送风、回风、排风温度；

（b）安装位置：在风管上按要求开孔，然后用螺钉通过固定夹板将传感器安装在风管上；

（c）安装方法：导线敷设可用 $\phi 20$ 电线管及接线盒，采用金属软管与传感器连接，传感器导线使用屏蔽线。

风道湿度传感器用于测量空调机组、新风机组的送风、回风、排风的相对湿度，安装方式同风道温度传感器。

4）风压差开关：

（a）用途：感受空气压差，如：空调机组、过滤器阻塞情况的探测；

（b）安装位置：应垂直安装，在风管上按要求开孔，如需要，可使用“L”托架进行安装，如图 8-2 所示；

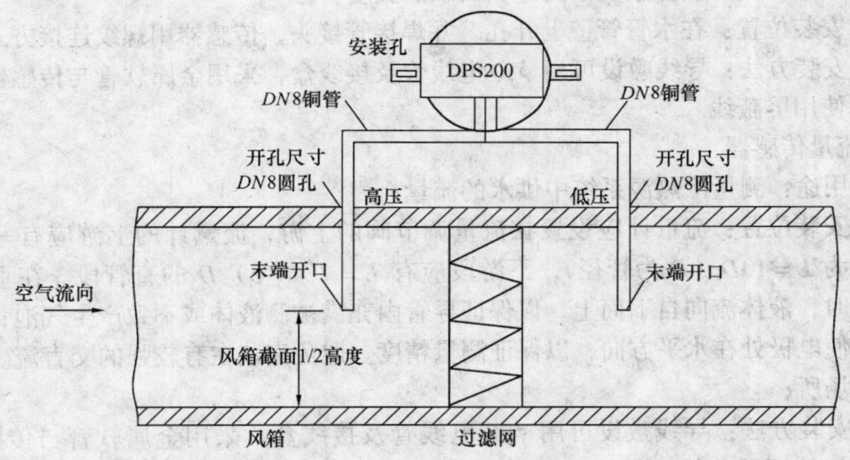

图 8-2　风压差开关安装示意图

（c）安装方法：导线敷设可用 $\phi 20$ 电线管及接线盒，采用金属软管与传感器连接，传感器导线可使用非屏蔽线。

5）水管压力传感器：

（a）用途：检测冷热源系统中供回水的压力。由于系统负荷的变化，需要调节供水量，通过供回水压力的检测，确定旁通阀门的开度。

（b）安装位置：在水管管壁上开孔，焊接上管接头并安装截止阀，取压管一段与截止阀连接，另一端与传感器相连，如图 8-3 所示；

（c）安装方法：导线敷设可用 $\phi 20$ 电线管及接线盒，采用金属软管与传感器连接，传感器导线使用屏蔽线。

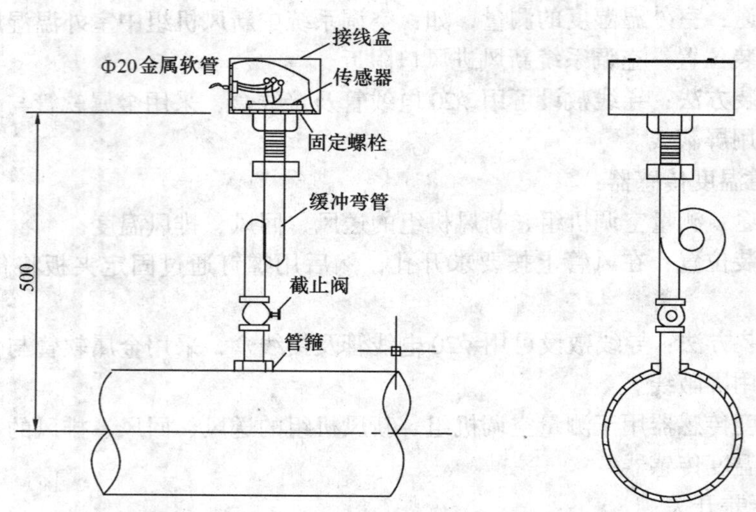

图 8-3　水道压力传感器安装示意图

6）水管温度传感器：

（a）用途：在冷热源系统中测量供回水的温度；

（b）安装位置：在水管管壁上开孔，并焊接管接头，传感器用螺纹连接方式安装；

（c）安装方法：导线敷设可用 $\phi 20$ 电线管及接线盒，采用金属软管与传感器连接，传感器导线使用屏蔽线。

7）流量传感器：

（a）用途：测量冷热源系统中供水的流量；

（b）安装位置：流量计应设置在流量调节阀的上游，流量计的上游应有一定的直管段，长度为 $L=10D$（D 为管径），下游段应有 $L=$（4～5）D 的直管段。在垂直的工艺管道安装时，液体流向自下而上，以保证导管内充满被测液体或不致产生气泡；水平安装时，必须使电极处在水平方向，以保证测量精度。避免安装在有较强的交直流磁场或有剧烈振动的场所；

（c）安装方法：导线敷设可用 $\phi 20$ 电线管及接线盒，采用金属软管与传感器连接，传感器导线使用屏蔽线。另外，流量计、被测介质及工艺管道之间应该连成等电位，并应接地；

8）水流开关：

（a）用途：用于测量管道内水流的通断状态，但应注意其不适用于危险性的流体；

（b）安装位置：避免安装在直角弯头、阀门、测流孔附近，安装时叶片与水流方向垂直，水流方向与传感器上标示的方向一致；

（c）安装方法：导线敷设可用 $\phi 20$ 电线管及接线盒，采用金属软管与传感器连接，传感器导线可使用非屏蔽线。

9）电流变送器：

（a）用途：用于变配电系统中电流的测量；

（b）安装时，（二次绕组）电路决不允许开路，铁心和副绕组一端必须牢固接地，以防止绕组绝缘击穿时，高压线路的高电压通过原绕组传到副绕组，危及人身安全。

除以上提及的传感器外，在建筑设备监控系统中，还会用到其他类型的传感器，如：测量室内空气品质的一氧化碳传感器、二氧化碳传感器，直接测量室内空气品质的房间空气质量传感器，测量房间有无人员的房间人体探测器。这些传感器的使用，与建筑物的使用功能、使用要求密切相关，可结合具体监控要求选用，在此不一一介绍。

(2) 电动阀门阀体的安装

建筑设备监控系统中所使用的电动阀门由两部分组成：电动阀门阀体和电动执行器。以美国 Honeywell 公司的阀门为例，其 *DN*40 的电动二通调节水阀（螺纹连接方式）的阀体型号为 V5011N1081，电动执行器型号为 ML7420A3063，因此，一个完整的电动二通调节水阀是由 V5011N1081 和 ML7420A3063 两部分组成。工程上，则以 V5011N1081 + ML7420A3063 方式表达。

建筑设备监控系统中，涉及的电动阀门种类较多。按流体介质分有：水阀、蒸汽阀；按连接方式分有：法兰连接、螺纹连接；按流断形式又可分为两通阀、三通阀。其选择和应用必须遵照设计图纸的选型进行。

1）电动二通调节水阀阀体安装要点：

(a) 电动二通调节阀应在工艺管道安装时同时进行，安装工作必须在工艺管道的防腐和试压前进行；

(b) 电动二通调节阀应垂直安装于水平管道上，尤其对大口径电动阀不能有倾斜；

(c) 在一般情况下，电动二通调节阀的口径与工艺管道会不一致（通常会小 1～2 号口径），故应采用渐缩管件；

(d) 电动二通调节阀旁应装有旁通阀和旁通管路，电动调节阀阀体上的水流方向应与实际水流方向一致；

(e) 对于阀门所连接的管路，一定要清扫干净。可用压缩空气吹去氧化铁屑、泥砂、焊渣和其他杂物。这些杂物不但容易擦伤阀门的密封面，其中大颗粒杂物（如焊渣），还能堵死小阀门，使其失效；

(f) 安装螺口阀门时，应将密封填料（线麻加铅油或聚四氟乙烯生料带），包在管子螺纹上，不要弄到阀门里，以免阀内存积，影响介质流通；

(g) 安装法兰阀门时，要注意对称均匀地把紧螺栓。阀门法兰与管子法兰必须平行，间隙合理，以免阀门产生过大压力，甚至开裂。对于脆性材料和强度不高的阀门，尤其要注意。

(h) 电动调节阀应有手动操作机构，手动操作机构应安装在便于操作的位置；

(i) 电动二通调节阀阀位指示装置安装在便于观察的位置；

(j) 电动二通调节阀安装应留有检修空间，此检修空间还必须考虑电动执行器的空间。

2）电动三通调节阀安装要点同电动二通调节阀。

(3) 电动执行器的安装

电动执行器通常有两类，一类用于电动水阀，另一类用于风阀。

1）电动水阀执行器：

(a) 执行机构应固定牢固，操作手轮应处于便于操作的位置，机械传动应灵活，无松动或卡阻现象；

(b) 阀位指示装置应面向便于观察的位置；

(c) 执行器的行程、关断压力、输入电压、输出信号和接线方式，必须满足设计的要求，执行器必须与阀体匹配；

2) 电动风阀执行器：

(a) 执行器的输出力矩必须与风阀匹配；

(b) 风阀控制器上的开闭箭头的指向应与风门开闭方向一致，与风阀门轴垂直安装，连接时应固定牢固；

(c) 不能直接与风阀门轴相连接时，可使用附件与轴相连，其附件装置必须保证风阀控制器旋转角度的调整范围；

(d) 机械机构的开闭应灵活，无松动或卡阻现象；

(e) 安装后，风阀控制器的开闭指示位应与风阀实际状况一致，面向便于观察的位置；

(4) 控制器的安装

控制器安装通常遵循就近安装的原则，即控制器安装在被控设备机房中，如冷冻站、热交换站、水泵房、空调机房等。具体而言，一般就近安装在被控设备附近如水泵、空调机、新风机、通风机附近的墙上，用膨胀螺栓安装。在建筑设备监控系统中，控制器是一种通用的说法，准确地说，应称之为直接数字控制器（DDC），用于对现场设备——传感器和阀门的控制。由于现场设备的种类繁多，为适应现场的多种情况，控制器的种类也相应不同。通常，控制器可以分为小型控制器、中型控制器和大型控制器三类。其安装方法基本相同，具体要求如下。

安装方式为安装于控制柜门上，控制柜单独设计，采用壁挂方式，距地1.5m处，与被监控设备就近安装；控制柜应远离强电磁干扰，控制器的数字输出宜采用继电器隔离，不允许用控制器数字输出的无源触点直接控制强电回路；控制器的输入、输出接线应有易于辨别的标识；控制柜安装应有良好接地；控制柜的电源容量应满足传感器、阀门执行器的用电需要。

对于某些大型控制器，若控制点比较分散，且控制器及其输入、输出模块可分散安装，则控制柜可做得较小，控制柜可单独设计，其安装方式可采用壁挂方式，并与被监控设备就近安装。但这种安装方式的控制柜数量多。若控制点集中，且控制器及其输入、输出模块可集中安装，则控制柜就需做得较大，控制柜也可以单独设计，其安装方式可采用落地方式，与被监控设备就近安装。显然，这种安装方式的控制柜数量少，

此外，控制柜应远离强电磁干扰，控制器的数字输出宜采用继电器隔离，不允许用控制器数字输出的无源触点直接控制强电回路；控制器的输入、输出接线应有易于辨别的标识；控制柜安装应有良好接地；控制柜的电源容量应满足传感器、阀门执行器的用电需要。

(5) 线缆的敷设

建筑设备监控系统的线缆敷设，主要包括通信线缆的敷设，以及控制器与传感器、电动阀门之间线缆的敷设。线缆敷设应遵照前述线管敷设部分内容的规定，此外，还要注意：

1) 通信线缆　控制器之间、控制器与中央站之间通常用2芯RVVP（铜芯聚氯乙烯绝缘聚氯乙烯护套屏蔽连接软电缆）或3类以上的非屏蔽双绞线连接。

2）控制器与传感器、电动阀门之间线缆　所有现场设备通过线缆与控制器相连，现场传感器输入信号与控制器之间的连接线缆可采用2芯或3芯线，每芯截面积大于0.75mm^{2}的RVVP线（铜芯聚氯乙烯绝缘聚氯乙烯护套屏蔽连接软电缆）或RVV线（铜芯聚氯乙烯绝缘聚氯乙烯护套非屏蔽连接软电缆）。控制器与现场执行机构之间的连接线缆可采用2芯或4芯（如需供电），每芯截面积大于0.75mm^{2}的RVVP线或RVV线。

3）进出控制器线缆应采用金属管、金属线槽保护　线缆较少时，采用金属管，线缆较多且集中时，采用金属线槽。

(6) 中央管理工作站的安装

中央管理工作站完成对建筑设备监控系统中央管理监控和管理功能。中央管理工作站显示和记录各种测量数据、运行状态、故障报警等信息，对设备进行控制和管理、参数设定，数据报表生成及打印，故障报警信息的打印等。

中央管理工作站的安装主要是主机和系统软件的安装，可参照《电子计算机机房设计规范》(GB 50174—1993) 实行。

(7) 系统安装步骤及注意事项

1）建筑设备监控系统主要施工步骤及重点注意事项　建筑设备监控系统工程涉及的专业包括：仪表及电气自动化、计算机、暖通、控制、给排水等领域，并需要对建筑设备系统及工艺有较深的了解，否则，难以实现正确、准确的安装及调试工作。

建筑设备监控系统施工，首先要按照监控点表、系统图、控制原理图明确系统有哪些被控对象，明确要实现哪些功能，明确被控对象的技术指标和技术类型；根据监控点表、系统图、控制原理图，明确各被控对象的点位数量、布置和弱电井、控制室的位置；根据管线平面图明确公共区域线槽的规格、路由、预留孔洞、暗埋管路。

其次，对于建筑设备监控系统，还需要重点了解被控对象的工艺流程及监控点设置、监控点的类型（AI、AO、DI、DO）及供电等级、控制器的划分、相关的被控对象和其电气控制箱编号及平面敷设图等。

在建筑设备监控系统实际安装、施工过程中，必须注意以下问题：

(a) 线管敷设重点注意事项：

首先确认系统所要求使用的管材材质，也就是使用钢管还是PVC管材，并注意对所需要管材的品牌及壁厚要求，确定是否符合施工要求、是否需要监理方检验（或是第三方检验机构）等；

注意整个项目各个系统的施工顺序，例如：注意建筑设备自动化系统施工时，管线的走向要优先考虑暖通、消防、上下水及强电等系统的管线安装，此项工作必须提前考虑，并积极加强现场的协调工作，否则，容易造成管线之间“打架”。

注意管线的安全距离，主要需考虑管线之间的电磁干扰、防范工艺管线的冷热、腐蚀、水汽等因素影响，保证管线敷设后，减少将来的故障点。

施工方式上，注意管线过梁、过墙等比较特殊情况下的施工工艺。

了解电源箱及控制箱的安装方式，决定如何进行管线敷设。注意成排管线直行及转弯的安装工艺，保证横平竖直，转弯美观。

(b) 线缆敷设重点注意事项：

在线缆敷设前，应先检查线路的路由是否通畅，包括转弯及过线部分，以免影响施工。

进行线缆型号及长度核实以及点位性质及功能核实，以便检查是否存在设计及前期施工问题。提前做好人员数量及设备（对讲机、穿线器等）的准备工作。

由于建筑设备监控系统主要使用钢管，所以在线缆敷设时，要十分注意管口，不要损伤线缆保护层。在考虑项目工期、人员安排的同时，要特别注意线缆的敷设顺序，保证线缆的有效利用以节约线材。

(c) 设备安装重点注意事项：

核对图纸，检查设备的型号及规格是否符合设计要求；控制箱和其他没有直接联系的设备可以根据进度安装，但是，与工艺管线、管道及配电系统有联系的点位及检测点，需要根据其他专业的安装进度时间及时调整设备订货、到货及安装时间。

在系统点位选取及安装上，需要具备比较全面的专业知识，并且和其他专业的施工单位密切合作，有效地利用设备供应商的技术支持。

在建筑设备监控系统设备安装过程中，各种阀门、工艺管道检测元件及设备安装由于牵涉到其他专业，是建筑设备监控系统的重点及难点，必须提前做好协调、管理工作。

(d) 控制箱及电源箱安装重点注意事项：

注意电磁干扰的保护及安装位置的选择；

注意箱体进线的合理性及箱内布线的合理性。考虑箱内接线尽量减少干扰，方便接线和调试、美观及日后维护工作，连接要牢固，标志要清晰。

(e) 设备接线重点注意事项：

注意电源配电检测点的接线、电梯的接线、变压器及高压配电装置的接线。由于在接线时，部分设备可能已经试运行并带电，因此，接线时首先要考虑人员的安全，同时也要考虑设备的安全。

仔细阅读设备说明书。注意设备输入输出的电压（110V 还是 220V）等级及信号形式。对接线复杂的设备（如供配电系统）必须提供接线图。

2) 建筑设备监控系统施工中注意事项。

(a) 图纸会审　图纸会审是项目开工前重要的环节之一。图纸会审前，一定要仔细熟悉图纸及相关的技术文件，包括图纸的技术说明、材料型号数量、图纸比例尺及各个图纸的内在联系等，并且注重整个系统原理的审查及验证工作。要研究设备的动作方式和实际功能的关系，做到真正掌握系统的原理及功能。这对系统的安装、施工有着重要的影响。

(b) 系统线管与线缆的敷设及材料数量计算　此项计算在项目投标、项目成本核算、项目设备及元件材料的采购上，有着至关重要的作用。因此，要注意以下几点：

熟悉各个系统的工艺及安装调试规范；熟悉设备连接及管材的特性；熟悉强电与弱电的差别及不同线缆的特性，做到最大限度地节约线材及成本；要考虑施工现场实际的面积、层高及建筑内部结构情况，使线缆实际的走向准确，符合实际的要求。在项目实施之前，要了解其他相关专业的图纸及技术要求。

(c) 系统二次回路接线　建筑设备监控系统中，很多场所是用弱电控制强电。因此，施工人员必须具备相关的电气控制知识，对强电二次回路、电路原理及控制原理的掌握是必须的。

(d) 电气保护、系统接地　所有建筑设备监控系统设备的机架、金属线槽、穿线管及外露部分均要妥善接地，每个工艺设备的接地线应该以单独的接地线与辅助接地连接，不得在一个接地线中串接几个需要接地的接地装置；系统的工程防雷接地安装，应严格按设计要求施工，接地安装应配合土建施工同时进行。

室外电缆进入建筑物，通常在入口处经过一次转接进入室内。在转接处要加装电气保护装置，这样可以避免因电缆受到雷击产生的感应电势或与电力设备接触而给用户设备带来损坏。

（e）阀门及管道的安装　管道施工中，注意管道的防腐及保温工作；管道的预制及安装的焊接必须按照标准及规范施工；管材的切割注意机械和火焊切割的差别；管道加工时注意坡口，以便保证焊接质量；注意管材的弯曲及成型工艺，注意管口螺纹的加工；注意英制及美制的差别；注意管道试压前完成管道工作，注意管道保温及防腐的恢复工作等。

阀门安装时，要核对阀门规格及型号，并要核实工艺管道介质的流动方向，特别注意对现场实际设备及管道安装情况的考察；阀门安装过程中，注意阀门及管道的密封及连接质量，注意调节阀门的操作机构及传动装置的灵活性；在阀门安装过程中，还要注意对相关检测、显示仪表的保护及防护工作。

8.3.2　公共安全系统

公共安全系统由电视监控系统、防盗报警系统、出入口控制及门禁系统、巡更系统等主要部分组成。本节主要介绍电视监控系统的施工、安装。

8.3.2.1　线路敷设要点

（1）电源线与信号线应分开敷设。根据设计图上各段线路的长度选配电缆，尽量避免电缆的接续，必须接续时应采用专用接头件。

（2）随建筑施工同步敷设管道时，有条件的应将管道敷设在建筑体内，并按建筑敷设规范选用管道的材料和敷设方式，对不便敷设在建筑体内的管道，宜采用镀锌钢管、PVC管、封闭金属线槽或封闭 PVC 线槽。

（3）对有强电磁干扰的场所，应采用镀锌钢管或封闭金属线槽敷设并做接地处理。

（4）对有酸、碱腐蚀性介质与潮湿的场所，应采用 PVC 管敷设，但 PVC 管不适用于高温、易碰撞与易摩擦场所。

（5）对大型系统的主干线，应采用封闭金属桥架敷设。

（6）敷设管道电缆前应先清刷管孔，穿放电缆时宜涂抹黄油或滑石粉，进入管口的电缆应保持平直，并应采取防潮、防腐等处理措施。

（7）线路敷设完成后，应对线路进行校对与绝缘测试并加线标。

（8）线路校对无误、绝缘测试符合要求后，根据实际敷设情况提交线路敷设图纸（竣工图），对中间接头以及接头的处理方法加以标注。

8.3.2.2　控制台安装

（1）控制台的整个台体安装应竖直平稳，机柜内的设备部件应在机架定位并加固后进行，设备安装应牢固、端正。

（2）各固定螺钉、垫片、弹簧垫圈均应按要求坚固，不得遗漏。

（3）根据机柜、控制台等设备的相应位置，设置电缆槽和进线孔，电缆的弯曲半径应大于电缆直径的 10 倍。

(4) 控制台或机架内接插件和设备接触可靠，安装牢固，无扭曲脱落现象。

(5) 敷设的电缆两端留适当余量，并标示明显的永久性标记，以便于维护及管理。

(6) 大型安防监控系统的控制室，应敷设抗静电活动地板。

8.3.2.3 监视器安装

(1) 监视器的安装应牢固稳定，通风散热良好。

(2) 监视器的安装位置应使屏幕不受外来光直射，当有不可避免的光时，应采取遮光措施。

(3) 监视器的各调节旋钮，应暴露在便于操作的位置，并可加保护盖。

8.3.2.4 摄像机安装（如图 8-4 所示）

(1) 安装前，应通电检测摄像机及镜头工作是否正常并进行粗调及焦距的调整，摄像机与镜头处于正常的工作状态后，方可安装。

(2) 检查云台的水平、垂直转动角度，检查防护罩的紧固情况及雨刷动作，检查云台、支架的安装尺寸。

(3) 在搬动、架设摄像机的过程中，不得打开镜头盖。

(4) 摄像机、云台的安装应牢靠、稳固。电源线、视频线、控制线均应固定，且留有余地，以不影响摄像机的转动为宜。

(5) 初步安装好后，通电试看，细致检查各项功能，观察监视区域的图像质量，符合要求后再进行固定。

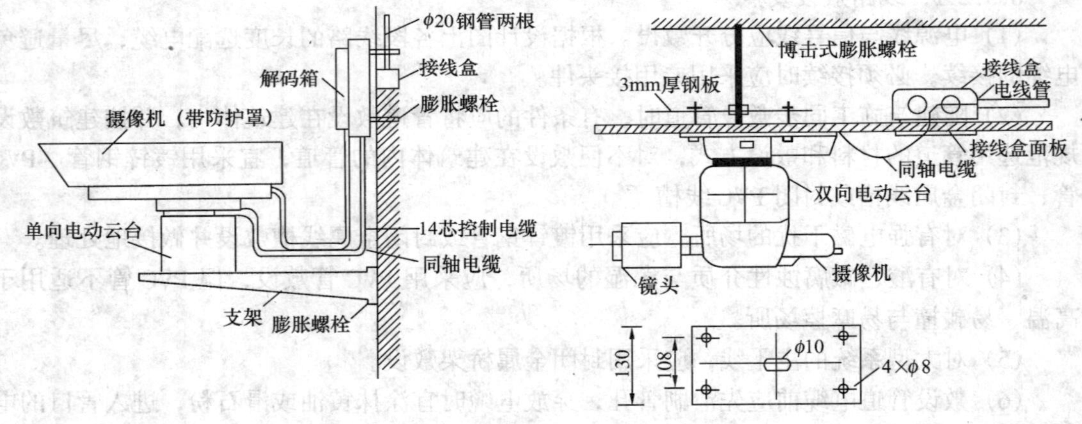

图 8-4 摄像机在墙上、吊顶上安装示意图

8.3.2.5 报警探测器安装（如图 8-5 所示）

(1) 报警探测器应按施工图纸选定的位置安装，如安装现场或防区内有障碍物（如：通风管道、工业管道、办公家具等），应适当调换探测器类型（如吸顶调换壁挂或壁挂调换吸顶）。如探测器偏离防区距离较大不能满足防区要求，应修改设计，增加探测器。

(2) 探测器安装完毕应检测防区范围是否达到设计要求，如防区范围未能达到设计要求，应适当调整探测器的角度与方向，调整后仍未能达到设计要求，应修改设计，调整类型或增加探测器。

8.3.2.6 紧急报警装置安装

目前使用的紧急报警装置有手动报警按钮与脚跳开关，手动报警按钮应安装在隐蔽并便于操作的位置，脚跳开关应安装在预定使用人员的脚前（也应隐蔽并便于操作），对于同时使用多个报警按钮与脚跳开关的场所，建议穿插安装。

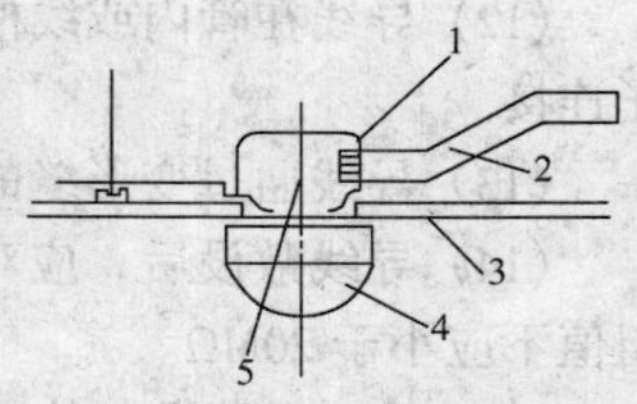

图 8-5 被动式红外报警探测器吸顶安装示意图

1—绝缘衬；2—电线管；3—吊顶；4—探测器；5—出线盒

8.3.2.7 供电与接地

(1) 视频与报警系统宜采用集中供电，当供电线与控制线共用多芯线时，多芯线与电缆可一起敷设，否则供电线缆与信号线缆应分开敷设。

(2) 测量所有接地极的接地电阻，必须达到设计要求，达不到设计要求时，要采取相应措施，在接地极回填土中加入无腐蚀性长效降阻剂或更换接地装置。

(3) 系统的防雷接地安装，应严格按设计要求施工，接地安装应配合土建施工同时进行。

8.3.3 火灾报警及联动控制系统

8.3.3.1 施工网络图

火灾报警及联动控制系统包括火灾自动报警、联动控制系统、消防电话对讲系统、消防广播系统。

8.3.3.2 线路敷设要点

(1) 火灾报警及联动控制系统的线路，应穿金属管保护，并宜暗敷在非燃烧体结构内，其保护层厚度不宜小于 3cm。当必须采用明敷时，则应对金属管采取防火保护措施。

(2) 当采用具有非延燃性绝缘和护套的电缆时，可以不穿金属保护管，但应将其敷设在电缆竖井内。

(3) 不同电压、不同电流类别、不同系统的线路，不可共管或在线槽的同一槽孔内敷设。

(4) 水平敷设的报警系统传输线路穿管敷设时，不同防火分区的线路不宜穿入同一根管内。

(5) 从线槽、接线盒等处引至火灾探测器的底座盒，控制设备的接线盒、扬声器箱等的线路，应穿金属软管保护。

(6) 横向敷设在建筑物内的暗配管，管径不宜大于 G25；水平或垂直敷设在天棚内或墙内的暗配管，管径不宜大于 G40。

(7) 配线中使用的非金属管材、线槽及其附件，均应采用阻燃性材料制成。

(8) 管内或线槽内的穿线应在建筑抹灰及地面工程结束后进行。

(9) 穿线前应将管内或槽内的积水及杂物清除干净，对于管道可采用以下方法：

1) 采用 0.25MPa 的压缩空气吹入已敷好的管子。

2) 采用绑以擦布成拖把状的钢丝在管内来回拉数次。

(10) 管路清扫后随即向管内吹入滑石粉，并在管子端部安上护线套。

(11) 探测器的“+”线应为红色，“-”线应为蓝色，联动系统的线，其颜色按功能用途区分，相同用途的导线颜色应一致，接线端子应有标号。

(12) 导线在管内或线槽内不应有接头或扭结，导线的接头应在接线盒内焊接或用端子连接。

(13) 导线通过变形缝的两侧应固定，并留有适当余量。

(14) 导线敷设后，应对每回路的导线用500V的兆欧表测量绝缘电阻，其对地绝缘电阻值不应小于20MΩ。

8.3.3.3 报警设备的安装

(1) 火灾探测器的安装

探测器应按设计要求的类型选用，并且要逐个进行模拟试验，经试验合格后才能使用

1) 感烟、感温探测器具体安装位置应符合下列规定：

(a) 探测器至墙壁、梁边的水平距离，不应小于0.5m。

(b) 探测器周围0.5m内不应有遮挡物。

(c) 探测器至空调送风口边的水平距离不应小于1.5m，至多孔送风顶棚孔口的水平距离不应小于0.5m。

(d) 在宽度小于3m的内走道顶棚上设置探测器，宜居中布置，感温探测器的安装间距不应超过10m，感烟探测器的安装间距不应超过15m，探测器距离端墙的距离，不应大于探测器安装间距的一半。

(e) 探测器宜水平安装，当必须倾斜时，倾斜角不应大于45°。

2) 探测器底座应固定牢靠，并应使探头报警灯面向主要入口处，便于观察。

3) 探测器的端子应根据不同类型，按照功能与极性正确连线，其导线连接必须可靠压接，线头搪锡时，不得使用带腐蚀性的助焊剂。

探测器及底座的外接导线，应留有不小于15cm的余量，入端处应有明显标志。

探测器底座穿线孔宜封堵，安装完毕后的探测器底座应采取保护措施。

探测器在即将调试时方可安装，在安装前应妥善保管，并应采取防尘、防潮、防腐蚀等措施。

(2) 模块的安装

模块应按设计要求选用不同类型的模块。

模块具体安装方式按要求可分为：集中放置的模块箱内安装；现场就地模块盒内安装。

模块安装应固定牢靠，其导线的连接应按信号线、电源线的功能正确连线，并且必须可靠压接，线头搪锡时，不得使用带腐蚀性的助焊剂。

模块在盒和箱内的安装连线后的穿线孔应封堵。

(3) 手动火灾报警按钮的安装

手动火灾报警按钮，应安装在墙上距地（楼）面高度1.5m处，应安装牢固，不得倾斜，按钮的外接导线应留有不小于10cm的余量，且在其端部应有明显标志。

(4) 消防对讲电话系统及消防广播系统的安装。

两系统主机应集成到火灾报警联动控制柜中。

消防对讲电话插孔的安装可参照手动火灾报警按钮安装。

消防广播线路应独立敷设，不应和其他线路（包括火警信号、联动控制等线路）同管或同线槽敷设。

（5）火灾报警联动控制柜的安装

消防值班室与消防控制室内的控制设备按下述要求安装：

1）在控制设备中，对于不同电流等级的设备，应分开布置。

2）控制屏（台、盘）的操作距离，单列布置时，不应小于1.5m；双列布置时，不应小于2m；在值班人员经常工作的一面，控制屏（台、盘）到墙的距离，不宜小于3m。控制屏（台、盘）的维护距离不应小于1m。

3）控制屏（台、盘）的排列长度大于4m时，应在两端设置宽度不小于1m的通道。

4）消防控制室内不允许穿过与消防控制室无关的电气线路及其他管道，亦不可装设与其无关的设备。

8.3.3.4 系统接地装置的安装技术要求

工作接地线应采用铜芯绝缘导线或电缆，不得利用镀锌扁铁或金属软管。

当采用联合接地时，应用专用接地干线，由消防控制室引至接地体，其线芯截面积不应小于16mm^2，在通过墙壁时，应穿入钢管或其他坚固的保护管。

由消防控制室接地板引至各消防设备的接地线应选用铜芯绝缘软线，其线芯截面积不应小于4mm^2。

工作接地线与保护接地线必须分开，保护接地导体不得利用金属软管。

接地装置施工完毕后，应及时作隐蔽工程验收。

8.3.4 停车场管理系统

（1）根据设计图纸、现场情况确定设备摆放位置

1）确定道闸及读卡设备摆放位置时首先要确保车道的宽度，以便车辆出入顺畅，车道宽度一般不小于3m，4.5m左右为最佳；读卡设备距道闸距离一般为2.5m，最近不小于2m，主要是防止读卡时车头可能触到栏杆；对于地下停车场，读卡设备应尽量摆放在比较水平的地面，否则车辆在上下坡时停车读卡会比较麻烦；对于地下停车场，道闸上方若有阻挡物则需选用折杆式道闸，阻挡物高度－1.2m即为折杆点位置；道闸及读卡设备的摆放位置直接关系到用户使用是否方便的问题，一旦位置确定管线到位后，再要更改位置则会给施工带来很大的麻烦，因此为保险起见，先将道闸及读卡设备安装到位，然后模拟使用者，看定位是否合适，最后再敷设管线。

2）确定自动出卡机安装位置　在有临时车辆出入的停车场，若选择了远距离读卡设备，同时又选择了自动出卡机，则自动出卡设备为一独立体，安装在读卡设备正前方距读卡设备约0.3m；若选择了普通读卡设备，同时又选择了自动出卡机，则自动出卡机同读卡机安装在票箱内，现场施工不必考虑这一步骤。

3）确定摄像机安装位置（若没有选择图像对比功能，则不需考虑此项）　进出口摄像机的视角范围主要针对出入车辆在读卡时的车牌位置，一般选择自动光圈镜头，安装高度一般为2～2.5m。

4）确定岗厅的位置　对于没有临时车辆停车场岗厅的位置确定视场地而定，或者根本就不设岗厅；对于有临时车辆的停车场岗厅一般安放在出口，以方便收费。

岗厅内由于要安放控制计算机及其他一些设备，同时又是值班人员的工作场所，所以对岗厅面积有一定要求，最好不小于4m^2。

5）确定控制主机的位置　控制主机是整个停车场系统的核心控制单元，一般装在票箱内。

综上所述，停车场系统设计、安装参数可以为：

(a) 读卡机（中心距离）与道闸（中心距离）>2.5m;

(b) 管理电脑（一般放置在停车场管理岗亭内）至读卡机的距离<100m;

(c) 摄像机安装高度：2~2.5m;

(d) 地感线圈尺寸：2m（长）×0.8m（宽）;

(e) 收费管理岗亭最小面积：$4m^2$（2m×2m）;

(f) 进出车道宽度：>3m;

(g) 设备安装基座尺寸：0.4m（长）×0.4m（宽）;

(2) 管线敷设

1）管线敷设相对比较简单，在管线敷设之前，对照停车场系统原理图及管线图理清各信号属性、信号流程及各设备供电情况；信号线和电源线要分别穿管，对电源线而言，不同电压等级、不同电流等级的线也不可穿同一条管。

2）地感线圈的埋设：地感线圈的埋设一般跟管线敷设同时进行。

3）停车场系统所有线材型号：

(a) 通信线（管理电脑至出入口机）：RVVP6×$0.3mm^2$

(b) 控制线（出入口机至道闸）：RVVP6×$0.3mm^2$

(c) 视频线（出入口摄像机至管理电脑）：75-5同轴电缆

(d) 地感线：耐高温抗腐蚀单股多芯$1.5mm^2$导线绕制3圈，埋放深度3~5cm;

(e) 电源线：（供电至读卡机、道闸、摄像机）RVV3×$2.5mm^2$;

(3) 设备安装

1）出入口机、道闸的安装：

(a) 浇筑一高10~20cm的防水防撞的安全岛（安装基座），并在出入口机、道闸底座中部预埋铺设管线

(b) 用四个膨胀螺栓将出入口机、道闸固定在安全岛上。

2）地感线圈的埋设：

(a) 地感线圈埋设是在出入口车道路面铺设完成后或铺设路面的同时进行的；

(b) 当路面铺设好或正在铺设路面时，在出入口机、道闸安装位置附近的车道上，切一线圈放置槽（线圈放入切槽内，切槽宽为1.5cm），地感线圈尺寸通常为200cm(长)×80cm(宽)×5cm(深)；

(c) 将地感线沿切槽绕3圈，并将线圈的两个端子引入出入口机、道闸的机箱内，并用水泥或沥青填充切槽。

8.4　建筑设备自动化系统的调试与验收

8.4.1　综合布线系统的测试与验收

8.4.1.1　综合布线系统验收的一般要求

在施工单位自检的基础上，工程验收检查一般应按施工前检查、隐蔽工程检查、工程验收检查程序进行。

(1) 施工前检查

1) 验收项目为环境要求。验收内容包括土建施工情况：地面、墙面、门、电源插座及接地装置；土建工艺：机房面积、预留孔洞；施工电源；活动地板敷设等。验收方式为施工前检查。

2) 验收项目为器材检验。验收内容包括外观检查；规格、品种和数量；电缆电气性能抽样测试；光纤特性测试。验收方式为施工前检查。

3) 验收项目为安全及防火要求。验收内容包括消防器材；危险物的堆放；预留孔洞防火措施。验收方式为施工前检查。

(2) 设备安装

1) 验收项目为设备机架。验收内容包括规格、形式和外观；安装垂直、水平度；油漆不得脱落，标志完整齐全；各种螺丝必须紧固；防振加固措施；接地措施。验收方式为随工检验。

2) 验收项目为信息插座。验收内容包括规格、位置和质量；各种螺丝必须拧紧；标志齐全；安装符合工艺要求；屏蔽层可靠连接。验收方式为随工检验。

(3) 电缆与光缆布放（楼内）

1) 验收项目为电缆桥及槽道安装。验收内容包括安装位置正确；安装符合工艺要求；接地。验收方式为随工检验。

2) 验收项目为缆线布放。验收内容包括缆线规格、路由及位置；符合布放缆线工艺要求。验收方式为随工检验。

(4) 电缆与光缆布放（楼外）

1) 验收项目为架空缆线。验收内容包括吊线规格、架设位置及装设规格；吊线垂度；缆线规格；卡、挂间隔；缆线的引入符合工艺要求。验收方式为随工检验。

2) 验收项目为管道缆线。验收内容包括使用管孔孔位；缆线规格；缆线走向；缆线的防护设施的安装质量。验收方式为隐蔽工程签证。

3) 验收项目为埋式缆线。验收内容包括缆线规格；敷设位置和深度；缆线的防护设施的安装质量；回土夯实质量。验收方式为隐蔽工程签证。

4) 验收项目为隧道缆线。验收内容包括缆线规格；安装位置及路由；土建设计符合工艺要求。验收方式为隐蔽工程签证。

5) 其他验收项目。验收内容包括通信线路与其他设施的间距；进线式安装及施工质量。验收方式为隐蔽工程签证。

(5) 缆线终端验收项目为信息插座，配线模块，光纤插座以及各类跳线。验收内容是符合工艺要求。验收方式为随工检验。

(6) 系统测试

1) 验收项目为工程电气性能测试。验收内容包括：连接图；长度；衰减；近端串音；以及设计中特殊规定的测试内容。验收方式为竣工检验。

2) 验收项目为光纤特性测试。验收内容包括：类型（单模或多模）；衰减和反射。验收方式为竣工检验。

3）验收项目为系统接地。验收内容为符合设计要求。验收方式为竣工检验。

(7) 工程总验收

1）验收项目为竣工技术文件。验收内容为清点交接技术文件。验收方式为竣工检验。

2）验收项目为工程验收评价。验收内容有考核工程质量及确认验收结果。验收方式为竣工检验。

8.4.1.2 综合布线系统的测试

目前，在很多领域网络应用已经成为企业至关重要的组成部分，网络不正常运行，对于企业来说，损失是相当大的。网络的建立，从电缆敷设到网络设备的连接，都需要几个过程，这些过程有必要进行测试，从而保证所建立的网络能健康运行。可以说现在的综合布线是为了未来的投资，而投资的保证就是测试技术。

从工程的角度可将综合布线系统的测试分为两类：验证测试和认证测试。验证测试一般是在施工的过程中由施工人员边施工边测试，以保证所完成的每一个连接的正确性；认证测试是指对布线系统依照标准进行逐项检测，以确定布线是否能达到设计要求。包括连接性能测试和电气性能测试。

(1) 典型布线故障

网络电缆故障有很多种，概括起来可以将网络电缆故障分为两类：一类是连接故障，一类是电气特性故障。连接故障多是由于施工工艺或对网络电缆意外损伤所造成的，如接线错误、短路、开路等；而电气特性故障则是电缆在信号传输过程中达不到设计要求。影响电气特性因素除材料本身的质量外，还包括施工过程中电缆的过度弯曲、电缆捆绑太紧、过力拉伸和过度靠近干扰源等。

(2) 解决方案

根据调查，网络中发生的故障有50%甚至70%以上是由与电缆有关的故障造成的，网络中将电缆故障具体定位是比较困难而且是很浪费时间的，所造成的损失也是比较大的，特别是对那些电缆安装在墙内、吊顶上及地板下，保证正确的安装是很重要的。在综合布线系统工程中采用“随装随测”的技术，即在施工过程中，采用测试工具，每完成一个点就测试该点的连通性，包括接线图、通断性及电缆长度，如果发现问题及时解决，这样就保证了线对的安装正确，当所有的连接完成后。就可以保证链路中所有的部分都通过了连接测试，为最后的认证测试节约了时间。

8.4.1.3 综合布线系统的验证测试

如果在施工的同时，能保证接线的正确，就可减少在此后的认证测试时由于仅仅是接线这类的连接错误而返工所造成的时间浪费。例如：安装人员在工作区信息插座端工作时，他所连接和测试电缆的另一端可能还在配线架上尚未端接。采用单端测试仪，安装人员可以确认在每一个信息插座的连接都是正确的。这样的安装测试过程称之为随装随测。

无论是在配线架还是在工作区，这种随装随测的安装过程都贯穿于每一个连接或终接的工作中，它不仅保证线对的安装正确，而且还保证了电缆的总长度不会超过综合布线的要求。当所有的连接和终接工作完成时，连通测试也就基本完成了。这种施工与测试结合的方法，为认证节省了大量的时间。

8.4.1.4 综合布线系统的认证测试

(1) 测试标准

《建筑和建筑群综合布线系统工程验收规范》GB/T50312—2000 中尚无测试的具体规定，该规范是以美国国家标准协会 TIA/EIA 的《非屏蔽双绞电缆布线系统传输性能现场测试规范》TSB-67 作为非屏蔽双绞电缆（UTP）布线性能现场测试规范，比较全面地定义了电缆布线的现场测试内容、方法以及对测试仪器的要求。国际布线标准《信息技术———用户建筑物综合布线》ISO/IEC 11801：1995（E）同样对综合布线的测试制定了相应的规定。

综合布线认证测试内容包括：定义测试链路、通道结构；定义要测试的传输参数；为 3、4、5 类链路的每一种链路结构定义参数，通过/不通过的测试极限；测试报告最少包含的项目；定义现场测试仪的性能要求以及如何验证这些要求；现场测试仪的测试结果与实验室设备的比较方法等。

TSB-67 虽然是为测试非屏蔽双绞电缆的链路而制定的，但在测试屏蔽双绞电缆的通道时，也可参照执行。

TSB-67 标准全面包括了电缆布线的现场测试内容、方法及对测试仪器的要求，主要包括长度、接线图、衰减、近端串扰等四项内容，如特性阻抗、衰减对串扰比、环境噪声干扰强度、传播时延、回波损耗和直流环路电阻等电气性能测试项目，可以根据现场测试仪器的功能和施工现场所具备的条件选项进行测试。有必要解释一下几个主要电气特性的定义：

近端串扰（NEXT)：是传送线对与接收线对之间产生干扰的信号，它对信号的接收产生不良影响。其单位是“分贝（dB)”，主要表示传输信号与串扰的比值。其绝对值越大，串扰越低。

衰减（ATTENUATION)：是信号沿着一定长度的电缆传输所产生的损耗。衰减与电缆的长度有着直接关系，并随着频率的上升而增加。衰减的测量单位是“分贝（dB)”，主要表示初始传送端信号与接受信号强度的比值。

信噪比（ACR)：表示近端串扰与衰减在某一频率上的差。

传播时延（DELAY SKEW)：表示一根电缆上最快线对与最慢线对间传播延迟的差异。

回波损耗（RETURN LOSS)：是由于阻抗不匹配而使部分传输信号的能量被反射回去，返回损耗对于使用全双工方式传输的应用非常重要。

特性阻抗：在电路中对电流的阻碍称为特性阻抗，它是以欧姆为计量单位。

TSB-67 首先定义了两种测试摸式，基本链路（BASIC LINK）（图 8-6）和通道链路（CHANNEL)(图 8-7)，这两者最大的区别在于基本链路不包括用户端使用的电缆，而通道链路是一个完整的端到端链路，即用户网卡到有源设备（如集线器、交换机等)。

(2) 认证测试需要注意的问题

布线工程的认证测试实际上是对整个施工过程的最后检验，对用户来说，要想保证布线工程质量，必须经过通道连接测试。由于布线施工承包商与用户所处的角度不同，理想的情况是选择第三方布线认证测试公司进行认证测试，这对用户和施工方来说是公正的结果，不仅提供专业的认证测试仪器及专业测试人员，而且提供完整的文档报告，有利于以后用户对网络的维护管理。在实际认证测试过程中，由于多方面的原因，多数情况都是由用户与施工方双方进行认证测试，这就要求用户对测试仪的选择、测试模式及测试结果的解释有一定的了解，否则很难保证综合布线工程的质量。

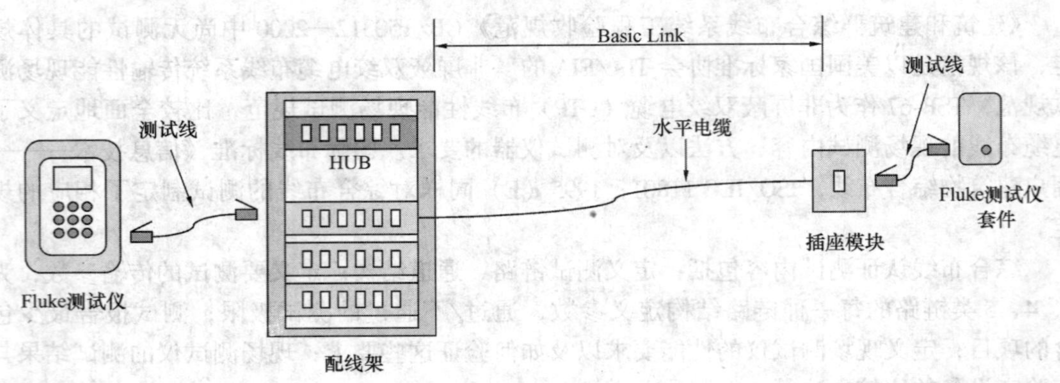

图 8-6 综合布线系统测试的基本链路

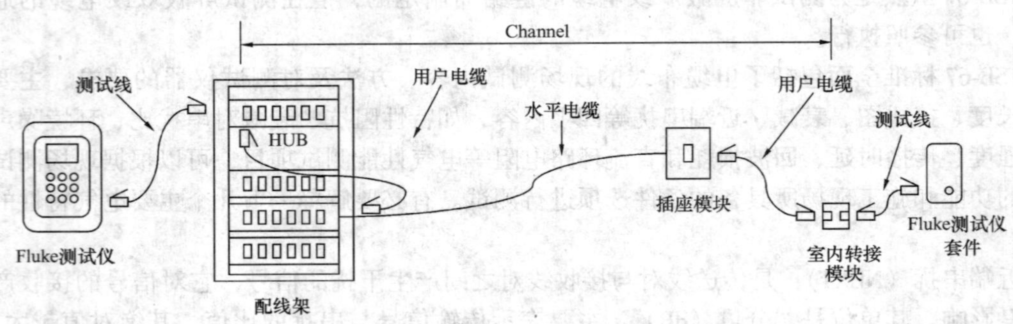

图 8-7 综合布线系统测试的基本链路

(3) 测试仪器的选择

为了满足 TSB67 标准所提出的规定，测试综合布线系统的性能目前有多种测试仪器可选。应用较多的是 Fluke 公司的 DSP-100 电缆测试仪。DSP-100 的特点如下：

1) 精度是布线认证测试仪的基础，DSP-100 能全部满足 TSB-67 中对 Basic Link 和 Channel 认证级精度（二级精度）的要求，并通过了 UL 认证，同时，也通过了欧洲的 3P 实验室依 ISO 11801 标准所作的验证和重复性测试。

2) DSP-100 可以精确定位 NEXT 的故障并可指出 NEXT 故障的原因。比如：不良的安装工艺、性能差的部件以及局部电缆的损坏。Fluke 专利的 TDXTM 技术在 8s 之内就可精确找出这类故障（图 8-8 为测试仪上显示的故障举例）。

3) DSP-100 有极快的测试速度：双向测试 < 17s，并同时比其他测试仪测试更彻底。

4) DSP-100 是在测试电缆的 NEXT 时能识别由外部环境（如荧光灯、无线电通信等）噪声干扰电缆的测试仪。

5) DSP-100 可以完成高达 155MHz 的电气性能测试，这对超过 100MHz 的布线性能分析提供了有效的帮助。配合附加的 DSP-FTK 测试选件就可以完成对光缆的测试和打印报告。

8.4.1.5 文档验收

文档资料是综合布线工程验收的重要组成部分。完整的文档包括电缆的标号、信息插座的标号、配线间水平电缆与垂直电缆的跳接关系，配线架与交换机端口的对应关系。建立电子文档，便于以后的维护管理。

综合布线系统工程的竣工文档资料应包括以下内容：

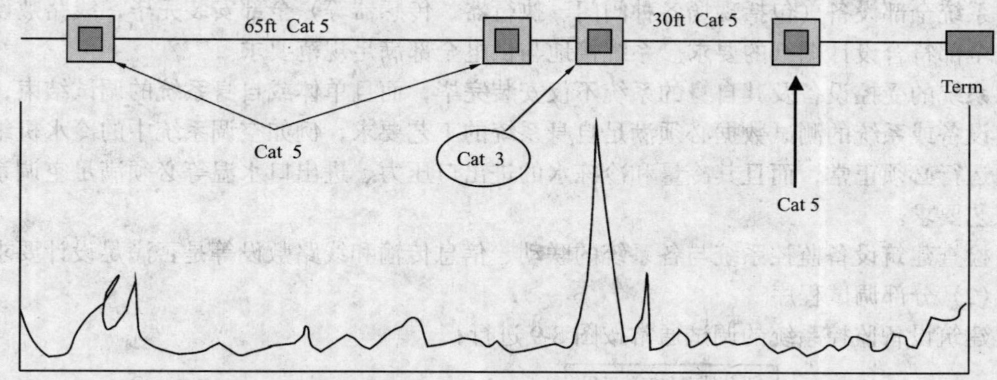

错误接头的定位——五类连接中误用三类接头

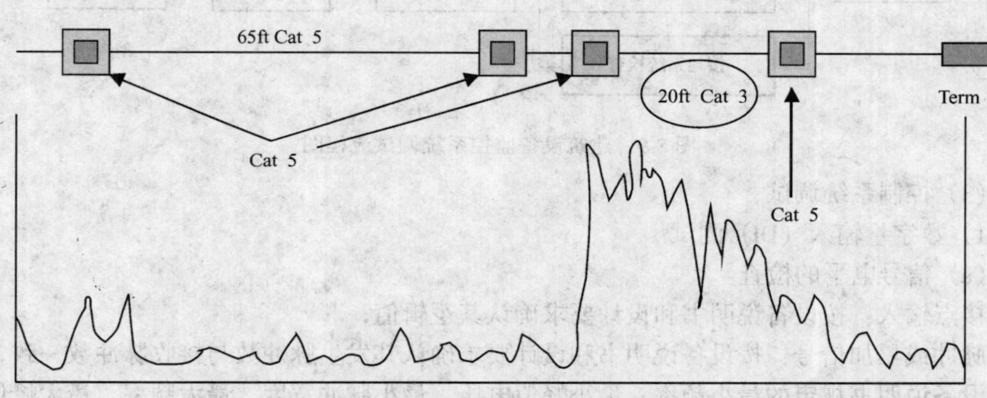

故障电缆的定位——五类连接中误用三类线

图 8-8　综合布线系统测试故障举例

(1) 安装工程量；

(2) 工程说明；

(3) 设备、器材明细表；

(4) 竣工图为施工中更改后的施工设计图；

(5) 测试记录；

(6) 工程变更、检查记录及施工过程中需更改设计或采取相关措施，以及由建设、设计、施工等单位之间的双方洽商记录。

(7) 随工验收记录。

(8) 隐蔽工程签证。

8.4.2　建筑设备监控系统的调试与验收

8.4.2.1　建筑设备监控系统的调试

(1) 调试必须具备的条件

系统全部设备（包括现场各种阀门、执行器、传感器等）全部安装完毕，线路敷设和接线全部符合设计图纸的要求。系统接地与供电全部满足规范要求。

系统的受控设备及其自身的系统不仅安装完毕，而且单体或自身系统的调试结束；同时其设备或系统的测试数据必须满足自身系统的工艺要求，例如空调系统中的冷水机组其单机运行必须正常，而且其冷量和冷冻水的进出口压力、进出口水温等必须满足空调系统的工艺要求。

检查建筑设备监控系统与各系统的联动、信息传输和线路敷设等是否满足设计要求。

（2）分部调试程序

建筑设备监控系统的调试通常按图 8-9 进行：

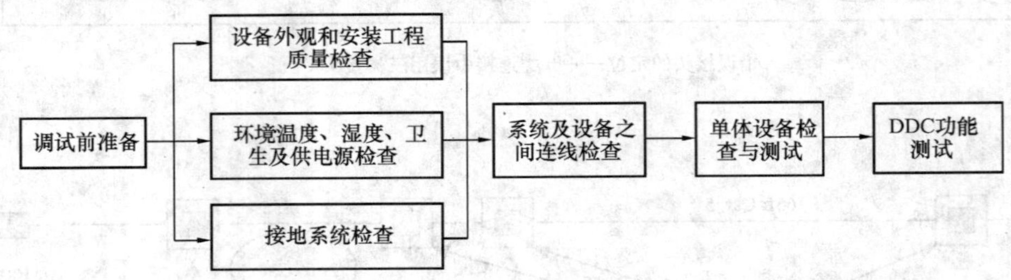

图 8-9　建筑设备监控系统调试流程图

（3）控制系统调试

1）数字量输入（DI）测试

（a）信号电平的检查。

接点输入：按设备说明书和设计要求确认其逻辑值；

脉冲或累加信号：按设备说明书和设计要求确认其发生脉冲数与接收脉冲数一致，并符合设备说明书规定的最小频率、最小峰值电压、最小脉冲宽度、最大频率、最大峰值电压、最大脉冲宽度；

电压或电流信号（有源与无源）按设备说明书和设计的要求进行确认。

（b）动作试验　按上述不同信号的要求，用程序方式或手动方式对全部测点进行测试，并将测点之值记录下来。

（c）特殊功能检查　按工程规定的功能进行检查，如高保真数字量信号输入以及正常、报警、线路开路、线路短路的检测等。

2）数字量输出（DO）测试

（a）信号电平的检查　继电器开关量的输出 ON/OFF：按设备说明书和设计要求确认其规定的输出电压电流范围和允许工作容量。

输出电压或电流开关特性检查：其电压或电流输出必须符合设备使用书和设计要求。

（b）动作试验　用程序方式或手动方式测试全部数字量输出，并记录其测试数值和观察受控设备的电气控制开关工作状态是否正常；如果受控单体受电试运行正常，则可以在受控设备正常受电情况下观察其受控设备运行是否正常。

（c）特殊功能检查　按设计规定的功能进行检查，如按设计要求进行三态（快、慢、停）和间歇控制（1s、5s、10s）等的检查。

3）模拟量输入（AI）测试

(a) 输入信号的检查　按设备说明书和设计要求确认其有源或无源的模拟量输入的类型、量程（容量）、设定值（设计值）是否符合规定，通常的传感器可按如下顺序进行检查和测试：

①温度、湿度、压力、压差传感器的检查与测试：

A. 按产品说明书的要求确认设备的电源电压、频率、温度、湿度是否与实际相符。

B. 按产品说明书的要求确认传感器的内外部连接线是否正确。

C. 根据现场实际情况，按产品说明书规定的输入量程范围，接入模拟输入信号后在传感器端或 DDC 侧检查其输出信号，并经计算确认是否与实际值相符。

②电量、电压、电流、频率、功率因数传感器的检查与测试：

A. 按上述①中 A 项进行检查。

B. 按产品说明书的要求确认传感器的内外部连接线是否正确，严防电压型传感器的电压输入端短路和电流型传感器的输出端开路。

C. 根据现场实际情况，按产品说明书规定的输入量程范围分别在传感器的输出端或 DDC 侧检查其输出信号，并经计算确认是否与实际值相符。

③电磁流量传感器的检查与测试：

A. 按上述①中 A 项进行检查。

B. 按产品说明书的要求，确认其内外部连接线正确。

C. 静态调整：将流量传感器安装于现场后（探头部分必须完全浸于静止的水中），在 DDC 侧测试其输出信号，如果此信号值与零偏差较大，则其将按产品和系统要求进行自动校零。

D. 动态检查：模拟管道中的介质流量，然后在 DDC 侧测试其传感器的输出信号，经计算确认其是否与实际相符。

(b) 动作试验：用程序方式或手控方式对全部的 AI 测试点逐点进行扫描测试并记录各测点的数值，确认其值是否与实际情况一致。

(c) 模拟量输入精度测试　使用程序和手动方式测试其每一测试点，在其量程范围内读取三个测点（全量程的 10%、50%、90%），其测试精度要达到该设备使用说明书规定的要求。

(d) 特殊功能检查　按设计要求进行检查。

4) 模拟量输出（AO）测试

(a) 按设备使用说明书和设计要求确定其模拟量输出的类型、量程（容量）与设定值（设计值）是否符合，常用的各种风门、电动阀门驱动器可按如下顺序进行检查与测试：

①按产品说明书的要求确认该设备的电源、电压、频率、温度、湿度是否与实物相符。

②确认各种驱动器的内外部连接线是否正确。

③手动检查：首先将驱动器切换至手动档，然后转动手动摇柄，检查驱动器的行程是否在 0 ~ 100% 范围内。

④在确认手动检查正确后，在现场按产品说明书要求，模拟其输入信号或者从 DDC 输出 AO 信号，确认其驱动器动作是否正常。

(b) 动作试验：用程序或手控方式对全部的 AO 测试点逐点进行扫描测试，记录各测点的数值，同时观察受控设备的工作状态和运行是否正常。

(c) 模拟量输出精度的测试：使用程序和手动方式测试其每一测试点，在其量程范围内读取三个测点（全量程的10%、50%、90%），其测试精度要达到该设备使用说明书规定的要求。

(d) 特殊功能检查：按设计规定的功能进行检查，如保持输出功能、事故安全功能等。

(e) 全部DO、DI、AO、AI点应根据监控点表规定的监控点数量和要求，按上述要求进行。

5) DDC功能测试　按产品设备说明书和设计要求进行测试。通常进行如下功能测试：

(a) 运行可靠性测试　抽检某一受控设备设定的监控程序，测试其受控设备的运行记录和状态。

①关闭中央监控主机、数据网关（包括主机至DDC之间的通信设备，如交换机、网卡等），确认系统全部DDC及受控设备运行正常后，重新开机后抽检部分DDC设备中受控设备的运行记录和状态，同时确认系统框图及其他图形均能自动恢复。

②关闭DDC电源后，确认DDC及受控设备运行正常，重新受电后确认DDC能自动检测受控设备的运行，记录状态并予以恢复。

③DDC抗干扰测试　将一台干扰源设备（例如冲击电钻）接于DDC同一电源，干扰设备开机后，观察DDC设备及其他设备运行参数和状态运行是否正常。

(b) DDC软件主要功能及其实时性测试

①DDC点对点控制。在DDC侧用笔记本电脑或现场检测器，或者在中央控制机侧手控一台被控设备，测定其被控设备运行状态返回信号的时间应满足系统的设计要求。

②在现场模拟一个报警信号，测定在CRT图面和触发蜂鸣器发出报警信号的时间是否满足系统设计要求。

③在中央控制机画面开启一台空调机，测定电动阀门的开度从0%~50%的时间。

(4) 新风机（二管制）单体设备调试

1) 检查新风机控制柜的全部电气元器件有无损坏，内部与外部接线是否正确无误，严防强电电源串入DDC，如需24VAC应确认接线正确，无短路故障。

2) 按监控点表要求，检查装在新风机上的温度、湿度传感器、电动阀、风阀、压差开关等设备的位置、接线是否正确和输入、输出信号的类型、量程是否和设置相一致。

3) 在手动位置确认风机在非系统受控状态下已运行正常。

4) 确认DDC控制器和I/O模块的地址码设置是否正确。

5) 确认DDC送电并接通主电源开关后，观察DDC控制器和各元件状态是否正常。

6) 用笔记本电脑或手提检测器检测记录所有模拟量输入点送风温度和风压的量值，并核对其数值是否正确。记录所有开关量输入点（风压开关和设备状态等）工作状态是否正常。强置所有的开关量输出点开与关，确认相关的风机、风门、阀门等工作是否正常。强置所有模拟量输出点输出信号，确认相关的电动阀（冷热水调节阀）工作是否正常及其PID调节是否跟随变化。

7) 启动新风机，新风阀门应连锁打开，送风温度调节控制应投入运行。

8) 模拟送风温度大于送风温度设定值（一般为3℃左右），这时热水调节阀应逐渐减少，开度直至全部关闭（冬天工况）；或者冷水阀逐渐加大，开度直至全部打开（夏天工况）。模拟送风温度小于送风温度设定值（一般为3℃左右）时，确认其冷热水阀运行工况与上述完全相反。

9）新风机停止运转，则新风阀门以及冷、热水调节阀门、加湿器等应回到全关闭位置。

10）确认按设计图纸、产品供应商的技术资料、软件功能和规定的其他功能以及连锁、联动的要求。

11）单体调试完成时，应按工艺和设计要求在系统中设定其送风温度、湿度和风压以及初始状态。

12）对于四管制新风机，可参照上述方法进行，但冷热水管的电动阀门的调节应按设计工艺和产品供应商的技术要求进行确认。

（5）空气处理机（二管制）单体设备调试

1）按上述“新风机（二管制）单体设备调试”步骤中（1）~（6）子项的要求完成测试检查与确认。

2）启动空调机时，新风、回风、排风阀门等应连锁打开，各种调节控制应投入工作。

3）按上述“新风机（二管制）单体设备调试”步骤中（8）的要求完成测试、检查与确认。

4）空调机启动后，回风温度应随着回风温度设定的改变而变化，在经过一定时间后应能稳定在回风温度设定值附近。如果回风温度跟踪设定值的速度太慢，可以适当提高PID调节的比例放大作用；如果系统稳定后，回风温度和设定值的偏差较大，可以适当提高PID调节的积分作用；如果回风温度在设定值上下明显地作周期性波动，其偏差超过范围，则应先降低或取消微分作用，再降低比例放大作用，直到系统稳定为止。PID参数设置的原则是：首先保证系统稳定，其次满足其基本的精度要求，各项参数设置不宜过分，应避免系统振荡，并有一定余量。当系统经调试不能稳定时，应考虑有关的机械或电气装置中是否存在妨碍系统稳定的因素，应仔细检查并排除这样的干扰。

5）如果空调机是双环控制，那么内环以送风温度作为反馈值，外环以回风温度作为反馈值，以外环的调节控制输出作为内环的送风温度设定值。一般内环为PI调节，不设置微分参数。

6）空调机停止运转时，新风机阀、回风阀、调节阀等应回到全关闭位置。

7）确认按设计图纸、产品供应商的技术资料、软件和调试大纲规定的其他功能和连锁、联动程序控制的要求。

8）变风量空调机应按控制功能变频或分档变速的要求，确认空气处理机的风量、风压随风机速度也相应变化。当风压或风量稳定在设计值时，风机速度应稳定在某一点上，并按设计和产品说明书的要求记录30%、50%、90%风机速度时相对风压或风量（变频、调速）；还应在分档变速时测量其相应的风压与风量。

9）按上述“新风机（二管制）单体设备调试”步骤中（11）~（12）子项的要求，完成测试检查和确认。

10）如果需要，应使模拟控制新风阀、排风阀、回风阀的开度限位设置满足空调工艺所提出的百分比要求。

(6) 送排风机单机设备调试

1) 按上述“新风机（二管制）单体设备调试”步骤中（1）～（6）子项要求完成测试检查与确认。

2) 检查所有送排风机和相关空调设备，按系统设计要求确认其连锁、启/停控制是否正常。

3) 按通风工艺要求，用软件对各送排风机风量进行组态，确认其设置参数是否正常，以确保风机能正常运行。

4) 为了维持室内相对于室外（例如：+20Pa）的正压要求，先进行变风量新风机的风压控制调试。然后使其室内有一定的正压，进行变速排风机的调试。模拟变化建筑室内测量值，风机转速应能相应改变，当测量值大于设定值时，风机转速应减小；当测量值小于设定值时，风机转速应增大；当测量稳定在+20Pa时，风机转速应稳定在某一点上。

5) 如空调系统使用变频风机，则变频调速风机启动后，建筑室内风压测量值应跟随风压设定值的改变而变化；当风压设定值固定时，经过一定时间后测量值应能稳定在风压设定值的附近。如果测量值跟踪设定值的速度太慢，可以适当提高PID调节的比例放大作用；如果系统稳定后，测量值和设定值的偏差较大，可以适当提高PID调节的积分作用。如果送风温度在设定值上下明显地作周期性波动，其偏差超过范围，则应先降低或取消微分作用，再降低比例放大作用，直到系统稳定为止。

PID参数设置原则是：首先保证系统稳定，其次满足其基本的精度要求，各项参数设置不宜过分，应避免系统振荡，并有一定余量。当系统经调试不能稳定时，应考虑有关的机械或电气装置中是否存在妨碍系统稳定的因素，应仔细检查，排除这样的干扰。

(7) 冷源设备调试

1) 按上述“新风机（二管制）单体设备调试”步骤中（1）～（6）项的要求完成测试检查与确认。

2) 按设计和产品技术说明书规定，在确认主机、冷冻水泵、冷却水泵、冷却塔、风机、电动蝶阀等相关设备单独运行正常下，在DDC侧或主机侧检测该设备的全部AO、AI、DO、DI点，确认其满足设计和监控点表的要求。启动自动控制方式，确认系统各设备按设计和工艺要求的顺序投入运行。

3) 增加或减少末端空调机运行台数，增加或减少其冷负荷，检验平衡管流量的方向和数值，确认启动或停止的冷冻机组的台数能否满足负荷需要。

4) 模拟一台设备故障停运以及整个机组停运，检验系统是否自动启动一个预定的机组投入运行。

5) 按设计和产品技术说明规定，模拟冷却水温度的变化，确认冷却水温度旁通控制和冷却塔高、低速控制的功能，并检查旁通阀动作方向是否正确。

(8) 空调水二次泵及压差旁通调试

1) 按上述“新风机（二管制）单体设备调试”步骤中（1）～（6）项的要求完成测试检查与确认。

2) 压差旁通阀门，应做如下测试：打开调节阀驱动器外罩，观测并记录阀门从全关至全开所需时间和全开到全关所需时间，取两者较大者作为阀门“全行程时间”参数输入DDC控制器输出点数据区。

3）按照原理图和技术说明的内容，进行二次泵压差旁通控制的调试。先在负载侧全开一定数量调节阀，其流量应等于一台二次泵额定流量，接着启动一台二次泵运行，然后逐个关闭已开的调节阀，检验压差旁通阀门旁路。在上述过程中应同时观察压差测量值是否基本稳定在设定值附近，否则应寻找不稳定的原因，并排除之。

4）按照原理图和技术说明的内容，检验二次泵的台数控制程序，是否能按预定的要求运行。其中负载侧总流量先按设备工艺参数规定，这个数值可在经过一年的负载高峰期，获得实际峰值后，结合每台二次泵的负荷适当调整。在发生二次泵台数启/停切换时，应注意压差测量值也应基本稳定在设定附近，否则可适当调整压差旁通控制的 PID 参数，试验是否能缩小压差值的波动。

5）检验系统具有连锁功能：每当有一台机组在运行，二次泵台数控制便应同时投入运行，只要有二次泵在运行，压差旁通控制便应同时工作。

（9）给排水系统单体设备的调试

1）检查各类水泵的电气控制柜，按设计监控要求检查 DDC 之间的接线是否正确，严防强电串入 DDC。

2）按监控点表的要求检查装于各类水箱、水池的水位传感器或水位开关，以及温度传感器、水量传感器等设备的位置，接线正确，其安装应符合本规范的要求。

3）确认各类水泵等受控设备，在手动控制状态下，其设备运行正常。

4）在 DDC 侧主机或主机侧，按本规定的要求检测该设备 AO、AI、DO、DI 点，确认其满足设计、监控点和联动、连锁的要求。

（10）变配电照明系统单体设备调试

1）接线检查　强电柜与 DDC 通信方式检查：

按设计图纸和通信接口的要求，确认接线是否正确和数据通信协议、格式、传输方式、速率是否符合设计要求。

2）系统监控点的测试：

（a）根据设计图纸和系统监控点的要求，逐点进行测试。

（b）模拟量输入信号的精度测试：

在变送器输出端测量其输出信号的数值，通过计算与主机 CRT 上显示数值进行比较，其误差应满足设计和产品的技术要求。

（c）在确认受系统控制的照明配电设备运行正常情况下，启动顺序、时间或照度控制程序，按照明系统设计和监控要求，按顺序、时间程序或分区方式进行测试。

3）电量计费测试　按系统设计的要求，启动电量计费测试程序，检查其输出打印报告的数据，并用计算方法或用常规电度计量仪表进行比较，测试数据应满足设计和计量要求。

4）柴油发电机运行工况的测试。

（a）确认柴油发电机组及其相应配电柜运行正常。

（b）确认柴油发电机输出配电柜处于断开状态，严禁其输出电压接入正常的供配电回路。

模拟启动柴油发电机组起动控制程序，按设计和监控点表的要求确认相应开关设备动作和运行工况正常。

(11) 电梯系统运行状态的监测

1) 按设计和监控点表要求检查数据网关与电梯控制管理主机的连接线或通信线连接正确，确认其相互之间的通信接口、数据传输、格式、传输速率等满足设计要求。

2) 在 DDC 侧或主机侧按前述要求，检测电梯设备的全部监测点，确认其满足设计、监控点表和联动、连锁的要求。

(12) 基本应用软件设定与确认

1) 确认系统图与实际运行设备一致：

(a) 按系统设计要求确认系统中主机、DDC、网络控制器、网关等设备运行及故障状态等。

(b) 按监控点表的要求确认建筑设备监控系统中各子系统设备的传感器、阀门、执行器等运行状态、报警、控制方式等。

2) 确认系统受控设备的平面图：

(a) 确认系统受控设备的平面位置与实际位置一致。

(b) 激活系统受控设备的平面位置后，确认其监控点的状态、功能与监控点表的功能一致。

(c) 确认在 CRT 主机侧对现场设备进行手动控制操作。

(13) 系统调试

1) 系统的接线检查　按系统设计图纸要求，检查主机与网络控制器、网关设备、DDC、系统外部设备（包括电源 UPS、打印设备)、通信接口（包括与其他子系统）之间的连接、传输线型号规格是否正确。通信接口的通信协议、数据传输格式、速率等是否符合设计要求。

2) 系统通信检查　主机及其相应设备通电后，启动程序检查主机与本系统其他设备通信是否正常，确认系统内设备无故障。

3) 系统监控性能的测试。

(a) 在主机侧按系统监控点表，对系统的 DO、DI、AO、AI 进行抽样测试。

(b) 如系统有热备份系统，则应确认其中一机处于人为故障状态下，确认其备份系统运行正常并检查运行参数不变，确认现场运行参数不丢失。

(c) 在主机侧对上述单机设备进行抽样测试。

(d) 系统联动功能的测试

①建筑设备监控系统与其他子系统采取硬连接方式联动，则按设计要求全部或分类对各监控点进行测试，并确认是功能满足设计要求。

②建筑设备监控系统与其他子系统采取总线通信方式连接，则按系统集成的要求进行测试。

8.4.2.2　建筑设备监控系统的验收

工程调试完成后，经与工程建设单位协商方可投入系统试运行，由建设单位或物业管理单位派出的管理人员和操作人员进行试运行，认真作好值班运行记录；并应保存系统试运行的原始记录和全部历史数据。系统调试完毕，经连续试运行一个月后，方进行系统验收。

建筑设备监控系统的验收以系统功能和性能检测为主，同时对现场安装质量、设备性能及工程实施过程中的质量记录进行抽查或复核。检测应依据工程合同技术文件，施工图设计文件、设计变更审核文件、设备及产品的技术文件进行。

(1) 空调与通风系统功能检测

对空调系统进行温、湿度及新风量自动控制、预定时间表自动启停、节能优化控制等控制功能的检测。重点检测系统测控点（温度、相对湿度、压差和压力等）与被控设备（风机、风阀、加湿器及电动阀门等）的控制稳定性、响应时间和控制效果，并检测设备连锁控制和故障报警的正确性。

检测数量为每类机组按总数的20%抽检，且不得少于5台，每类机组不足5台时全部检测。被检测机组全部符合设计要求为检测合格。

(2) 变配电系统功能检测

对变配电系统的电气参数和电气设备工作状态进行监测，检测时应利用工作站数据读取和现场测量的方法对电压、电流、有功（无功）功率、功率因数、用电量等各项参数的测量和记录进行准确性和真实性检查，显示的电力负荷及上述各参数的动态图形能比较准确地反映参数变化情况，并对报警信号进行验证。

检测方法为抽检，抽检数量按每类参数抽20%，且数量不得少于20点，数量少于20点时全部检测。被检参数合格率100%时为检测合格。对高低压配电柜的运行状态、电力变压器的温度、应急发电机组的工作状态、储油罐的液位、蓄电池组及充电设备、不间断电源的工作状态等参数进行检测时，应全部检测，合格率100%时为检测合格。

(3) 公共照明系统功能检测

对公共照明设备进行监控，要以光照度、时间表等为控制依据，设置程序控制灯组的开关。检测时应检查控制动作的正确性；并检查其手动开关功能。

检测方式为抽检，按照明回路总数的20%抽检，数量不得少于10路，总数少于10路时应全部检测。抽检数量合格率100%时为检测合格。

(4) 给排水系统功能检测

对给水系统、排水系统和中水系统进行液位、压力等参数检测及水泵运行状态的监控和报警进行验证。检测时应通过工作站参数设置或人为改变现场测控点状态，监视设备的运行状态，包括自动调节水泵转速、投运水泵切换及故障状态报警和保护等项是否满足设计要求。

检测方式为抽检，抽检数量按每类系统的50%，且不得少于5套，总数少于5套时全部检测。被检系统合格率100%时为检测合格。

(5) 热源和热交换系统功能检测

对热源和热交换系统进行系统负荷调节、预定时间表自动启/停和节能优化控制。检测时应通过工作站或现场控制器对热源和热交换系统的设备运行状态、故障等监视、记录与报警进行检测，并检测对设备的控制功能。核实热源和热交换系统能耗计量与统计资料。

检测方式为全部检测，被检系统合格率100%时为检测合格。

(6) 冷冻和冷却水系统功能检测

建筑设备监控系统应对冷水机组、冷冻和冷却水系统进行系统负荷调节、预定时间表自动启/停和节能优化控制。检测时应通过工作站对冷水机组、冷冻和冷却水系统设备控制和运行参数、状态、故障等监视、记录与报警情况进行检查，并检查设备运行联动情况。核实冷冻水系统能耗计量与统计资料。

检测方式为全部检测，满足设计要求时为检测合格。

(7) 电梯和自动扶梯系统功能检测

对建筑物内电梯和自动扶梯系统进行监测。检测时应通过工作站对系统的运行状态与故障进行监视，并与电梯和自动扶梯系统的实际工作情况进行核实。

检测方式为全部检测，合格率100%时为检测合格。

(8) 建筑设备监控系统与子系统（设备）间的数据通信接口功能检测

建筑设备监控系统与带有通信接口的各子系统以数据通信的方式相连时，应在工作站监测子系统的运行参数（含工作状态参数和报警信息），并和实际状态核实，确保准确性和响应时间符合设计要求；对可控的子系统，应检测系统对控制命令的响应情况。数据通信接口应按接口规范、接口测试方案对接口进行全部检测，检测合格率100%时为检测合格。

(9) 中央管理工作站与操作分站功能检测

中央管理工作站与操作分站功能进行检测时，主要检测其监控和管理功能，检测时应以中央管理工作站为主，对操作分站主要检测其监控和管理权限以及数据与中央管理工作站的一致性。检测中央管理工作站显示和记录的各种测量数据、运行状态、故障报警等信息的实时性和准确性，以及对设备进行控制和管理的功能，并检测中央站控制命令的有效性和参数设定的功能，保证中央管理工作站的控制命令执行时无冲突。

应检测中央管理工作站数据的存储和统计（包括检测数据、运行数据）、历史数据趋势图显示、报警存储统计（包括各类参数报警、通信报警和设备报警）情况，中央管理工作站存储的历史数据时间应大于3个月。

检测中央管理工作站数据报表生成及打印功能，故障报警信息的打印功能。

检测中央管理工作站操作的方便性，人机界面应符合友好、汉化、图形化要求，图形切换流程直观、清楚易懂，便于操作。对报警信息的显示和处理应直观有效。应检测操作权限，确保系统操作的安全性。

以上功能全部满足设计要求时为检测合格。

(10) 系统实时性检测

采样速度、系统响应时间应满足技术合同文件与设备工艺性能指标的要求；抽检10%且不少于10台，少于10台时全部检测，合格率90%及以上时为检测合格。报警信号响应速度应满足技术合同文件与设备工艺性能指标的要求；抽检20%且不少于10台，少于10台时全部检测，合格率100%时为检测合格。

(11) 系统可维护功能检测

检测应用软件的在线编程（组态）和修改功能，在中央站或现场进行控制器或控制模块应用软件的在线编程（组态）、参数修改及下载，全部功能得到验证为合格，否则为不合格。

设备、网络通信故障的自检测功能，自检必须指示出相应设备的名称和位置，在现场设置设备故障和网络故障，在中央站观察结果显示和报警，输出结果正确且故障报警准确者为合格，否则为不合格。

（12）系统可靠性检测

系统运行时，启动或停止现场设备，不应出现数据错误或产生干扰，影响系统正常工作。检测时采用远动或现场手动启/停现场设备，观察中央站数据显示和系统工作情况，工作正常为合格，否则为不合格。

切断系统电网电源，转为 UPS 供电时，系统运行不得中断。电源转换时系统工作正常为合格，否则为不合格。中央站备用主机自动投入时，系统运行不得中断；切换时系统工作正常为合格。

8.4.2.3　竣工验收

建筑设备监控系统竣工验收在系统调试、验收完成后正常连续运行 3 个月后进行，竣工验收需提交下述文档（这些文档也是调试、验收过程中必须的）：

（1）工程技术合同文件；

（2）竣工图纸：

1）设计说明；

2）系统结构图；

3）各子系统控制原理图；

4）设备布置及管线平面图；

5）控制系统配电箱电气原理图；

6）相关监控设备电气接线图；

7）中央控制室设备布置图；

8）设备清单；

9）监控点（I/O）表；

（3）系统设备产品说明书；

（4）系统技术、操作和维护手册；

（5）设备及系统测试记录：

1）设备测试记录；

2）系统功能检查及测试记录；

3）系统联动功能测试记录。

（6）其他文件：

1）工程实施及质量控制记录；

2）相关工程质量事故报告表。

8.4.3　公共安全系统调试、验收

8.4.3.1　调试及检测内容

公共安全系统的调试首先应确认线路正常、接线准确后方可进行。

要逐一对电动云台、摄像机、防护罩、控制器、监视器、硬盘录象机进行单机测试，调整至运行正常，作好记录。

单机运行正常后，依照施工图对每台摄像机、电动云台编号。逐一开通每一摄像机回路，调整摄像机监视方向、监视区域照明灯具方位，排除视频接头处虚焊引起的杂波干扰，调整至回路工作正常。

在操作台做图像定时连续切换功能试验及录像试验，调整至系统完全符合设计要求。

结合设计图纸，对安全防范系统综合防范功能进行检测：

(1) 对防范范围、重点防范部位和要害部门的设防情况、防范功能，以及安防设备的运行是否达到设计要求，有无防范盲区进行检测；

(2) 检测各种防范子系统之间的联动是否达到设计要求；

(3) 检测监控中心系统记录（包括监控的图像记录和报警记录）的质量和保存时间是否达到设计要求；

(4) 如安全防范系统与其他系统进行系统集成时，应还需检查系统接口、通信功能和传输信息等是否达到设计要求。

其具体检测内容为：

1）系统功能检测：云台转动，镜头、光圈的调节，调焦、变倍，图像切换，防护罩功能的检测；

2）图像质量检测：在摄像机的标准照度下进行图像的清晰度及抗干扰能力的检测；

检测方法：按规范规定对图像质量进行主观评价，主观评价应不低于4分；抗干扰能力按《安防视频监控系统技术要求》GA/T 367 进行检测；

3）系统整体功能检测：功能检测应包括视频安防监控系统的监控范围、现场设备的接入率及完好率；矩阵监控主机的切换、控制、编程、巡检、记录等功能；

对数字视频录像式监控系统还应检查主机死机记录、图像显示和记录速度、图像质量、对前端设备的控制功能以及通信接口功能、远端联网功能等；

对数字硬盘录像监控系统除检测其记录速度外，还应检测记录的检索、回放等功能；

4）系统联动功能检测：联动功能检测应包括与出入口管理系统、入侵报警系统、巡更管理系统、停车场（库）管理系统等的联动控制功能；

5）视频安防监控系统的图像记录保存时间应满足管理要求。

6）摄像机抽检的数量应不低于20%且不少于3台，摄像机数量少于3台时应全部检测；被抽检设备的合格率100%时为合格；

系统功能和联动功能全部检测，功能符合设计要求时为合格，合格率100%时为系统功能检测合格。

入侵报警系统（包括周界入侵报警系统）的检测：

1）探测器的盲区检测，防动物功能检测；

2）探测器的防破坏功能检测应包括报警器的防拆报警功能，信号线开路、短路报警功能以及电源线被剪的报警功能；

3）探测器灵敏度检测；

4）系统控制功能检测应包括系统的撤防、布防功能，关机报警功能，系统后备电源自动切换功能等；

5）系统通信功能检测应包括报警信息传输、报警响应功能；

6）现场设备的接入率及完好率测试；

7）系统联动功能检测应包括报警信号对相关现场照明系统的自动触发、对监控摄像机的自动启动、视频安防监视画面的自动调入，相关出入口的自动启闭，录像设备的自动启动等；

8）报警系统管理软件（含电子地图）功能检测；

9）报警信号联网上传功能的检测；

10）报警系统报警事件存储记录的保存时间应满足管理要求；

11）探测器抽检的数量应不低于20%且不少于3台，探测器数量少于3台时应全部检测；被抽检设备的合格率100%时为合格；

系统功能和联动功能全部检测，功能符合设计要求时为合格，合格率100%时为系统功能检测合格。

8.4.3.2　系统验收的文件

（1）工程设计说明，包括系统选型论证，系统监控方案和规模容量说明，系统功能说明和性能指标等；

（2）工程竣工图纸，包括系统结构图、各子系统原理图、施工平面图、设备电气端子接线图、中央控制室设备布置图、接线图、设备清单等；

（3）系统的产品说明书、操作手册和维护手册；

（4）工程实施及质量控制记录：

（5）设备及系统测试记录：

（6）相关工程质量事故报告、工程设计变更单等。

8.4.4　火灾报警及联动控制系统调试、验收

火灾自动报警及消防联动系统应是独立的系统，火灾自动报警及消防联动系统的检测应按《火灾自动报警系统施工及验收规范》（CB 50166—1992）的规定执行。

（1）调试要求

火灾自动报警及消防联动系统调试，应在建筑内部装修和系统施工结束后进行。

调试前施工人员应向调试人员提交竣工图、设计变更记录、施工记录（包括稳蔽工程验收记录）、检验记录（包括绝缘电阻、接地电阻测试记录）、竣工报告。

调试负责人必须由有资格的专业技术人员担任。一般由生产厂工程师或生产厂委托的经过训练的人员担任。其资格审查由公安消防监督机构负责。

调试前应按下列要求进行检查：

1）按设计要求查验：设备规格、型号、备品、备件等。

2）按火灾自动报警系统施工及验收规范的要求检查系统的施工质量。对属于施工中出现的问题，应会同有关单位协商解决，并有文字记录。

3）检查检验系统线路的配线、接线、线路电阻、绝缘电阻、接地电阻、终端电阻、线号、接地、线的颜色等是否符合设计和规范要求，发现错线、开路、短路等达不到要求的应及时处理，排除故障。

（2）调试步骤

1）火灾报警系统应先分别对探测器、消防控制设备等逐个进行单机通电检查试验。单机检查试验合格，进行系统调试，报警控制器通电接入系统，做火灾报警自检功能、消音、复位功能、故障报警功能、火灾优先功能、报警记忆功能、电源自动转换和备用电源的自动充电功能、备用电源的欠压和过压报警功能等功能检查。在通电检查中上述所有功能都必须符合条例《火灾报警控制器通用技术条件》（GB4717—1993）的要求。

2）按设计要求分别用主电源和备用电源供电，逐个逐项检查试验火灾报警系统的各种控制功能和联动功能，其控制功能和联动功能应正常。

3）检查主电源：火灾自动报警系统的主电源和备用电源，其容量应符合有关国家标准要求，备用电源连续充放电三次应正常，主电源、备用电源转换应正常。

4）系统控制功能调试后应用专用的加烟加温等试验器，分别对各类探测器逐个试验，动作无误后可投入运行。

5）对于其他报警设备也要逐个试验无误后投入运行。

6）按系统调试程序进行系统功能自检。系统调试完全正常后，应连续无故障运行120h，写出调试开通报告，进行验收工作。

（3）系统验收

1）火灾报警系统安装调试完成后，由施工方对工程质量、调试质量、施工资料进行预检，同时进行质量评定，发现质量问题应及时解决处理，直至达到符合设计和规范要求为止。

2）预检全部合格后，施工方应请建设方、设计方、监理方等单位，对工程进行竣工验收检查，无误后办理竣工验收单。

3）建设方或施工方请建筑消防设施技术检测单位进行检测，由该单位提交检测报告。

以上工作全部完成后，由建设方向公安消防监督机构提交验收申请报告，并提供下列文件和资料：

1）建设过程中消防部门的消防审核文件、备忘录及其落实情况。

2）施工单位、设备厂家的资质证书和产品的检测证书。

3）施工记录（隐蔽工程验收、设计变更洽商、绝缘摇测记录、接地电阻记录、主要材质证明、合格证）等。

4）调试报告。

5）建设方组织施工方、设计方、监理方等单位办理的竣工验收单。

6）检测单位提出的检测报告。

7）系统竣工图、系统竣工表。

8）管理、维护人员登记表。

经公安消防监督机构对施工质量复验和对消防设备功能抽验，全部合格后，发给建设方《建筑工程消防设施验收合格证书》，建设单位可投入使用，进入系统的运行阶段。

8.4.5 停车场管理系统调试、验收

（1）停车场管理系统的检测内容

1）车辆探测器对出入车辆的探测灵敏度检测，抗干扰性能检测；

2）自动栅栏升降功能检测，防砸车和防尾随功能检测；

3）读卡器功能检测，对无效卡的识别功能；对非接触IC卡读卡器还应检测读卡距离和灵敏度；

4）发卡（票）器功能检测，吐卡功能是否正常，入场日期、时间等记录是否正确；

5）满位显示器功能是否正常；

6）管理中心的计费、显示、收费、统计、信息储存等功能的检测；

7）出/入口管理监控站及与管理中心站的通信是否正常；

8）管理系统的其他功能，如“防折返”功能检测；

9）对具有图像对比功能的停车场管理系统应分别检测出/入口车牌和车辆图像记录的清晰度、调用图像信息的符合情况；

10）检测停车场管理系统与消防系统报警时的联动功能，电视监控系统摄像机对进出车库车辆的监视等；

11）空车位及收费显示；

12）管理中心监控站的车辆出入数据记录保存时间应满足管理要求。

13）停车场管理系统功能应全部检测，功能符合设计要求为合格，合格率100%时为系统功能检测合格。其中，车牌识别系统对车牌的识别率达98%时为合格。

（2）系统验收的文件

1）工程设计说明，包括系统选型论证，系统功能说明和性能指标等；

2）工程竣工图纸，包括系统结构图、施工平面图、设备电气端子接线图、控制室设备布置图、接线图、设备清单等；

3）系统的产品说明书、操作手册和维护手册；

4）工程实施及质量控制记录；

5）设备及系统测试记录；

6）相关工程质量事故报告、工程设计变更单等。

8.5 建筑设备自动化系统的项目管理

建筑设备自动化系统工程项目管理始终都是围绕着质量、工期、成本、安全来开展工作，并在项目实施的各个阶段实施动态的管理，对管理对象和生产要素进行有效的管理，对各施工阶段的节点进行优化控制。

建筑设备自动化工程的项目管理内容包括技术管理、施工管理、质量管理、安全与文明管理、成品保护、系统测试与验收等多个方面。

8.5.1 技术管理

工程技术管理贯穿整个工程施工的全过程，应执行和贯彻国际、国家和地方的技术标准和规范，严格按照建筑设备自动化工程的设计要求进行。在设备提供、线材规格、安装要求、对线记录、调试工艺、验收标准等一系列方面进行技术监督和行之有效的管理。

（1）技术标准和规范管理

标准化是组织现代化大生产的重要手段，是科学管理的重要组成部分。技术标准和技术规程是标准化的重要内容。建筑安装工程技术标准是对工程质量、规格及其检验方法等所作的技术规定，是企业组织施工、检验和评定工程质量等级的技术依据。我国现行的建筑安装工程技术标准有：《建筑安装工程施工及验收规范》、《建筑安装工程技术规程》和《建筑安装工程质量检验评定统一标准》。施工验收规范主要规定分部、分项工程的技术要求、质量标准及检验方法。而质量评定标准则是根据验收规范的要求而制定的具体检验方法，是评定分部、分项和单位工程质量等级的标准依据。

建筑设备自动化工程的技术标准和规范的管理是进行工程技术管理的重要内容，需要在系统设计、设备提供和安装等环节上认真检查，对照有关的标准和规范，使整个管理处于受控状态。

（2）施工图的深化设计及图纸会审

1）建筑设备自动化工程施工图深化设计阶段的内容和深度至少应满足如下要求：

（a）图纸目录：标明图纸内容、图号和图幅。图纸的图别图号要求编号连续，暂缺的图纸在备注栏中应加以说明，新增图纸的图号也应该编号相连，保证图纸目录能够反映图纸的完整性；

（b）设计说明及图例：设计说明按各子系统分别叙述。应说明设计的依据、遵循的标准、子系统功能及配置概况、子系统的施工要求、设备材料安装高度、与各专业的配合条件、施工需注意的主要事项、接地保护内容，注明图纸中有关的特殊图形、图例说明，对非标设备的订货说明；

（c）设备材料表：分系统列出各系统设备材料的选型规格、数量、品牌；

（d）系统图：表现系统原理图、系统主要设备配置和构成、系统设备的供电方式、系统设备分布楼层或区域、设备间管路和线缆的规格、系统逻辑及联动关系说明。对建筑设备监控系统，还需说明所监控机电设备的工艺流程及监控点设置、监控点的类型及供电等级、控制器的划分、相关的机电设备和电气控制箱编号等；

（e）建筑物内管线平面图：分层表现该层建筑设备自动化系统相关设备的位置、标高、安装方式，线槽和管路的规格、走向、标高和敷设方式以及线缆的规格、走向，弱电井的位置及井内设备材料布置示意等；

（f）建筑物外管线图：标明室外管线的敷设方式、埋设深度、线路坐标、各种管线的规格型号，与其他管线平行和交叉的坐标、标高，与进线管道的衔接位置；

（g）弱电井、控制室布置图：表明弱电井内的设备、线槽、管路的布置，控制室内操作台、显示屏等布置。明确弱电井内的电源要求，控制室内的装修要求和电源要求。

（h）设备配线连接图：如电视监控系统控制室内设备间的连接等；

（i）电气接口图：如建筑设备监控系统与电气控制箱的接口方式；

（j）安装大样图：如门禁系统门控制的安装方式等。

2）图纸会审　认真做好图纸会审工作，建立图纸会审制度，对于减少施工图纸中的差错，保证和提高工程质量，有着重要的意义。

图纸会审前，施工单位必须组织有关人员学习施工图纸，熟悉图纸的内容要求和特点，并由设计单位进行设计交底，以达到弄清设计意图、发现问题、消灭差错的目的。

图纸会审工作应由建设方负责召集设计、土建、设备安装等专业施工单位参加。图纸会审的程序应当是先分别学习，后集中会审，先专业单位自审，后由设计、施工、建设单位共同会审。

图纸会审的主要目的是分析设计要求和处理方法是否符合实际情况，对安全施工有无影响；建筑、结构、设备安装之间有无矛盾，图纸及说明是否齐全、清楚、明确和有无矛盾；所推行的新技术和所选用的新设备的可行性与必要性。图纸会审中提出的问题以及解决办法应详细记录，写成正式文件。对于较重要的问题，要由设计部门另出修改图纸，并列入工程档案。

在施工过程中，发现图纸仍有差错或与实际情况不符，或施工条件及材料规格、型号、质量不能完全符合设计要求，以及提出合理化建议等，需要对图纸进行修改时，必须严格执行设计变更签证制度。

施工方提出的设计变更，由施工方填写施工技术问题核定单，经建设单位、设计单位同意后，方得执行。

(3) 安装工艺管理

建筑设备自动化系统工程实施是一个技术性很强的工作，要做好整个建筑设备自动化工程的技术管理，主要是抓各个施工阶段安装设备的技术条件和安装工艺的技术要求。现场工程技术人员要严格把关，凡是遇到与规范和设计文件不相符的情况或施工过程中做了现场修改的内容，都要记录在案，为最后的系统整体调试和开通建立技术管理档案和数据。

(4) 技术文件管理

技术文件的内容十分丰富，技术文件是工程实施各阶段的依据。包括各种施工图纸和说明书，各种技术标准，有关的技术档案和国内外技术资料等，都要求进行系统的科学管理。保证技术文件的完整性、正确性和及时性，做到有秩序的使用和阅读，及时满足施工生产和科学研究的需要。对技术文件的收发、复制、修改、审批、装订、会签、归档、保管、借用和保密等环节，都应该建立一套严格的管理制度。

8.5.2 施工管理

建筑设备自动化工程项目的施工管理是一种综合性很强的管理工作，施工管理的关键在于它的协调和组织作用，施工管理的主要内容为施工的组织管理、进度管理和界面协调管理。

(1) 施工组织管理

1) 项目部的建立　要实施对一个项目的管理，建立一个完善的组织机构是确保项目顺利进行的组织保证，因此，建立好项目部是施工准备阶段的重要工作。项目部的机构设置必须是为了满足项目的生产功能，实现项目的总目标，应该因目标设事，因事设机构和定岗位，实现精干高效原则、管理跨度和分层统一原则、业务系统化原则、弹性和机动原则。在整个工程项目的实施过程中，项目经理下设质量控制员、进度控制员、工程协调员、安全管理员、文明施工管理员、以及项目技术小组，共同构成建筑设备自动化工程管理小组。

2) 施工组织设计和组织管理　施工组织设计是指导施工现场全部生产活动的技术经济文件，用以处理人与物、主体与辅助、工艺与设备、专业与协作、供应与消耗、生产与储存、维修与使用以及这些要素在空间布置、时间排列之间的关系。

施工组织管理就是合理安排整个系统施工期间的工程管理人员、技术人员、调试工程师和安装人员的人数和这些人员进场的时间，避免造成不必要的劳动力浪费，增加人工成本。这种管理需要密切地与施工进度相结合，分阶段组织强有力的施工队伍，保质保量地按时完成这个阶段的施工任务。

(2) 项目的进度管理

1) 项目进度的制定　采用工作分析结构等方法把项目范围详细划分为子系统和工作包，界定对应每一个工作包必须执行的具体活动。

项目进度的制定以横道图（图 8-10）的图示形式来描绘，表明为实现项目目标，各种活动之间的必要次序和相互依赖性，进行时间估计，预计完成每一项活动需花多长时间。决定每项活动需要用到哪些资源，每种资源要用多少才能在预计的期间内完成项目。

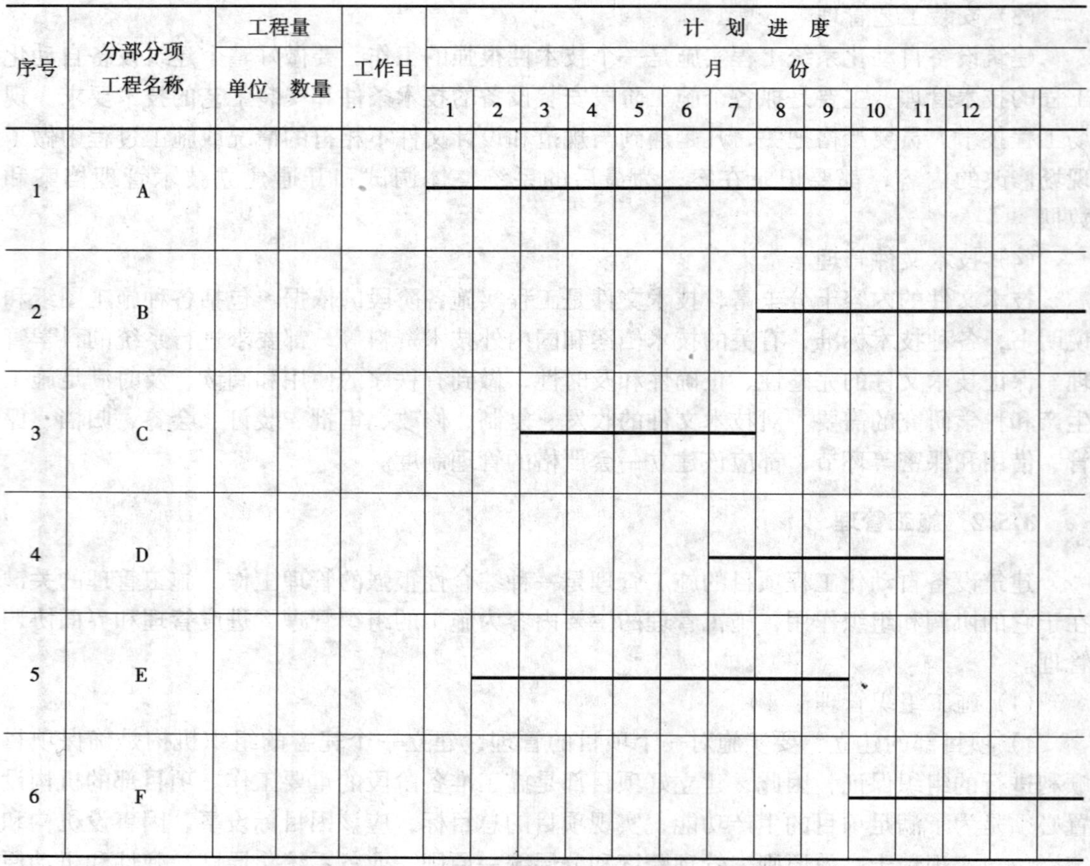

序号	分部分项工程名称	工程量		工作日	计划进度											
					月份											
		单位	数量		1	2	3	4	5	6	7	8	9	10	11	12
1	A															
2	B															
3	C															
4	D															
5	E															
6	F															

图 8-10　施工横道图

为每项活动做一个成本预算，成本依每项活动所需的资源类型和数量而定。

估算项目进度计划及预算额，以决定项目是否能在预定的时间内，在既定的资金和可利用资源的条件下完成。如无法完成，应当采取哪些调整措施以适应项目工作，如调整工作范围、活动时间或重新进行资源配置，直到建立起较现实的基准计划（在预算内按计划实现项目工作的进度）。

2) 项目进度的控制　在建筑设备自动化工程项目实施过程中，要定期收集项目完成情况的各类数据，与已制定的进度计划进行比较，如果项目实施落后于进度计划，要召集相关单位，采取必要的纠正措施，并适当调整计划，以保证工程的正常进行。

3）界面协调管理　建筑设备自动化系统安装施工是整个建筑工程的一个组成部分，与其他各专业的施工必然发生多方面的交叉作业，尤其和土建、装修施工最为密切。如共用天线架设、电缆电线保护管预埋、探测器安装和各种支持件、固定件的安装，都要在土建、装修施工中预埋、预放和预留孔洞，这样，不但能提高安装质量，而且还能加快施工进度，提高生产效率，保证施工过程的安全。

建筑工程按结构所用材料的不同，可以分为钢结构、木结构、砖木结构和混凝土结构；按受力和构造特点的不同，又可分为承重墙结构、排架结构等形式。在了解建筑结构及施工方法的基本特点后，可以采取相应的方法，在土建施工阶段充分利用有利时机，做好电气安装的配合施工。

（1）系统预留孔洞和预埋线管与土建工程的配合

通常在建筑物土建初期的地下层工程中，牵涉到建筑设备自动化系统线槽孔洞的预留、线管的预埋，因此在建筑物地下部分的“挖坑”阶段，系统承包商就应该配合设计部门完成该建筑物地下层、群楼部分的孔洞预留和线管预埋的施工图设计，以确保土建工程如期进行。

（2）线槽架施工与土建工程的配合

建筑设备自动化系统线槽架的安装施工应在土建工程基本结束以后，并与其他管道（风管、给排水管）的安装同步进行，也可稍迟于管道安装一段时间（约15个工作日），但要解决好弱电线管、线槽、桥架与管道在空间位置上的合理安置和配合。

（3）系统集成布线、中控室布置与土建和装饰工程的配合

系统集成的配线和穿线工作在土建工程完全结束以后，与装饰工程同步进行，进度安排应避免在装饰工程结束以后，造成穿线敷设的困难。同时中央监控室的装饰也应与整体的装饰工程同步，在中央监控室基本装饰完毕前，将中控台、电视墙、模拟屏定位。

（4）与其他各专业之间的协调

所有与其他各专业之间的协调均应在工程实施前由项目经理与其他各专业负责人达成协议，并形成书面报告作为执行标准。

8.5.3　质量管理

建筑设备自动化工程的质量管理主要从设计、采购、施工三个环节进行质量控制。

（1）设计过程的质量控制

设计过程的质量控制应从以下几方面入手：

协助建设方进行需求分析和功能定位，并根据项目实际情况，实现总体设计、分步实施。

按照国家有关标准和规范，使系统设计方案具备可行性、先进性、可扩展性。

根据功能需求和设计方案，选择适宜的产品及设备。

在设计质量控制中抓好设计方案制定、产品性能测试、设计方案评审、设计变更控制、设计的复查鉴定和图纸的确认、校核。

（2）采购过程的质量控制

采购过程质量控制的重要环节是到货检验。验收时应注意：

1）产品、设备的包装、封条是否完好无损；

2）根据货单清点产品数量，与合同附件的设备清单进行核对；

3）核对产品产地、厂商、型号、规格等，进行全部查验或部分抽查；

4）核查质量保证书、产品合格证、保修单及其他相关文件；进口产品还需核查进关单及完税证明等；

5）必要时，对某些产品进行性能和技术指标测试。

(3) 施工过程的质量控制

建筑设备自动化工程的实施与土建、机电安装、装潢等其他工程的实施交叉进行，工程界面十分复杂，一旦施工质量发生问题，不但智能化工程质量难以保证，对整个建筑项目的进度也会产生影响。施工过程的质量控制主要包括以下几个方面：

1）在施工阶段认真做好施工记录，若发现问题，必须写明所采取的措施以及最终效果。

2）每次协调会应有会议纪要，并分发给有关各方。

3）在项目实施过程中，根据设计计划和项目策划，对子系统和系统进行阶段性的测试和验收，发现问题应召集有关方面分析解决，不得转入下一阶段。

4）在试运行阶段认真做好试运行记录。

5）在整个项目实施过程中，应注意收集由分承包方提供的各种有效证明产品质量的文件和质量记录。

6）在项目实施过程中若需变更，则应填写工程变更单（由双方签署），且将更改内容以书面形式传递到有关人员。

7）设备安装、系统或分系统测试，均应按计划和规范进行。且应责成供货方到现场配合。

8）在项目实施过程中发现不合格品（项），现场人员应对其进行标识和隔离，填写不合格品记录单，并及时报告子系统负责人，由子系统负责人提出处理意见并及时解决，对重大不合格品（项），应由子系统负责人报项目经理。

8.5.4 安全与文明管理

(1) 安全施工

安全施工的一般要求可归纳为四个方面：提高认识、健全制度、落实措施和严格管理。安全第一，预防为主，不断解决在安全施工工作中存在的认识不足、重视不够和推行无力的问题。确保施工安全既是关系到劳动者安全和健康与国家财产安全的头等大事，同时也是一项具有广泛社会性、重大利害性和高度责任性的工作，需要包括施工方领导、安全职能部门、项目和施工管理人员、技术人员、安全人员和工人一起高度重视并认真贯彻。

1）进入现场必须带好安全帽，并正确使用个人劳动保护用品。

2）3m 以上的高空作业，无安全设施的，必须系好安全带。

3）高空作业时，不准往下或向上抛材料和工具等物。

4）各种电动机械设备，必须有可靠、有效的安全接地和防雷装置。

5）不懂电气和机械的人员，禁止使用和玩弄机电设备。

6）爆破和吊装区域，非操作人员禁止入内。扒杆垂直下方不准站人。

此外，电气安装作业工人，还必须掌握以下安全技术知识：

1）掌握各种触电事故的急救方法。

2）了解并掌握各种电气设备的操作方法。

3）能正确选用导线和合理使用保险丝。

4）熟知各种接地、接零保护的作用和保护方法。

5）掌握变配电装置和送电线路的操作规程。

6）了解各类电气设备的绝缘要求。

7）掌握各种电工安全工具的使用方法和定期试验时间。

8）掌握登杆高空作业人员的保护方法和要求。

(2) 文明施工

1）对施工人员进行文明施工教育，加强其文明施工意识。

2）施工现场的临时设施布置，材料堆放必须严格遵守《施工组织设计》平面图的位置划分，不得随意更改。

3）场区分片包干，划分管理区域，规定职责范围。

4）施工人员进入施工现场必须配戴工作牌。

5）施工人员进入施工现场要统一着工作服。

8.5.5 产品保护

建筑设备自动化系统安装施工是整个建筑工程的一个组成部分，与其他各专业的施工必然发生多方面的交叉作业，建筑设备监控系统在施工过程中，由于其他工种也在进行施工，因此，必须做好成品、半成品的保护工作。

1）对已安装设备材料进行包装保护；

2）对已安装设备材料进行定期巡查；

3）加强对职工的教育，既要保护好自己的成品、半成品，同时也要保护其他施工单位的产品；

4）在施工过程中，设备及材料要小心谨慎安装，以防损坏。

8.5.6 系统测试与验收

(1) 测试验收流程

测试验收是检验弱电系统工程施工质量的关键环节，通过测试验收来判断工程是否达到最初的设计要求，是否满足用户的需求。弱电系统的测试验收所涉及的子系统比较多，通常采用分系统分别进行测试验收的方法。

(2) 制定测试验收计划

对于建筑设备自动化系统的测试验收，应编制详尽的测试验收计划。测试验收计划主要包括以下几方面的内容：

1）测试级别（是单元测试、子系统测试、系统测试还是验收测试）；

2）测试目的和范围；

3）测试规程和验收标准；

4）测试方法和测试要求；

5）测试环境；

6）测试工具；

7）测试人员的安排（包括是否由第三方测试）；

8）测试顺序和测试内容；

9）测试报告。

(3) 竣工验收

建筑设备自动化系统投入使用后，通过试运行，即可组织工程竣工验收。由于建筑设备自动化系统复杂性的特点，竣工验收可以分系统单独进行，在准备竣工验收前必须办理好下列有关工程资料：

1）子系统和系统竣工文档（包括说明书、功能介绍、操作说明、设备清单、内部接线图、竣工图、竣工监测报告）；

2）子系统测试报告；

3）子系统试运行报告；

4）子系统验收报告；

5）系统测试报告；

6）系统试运行报告；

7）系统竣工报告书；

8）系统设备清单；

9）主要材料设备的产品合格证/质报书/测试报告；

10）隐蔽工程验收单；

11）质监站质量验收报告。

8.6 小 结

施工及其管理是建筑设备自动化系统全寿命周期的重要环节。建设优良的建筑设备自动化系统不仅取决于精心的设计过程，而且施工质量的好坏也直接影响其运行和维护过程，对其整个寿命周期过程具有决定的影响。因此，在智能建筑中必须重视建筑设备自动化系统的施工及管理过程。

本章介绍和分析了建筑设备自动化系统工程设计与验收规范和标准、基本方法和施工特点、一般流程和项目管理等方面的内容。这一章是面向工程应用的，其内容是建筑设备自动化系统工程项目的基本内容，是学以致用的基础。

思 考 题

1. 建筑设备自动化系统施工安装工程必须遵循哪些规范和标准？
2. 建筑设备自动化系统施工安装分几个阶段？在各阶段须注意哪些问题？
3. 建筑设备监控子系统中监控点表的作用？
4. 建筑设备监控子系统中常见设备安装的注意事项有哪些？
5. 综合布线系统的测试有几类？
6. 建筑设备监控系统的主要调试内容有哪些？
7. 简述火灾报警及联动控制系统的主要调试步骤？
8. 为什么要进行界面协调管理？如何控制工程质量？

第9章 运行与维护管理

建筑设备自动化系统作为工程技术的产物，必有其特有的寿命周期成本（Life Cycle Cost，LCC）。规划、设计、施工和监理是建筑设备自动化系统全寿命周期的重要阶段，然而在工程交付过程和使用过程中，运行与维护管理也是其全寿命周期的不可缺少阶段，是充分发挥系统功能而不可忽视的日常性工作，是提高系统投资效益的有效措施。在进入生态文明的时代，可持续发展是时代的特征和基本要求，这就要求建筑设备自动化系统的设计（Design）、施工（Construction）及运行与维护（Operation & Maintenance）等必须坚持可持续发展的基本观念，在符合节能和环保的条件下应使业主和用户总成本（Total Cost of Ownership，TCO）最小化。

先进、合理的设计是业主和用户总成本最小化的基础，这就要求在设计阶段中必须认真分析和正确评估所采用技术的先进性、适用性和经济性。质量优良的施工是正常运行与维护管理的保障，同时，良好的运行与维护管理不仅可以维持建筑设备的设计功能，确保建筑设备的高效率，延长使用寿命，从而降低其寿命周期成本，而且还可以充分发挥建筑设备的投资效益，使固定资产增值，从而使业主和用户总成本最小化。图9-1是智能建筑寿命周期成本各项费用比例的基本分配图。

从图9-1可以看出，如果考虑清洁费在内，智能建筑的运行与维护管理费用比例约占业主和用户总成本的85%。另外，建筑设备自动化系统是智能建筑系统的三大系统之一，并且是当今智能建筑系统的重点实施对象和运行与维护管理的主体。这说明建筑设备自动化系统的运行与维护管理在智能建筑中不仅是非常必要的，而且也是非常重要的。本章在设计与施工管理的基础上只介绍建筑设备自动化系统运行与维护管理的一般性技术内容，而有关运行与维护管理的机制与组织、政策与法规、财务与预算、以及相关的考核与评价等方面内容已超出本书的内容，故这些内容不在本章中介绍。

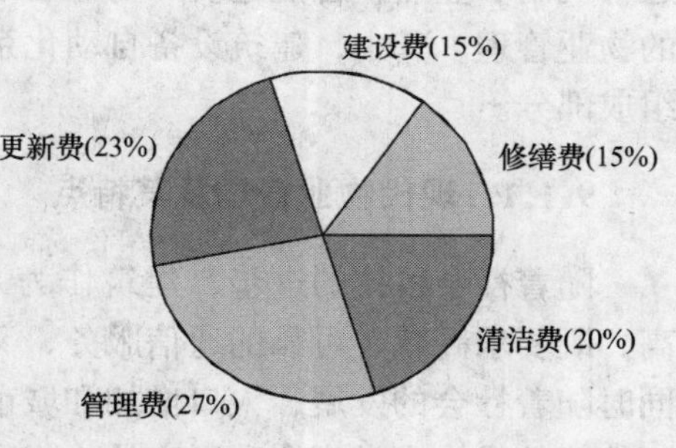

图9-1　寿命周期成本各项费用比例基本分配图

9.1 物业管理概述

物业管理涉及的领域很广泛，它包括对土地、不动产、建筑物、设备、房间、家具、备品，环境系统、能源、服务、信息和预算等的管理。物业管理是房地产综合开发的延续和完善，也是现代化城市管理和房地产经营管理的重要组成部分。它不仅可以延长物业使用年限及确保其功能正常发挥，扩大收益，降低运营费用，使业主和用户总成本最小化，而且也提供适合于用户各种高效率低收费的服务，改善业务，变革业务体制，使工作流程规范化和合理化，并提高企业形象。

根据国际物业管理协会（International Facility Management Association，IFMA）的定义，物业管理（FM）是“以维持或保持业务空间高品质的环境和提高投资效益为目的，以最新技术对人们有效的生活环境进行规划、整备和维护管理的工作。”为了实现物业管理的目标，IFMA 将物业管理的业务内容分为如下 9 项主要内容：

(1) 物业管理长期规划；

(2) 物业管理的年度计划；

(3) 物业管理的财务预测和预算；

(4) 不动产的获得及处理；

(5) 物业管理规划、业务空间装修标准的设定，设备、器具和备品的设置及房间的管理；

(6) 建筑和设备的规划和设计；

(7) 新建筑或原建筑的改造更新；

(8) 运行管理和维护管理；

(9) 物业支援机能和服务。

从上面的定义及其主要内容可以看出，物业管理是建立在多学科基础之上并由多种高新技术形成的有机结合体，其最大特点是利用时代最新科技成果在维持业务空间高品质的基础上获得最大的社会和经济效益。这说明物业管理在不同的时代具有不同的技术内涵和运行机制。显然，智能建筑的物业管理必须利用当今 IT 技术的最新成果，并形成现代化的物业管理。其中，建筑设备自动化系统的运行与维护管理则是现代物业管理的一个重要组成部分。

9.1.1 现代物业管理及其特点

随着社会科技的进步，建筑作为人类居住和工作的主要场所，人们对其要求日益提高，既要求高效、可靠的通信服务，又要求居住方便、舒适、卫生、健康、环保和节能。同时随着社会的发展，人口增加和城市膨胀导致了规模宏大和高密度的建筑鳞次栉比，从而使建筑成为人类生命和财产最为集中的地方。在当今自然灾害（如地震、火灾、流行病等）和人为灾害（如化学、生物、核武器（CBR）攻击事件以及各种小规模的恐怖事件等）较为频发的时期，人们又要求建筑必须具有可靠的安全功能，具备及时应对各种突发事件的紧急预案和应急能力，以保障人类生命和财产安全。这些要求促使各种高科技及其产品在建筑中得到了广泛的应用，并使建筑成为一个复杂的“现代机器”，从而使现代建筑的管理亦非传统物业管理及其机制所能胜任的，并由此形成了建立在现代 IT 技术基础之上、且具有新型运行模式和机制的现代物业管理。

现代物业管理是指在物业管理中运用现代计算机技术、现代自控技术和现代通信技术等高新技术和相关设备系统对物业及物业设施、机电设备、物业环境、物业安全进行自动监控和智能化管理，实现对业主和用户信息、报修、收费、综合服务等的计算机网络化管理，以方便业主和用户的生活，并高效维护业主和用户的生活和工作环境，以便充分发挥现代高新技术及其设备的功能。

现代物业管理是物业管理发展的必然结果和要求，虽然其根本目标与传统物业管理没有区别，都是为业主和用户提供高效优质服务，并创造物业最优的社会和经济综合效益，但由于管理对象的技术含量不同，以及业主和用户对管理服务的要求不同，从而决定了现代物业管理不仅仅是传统物业管理方式和管理手段的改变，而且是管理理念的转变和管理人员素质的极大提高，是知识经济特征的集中体现，可以说，现代物业管理是一种知识型管理。与传统物业管理相比，现代物业管理具有如下两个显著优点和特征。

(1) 实现对各种智能化设备及系统的自动监控和智能化管理

传统物业管理一般靠人工现场巡查、看护，而现代物业管理只需在中央监控管理室便可以了解各种设备及系统的运行状况、调整并控制设备及系统的运行状态，还可以根据设备及系统自动检测功能及时显示有关故障的信息，迅速启动维修预案，及时到位抢修，从而确保建筑设备及系统的正常运行。同时，自动监控和管理系统还可以自动记录设备运行状况，自动安排维护、检修周期等。

在生命安全和防范方面，现代智能建筑配备了完善的智能系统，可以实现保安和消防的自动监控和智能管理，在大量减少一线巡视人员的同时，却极大地提高了其安全性功能。例如，用电视监控系统可以全面和准确地监控建筑内各个重要部位，如建筑公共大厅、电梯、楼梯、走廊、出入口和停车场等；用人体探测设备可以及时监测有无非法进入的现象；用各种火灾探测器可以自动探测有无火灾现象，并在发现火灾时，管理人员可在监控室及时启动火灾紧急措施，如，切断相关电源，启动灭火设备，指挥人员疏散等。再如，在停车场管理方面，智能化的停车场管理系统可以做到自动识别车辆、自动计费和出入管理的功能。这些管理功能极大地减少了管理人员的数量和强度，并极大地提高了安全等级和服务效率。

在智能小区的物业管理中，利用自动抄表系统和一卡通系统既可以实现多表数据的自动采集、传输和计费，又可以免去管理人员上门收费或用户交费时的不便，极大地提高了物业管理的效率和质量。

(2) 实现管理服务网络化、信息化

现代物业管理是建立在现代 IT 技术基础之上的物业管理，配备了完善的计算机网络系统和功能强大的物业管理信息系统。利用物业管理信息系统一方面可以对物业管理各种事务的信息进行自动收集、存储、处理和传输，可以及时反映管理企业运行状况，辅助企业决策，促进企业实现规划目标，提高管理水平。另一方面可以使物业管理服务与业主双方的信息交互沟通更加便捷，物业管理公司可以快速查询用户网上提出的服务要求与投诉，及时给予答复，还可以利用网络发布通知、公告、征集管理意见、建议以及温馨提示服务等。这说明现代物业管理是具有集成功能和互动功能的智能化物业管理。

在现代物业管理中，除建筑结构修缮和清洁工作外，绝大部分工作是建筑设备的管理，并随着建筑设备日趋大型化、系统化、自动化和智能化，建筑设备管理在物业管理的权重会越来越大。另外，建筑设备管理在整个物业管理中处于非常重要的地位，是物业管理运作过程的物质和技术基础。因而科学、合理的建筑设备管理是对建筑设备从使用、维护、检查、修理、零部件更新直至报废全寿命周期过程进行的技术管理和经济管理，使设备始终可靠、安全、经济地运行，给用户和业主创造舒适、方便、安全和快捷的环境和服务，充分发挥建筑设备的使用使用价值和经济效益。

9.1.2 建筑设备管理基本内容及评价体系

在现代智能建筑中，建筑设备管理是物业管理中技术要求最高，技术内容最为复杂的内容，不仅涉及传统机械设备，而且更多地涉及现代微电子设备及系统，其中还包含软件系统。但从运行和维护管理的角度来看，建筑设备管理具有如下基本内容。

（1）建筑设备基础资料管理

建筑设备基础资料主要为建筑设备管理提供可靠的条件和保证，并要求所有建筑设备及系统的资料齐全、详细和准确。建筑设备基础资料管理主要包括原始档案管理和设备维护资料档案管理。其中，原始档案包括建筑设备在接管时的原始资料（如，产品与配件的合格证，订货合同、安装合同、验收记录和测试记录等）和使用过程中的维护资料（如，运行记录、报修单和技术革新资料等）。

（2）建筑设备运行管理

建筑设备运行管理包括建筑设备技术运行管理和建筑设备经济运行管理。

建筑设备运行首先要在技术上考虑设备的安全性和可靠性，其次在技术性能上应始终处于最优运行状态，以充分发挥设备的最大能力，以获得最好的经济效益。因而在设备技术管理过程中应做到：

1）制定科学、严密的操作规程：在设备管理中，应针对设备的特点制定切实可行的操作规程，并定期对操作工人进行考核和评定。

2）对操作人员进行专业培训和教育：在设备管理中，应对操作人员进行专业培训和教育，积极鼓励操作人员参加政府职能部门举办的培训班，掌握专业知识和操作技能，并要求通过理论与实践操作的考试，取得专业设备的操作资格证书。如高低压电工操作证，网络管理认证书等。

3）加强维护保养工作：设备操作人员在使用和操作设备的同时应做好维护保养工作，应做到“正确使用，精心维护”，确保设备保持完好能用的状态。

4）对事故处理要严格执行“三不放过”原则：设备发生故障后，不能就事论事，简单处理，要严格执行“三不放过”的原则，即事故原因不查清不放过，对事故责任者不处理不放过，事故后没有采取防范和改善措施不放过。事故发生后应该对事故潜在原因及故障规律进行分析，并提出有效的改善措施，确保类似事故不再发生。

建筑设备经济运行管理也是建筑设备管理的重要方面。其主要任务是在设备安全、正常运行的前提下，节省能耗、操作费用、维护保养费用以及检查修理费用。其内容包括在建筑设备运行管理过程中采用切实有效的节能技术措施和加强设备能耗的管理工作。例如，在能耗管理方面，应做好如下几方面的工作：

1）制定能源耗用量计划和做好计量工作：建筑设备在运行过程中，需要消耗水、电、蒸汽、煤气或燃料油等各种能源。设备管理部门每年要求预先按月编制各种能源的消耗量及能源费用计划和支出计划。同时，为了严格地执行用量计划，也必须要使用正确可靠的计量仪表，并对运行效绩进行分析和评定。

2）采取切实有效的节能技术措施和加强节能管理工作：在选用设备时，如果多个设备的技术参数与工艺要求相匹配，则优先选用具有先进电子自动控制技术的设备，以实施设备的自动调节，使设备在运行过程中一直处于最优运行工况的运行负荷之中，即使设备处于节约能源和资源的运行状态。

（3）建筑设备维护管理

建筑设备的维护管理包括维护保养和计划检修。其中，维护保养应确定维护保养的方式和实施措施。维护保养方式主要有清洁、紧固、润滑、调整、防腐、防冻及外观表面检查。对长时期运行的设备要巡视检查，定期切换，轮流使用，并要求定期进行强制性保养。

维护实施措施分日常维护保养和定期维护保养两种。日常维护保养要求设备操作人员在班前对设备进行外观检查；在班中按操作规程操作设备，定时巡视记录各种运行参数，随时注意运行中异声、振动、异味、超载等异常现象，并要求对这些异常现象及时进行检查和排除；在班后对设备做好清洁工作。日常维护保养工作是设备维护管理的基础，应坚持实施，并做到制度化。

定期维护保养是以操作人员为主、检修人员协助进行的，是有计划地将设备停止运行，进行维护的工作。根据设备的用途、结构复杂程度、维护工作量及人员的技术水平等来决定维护的间隔周期和维护停机时间。

以检修间隔周期为基础，根据编制检修计划，对设备进行的预防性修理就是计划检修。实行计划检修可以在设备发生故障前对设备进行修理，使其一直处于完好状态。根据设备检修部位、检修工作量以及修理费用等，可以将计划检修分为小修、中修、大修和系统大修4种。

设备的计划检修不能绝对消除计划外因偶然因素而产生的抢修和恢复性的检修，但如果认真贯彻各项操作规程和规章制度，认真完成设备的日常维修和计划检修工作，那么计划外的抢修和恢复性的检修是可以极大减少的。

（4）建筑设备更新与改造管理

任何设备及其零部件都有一定的寿命周期，当设备使用到一定限期后，不仅效率低、能耗大、维修费用高，而且可能会发生严重的故障，造成极大的损失，尤其是电子类设备更是如此。为了使设备性能得到改善和提高，降低维护成本，就需对有关设备或其零部件进行更新或改造，即用新型设备或零部件替代原有老设备或更换原设备中的有关零部件。

其中，设备改造就是应用现代科技对原有设备进行技术改进，提高设备的技术功能和经济特性。设备改造的主要方法有：

1）局部改进设备的结构，使其结构更加可靠和稳定；

2）增加新配件，以扩展其功能；

3）重新配置功能参数，使其运行更加优化和合理。

在通常情况下，由于设备改造费用一般比设备更新要少些，故只要通过技术改造能达到同样目的，一般不进行设备更新。但对电子设备而言，由于电子技术的发展符合“摩尔定律”，并且电子零部件的更换一般需要维护人员具有较高的操作技能和较为复杂和精密的仪表，因而有时更换比改造更加经济，而且性能和稳定性也会得到显著提高。

（5）零部件备品管理

在设备寿命周期内，一些零部件由于各种因素造成磨损、老化，从而降低了设备的性能。为了恢复设备的性能，在检修时需要更新影响设备性能的零部件。同时，为了保证检修过程顺利进行，应在检修之前准备好更新的零部件。这就必须对零部件的采购、库存进行科学管理。

零部件备品管理既要科学组织，及时满足设备维修的需要，保证设备维修的进度，减少盲目性，又要库存压缩到最低限度，以降低库存费用。因此，零部件的管理应由专业技术人员负责，对零部件的种类、技术资料、采购和库存进行科学决策和周密计划，为设备的正常运行提供优质的后勤服务。

(6) 固定资产（设备）管理

固定资产是所有业务活动的物质基础，没有一定的固定资产，各项业务活动是不可能进行的。智能建筑中的固定资产通常包括房屋建筑、周边道路与场地、各种机电设备及其维护检修仪器、仪表和工具等。固定资产的合理使用，可以创造更多新的价值，这是一切业务活动的最终目标。

固定资产管理应对固定资产的折旧、报废和购置进行科学的决策，使固定资产和业务活动处于良好互动的状态，达到相互促进的发展目的。其中，固定资产的折旧是指在使用过程中由于磨损、老化、陈旧等因素使其价值减少的现象。固定资产的报废是由于设备严重损坏不能再继续使用，或由于新型设备的出现导致使用时经济上不合理而进行的处置。当存在折旧和报废时，就必须适时和合理地进行购置。

固定资产的折旧与报废是两种截然不同的管理方式，必须采取科学的评估方法和正确的判别决策。报废一般是比较直观的，但折旧则是比较模糊的，一般应做到折旧的年限与预定的平均使用年限相一致。通常确定折旧的方法是，根据设备使用频率、工作环境恶劣程度和维修保养质量以及科学技术发展等因素参考历年来同类设备的平均使用年限来确定折旧年限。

建筑设备技术性能的发挥，使用寿命的长短，在很大程度上取决于建筑设备管理的质量。衡量建筑设备管理水平的指标可以有如下两个：

(1) 设备有效利用率

$$A = T/(T + T') \times 100\%$$

式中 A——设备有效利用率，%；

T——设备有效工作时间，h；

T'——设备停机或无效工作时间，h。

设备有效利用率（A）是对单设备管理质量进行衡量的指标参数。良好的设备管理可以提高设备的有效利用率，但在追求较高的设备有效利用率时，不能任意削减必要的维护保养时间，也不能使设备长时间超负荷运行；否则，势必会加剧设备的损坏，甚至在较短的使用年限内报废。

(2) 设备完好率

$$B = S_o/S \times 100\%$$

式中 B——设备的完好率，%；

S_o——设备完好的台数；

S——设备总台数。

设备完好率是对整体设备管理质量进行衡量的指标参数。设备的完好状况是通过检查来评定的。一般的完好标准为：

1) 零部件完整齐全，符合质量要求及安全要求；

2）设备运行正常，性能良好，功能达到规定要求；

3）设备技术资料及运行记录齐全；

4）设备整洁，无跑、冒、滴、漏等现象；

5）防冻、保温、防腐等措施完整有效。

对于评定为不完好的设备，应针对问题进行整改，经过维护、修理，以消除不完好因素，从而成为完好设备。如果经过维修，仍无法达到完好的设备，应该加以改造或报废处理，以消除长期处于不完好状态的设备，优化固定资产结构，以提高管理水平。

9.2 现代维护理论概述

维护是设备和系统在运行使用过程中的一项重要任务，包括清洗擦拭、预检、调校、故障分析与诊断、以及排除故障等过程。维护除一般性的正常保养工作外，还包括对设备故障进行排除的修理工作。我国国家标准《可靠性基本名词术语及定义》（GB 3187—82）对维护的定义为“为保持或恢复产品能完成规定功能的能力而采取的技术管理措施”。由此可见，维护包括技术和管理活动过程，其目的是以最少的代价，使设备和系统经常处于完好状态，以保持、恢复和提高它们的可靠性，保障使用安全，并充分发挥设备和系统的规定功能，即通过维护使设备和系统达到或增加规定的可靠性、可用性、安全性和经济性。其中，可靠性是现代维护理论的核心和基本理念，可用性是衡量设备和系统完好性的主要标志，安全性是预防严重事故的重要保证，经济性是一切生产活动必须遵循的基本准则。因此，维护必须以技术为基础，并通过优良的管理获得效益。

从单个设备微观角度来看，维护似乎是不起眼的小事，但从整体固定资产宏观角度来看，却是具有极其重要战略地位的大事，它直接影响到以固定资产为基础企业的生死存亡和发展大计。建筑设备的维护是房地产企业及其物业管理的重要内容，是现代智能建筑设备系统运行过程所必不可少的工作，并随着建筑设备智能化水平的提高，向着更加专业化的方向发展。

在人类发展史上，自发明生产工具以来，就出现了维护过程。随着社会生产力的进步，人们不断认识到维护工作的重要性，逐渐建立了以现代科学技术理论和方法为基础的现代维护理论，并形成了以现代维护理论为基础的专门工程技术——设备维护工程学。纵观维护发展过程，其发展可以大致分为如下三个阶段：

(1) 被动维护阶段

从18世纪末到20世纪上半叶，维护过程基本上是“被动的”。在这个阶段，维护过程只发生在设备发生故障和损坏的时期，并具有“不坏不修，坏了才修”的特点，即在设备尚未发生故障之前，是不会把生产停下来专门进行维护的。这是一种被动地排除故障的维护观念，维护人员在工作现场，随时应付可能发生的故障。

在被动维护阶段，设备结构一般比较简单，通常由操作人员通过眼看、耳听、手摸对设备的运行状态运行诊断。此时，维护工作基本上一种“师传徒承”的技艺。后来，由于设备结构逐渐复杂，功能更加多样化，才将操作和维护分开，操作人员专司操作过程，维护人员专管维护，由此促进了维护工作向专业方向发展。例如，飞机的操作和维护是操作和维护分开的典型案例。

(2) 主动维护阶段

20 世纪上半叶，由于大工业生产的发展，设备之间的耦合性越来越高，并且自动化水平也不断得到提高，给故障分析和诊断带来了许多复杂性，有时还会危及设备、环境和人身安全，甚至造成严重的后果和巨大的损失。为了事先预防故障出现，避免事故的发生，1925 年工业界提出了“主动维护”的概念，出现了以“预防为主”的维护观点，即对那些影响设备正常运行的故障，要事先采取一些“防患于未然”的措施，通过事先周期性的检查和适当的维护，把故障消除在萌芽状态，排除一些潜在的危险。实践证明，事先防范，预防为主的维护观点不仅可以大大地减少因偶然因素而产生的意外损失，防止突发事故的发生，而且还使维护工作处于主动地位，由过去盲目、被动地加班加点转变为有条不紊的计划工作。

(3) 科学维护阶段

随着科技的发展，设备结构日趋复杂、精密，功能日渐多样，甚至有些设备的使用环境也越来越恶劣，如高温、高速、太空和深海等。要保证设备安全可靠地工作，必须采取有效的、科学的维护措施和方法。从上世纪 50 年代开始，逐渐形成了一整套科学维护思想和理论，明确了维护工程的指导思想，规定了合理的维护制度和维护方式，在对故障进行客观分析的基础上，总结和掌握了故障发生和发展的规律，并由此发展了新型的维护技术和方法。

到上世纪 60 年代，许多新兴学科的出现和快速发展，如系统工程学、人类工程学、概率论、数理统计、可靠性理论以及 IT 技术等，使人们对维护理论进行了深入研究，创立了以“可靠性”为中心的现代维护理论和方法。现代维护理论和方法所倡导的是以最小的经济代价来保持、恢复设备设计时所具有的可靠性和安全性。现代维护理论已广泛应用于社会生活的各行各业。

9.2.1 现代维护理论基本内容

现代维护理论将维护从操作技艺转化为科学，是指导维护实践的理论，是研究设备和系统本质及其维修规律的理论，是建立在概率论、数理统计、可靠性工程、维护性工程、综合保障工程、系统工程、工程技术经济、故障物理、故障诊断、维护工艺和现代管理理论等现代科学基础之上的一门综合性应用理论。

现代维护理论的核心内容是以可靠性为中心的维护。一切维护活动归根结底都是为保持和修复设备和系统的可靠性。只有设备和系统性能可靠，才有设备和系统的安全，因而维护工作必须围绕可靠性的要求进行。根据设备和系统的可靠性状况，针对不同的故障模式和故障后果，现代维护理论要求以最少的维护资源消耗和最小的代价，运用逻辑分析方法制定维护计划，确定所需的维护项目和适当的维护方式、维护类型，并安排合理的维护时间间隔，从而达到优化维护的目的。

维护理论一般包含有维护设计理论、维护技术理论和维护管理理论。

维护设计理论：设备和系统的可靠性通常在规划阶段中进行确定，并通过具体设计而实现，因而设计的可靠性在一定意义上说是设备和系统可靠性的基础。维护时间的长短，维护工作量的大小，以及维护人力、物力、财力的消耗，并不单纯取决于维护工作的本身，有些故障也不是通过维护就能有效地预防，维护工作的全面改善还受到设备和系统本身固有属性的制约和影响。要全面改善维护工作，必须从设备和系统的设计阶段把可能出现的维护工作作为一个基本要素来考虑，于是产生了维护设计理论。维护设计理论主要包括维护性设计理论、维护保障设计理论、维护工效学和维护心理与行为学等。

维护技术理论：它以设备和系统为技术对象，把技术维修实践与科学技术中一些先进理论相结合，用以指导维护阶段技术活动的理论，包括维护分析技术理论和维护作业技术理论。维护分析技术理论主要包括维护作业分析、维护级别分析、寿命周期分析等理论；维护作业技术理论主要包括现场故障诊断，损伤修复、使用寿命预测以及软件维护等理论。

维护管理理论：包括对设备和系统进行维修保障的组织、技术、质量、经费、器材、人才培训及科学研究等具体管理活动。其目的是要科学地利用各种维护资源，以最少的消耗和最小的代价，始终保持设备和系统处于规定的技术状态，以保证维护任务的顺利完成。维护管理理论就是对维护过程中的各个环节及人、财、物、时间、信息等要素进行计划、组织和控制的理论。其中包括维护计划管理、维护经济管理、维护信息管理、维护质量管理、维护安全管理和维护器材管理等理论。

现代维护理论经过近40年的实践，不断得到完善和发展。目前已广泛应用于社会生活的各行各业。建筑设备自动化系统是利用现代高新科技建立的系统，其运行和维护管理也必须以现代维护理论为指导，研究建筑设备及其系统的故障规律和维护特点，并制定高效的维护管理体系。

9.2.2 设备与系统故障规律

任何事物的发生与发展都具有一定的客观规律。显然，任意设备及系统发生故障的现象是具有偶然性的，这就必须利用概率论和数理统计的理论进行分析和研究，即分析和研究设备及系统故障的宏观规律，找出设备及系统故障与使用时间关系的统计规律。

（1）一般设备故障规律

在上世纪中叶，经过大量的统计分析和实践经验及试验论证，一般设备的故障与使用时间之间的关系曲线如图9-2所示。该曲线形状具有“两头高、中间低”的特点，因而形象地称为“浴盆曲线（Bathtub Curve）”。

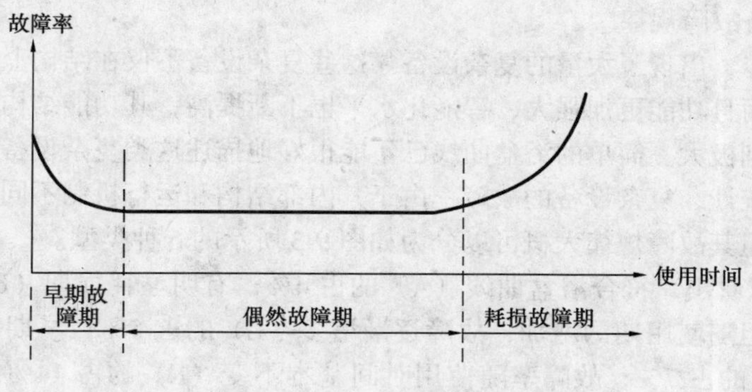

图9-2　浴盆曲线

从图9-2可以看出，设备的故障率随使用时间可划分为三个比较明显的阶段：早期故障阶段、偶然故障阶段和耗损故障阶段。

1）早期故障阶段　早期故障阶段出现在设备使用的早期，其特点是故障率较高，且故障随使用时间的增加而迅速下降，此阶段通常称为“磨合期”。磨合期内故障率的规律一般都是递减的，并且递减速度较快而进入偶然故障期。

磨合期故障通常是由于设计、制造上的缺陷等原因而引起的。为了尽可能降低这种在使用初期表现出来的高故障率，生产中可以通过加强对原材料和工艺的改进和检验，对元器件进行严格质量管理，来减少早期发生故障的概率；在设备出厂或投入使用之前，也可以通过使其在更为严峻的条件下运行，把易于发生的故障暴露出来，并加以排除，以保证设备在使用初期的可靠性。

2）偶然故障阶段　在磨合期过后，设备进入偶然故障期，其特点是故障发生较磨合期低，并且其故障发生率在统计规律上近似表现为常数。在这个阶段，设备处于正常使用阶段，且其故障发生率较低，此阶段也可称为“有用寿命期”。在这个阶段，故障主要是由于使用维护不当，或工作条件和个别参数因偶然因素影响而超过正常条件或范围所造成的。因此，如果在此阶段进行良好的设备维护管理，有用寿命周期是可以延长的。这也说明了设备维护管理工作的重要性。

3）耗损故障阶段　这一阶段是设备有用寿命的末期，设备故障率开始随时间增加而较为迅速增加。耗损故障来源于设备内部的物理和化学变化等所引起的疲劳、腐蚀、老化和磨损等。显然，减少这一阶段故障发生率的最有效措施和方法是预防性地更换疲劳、腐蚀、老化和磨损的元器件。如果不进行预防性的更换，任其发展下去，则故障发生率就会很快增加，甚至会出现突发性的严重故障。如果在进入耗损故障阶段时，把重要部件更换为新品或性能更好且工作时间更长的部件，则可以延缓进入耗损故障阶段，减少耗损故障阶段的故障发生率。因此，预防性更换设备的（关键）零部件是此阶段的重要管理措施和方法。

浴盆曲线于1951年被正式提出，其统计对象基本上是机械类设备和产品，如活塞式发动机，电动机等。随着电子设备的出现，尤其是包含软件的微电子设备出现，浴盆曲线并不能很好地反映这类设备的故障规律，于是出现了以下几类复杂设备的故障曲线。但浴盆曲线首次揭示设备及系统的故障发生一般规律，并被公认为可靠性研究中具有经典意义的曲线，是可靠性研究中具有一般性的参考曲线。

（2）复杂设备故障规律

随着科技进步，出现了大量的复杂设备。这些复杂设备不仅在结构上更加精巧，微观尺度更加精密，而且功能更加强大，智能化水平也不断提高，其功能结构和运行机制与一般机械类设备差别极大。简单的浴盆曲线已不能很好地描述这类复杂设备的故障规律。经过大量的实验和统计，复杂设备的故障率由于其内部结构和运行机制不同，不能用统一的规律进行描述，但其故障规律大概可以分为如图9-3所示的6种类型。

从图9-3可以看出，符合浴盆曲线（A）的占4%；有明显耗损期（B）的占2%；没有明显耗损期，但随使用期的增加，故障逐渐增多（C）的占5%；早期故障较低，后来故障率稳定（D）的占7%；故障率随使用时间基本不变（E）的占14%；早期故障率较高，随后故障率降低并保持比较稳定（F）的约占68%。曲线D，E，F均没有明显的耗损期，共占89%。实验表明，电子类设备的故障规律符合这三类曲线，是电子类设备故障的主流规律。

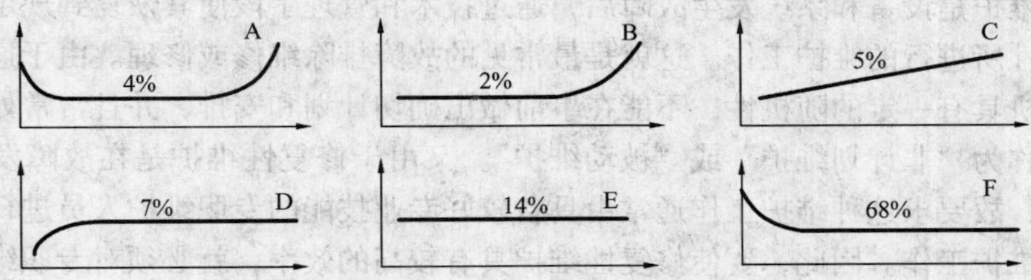

图 9-3　复杂设备故障基本曲线图

以上 6 种复杂设备故障曲线，不仅适用于电子设备，而且也适用于其他复杂设备，如航空、航天、通信、卫星等领域，这一事实已为大量统计分析的材料所证明。通过研究还发现，有耗损期特性的基本上是单体机械类设备，而以现代电子产品为主的复杂设备则没有明显的耗损期。20 世纪 60 年代，美国贝尔电话实验室的德雷尼克经过深入研究后发表了复杂设备的故障规律。后来，人们称之为"德雷尼克定律"。该定律认为，可修复的复杂设备，不论其故障元件寿命分布类型如何，故障修复或元件更新之后，复杂设备的故障率随使用时间的增加而趋于常数。图 9-3 中 C、D、E 和 F 曲线基本上反映了这个基本规律。

建筑设备自动化设备及其系统是以现代电子技术为基础的复杂设备和系统，随着建筑设备自动化系统复杂性的提高，其故障发生规律与早期的浴盆曲线已有相当大的变化。因此，建筑设备自动化设备及系统必须根据现代维护理论进行维护，才能充分发挥其功能和达到优化运行的目标。

9.2.3　基本维护方式分类

虽然设备和系统的故障率具有统计上的规律性，但单个设备或系统发生故障的时机是随机的。这就要求维护必须在遵循客观规律的基础上针对不同类型的设备和系统制定例行的维护方式，同时，也必须根据实际情况制定灵活的维护方式，以应对偶然性的突发故障。因此，根据维护的目的和时机，维护大致上可以分如下四种基本类型。

(1) 预防性维护（Preventive Maintenance，PM）

预防性维护是最常用的日常性维护方式，它是通过对设备和系统进行例行检查、检测，发现故障征兆，并及时排除故障，以防止故障发生的维护方式。由于预防性维护的内容和时机通常是事先规定的，并且其过程是按计划进行的，带有主动性，因而也称为"计划性维护"或"主动性维护"。又由于预防性维护是在故障发生前预先对设备和系统进行的维护工作，因此可以达到消除故障隐患和防患于未然目的。例如，建筑设备自动化系统中的火灾报警和消防联动系统是建筑生命安全的重要系统，一般要求每月进行开机检查，每年由主管职能政府部门进行一次验证。这种维护方式可以有效地保障火灾报警和消防联运系统的可靠性、可用性和安全性。

预防性维护工作主要包括如下内容：例行维护，如润滑、清洗和检查；监测运行状态，并根据运行参数变化趋势全面分析其运行状态；主动更换零部件，即在其出现问题或发生故障前将其更换。

(2) 修复性维护（Corrective Maintenance，CM）

修复性维护是设备和系统发生故障后，通过技术和管理手段使其恢复到规定功能、可靠性和安全性所进行的维护工作。这就是最常见的故障排除维修或修理。由于这种维护因其内容和时机具有一定的随机性，不能在事前做出确切计划和安排，并且常常处于被动状态，因而也称为“非计划维护”或“被动维护”。又由于修复性维护是在故障发生后进行的维护工作，故要求这种维护工作通常由具备较好专业技能的专职维护人员进行，通常是代价较大的维护工作。因此，要使修复性维护具有较高的效率，就必须对专职维护人员进行职业技能培训，要求维护人员主动积累经验，不断总结规律，从而获得事半功倍的效果。

修复性维护工作主要包括如下内容：故障诊断，即分析与定位故障；故障隔离、分解、更换与组装；调试、检验和记录；修复故障零部件（不是必须的）。

(3) 改进性维护（Improvement Maintenance，IM）

改进性维护是在维护过程中对设备和系统进行局部性的技术革新，以提高设备和系统可靠性、可用性、安全性和经济性的维护工作。在维护过程中，如果发现有些故障与设计有关，为了彻底消除这类故障，就可以采取一些改进措施对原有结构进行局部改进。例如，对易磨损部位的结构进行加强处理。

改进性维护由于只是局部革新，不需要重新设计和改装设备或系统的整体结构，因而是一种单独的维护工作。只有在维护过程中进行的并与维护目的一致的工作，才属于改进性维修。而需要重新对结构进行设计的维护，即使发生在维护过程中，由于其目的不是为了维护工作，就只能称为“改装”，不能称为改进性维护。

改进性维护是在对设备和系统有了完全了解的基础上进行的，要求维护人员具有较高的专业技能和良好的专业素质。

(4) 抢修性维护（Rush to Repair Maintenance，RM）

抢修性维护是指设备和系统在紧急情况下出现故障而又不能停止生产过程，并且必须采取快速诊断与应急修复技术加以处置的维修工作。这种维护虽然属于修复性的，但维修速度、条件、要求和所采取的技术措施与一般的维护不同，通常不一定能完全达到设计的要求，只要能满足当时所要求的功能即可，待后进行完善的修复性维护。

9.2.4 维护管理基本原则及主要内容

维护管理是为了达到设备和系统维护目的而进行的组织、计划和控制行为与过程。现代维护理论要求以科学理论和方法做好维护管理，只有良好的管理机制和高效的运行体制，才能充分发挥维护人员的聪明才智，不断挖掘工作潜力，并提高工作效率和效益，从而直接提高维护工作的可靠性、有效性和经济性。

经过长期的维护实践，现代维护理论形成了“预防为主，科学维护；统筹兼顾，突出重点；保证质量，注重效益”的基本原则。

维护管理的各项工作均应以预防故障、防患于未然为基本出发点，坚持以“防重于修”的基本观点制定维护工作内容，并要求操作和维护人员严格遵守操作、使用、保管和维护规程。同时，维护也必须依靠科学技术进步，以科学的方法确定维护内容和时机，并正确组织维护过程，不断总结维护经验，不断改进维护手段和方法，从而提高维护质量，减少维护资源消耗。这就是预防为主、科学维护管理原则的基本内涵。

在进行维护管理时，应把所有维护对象作为一个整体来加以研究和安排，做到管理有序、门类齐全、整体配套，并对主要设备及其配套设施、备件、维护仪表及工具、使用维护资料做到心中有数，且重点监控、重点维修。这就是统筹兼顾、突出重点的基本原则。

保证维护质量是维修工作的核心。维护质量是通过正确的维护组织、质量管理和精湛的维护过程来获得的，这就需要抓好经常性的质量教育，树立“质量第一”的观念，建立质量保证体系和质量责任制，明确各类维护人员的责、权、利三者之间的关系，使质量意识贯彻于整个维护活动过程。当然，维护是一种投资，是要付出代价的，必须正确衡量维护代价与产出之间的关系，做到用尽可能少的维护代价获得较好的经济效果。因此，维护必须坚持保证质量、注重效益的基本原则，既要抓好维修质量，又要降低维护成本，使维护工作获得更高的价值，充分发挥固定资产的能力。

维护作为一种生产活动过程，其管理的主要内容也基本上可以分为组织管理、计划管理、质量管理和培训与教育管理等。

(1) 组织管理

组织是管理的一项重要职能，建立精干、高效的维护组织是实现维护目标的前提条件。在组织管理中必须建立健全各项工作制度。在任何组织中，应明确划分职责、权力范围，做到有职、有责、有权，要切实执行分工协作的原则，既要强调按分工各负其责，又要提倡密切合作，这就需要建立并健全各项工作制度。工作制度是维持组织正常运行的基础和程序，如会议制度、值班制度、考核与奖惩制度、质量管理责任制、培训与教育制度等。只有健全各项工作制度，才能避免感情因素的影响，才能调动各方面的积极性和增强组织活力，组织机构才能得以高效运行。

(2) 计划管理

为了加强维修管理，合理有效地利用维护资源，及时全面地保障设备和系统的完好性，就必须加强对维护工作的计划管理。计划管理要有明确的目标，一切从实际出发，要有具体措施和完备的检查监控和反馈机制。因此，计划管理必须要具有明确的目标，并具备完善的反馈机制。同时，计划管理也必须树立超前的意识和灵活的应变机制。

(3) 质量管理

为了确保维护质量，就必须利用现代管理方法，充分发挥组织管理和专业技术的作用，合理地利用维护资源，提高维护质量。在质量管理中，应抓好经常性的质量管理教育，树立质量意识，建立质量保证体系，健全质量检验制度。同时，也应充分利用现代信息技术，搞好质量统计分析和质量信息管理，建立现代化的质量管理信息系统，实现维护管理现代化。

(4) 培训与教育管理

培训与教育是提高组织机构运行效率的最有效途径之一。随着复杂设备的大量应用，维护工作也越来越复杂，并向着专业化和多学科交叉方向发展。这就需要充分发挥各种要素的作用，不仅要做到人尽其才，而且还要对维护人员进行技术培训和职业教育，以适应维护工作发展的需要。培训和教育在我国绝大多数企业和公司中历来未受到应有的重视，随着科学技术的快速发展，我国企业和公司必须克服这种现象，建立高素质和稳定的核心是其发展的根本。

9.3 运行与维护管理特点和基本方法

9.3.1 特点

随着科技的进步，建筑设备自动化系统是一个涉及多学科、具备高科技特点的智能化系统。由于这个系统覆盖面广、技术含量高，保障难度较大，因此，建筑设备自动化系统不仅在工程建设中务必精心设计和规范施工，而且在使用过程中也要以现代维护理论为指导，正确操作运行和科学维护管理。

要正确操作运行和科学管理，就必须在完全了解和掌握建筑设备自动化系统的基本原理和组成的基础上，制定详细的操作规范和工作制度，并认真分析维护的特点，建立高效的维护管理措施。根据现代维护理论，建筑设备自动化系统的运行与维护必须采用新技术、新手段、新方法摆脱传统技艺的束缚，以现代维护理论为指导进行科学实践；在具体方法上，应以系统的、定量的和科学的方法逐渐替代分散的、定性的和经验型的传统方法，使建筑设备自动化系统的运行与维护符合现代复杂设备和系统的基本要求，使之充分发挥其功能，产生更大的效益。

根据建筑设备自动化系统的组成和长期运行与维护的经验，建筑设备自动化系统的运行和维护具有如下特点：

(1) 系统性

建筑设备自动化系统是由多个建筑设备监控子系统集成而形成的复杂系统，所有建筑设备均是这个系统中的一个组成元素或“细胞”。这就决定了建筑设备自动化系统的运行和维护必须按照系统论的观点进行分析和实践，在故障发生时，既要考虑各部分之间的相互联系和互相影响，又要根据其组成特点和某些自动故障诊断功能，逐步细化故障范围，从而隔离故障，并达到修复的目的。

(2) 逻辑性

建筑设备自动化系统作为一个工程技术的人造产物，所有设备及器件均在各个相关的环节中，并在功能上具有一定的逻辑关系。因此，在了解和掌握建筑设备自动化系统的功能结构之后，就可以先通过逻辑分析和推断对故障进行诊断，后加以修复。这种特点要求维护人员有意识地培养科学思维的能力和逻辑分析的良好习惯，避免盲目性。

(3) 定量化和数据化

建筑设备及其自动化系统是以数字技术为基础的，并且设备之间数据交换是建立在网络数据通信协议之上的，因而可以通过检测设备间的通信数据诊断设备级的故障，通过测量设备内部信号，可以对设备中的器件故障进行诊断。这种特性要求维护人员必须具备必要的网络通信协议方面的知识，并对数据通信协议分析有所了解。同时也要求维护人员熟悉其他测量仪表，尤其应具备高频参数测量的基本知识和技能，以及通信协议分析软件的使用方法。

(4) 精密性

建筑自控设备已由原来的机械（气动仪表）和模拟电子器件发展成为当今的超大规模微电子集成产品。这种器件结构紧凑、功能强大，故障率相对模拟器件较少。这种器件一旦出现故障，需要复杂且精密的维修仪表和检测仪表。目前，当这种产品发生故障时，现场维护一般只进行板卡级更换。因此，在一般情况下，若微电子器件产品出现故障时，其主要维护任务是从板卡级定位故障，更换板卡即可。

（5）智能化

建筑设备及其自动化系统是一个分布式的智能化系统，大部分设备具有自动报警和诊断功能。如，空调系统过滤器阻塞监控报警功能可以极大提高对系统的维护效率，有些火灾自动报警系统中设置的短路隔离器可以自动隔离故障探测器并及时报告故障信息。

（6）硬件与软件相结合

建筑设备及其自动化系统的功能不仅与硬件有关，而且许多关键性的智能功能基本上是通过软件实现的，这就是说，当建筑设备及其自动化系统发生故障时，不仅与硬件有关，而且还与软件有关。经验表明，有相当多的故障是由于软件设置不当，或软件运行时由于环境偶然因素影响，或由于软件病毒破坏所造成的。这就要求建筑设备自动化系统的运行与维护必须对软件的使用有所了解，并能正确设置软件运行环境，尤其应掌握和熟悉防毒和杀毒软件的使用。这基本上是传统维护过程所没有的特点。

建筑设备自动化系统是涉及多专业的集成系统，各子系统的操作运行、故障现象和维护方法各具特色。由于各子系统设备种类及系统结构存在较大的差别，本节不可能对所有具体建筑设备及其系统进行详细介绍，而是综合各个专业的基础知识，对建筑设备自动化系统运行和维护的一般规律和方法进行介绍，提供运行和维护的一般思路，以便在实际工作中可以举一反三，触类旁通。

9.3.2 运行维护基本方法

（1）操作运行一般方法

建筑设备自动化系统是现代高新技术的产物，兼备硬件和软件，其操作运行比较复杂，一般需要经过岗位培训才能进行操作，并在操作运行工作中要养成认真细致、精益求精的工作作风，并应严格遵循如下方法进行操作：

1）反复阅读建筑设备及系统使用说明书和操作规程，熟悉建筑设备及系统的特性、性能、数据和操作方法，掌握各种操作开关、按钮的功能，明确运行操作中的各条注意事项以及应急处置方法。

2）认真检查设备之间的各种物理连接的完整性、接地的可靠性；检查各种开关、按钮、指示设备是否处于良好状态，某些违禁操作是否处于保险状态。

3）检查电源系统的供电是否正常，电流、电压数据是否符合要求；如果设备采用充电电池，要使用充电器把电池一次充足，各电池的充电时间不尽相同，应按说明书进行操作。

4）正式使用以前，必须按说明书和操作规程进行通电检查，并部分、部分地正确加以开通，避免出现误操作。

5）建筑设备自动化系统运行时，值班人员不得擅离职守，要随时监视运行状况，并做好完整的操作日志。如遇异常现象，凡危及设备与系统安全时，应按相应的应急预案进行处置，及时对异常现象进行处置，以保证系统无故障运行。

（2）维护一般方法

维护是为保持设备与系统固有性能，使其处于良好状态所进行的基础性维护工作。建筑设备自动化系统的维护包括硬件维护和软件维护，一般可分为日维护、周维护和月维护。其中，软件维护一般包括程序、数据文件和程序代码的维护和适应性维护。程序维护是指由于数据和业务处理流程的变化而对原程序的替换，这种维护是建筑设备自动化系统的主要维护工作。数据文件的维护是对文件或数据库进行的修改。程序代码维护是为了适应新的要求而对程序进行的局部修改或更正。适应性维护是由于配件变化所需要的维护，当硬件发生变化时，这种维护一般是必须进行的。由此可见，软件维护是一项高智商的活动，一般需要与开发商、供应商协同完成。

在实际维护过程中，建筑设备自动化系统的软件维护通常主要由开发商或供应商进行。因而建筑设备自动化系统的现场运行与维护人员所进行的维护一般为硬件维护和简单的软件设置维护任务。硬件维护是现场运行与维护人员所必须进行的经常性工作，其一般方法为：

1）经常对设备外表进行检查和保护，以保证设备完好、零部件无损伤、无断裂、无变形和无锈蚀。

2）经常检查各部件的安装情况，以保证部件安装牢固、无松动现象。对于有震动的部件特别要注意检查。

3）保持各种物理连接松紧适度，连接完好，注意防水和防潮，桥架、线槽盖板完整，要严格落实防鼠害措施。

4）使用工具大小要适当，切勿以小代大，或以大代小而损伤设备与系统。

5）焊接元件时，应在电源切断后进行，电烙铁外壳必须接地。

6）给电机、打印机等机件加注润湿油时，应小心操作，加注适量，防止溢出，不得产生污染。

7）工作台面要保持整洁，工具、仪表等应排放整齐，并建立清洁制度；等等。

（3）故障检查一般原则和方法

当设备或系统发生故障时，通常需要经过全面的检查和正确的分析才能对故障进行诊断，进而实施修复。故障检查既要以理论为指导，又要以丰富的经验为基础，既要有理性的判断，又要有敏锐的直觉，一般没有按部就班的程序。但在检查过程中，如果坚持以下原则，也可以达到事半功倍的效果。

1）故障范围定位原则：由大范围到小范围

2）故障原因分析原则：由简到繁、由易到难、由外部到内部

3）故障判断原则：由可能性大的部位到可能小的部位

在实际故障检查过程中，应灵活、综合地运用上述原则，并采用正确的检查方法。根据实践经验，硬件故障检查基本方法可以分为：

1）直觉法　就是用眼看、手摸、耳听、鼻闻等直观方法确定故障部位。这种方法非常适应于有异常光、热、声、味等特征的故障，其特点是简单易行，迅速有效。维护人员对设备越熟悉，其效果就越好。然而，这种方法总是与人的感觉器官有关，且与维护人员的实际经验密切有关，因而该方法是有一定局限性的。

2）代替法　在故障检查过程中，如果怀疑某个器件有问题，可用好的同类完好器件去代替，若代替后，故障消除，则被取代的器件就是出故障的器件。这种方法在分立电子

器件设备中，通常用于检查单个分立电子器件的故障；在IC电路器件中，通常用于检测单个IC器件故障，而在以板卡为结构单元的复杂设备中，通常用于板卡故障的检查。目前，对于以板卡为单元的复杂设备，这种方法是非常适用的，也是非常迅速排除故障的最有效方法之一。原因是这种复杂设备是基于模块化的设计思想，通常采用积木式结构，板卡插在卡槽中，并易于折卸和安装。因此，代替法在建筑设备自动化系统故障检查过程中是常用的方法之一。

但在使用代替法时，必须注意防止新器件的损坏。例如，有些器件的故障是由于电路过载而引起的。如果在真正故障没有排除之前，就将新器件换上，那么就对新器件同样会产生损坏。因此，在使用这种方法之前，通常要利用直觉法对故障进行初步检查，并对某些关键部位的电流、电压等参数进行测量，以防止过载现象对新器件的损坏。同时，新器件也必须是完好的；否则，易引起错觉，反而增加了维护难度和代价。另外，某些新器件的参数还可能由于参数不会完全一样，也会产生一些影响，这一点在代替法维护时应必须估计到。

3）测量法　测量法就是用电表测量电路的各种电学参数，如电阻、电压、电流、频率等，并与正常数值进行比对，从而发现故障的检查方法。测量法是故障检查由直观定性走向科学定量的检查方法，因而是较准确可靠的测量方法。但这种方法不仅必须了解和掌握设备的基本原理和结构，必须熟悉某些关键部分的参数，并具有详细的设备参数信息和文档，而且还必须熟悉使用各种测量仪表，特别对高频测量仪表的使用必须做到心中有数。

4）隔离法　在故障检查过程中，大型复杂设备由于各模块间的相互影响，检查过程必须将相互影响的模块分割隔离，以定位故障部位，这种检查方法就是隔离法。隔离法特别适用于信号以串行方式进行处理的模块设备，通常根据信号处理过程从信号输入端开始进行检查，逐步向前，直至找到发生故障的模块为止。例如，当检查放大器部分寄生振荡时，就可以从设备第一级开始逐渐进行隔离，当隔离到某一放大电路时，若寄生振荡消除，由说明故障与该级放大电路有关。

以上是硬件故障检查的主要方法，此外还有许多其他有用的检查方法，如越级法、外加信号法等。其中，越级法是隔离法的一个变种，这种方法越过被怀疑的一个或多个模块，将信号从被怀疑模块前一模块的输出直接引至被怀疑模块后一级模块的输入，比对和观察是否出现预计的现象，从而判断故障的范围。外加信号法则是用标准的信号（如正弦波，单位脉冲等）加到被怀疑器件的输入，通过测量和观察其输出，以判断是否发生故障。

另外，对于软件故障，通常在软件开发时就进行了各种调试工作，现场运行故障主要表现在两个方面，一是运行环境和设置参数不当而引起的故障，二是计算机病毒影响而产生的故障。因此，软件故障的现场检查可以有如下基本方法：

1）保持良好的工作环境，即维持软件运行的温、湿度以及消除各种强电磁干扰的影响。

2）重新调试，以正确设置软件运行参数。

3）安装和更新计算机防毒软件，查杀计算机病毒。同时，为了保证建筑设备自动化系统的安全，在网络上要安装“防火墙”软件，以增加网络安全，谨防网络受到黑客的侵扰和破坏。

9.4 小　结

运行与维护管理是建筑设备自动化系统全寿命周期中的重要过程，不仅涉及到多学科的理论和技术，而且还涉及到社会政策和法规的内容。本章主要从技术层面对建筑设备自动化系统的运行与维护管理进行了一般性的介绍和总结，目的是让读者从技术构成上了解建筑设备自动化系统运行与维护管理的基本内容，从意识上重视运行与维护管理在建筑设备自动化系统全寿命周期中的重要性。

建筑设备自动化系统作为现代高新科技的工程产物，必然有与其他高新技术一样的共性内容，也有其特别的个性内容。这些共性的内容则形成了现代维护理论的基础。通过对现代维护理论的介绍，分析了建筑设备和系统的故障规律，总结了建筑设备和系统的维护方式、基本原则和主要内容。

建筑设备自动化系统的运行与维护管理是现代物业管理的一个重要内容，在分析和总结了建筑设备和系统维护理论的基础上，根据其特点，总结了建筑设备自动化系统运行与维护管理的特点和基本方法。这些内容是继续全面、深入学习建筑设备自动化系统运行与维护管理和物业管理的重要基础。

思　考　题

1. 简述物业管理的基本内涵及其发展过程。
2. 简述现代维护理论的基本观点。
3. 说明现代建筑设备自动化系统的故障规律及其维护原则。
4. 论述建筑设备自动化系统运行与维护管理在其全寿命周期中的重要作用。
5. 阐述建筑设备自动化系统运行与维护管理的特点和基本内容。

第10章　工　程　实　例

建筑设备自动化系统的建设主要应考虑以下几方面的要求：功能性要求，即在建筑物内创造最佳的工作和生活环境；经济性要求，即能够节省日常运营费用，包括减少工作人员，节约能源消费，延长设备使用寿命等产生效益；管理性要求，即通过新技术的采用，提高建筑物自身及设备的管理水平。

10.1　××会展中心建筑设备自动化系统工程

10.1.1　建筑设备监控系统

(1) 设计依据：

1) 会展中心水、电、空调和通风设计图；

2) 相关国家规范；

3)《Honeywell Home and Building Control Products Overview》；

4)《Honeywell Excel 5000 系统应用手册》。

(2) 设计原则

按“设备先进、技术完备、功能齐全、节约资金”的原则进行设计。

(3) 监控范围

依照设计图纸和建设方需求确认 BAC 系统监控范围，如表 10-1 所示。

××会展中心建筑设备监控系统监控范围统计表　　表 10-1

序号	系统	设备	备注	位置
1	冷热源系统	制冷机组 5 台	水冷机组	地下 1 层
		冷却塔 5 台		
		冷冻水泵 7 台		地下 1 层
		冷却水泵 7 台		地下 1 层
		热交换器 3 台		地下 1 层
		空调热水循环泵 4 台		地下 1 层
		燃油蒸汽锅炉 1 台		地下 1 层
		给水泵 1 台		地下 1 层
		燃油热水锅炉 3 台		地下 1 层
		锅炉热水泵 4 台		地下 1 层
		膨胀水箱 2 个		屋顶
		锅炉供油系统 1 套		地下 1 层
		屋顶热水循环泵 4 台		屋顶

续表

序号	系统	设备	备注	位置
2	空调系统	空调机组 45 台 AHU-01 ~ AHU-52		各层
		组装式机组 18 台 ASU-01 ~ ASU-09		各层
		送排风机 45 台		各层
		排烟风机 51 台	消防系统联动控制，BAS 监测其状态	各层
		加压风机 14 台	消防系统联动控制，BAS 监测其状态	各层
3	给排水系统	消防泵 4 台	消防系统联动控制，BAS 监测其状态	地下 1 层
		喷淋泵 8 台	消防系统联动控制，BAS 监测其状态	地下 1 层
		生活水泵 2 台		地下 1 层
		清水池 1 个		地下 1 层
		生活水箱 2 个		
		排水泵 49 台		地下 1 层
		集水坑 41 个		地下 1 层
4	变配电系统	高压柜		地下 1 层
		变压器 6 台		地下 1 层
		低压配电柜		地下 1 层
		柴油发电机组 2 台		地下 1 层
5	电梯系统	客梯 14 台		各层
		货梯 5 台		屋顶
		自动扶梯 25 台		各层
6	照明系统	照明回路 135 路		各层

(4) 系统配置

本设计系统采用 HONEYWELL 5000 XBS 系统，在软件配置、网络配置和控制器配置上，我们采用 5000 点的 EBI 软件包、两条 C – BUS 总线，同时控制器点数留有约 15%的备用量。

1) 中央管理工作站　在中央控制室内，计算机图形中心用来将所有现场控制器连接起来，实现对现场控制器及其受控设备的远程控制和管理，其作用类似于计算机系统中的 SERVER。图形中心是由计算机、大屏幕彩色显示器、打印机、通信接口和楼宇系统软件及用户软件所组成。通过图形中心，可看到大楼的平面结构图，被控系统的工艺流程图、运行工况图，各种分析报表和数据等。使操作员清楚地了解大楼内各种设备的运行情况，以及环境的变化（室内外温度、湿度）。对于系统和设备的各种历史资料、数据信息、维修记录等，管理人员可随时从计算机中调出查看，并可打印输出。

硬件组成：内存，512MB；硬盘，80GB；显示器，21"；调制通信模块，XD Module，2 块；不间断电源，1000VA，后备式；打印机，HP 6L 激光打印机。

软件配置：操作系统，WINDOWS NT（联局域网）；串行通信协议，RS485；网络通信协议，TCP/IP、IPX/SPX、LONTALK。

采用最新技术的视窗图形用户界面形象地监控大厦机电设备，所有图形动态显示，将采集到的模拟量/数字量等数据在图形相应位置中实时显示。

采用多任务、多用户操作系统方式，操作员可在屏幕上观察不同的任务视窗信息，并在视窗之间进行切换。收集和分析采样数据，系统自动生成图表，包括历史数据和数据传输。

2）通信网络　通过一条屏蔽或非屏蔽双绞线将中央控制站和分站连接起来组成区域网（分站总线），以数字的形式进行传输。或通过综合布线系统进行传输，需综合布线系统在设计上配合。

3）区域控制器　会展中心选用的 EXCEL 5000 系列区域控制器有如下两种：

(a) XL500 大型区域控制器（最大 128 点）：XL500 容量为 128 输入输出点的大型控制器，配置以下 I/O 模块：

①XFL521 模拟量输入模块（AI）：8 点，0—10VDC、4—20mA、PT1000、NTC

②XFL522 模拟量输出模块（AO）：8 点，0—10VDC、4—20mA，手/自动开关

③XFL523 数字量输入模块（DI）：12 点，24VDC、1mA、AC MAX，均可作为累加点

④XFL524 数字量输出模块（DO）：6 点，5 个继电器输出，1 个常开触点输出，4A，24V，手/自动开关

⑤XSL513、XSL514 端子块，XSL511 LON 连接器。

(b) XL100 中型区域控制器（36 点）：XL100 具有 12 个通用输入（模拟或数字），12 个通用输出（模拟或数字）和 12 个数字输入。

(5) 控制系统管线及设备安装的要求

1）中央管理工作站　中央站要求放在控制系统的值班室机房，要求机房整洁，机房内温度常保持在 18℃～30℃，避免过于潮湿。上位机及下位机要有可靠接地，地线应单独敷设，接地电阻不得大于 1 欧姆。

2）通信系统　通信系统由通信卡（XPC500 + XD508/XD505A），现场通信接口（XD508/XD505A）及通信线路组成，通信卡安装在中央管理工作站，与中央管理工作站的计算机相连，现场通信接口安装在每台现场控制器内，通信线将中央通信卡与现场通信接口依次相连。各控制器之间的通信线路，如有综合布线，应于每台现场控制器的上方预留一个信息点，打线应注意不要改变线的绞距；如果没有，则应单独敷设。所有线缆敷设中间不得有接头。

3）现场控制器　需要为控制器配置电气柜，提供控制器工作所必需的电源、接触器、继电器板、光电隔离模块、接线端子等，控制器内置于电气柜中。电气柜安装在被控对象附近，便于操作及施工。现场控制器安装在被控对象附近，便于操作及施工，每台现场控制器需提供一个 220V，1000W 的电源，或在附近留有电源插座。需要控制的风机、水泵等设备的配电柜内需设置手/自动转换开关。转换开关置于手动状态时，用手动启停按钮控制风机、水泵启停；转换开关置于自动状态时，由现场控制器提供的无源常开触点控制风机、水泵启停。被控风机、水泵配电柜需提供一对常开无源辅助触点，留作现场控制器使用，以检测风机、水泵的运行状态。

4）传感器、执行器　传感器、执行器安装在工艺管道上，每个元件需要的电缆视不同产品而有所不同。

当风道温度传感器与湿度传感器一同安装时，应注意顺风走向，温度应安装在湿度传感器上侧。

各个传感器不应安装于管路弯头处。

风阀驱动器安装一定要注意阀的叶片轴与驱动器轴同心。

电动阀门驱动器安装应注意阀的实际开启方向与驱动器指示方向相符。

流量计安装一定要注意于直管段竖直安装，流量计前至少要有 10 倍流量计通径的距离；流量计后至少要有 5 倍流量计通径的距离。

(6) 控制方案

建筑设备监控系统对展览中心内各类设备的监控（监视、测量、控制）应做到运行可靠、安全、节省能源、节省人力。监控内容包括：中央冷源系统的监测、记录和控制；空调通风系统的监测、记录和控制；给排水系统的监测、记录和控制；变配电系统的监测、记录和控制；电梯系统的监测、记录和控制。以下列出各系统基本控制功能。

1) 冷冻机组控制　冷冻机组一次水侧设备，包括冷水机组、冷冻水泵、冷却水泵，冷却塔、电动蝶阀等均可由 BACS 来控制，也可由机组自带的 DDC 来控制。机组 DDC 可完成冷水机组出水温度控制和机组自保护。

当冷冻站安装多台制冷机时，根据冷负荷情况适当地确定冷冻机的运行台数使冷量满足负荷需求，系统工作效率高，同时又不使某台冷冻机频繁启停，这对于保障机组安全可靠和节能运行有重要意义。

通常，离心式制冷机组都具备较好的冷量调节手段，使机组可以在部分负荷下工作。然而，不论采用哪种调节手段，制冷机的 COP 总随冷量变化，在最大制冷量附近出现效率最高点。当冷冻机出口温度不变，并且通过蒸发器的水量也不变时，不同的冷负荷相当于具有不同的蒸发器进口温度。较低的部分负荷时蒸发器进口水温较低，这会导致 COP 降低。因此若两台冷冻机均工作在 50% 的负荷时，应改为一台冷冻机运行，从而使冷冻机的 COP 提高，并且可停止一台冷冻水循环泵和冷却水循环泵。因此，少开一台冷冻机，使各台运行的机组均处于全负荷状态比多开一台冷冻机，使各台机组都处于部分负荷运行要好。这就是建筑设备监控系统冷水机组群控节能意义所在。

冷水机组一般控制过程如下：

设冷源系统要求水量为 G，系统供回水温差为 Δt，据此可计算出系统供冷量为 $E = GC\Delta t$(Δt 取 5℃)。同时，每台冷机容量可由设备特性查得，每台冷冻水泵供水量也可由设备特性查得。

(a) 如水泵为变频泵，冷水机组可通过温度设定独立调节，变频泵根据总供水流量设定及测量值即可实现。如计算得出 1 台冷水机组容量已大于 E，启动 1 台冷水机组，同时给出冷水机组设定温度，即可实现冷源控制。

(b) 如水泵不是变频泵，冷水机组无法进行温度调节，同时一台冷水机组对应一台泵，此时必在供回水干管加旁通调节阀，如计算得出 2 台冷水机组容量已大于 E，那么开启 2 台冷水机组及对应的 2 台泵，通过调节旁通调节阀调节供水流量。由于旁通调节阀调节，冷冻水与回水混合，冷机回水温度降低，借此节约能源，如此冷水机组就可进行温度设定，起到节能的效果。

(c) 如水泵不是变频泵，同时冷水机组与泵不是一一对应，此时也应加旁通调节阀。

如计算得出2台水泵容量已大于 G，开启两台水泵，旁通调节阀调节供水流量；冷水机组部分如果计算2台容量已大于 E，则开启两台冷机。

(d) 如果空调机组采用三通调节阀，其控制方法基本相同，只是不需供回水干管旁通调节阀。

冷热系统有许多形式，应根据具体情况具体解决，但其总体方式相同。

如各支路需做流量调配，则在各支路上应加水流量计，并进行相应阀门调节即可。从理论上讲，冷/热量的计量需由计算机测量流量、供/回水温度这三个参数的瞬时值，从而得到瞬时冷/热量 $Q = GC(T_{回} - T_{供})$ 或 $Q = GC(T_{供} - T_{回})$。计算机同时将 Q 不断累计（采用积分算法），即可得到逐日或逐季的总冷/热量。

在本工程中，冷冻站有5台离心式冷水机组和配套的冷冻水、冷却水设备，"BACS"监控点及其控制功能如下：

冷冻水供/回水温度：设水管温度传感器2只；

冷冻水供/回水压力：设水管压力传感器2只；

冷冻水总流量：设流量计1台；

冷却水供/回水温度：设水管温度传感器2只；

冷冻水过滤器压差开关状态：设水管压差开关1只；

冷却水过滤器压差开关状态：设水管压差开关1只；

冷水机组冷冻水、冷却水水流开关状态：设水流开关10只，用于故障判断；

冷冻水泵的启停状态、故障状态、手自动状态、开关指令；

冷却水泵的启停状态、故障状态、手自动状态、开关指令；

冷水机组的启停状态、故障状态、手自动状态、开关指令；

冷却塔电动蝶阀开关指令：设电动蝶阀5台，以避免冷却水旁通。

冷冻机组电动蝶阀开关指令及开关状态：设电动蝶阀8台，冷冻水侧和冷却水侧各4台，配合冷机启停，以避免冷水旁通。

冷却塔风机启停状态、故障状态、手自动状态、开关指令；

冷冻水旁通调节阀PI控制器调节：设压差旁通调节阀1台；

冷水机组的启停由建筑设备监控系统的时间程序来控制。

开机过程：

(a) 冷冻水泵启动，各支路阀门开启、检测水泵反馈、水流开关、各支路阀门状态。如果水流开关吸合，水泵、水阀开启，则可以确定冷冻水已流通；

(b) 冷却水泵启动，冷却塔相应阀门开启、检测水泵反馈、水流开关、冷却塔、阀门状态。如果水流开关吸合，水泵、阀门开启，则冷却塔正常，说明冷却水系统工作正常；

(c) 开启冷水机组。

关机过程：关冷水机组、关冷却泵、冷却塔风机、关冷冻泵。

冷冻机组控制主要是通过检测冷水总供水、回水温度及流量，经现场处理器运算建筑的冷负荷量而控制冷水机组群的开关程序。如果制冷机包含冷水机组DDC自控单元，则可完成制冷机与系统之间的通信功能。

系统负荷调节除台数控制外，如果冷水机组DDC自控单元纳入建筑设备监控系统，则在一定的范围内，建筑设备监控系统可自动调整冷水机组出水温度的设定值。提高冷水机组出水温度设定值即意味着冷水机组运行效率的提高；

显示各测量参数：建筑设备监控系统可通过系统的数据处理功能模块转换成各种图形，使用户可迅速直接地掌握系统各方面的情况；

记录设备运行时间；

设定故障报警和紧急停机；

系统专家诊断。

2）锅炉及换热系统控制　会展中心以燃油/热水锅炉为热源，用于采暖、工艺加湿和换热。热水锅炉共三台，对应板式换热器共三台，供给空调用热水；一台蒸汽锅炉供应厨房等用汽点。

热源控制与冷源基本相同，只是无开关机过程，锅炉的供热参数由自带的DDC负责，同时供水温度调节只需调节一次管网侧水或蒸汽阀门即可。计算机监测系统的主要任务是控制这一换热过程以保证要求的出水参数，监测管理水力工况以保证热水系统的正常循环。

空调系统用热水的换热量应以供水温度为依据通过电动调节阀进行调节，供水温度设定值应根据空调机组及风机盘管的工作要求而定，控制一般为定常的设定值，不随外温变化。这样可将控制调节的权力交给空调机和风机盘管。由于末端有控制，水温升高后将自动减少流量，由此供水温度的高低并不会影响系统的热量消耗。

空调热水系统的节能途径是减少循环水泵的电耗。同冷冻水系统一样，可根据最末端的用户资用压差的高低来确定水泵运行台数，从而维持最不利端用户的供回水支路压差为设计允许的最低值。由于夏季要求的冷冻水流量一般都大于冬季的热水流量，因此冷热水建议采用不同的循环泵。

本工程有锅炉4台，热交换器3台，配套水泵、油泵和油箱。控制系统监控内容如下：

自动检测热水锅炉供/回水温度；

自动检测热水锅炉供/回水压力；

自动检测热水锅炉流量；

自动检测蒸汽锅炉供汽温度；

自动检测蒸汽锅炉供汽压力；

自动检测二次水供/回水温度；（管道系统与冷冻水系统共用）

自动检测二次水供/回水压力；（管道系统与冷冻水系统共用）

循环水泵启停状态、故障状态、手自动状态、开关指令；

补水泵启停状态、故障状态、手自动状态、开关指令；

油泵启停状态、故障状态、手自动状态、开关指令；

油箱液位检测；

锅炉启停状态、故障状态；

通过电动阀调节水－水热交换器的一次侧高温水流量，保证二次侧供水温度达到设计要求的设定值；

监视并调整各设备的运行情况；

显示各测量参数，修改各设定值；

记录设备运行时间；

提供故障报警功能；

提供专家诊断功能。

3）空调系统　本系统共计空调机组 63 台，其中 18 台为组合式空调机组，由于机组结构不详，加湿情况不详，均按一般情况考虑；各类风机 110 台；

（a）新风机组　对新风机组自动监测：

自动检测送风温度；

自动检测冷/热水电动调节阀开度；

自动检测风机启停状态、故障状态、手自动状态；

自动检测过滤器压差状态；

根据以上监测内容实现如下控制与管理：

当风机启动时，机组自控系统执行开机程序自动将各设备投入运行；根据送风温度控制电动冷/热水调节阀的开度；

当风机关机时，机组自控系统执行关机程序，电动风阀/水阀可自动关闭；

监视并调整机组的运行情况：

显示各测量参数；

提供冬/夏季运行工况转换，时间控制程序，事故报警，专家诊断等功能。

通过中央管理工作站对其进行远程控制。

（b）空调机组　监测内容：

自动检测回风温度；

自动检测风机启停状态、故障状态、手自动状态；

自动检测过滤器压差状态；

自动检测冷/热水电动阀的开度；

自动检测新、回风阀、表冷器冷冻水调节阀开度。

根据以上监测内容实现如下控制与管理：

当风机启动时，机组自控系统执行开机程序自动将各设备投入运行；

当风机关机时，机组自控系统执行关机程序，电动风阀、电动冷冻水调节阀可自动关闭；

加湿设备启停控制；

根据机组控制算法，调节新、回风调节阀的开度及表冷阀；

监视并调整机组的运行情况；

显示各测量参数，修改各设定值；

根据机组的负荷情况以及新、回风参数进行程序设定，提供阀门 P、PI、PID 控制方法的选择；

提供冬/夏季节能转换，时间控制程序，事故报警专家诊断等功能。

4）送、排风机　主要控制功能：

监视风机运行状态、故障报警状态、手自动状态；

风机按程序开/关；

累计运行时间，开列维修、保养报告；

按不同时段及楼层属性自动时序控制风机启停；

送排风机节电周期运转；

火警发生时自动开闭送排风机；

停车场排风机风速切换根据 CO 浓度值进行切换；

和特定设备连锁的风机控制；

由消防系统联动控制风机的运行状态、故障报警状态。

5）给排水系统　给水、排水系统无论缺水或溢出都是很大的故障。监测系统可对给排水系统进行全面监控。电脑屏幕以动画图形显示给排水系统的运行状况，一旦出现异常，自动调出报警画面显示故障位置及原因，并提供声光报警和报警打印。在不满足负荷时可轮流使用各台水泵。以延长水泵的寿命。

给排水系统包括：生活水泵、水池、集水坑、污水泵等。BACS 监控水泵的工作状态，检测水池、水箱的液位。当设备发生故障，液位异常时，BACS 将马上发出声光报警，记录备案，并自动显示故障的情况和区域，提示工作人员进行解决。

监控内容：

给水泵的启停状态、故障状态、手自动状态、开关指令、转速控制；

排污水泵启停状态、故障状态、手自动状态、开关指令；

由消防系统联动控制泵的运行状态、故障报警状态；

自动检测生活水池/水箱水位信号；

自动检测污水池、集水坑水位信号；

可根据水位信号或由时间程序自动控制各个水泵的启/停，且监视水泵的运行状态及故障报警；

自动切换备用水泵，水泵循环投切。

6）变配电系统　本项目变配电系统为两路进线，六台变压器，两台自备发电机，135 路照明回路。

BACS 监控功能包括：

监测每台变压器的温度；

监测两路高压进线，监测其三相电压、三相电流；监测每路高压进线的开关状态及故障状态，联络开关状态及故障状态；当出现过压、欠压、过流、过补偿、开关路闸和失电情况时发出报警；

监测低压主出线电路的电流、电压、功率因数、有功功率；

照明系统按每天预先编排的时间程序（或照度）来进行开关控制及监视其开关状态；

事故照明系统状态监测；

监测发电机的主出线电路的电流、电压。一旦城市电网中断，按规范要求起动发电机并切换供电；当城市电网恢复后，切换由市电供电，按规范停止发电机；

自动检测储油罐液位。

7）电梯系统　电梯系统一般均自带完备的控制系统，可独立完成各项功能。但愈来愈多的业主对 BACS 提出要求，希望将这些控制系统与 BACS 相连或实现其间的数据通信，使管理中心能够随时掌握各个电梯和扶梯的工作状态，并与 FAS、SAS 系统联动，在火警和匪警等特殊场合对电梯和扶梯的运行进行直接控制。监控系统的主要任务是监视电梯的运行状态，对其运行时间与能耗进行统计分析，只有在火警状态下，命令电梯（消防梯除外）迅速降至底层（消防电梯可由消防人员控制）。

为此，在建筑设备监控系统中，电梯监控子系统要实现如下控制与管理功能（电梯承包商需提供与外部计算机（DDC）联网通信的接口，以实现系统集成）：

电梯运行状态监视、故障报警；

开列历史记录及维护保养清单；

按时间程序、节假日设定电梯运行；

与火灾报警联动。

8）建筑设备监控系统点表（见表10-2）

10.1.2 公共安全系统

(1) 设计范围

公共安全系统设计包括电视监控和防盗报警系统、门禁系统、巡更系统。

(2) 方案设计

1）背景说明　××会展中心立足于成为设施齐全、系统完善的智能化工程，所以在设计综合保安系统时要充分考虑此项工程与其他智能建筑子系统的互联问题。

2）方案设计：

(a) 系统设计范围　依据××会展中心工程图纸，本系统工程重点区域为：

地下一层车库；首层：展厅主要出入口、大厅、电梯前室；一层夹层；2层展厅主要出入口。

(b) 总体方案设计的依据　现行标准及规范。

(3) 具体方案说明

1）电视监控和防盗报警系统。

(a) 电视监控系统

①××会展中心摄像机位置的设置原则　展览中心的一、二层进出口全部监控，一层展览大厅每厅设置1到2个黑白一体球形机；地下车库选用彩色半球固定摄像机，对进出口的车辆进行监控并作录像存档。

首层主要出入口、大展厅等人员进出的必经之地设置全方位变焦监控点；电梯前室、扶梯口，电梯箱重点防范区域，设置固定方位定焦监控点，达到安防区域的点面结合，使系统配置实现监视面广，重点突出，性能价格比高。

②摄像机根据不同应用场合的选型　大厅及其出入口——由于面积大推荐采用带云台黑白摄像机，同时为方便摄录远距离的图像选配六倍三可变镜头，附室内云台，用于大厅中央，可水平360°、垂直90°旋转监控，对重要入口另配红外灯。

电梯箱——选用针孔半球摄像机既美观又隐蔽，方便监控和安装。

电梯前厅及走廊——选用定焦半球摄像机，其特点是分辨力高、灵敏度高、信噪比高，具有AGC、白平衡（仅彩色的）、逆光补偿、电子快门等自动功能，确保获得正常优质的图像性能，内带自动光圈，根据需要选用各种焦距镜头，以便适应不同距离的走廊区域。

展厅门口——在设置摄像机同时也配置双鉴报警探头。

③主机采用PHILIPS公司的视频矩阵控制器，通过上层以太网并入××会展中心的IBMS中，以实现智能化统一管理。

××会展中心建筑设备监控系统控制点表 **表 10-2**

××会展中心控制点表		数量	AI														AO				DI						DO				AI	AO	DI	DO
系统	设备		风道温度	风道湿度	温度	湿度	压力	反馈	流量	静压	电流	电压	频率	有功功率	功率因数	空气质量	二通阀	风阀	变频器	旁通水阀	运行状态	故障报警	手自动	压差开关	水流开关	液位开关	风阀	加湿阀	启停	蝶阀				
冷热源系统	制冷机组	5			4		2	1												1	5	5	5	2	10				5	8	7	1	27	13
冷热源系统	冷却塔	5																			5	5	5						5	5	0	0	15	10
冷热源系统	冷冻水泵	7																			7	7	7						7		0	0	21	7
冷热源系统	冷却水泵	7																			7	7	7						7		0	0	21	7
冷热源系统	热交换器	3																													0	0	0	0
冷热源系统	空调热水循环泵	4																			4	4	4						4		0	0	12	4
冷热源系统	燃油蒸汽锅炉	1			1		1														1	1									2	0	2	0
给排水系统	给水泵	1																			1	1	1						1		0	0	3	1
冷热源系统	燃油热水锅炉	3			2		2		1												3	3									5	0	6	0
冷热源系统	锅炉热水泵	4																			4	4	4						4		0	0	12	4
冷热源系统	锅炉供油系统	1																			4	4	4		2				4					
冷热源系统	屋顶热水循环泵	4																			4	4	4						4					
空调系统	空调机组	45	45		1	1											75	90			45	45	45	45				45	45		47	165	180	90
空调系统	柜式机组	18	18														18				18	18	18	18			18	18	18		18	18	72	54
空调系统	送排风机	45																			45	45	45						45		0	0	135	45
空调系统	排烟风机	51																			51	51									0	0	102	0
空调系统	加压风机	14																			14	14									0	0	28	0
给排水系统	消防泵	4																			4										0	0	4	0
给排水系统	喷淋泵	8																			8										0	0	8	0
给排水系统	生活水泵	2																			2	2	2						2		0	0	6	2
给排水系统	清水池1个	1																								2					0	0	2	0
给排水系统	生活水箱2个	2																								4					0	0	4	0

续表

××会展中心控制点表		数量	AI													AO					DI						DO							
系统	设备		风道温度	风道湿度	温度	湿度	压力	反馈	流量	静压	电流	电压	频率	有功功率	功率因数	空气质量	二通阀	风阀	变频器	旁通水阀	运行状态	故障报警	手自动	压差开关	水流开关	液位开关	风阀	加湿阀	启停	蝶阀	AI	AO	DI	DO
给排水系统	排水泵	49																			49	49	49						49		0	0	147	49
给排水系统	集水坑	41																								82					0	0	82	0
变配电系统	高压柜	9									6	6									9													
变配电系统	变压器	6			6																6										6	0	6	0
变配电系统	低压柜	9									18	18	6	6	6						6										54	0	6	0
变配电系统	自备发电机	2									3	3									1	1				1					6	0	3	0
变配电系统	照明回路	135																			135		135						135		0	0	270	135
电梯系统	客梯	14																			42	14									0	0	56	0
电梯系统	货梯	5																			15	5												
电梯系统	自动扶梯	25																			75	25												
点数小计		1980	145													184					1230						421				145	184	1230	421

注：系统总控制点数为1980点，不包含以通信方式并入的第三方设备控制点。

④矩阵视频切换器具备可扩展性和高可靠性，其输入留有一定的余量，可保证业主在一定范围内扩容的需要；

⑤方案说明　根据××会展中心工程对电视监控系统的功能需求，此次监控工程设计根据建设方的设计要求，并结合××会展中心工程的实际情况，共设置69个摄像点。主要对××会展中心工程主要出入口、主要通道、电梯前厅等位置进行全方位监控。

选用25台黑白固定半球定焦摄像机，2台彩色固定半球定焦摄像机，4台针孔隐蔽式半球定焦摄像机，黑白带云台摄像机8台，14台黑白低照度定焦摄像机，黑白一体球形摄像机6台，共计69台摄像机，故配置最多128路输入和16路输出飞利浦LTC8600系统的矩阵切换器，但考虑其具体配置，在不影响扩展性基础上配置80路输入和12路输出的矩阵模块，以保证初期投资明显减少，并为以后扩展预留视频接口。

主控平台对矩阵切换器能够方便、快捷、有效的进行切换操作控制，既可直接切换，又可预编程进行时序控制。同时在监控台外配置1台27小时长延滞录像机，可用普通录像带录下长27小时的所接任意一路视频信号，方便视频资料备案查询。另在电视墙架放置10台14寸监视器，另配2台16画面分割器外接重要场所视频信号，并在25寸主收监机进行长期固定监视和配置2台27小时长延滞录像机对所接信号录制。

(b) 防盗报警系统　对××会展中心的重要场所，分别设置红外/微波双鉴探测器，实现对展览中心在遭受人为入侵时的紧急报警，并能联动电视监控系统，实现综合电子保安功能。

根据××会展中心的保安防盗要求，需要设置整套的保安防盗系统，在探测点上配有入侵报警，在中央控制室，一旦报警，在多媒体电脑内安装有声光报警装置，提醒值班保安人员，在电脑显示器上弹出楼层的报警位置图，使值班人员能清晰简明地了解各楼层的报警位置和即时情况，同时系统具有自动拨号报警等功能，其自动拨号报警装置可把警讯通报公安部门。同时，报警系统与闭路监控系统实现联动，当有报警发生时闭路监控系统会自动将报警现场的图象切换到主监视器上来，大大加强了整个建筑防盗安全性能。

防盗报警系统采用一个主机实现视频与报警一体化管理。图10-1为防盗报警系统原理图。

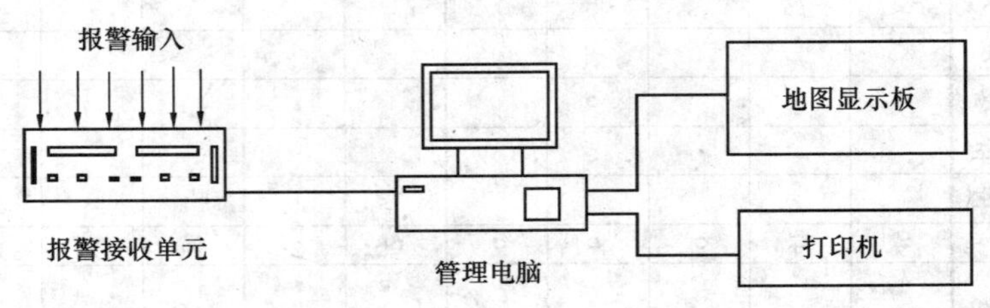

图10-1　防盗报警系统原理图

(c) 监控中心（展览中心一层，参见图10-2）　监控中心是整个保安系统的神经中枢，由它将各子系统有机地结合为一体，并以计算机网络技术、多媒体技术为基础，以中心控制台、视频矩阵、报警接口、解码器及应急控制器为系统部件，以专用通信协议及串行485接口连接各部件构成控制系统。

监控中心设置有主控台实现对视频矩阵的控制，也可对系统中的云台变焦镜头进行遥控。全部摄象机的视频信号通过视频矩阵，其输出信号至电视墙，可任意组合成各种形式画面，因此该系统功能强大、使用方便。

（d）设备选型：主机系统：ALLEGIANT8600 矩阵切换/控制系统。

8600 主机系统辅助设备如下，提供矩阵切换/控制器的安全系统控制：

黑白低照度定焦摄像机；

黑白定焦半球摄像机；

黑白变焦带云台摄像机；

14 寸监视器；

16 画面分割器；

长时间录像机。

图 10-2　监控中心示意图

2）门禁管理系统　门禁管理系统主要用于对通道门进行控制，对出入人员进行身份确认。其系统原理如图 10-3 所示。

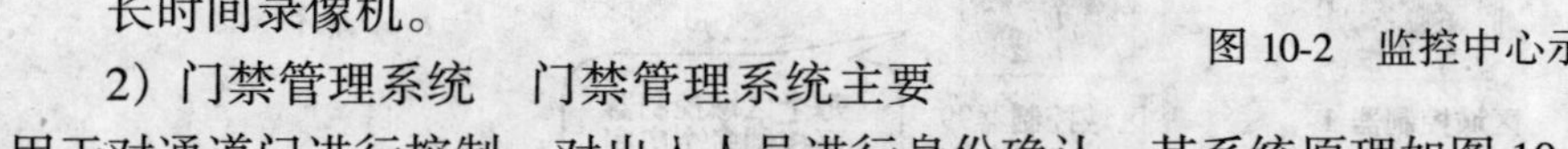

图 10-3　门禁管理系统

采用非接触 IC 卡门禁管理系统，在系统中设置读写器安装在各出入口，进出只需将非接触式 IC 卡在读卡器有效距离内感应一下，即完成整个开门操作过程。

非接触式 IC 卡门禁管理系统具有电子门读卡进出控制与管理功能。它主要由 PC 机（中央管理系统）、主控模块（区域控制器）与感应模块（读卡器）三个部分组成的一个有机整体。

（a）中央管理系统，负责数据库的建立、管理、维护和系统数据库下载以及 IC 卡管理，如制卡、发卡、权限设定、注销等，还负责收集、记录和发布从各个区域控制器传来的信息。

（b）区域控制器为本系统的核心单元，单独工作时可管理四个房间的门控设备。

（c）读卡器是负责接收传来的卡号信息，个人密码信息，报警信息，通过 RS－485 总线传回区域控制器，接收区域控制器发出的命令，输出电子锁控制信号。

（d）系统网络图（如图 10-4 所示）。

3）巡更管理系统　本系统由数据采集器、巡更器、巡更钮扣及运行于 Windows 操作系统下的中文管理软件组成，管理软件可与其他管理软件共享信息，且不干扰日常工作。

该系统由一个或几个巡更人员共用一个信号采集器。每个巡更点安上信息钮扣，巡更人员只须携带轻便的信息采集器到各指定巡更点，将它置于巡更点上，当指示灯亮并发出

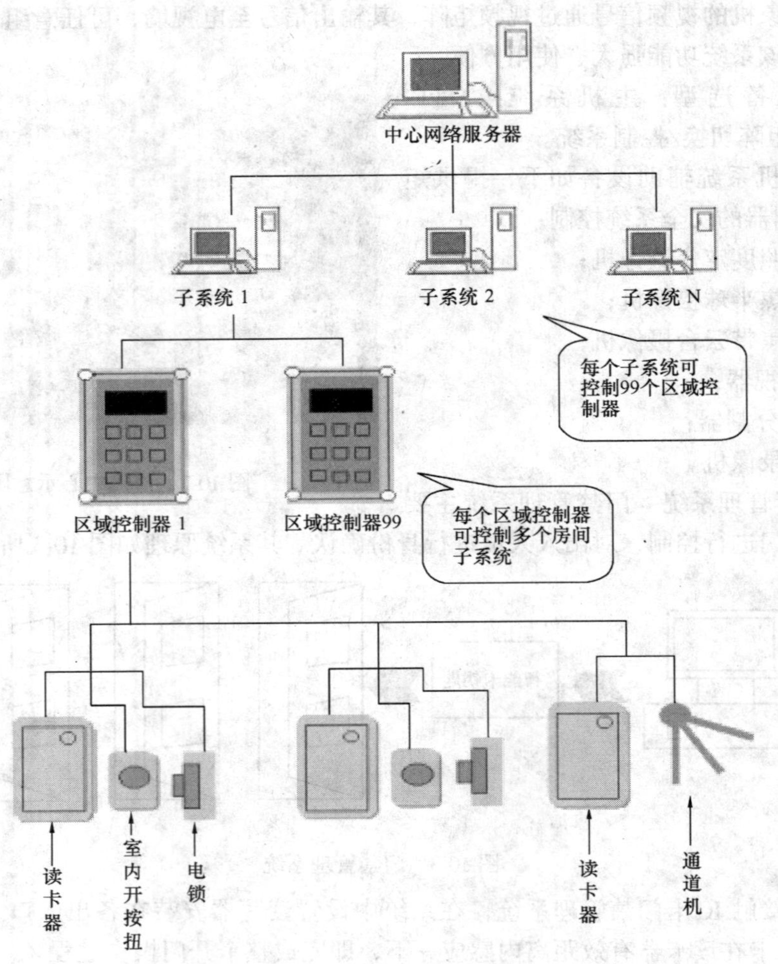

图 10-4 门禁管理系统结构图

“嘀”的一声即告操作完毕，管理人员只需在办公室中就可将信息采集器中记录的信息通过数据变送器送到电脑中，即可查阅和打印各巡更人员的工作情况。

本设计在展览中心的重要通道及重要防范点设置巡逻站，用巡更器（读卡机）在巡更点上读卡取得信息。该系统由巡更器、巡更点、收集器、系统软件和记录打印系统（可选择）构成：

(a) 巡更器　在读取范围内把巡更站上智能卡内代码读出，经检验无误后进行存储，同时记下该次读取的时间（精确到秒），同计算机相连，巡检的信息读入到计算机并通过系统管理软件进行处理。

(b) 巡更点　该点（IC 卡）存储有待查看地区或设备设施的代码数据的信息，可以安装在被检测对象的表面，用巡检器读取其中的信息。IC 卡防磁和防辐射，对腐蚀性空气和环境温度湿度剧变的环境具有极强的耐受力。

(c) 收集器　收集器连接在计算机串口。读卡器通过收集器与计算机通信，将收集的巡检信息传送给计算机，由系统自动处理。

（d）软件管理系统　该软件基于 Visual C + + For Windows 编程，清晰明了的图形菜单设计和丰富的提示信息使对计算机不太熟悉的用户也易于操作，并且用户可以轻易制作有关报表。

10.2　××智能小区

××小区由两幢高层公寓和三幢多层公寓组成。总户数约 200 套，建筑面积近 4 万平方米。××小区公寓的建设要求提供安全、舒适居住环境，建立先进、科学的综合物业管理系统，节省能耗和降低人工成本，从而把它建成一座先进、安全的智能化住宅小区。

10.2.1　××小区布线

（1）设计说明

1）语音及数据的插座模块均选择超五类产品，语音及数据水平干缆选择超五类 UTP；

2）面板采用单孔和双孔 86 型面板；

3）连接楼层配线架和中间配线架的语音数据干缆选择超五类 25 对双绞线。连接中间配线架和管理室总配线架 MDF 的语音干缆选择超五类 25 对双绞线。六芯室外多模光纤用于连接中间配线间的光纤配线柜和总配线间的光纤配线柜。语音及数据干缆均留有不低于 20%的余量；

4）楼管理间及中间管理间的语音及数据配线架选择 110AB 型挂墙式配线架；

5）设备间 MDF 设在小区 B 幢的管理室，采用 110DW 交叉连接配线架连接来自各中间管理间的语音干缆；采用 LST1U/072/7 式光纤配线架用于连接来自各中间管理室的光纤。设备间配线架均留有一定的余量，便于楼外部双绞线或光纤的接入。

（2）××布线系统图（见图 10-5）

10.2.2　××小区一卡通

××小区一卡通系统由门禁系统、小区消费系统、停车场管理系统、保安巡更系统组成。

（1）门禁系统

1）系统描述　在小区可视对讲系统的主门加装可实时监视和控制的门禁系统，该系统采用非接触 IC 卡门禁管理系统，在系统中设置读写器安装在各出入口，进出只需将非接触式 IC 卡在读卡器有效距离内晃一下，即完成整个开门操作过程。其最大的优点是用卡来代替门锁的钥匙，不仅对公共房间进出状态进行监控，还对卡进行权限设定，如可以用一张卡开启一个或多个门锁；且在卡丢失、取消权限等情况，无须换锁和配钥匙，只要在系统中修改设置就可方便且安全的实现。另外，在重要出入口安装可视对讲实现单独控制。来客通过可视对讲和楼上各层居民对话，经允许方能进入。可视对讲通过 RS232/485 通信口经过区域控制器与中央控制系统相连。系统运行在 WINDOWS 环境下，界面直观，操作简便，可以在屏幕上很直观地登记、发卡和监控出入口状态，确保了出入的安全性。

2）系统组成　门禁管理系统具有电子门读卡进出控制与管理功能，它主要由 PC 机

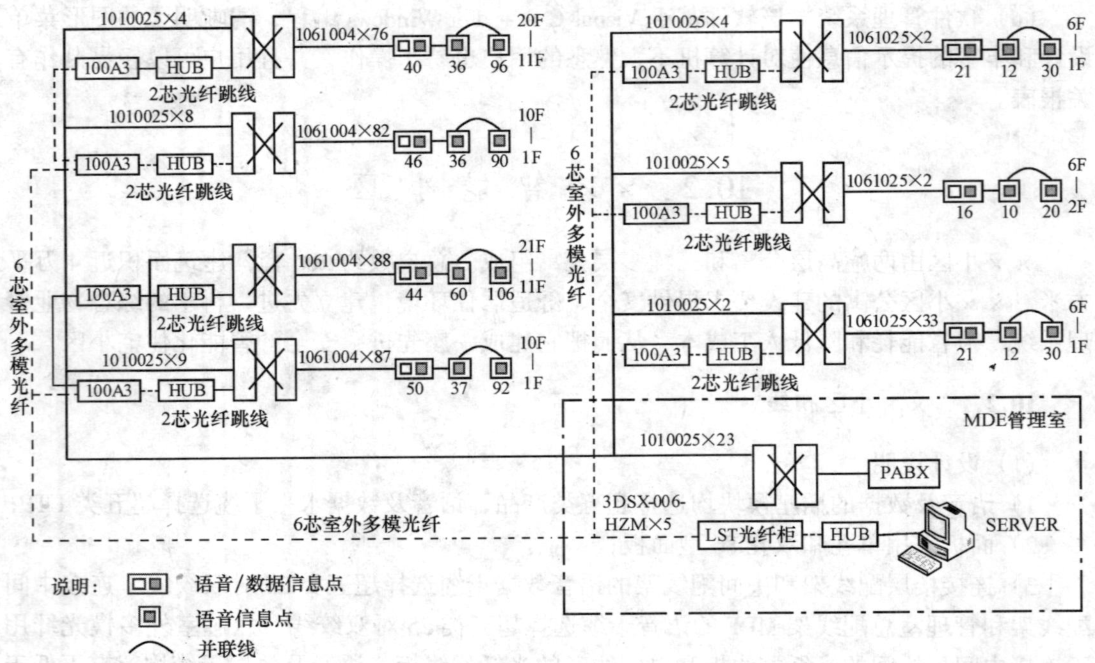

图 10-5　××小区布线系统图

（中央管理系统），主控模块（区域控制器）与感应模块（读卡器）三个部分组成一个有机的整体。

3）硬件配置：

（a）PC 机，网络环境必备，当区域控制器独立工作时 PC 机可作为可选件；

（b）RS-485 转换卡，网络环境使用；

（c）带标准并行接口的打印机及电缆；

（d）RS-232 标准接口电缆；

（e）区域控制器模块。

区域控制器是该系统的核心单元，可单独工作，管理多达 4 个房间子系统。

区域控制器通过 RS-485 与读卡器相连，通过另一个 RS-485 与上位机 PC 连接，采用分时复用的方式分别与计算机通信和交换信息。

读卡器获取卡号，传回区域控制器。区域控制器处理信息后发出是否开门的指令。

控制器以轮巡方式检测门磁状态，在设定时间内如未合上门，则控制器发出报警信息，以示门被打开未关闭。

控制器通过 DI/DO 连接手动按钮，方便客人和无卡人员进出。

（f）读卡器

（g）电锁

（h）门开关传感器

（i）防盗报警器

（j）手动按钮

(2) 小区消费系统

1）功能描述　在××小区的各个消费场所，如商场、餐厅、酒吧、俱乐部均设有非接触式 IC 卡的读卡器（POS 机），当住房业主在小区消费时，只需将储存有金额的卡置于 POS 机的有效读写范围内，工作人员输入消费金额，按动结算键，在 0.1 秒的时间内，POS 机自动减掉卡内相应的消费金额，一次交易过程便告完成。

2）系统框图　小区消费系统框图如图 10-6 所示。

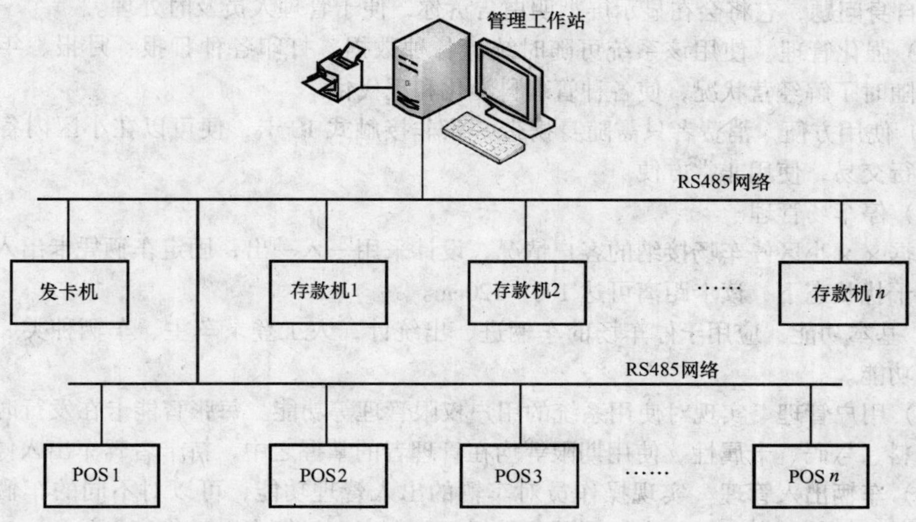

图 10-6　消费系统框图

3）系统使用结算过程　小区消费系统使用结算过程如图 10-7 所示。

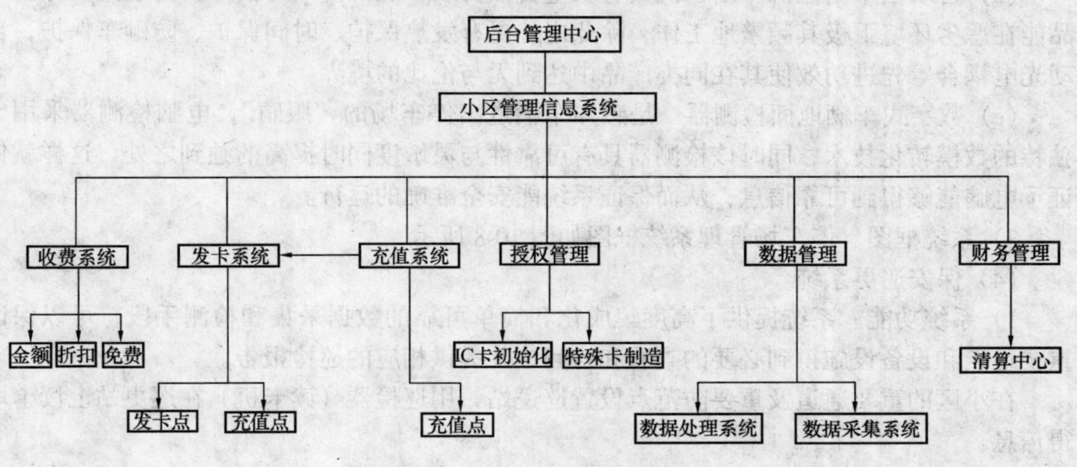

图 10-7　小区消费系统使用结算过程

4）系统特点：

(a) 保密性好　由于 POS 机具有贮存功能，计算机内信息可传递到 POS 机内贮存起来，消费者必须到消费场所、发卡部门办理持卡手续，由计算机向 POS 机授权，该卡才能在 POS 机上使用。正是由于 POS 机具有贮存功能，脱机运行时，该特性同样有效。

(b) 可校验性　计算机可随时对所有发行卡进行数据校核，一旦发现数据不对，可自动挂失该卡，取消该卡的使用权，待核实后，计算机才授权 POS 机，恢复该卡的使用权。

(c) 开放性　POS 机只要打开电源，对主机（计算机）而言，它就处于一种开放状态，不管 POS 机处于什么状态（如正在交易等），计算机随时可以向它传送信息，也可以把 POS 机内数据接收回去。这样，对工作人员而言，POS 机就是一台计算器。

(d) 直观性　POS 机具有自我诊断能力，在使用过程中，如遇挂失卡，非法卡以及 POS 机自身问题，它将会在显示屏上明白告诉你，便于管理人员及时处理。

(e) 强化管理　使用该系统可随时统计各种数据，打印各种日报、月报、年报等报表，可随时了解经营状况，使各种管理科学化和现代化。

(f) 使用方便　消费者只需随身携带一张非接触式 IC 卡，便可以在小区内各种消费领域进行交易，使用非常方便。

(3) 停车场管理

根据 × × 小区停车场接纳的客户情况，设计采用一入一出，固定车辆凭卡出入。读卡器在无干扰状态下，读卡距离可达 100 ~ 120cm。

1) 基本功能　应用于停车场的车辆进、出统计，人工登录车主、车辆种类、型号与牌号等功能。

(a) 用户管理　实现对使用系统的用户权限管理等功能。每张智能卡在发行时，持卡人的资料、号码、卡属性、使用期限等均在管理者的掌握之中，持卡者驾车出入停车场。

(b) 车辆出入管理　实现操作员对车辆的出入管理功能，可以对不同的车辆分组授权，登记有效使用期，越权车辆视同无效但记录在案。过期卡自动作废失效。

(c) 故障自检功能　系统具有故障自诊断及自调整功能，保证系统稳定可靠运行。

(d) 自动挡车栅栏机　栅栏机具有双重自锁功效，能抵御人为抬杆，科学的设计使产品能在恶劣环境下极其频繁地工作，除此之外更有发热保护、时间保护、防砸车保护，自动光电耦合等先进功效使其在同类产品中达到无与伦比的境界。

(e) 数字式车辆地面检测器　是感知车辆进出停车场的“眼睛”，电脑检测器采用了独特的数模转化技术，同时该检测器具有可靠性与灵敏度同时提高的独到之处，这样就保证了电脑能够得到可靠信息，从而保证系统能安全准确的运行。

2) 系统框图　停车场管理系统框图如图 10-8 所示。

(4) 保安巡更系统

1) 系统功能　系统提供了高度集成化和简单可靠的数据采集和检测手段，可以保证重要地点和设备设施得到必要的查看和访问，并提供相应的巡检报告。

在小区的重要通道及重要防范点设置巡逻站，用巡检器（读卡机）在巡更站上读卡取得信息。

巡检器（读卡机）可通过收集器将采集到的信息自动输入系统，由计算机自动完成资料整理，存档和打印，巡更路线和时间可根据需要修改。

2) 系统组成

(a) 读卡机：在读取范围内把巡更站上智能卡内代码读出，经检验无误后进行存储，同时记下该次读取的时间（精确到秒），同计算机相连，巡检的信息读入到计算机并通过系统管理软件进行处理。

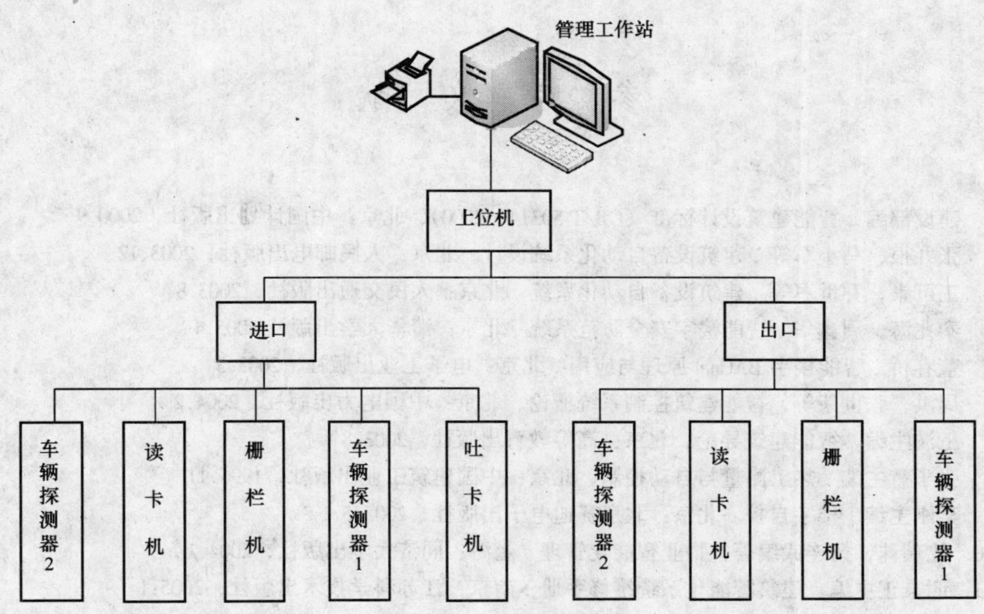

图 10-8 停车场管理系统框图

(b) 智能卡：该卡存储有待查看地区或设备设施的代码数据的信息，可以安装在被检测对象的表面，用巡检器读取其中的信息。

(c) 收集器：收集器连接在计算机串口。读卡器通过收集器与计算机通信，将收集的巡检信息传送给计算机，由系统自动处理。

(d) 软件管理系统：清晰明了的图形菜单设计和丰富的提示信息使对计算机不太熟悉的用户也易于操作，并且用户可以轻易制作有关报表。

10.3 小 结

本章通过具体工程实例简要地介绍和分析了智能建筑和智能小区的设计方法和设计内容，重点介绍了智能建筑设备自动化系统控制范围的确定方法和控制点表的统计方法，并对智能小区的综合布线系统和小区门禁系统、小区消费系统、停车场管理系统及保安巡更系统的组成进行了介绍。这些内容对以后的工作具有借鉴作用。

思 考 题

1. 如何完成监控点表？如何进行冷水机组的启/停控制？
2. 如何确定公共安全系统的监控范围？
3. 智能小区建筑设备自动化系统的设计与公共建筑的设计有何异同？

参 考 文 献

1 建设部编．智能建筑设计标准（GB/T 50314—2000）．北京：中国计划出版社，2000.9
2 张九根，马小军等．建筑设备自动化系统设计．北京：人民邮电出版社，2003.12
3 王可崇，乔世军等．建筑设备自动化系统．北京：人民交通出版社，2003.8
4 秦兆海，周鑫华．智能楼宇安全防范系统．北京：清华大学出版社 2005.4
5 董春桥．智能楼宇 BACnet 原理与应用．北京：电子工业出版社，2003.3
6 周洪，张世荣等，智能建筑控制系统概论，北京：中国电力出版社，2004.2
7 王波主编，智能建筑导论，北京：高等教育出版社，2003.8
8 张子慧主编．热工测量与自动控制，北京：中国建筑工业出版社，1996.11
9 李刚主编，楼宇自控．北京：北京赛迪电子出版社，2005.5
10 沈瑞珠，杨连武编著，物业智能化管理．上海：同济大学出版社，2004.1
11 谢秉正主编，建筑智能化系统维修手册．南京：江苏科学技术出版社，2005.1
12 柴晓路，梁宇奇编著，Web Services 技术、架构和应用．北京：电子工业出版，2003.2
13 励志 等译，Web 服务实用技术教程．北京：机械工业出版社，2004.1
14 顾宁，刘家茂等编著，Web Services 原理与研发实践．北京：机械工业出版社，2006.1
15 凌志浩编著，从神经元芯片到控制网络．北京：北京航空航天大学出版社，2002.2
16 马莉编著，智能控制与 Lon 网络开发技术．北京：北京航空航天大学出版社，2003.2
17 阳宪惠主编，现场总线技术及其应用．北京：清华大学出版社，1999.6
18 刘晓胜，吴乐南等编，智能小区系统工程技术导论．北京：电子工业出版社，2001
19 战启芳，毕丽红等编，智能建筑技术基础．石家庄：河北科学技术出版社，2003
20 曲丽萍，王修岩等编，楼宇自动化系统．北京：中国电力出版社，2004
21 殷际英，李玏一编著，楼宇设备自动化技术．北京：化学工业出版社，2004
22 黎连业．智能大厦智能小区基础教程．北京：科学出版社，2000
23 王再英，韩养社等编著．楼宇自动化系统原理与应用．北京：电子工业出版社，2005
24 程控，金文光编著．综合布线系统工程．北京：清华大学出版社，2005
25 刘国林编著．综合布线．机械工业出版社，2003
26 戴瑜兴主编．建筑智能化系统工程设计．北京：中国建筑工业出版社，2005
27 全力，傅海军等．综合布线工程．北京：化学工业出版社，2006
28 张瑞武编著．智能建筑．清华大学出版社，1996
29 赵乱成编著．智能建筑设备自动化系统．西安电子科技大学出版社，2002
30 黎连业．网络工程和综合布线工程师手册．北京：清华大学出版社，2003
31 黎连业．网络综合布线系统与施工技术．北京：机械工业出版社，2004
32 徐超汉等．智能建筑综合布线系统设计与工程．北京：电子工业出版社，2002
33 吴达金．综合布线系统工程设计与施工．北京：人民邮电出版社，2001
34 吴达金．智能化建筑（小区）综合布线系统．北京：人民邮电出版社，2000
35 建筑与建筑群综合布线系统工程设计规范．北京：中国计划出版社，2000
36 建筑与建筑群综合布线系统工程验收规范．北京：中国计划出版社，2000
37 华东建筑设计研究院编著．智能建筑设计技术．上海：同济大学出版社，2002

38 李英姿编．建筑智能化施工技术．北京：机械工业出版社，2004

39 沈燕华编．智能楼宇建筑与施工．北京：电子工业出版社，2004

40 龚克崇、游浩编．简明智能建筑工程施工验收技术手册．北京：地震出版社工程图书出版中心，2005

41 柳涌主编．建筑安装工程施工图集 3—电气工程．北京：中国建筑工业出版社，2002

42 柳涌主编．建筑安装工程施工图集 6—弱电工程．北京：中国建筑工业出版社，2002

43 浙江省开元安装集团有限公司主编．建筑电气工程施工质量验收规范．北京：中国计划出版社，2002

44 刘劲辉编．建筑电气工程施工质量验收规范应用指南．北京：中国建筑工业出版社，2003

45 Oliver Gassmann，Hans Meixner. Sensors Applications Volume 2：Sensors in Intelligent Buildings. Wiley-Vch，2001.2

46 Input and Output Tutorial，Available at http：//www.hpac.com

47 http：//www.ashrae.org

48 http：//www.bacnet.org

49 http：//www.echelon.com

50 http：//www.lonmark.org